無料でできる3Dアニメーション

新ブレンダーからはじめよう!

原田大輔 著

技術評論社

ご購入前に必ずお読みください

本書に記載された内容は、情報の提供のみを目的としています。本書を用いた運用は、必ずお客様ご自身の責任と判断によって行ってください。これらの情報の運用の結果について、技術評論社および著者はいかなる責任も負いません。

本書記載の情報は、2021年2月1日現在の内容を掲載していますので、ご利用時には変更されている場合もあります。

また、各ソフトウェアはバージョンアップされる場合があり、本書での説明とは機能内容や画面図などが異なってしまうこともあります。本書ご購入前に、必ずバージョン番号をご確認ください。

サンプルの著作権について

DVD-ROMに収録した各種素材の著作権は、以下の著作権者に帰属します。これらのデータは本書の購入者に限り、個人利用の範囲で使用できます。

本書付属DVDに収録およびダウンロードしたサンプルデータは、本書の購入者に限り、個人、法人に関わらず、本書学習の範囲内であれば、自由にお使いいただけます。

ただし、再転載や二次使用、ご自身の制作物および、作品としての利用は禁止します。

・サンプル …… 原田大輔

収録したソフトウェアの著作権

DVD-ROMに収録したソフトウェアは無償で使用できるフリーウェアですが、ソフトウェアの著作権および情報は以下の財団が保有します。

・Blender …… Blender.org

本書の使い方

あらかじめBlenderのインストール、サンプルファイルをお使いのPCにコピーしてからご利用ください。

・Blenderのインストール　→　12ページ参照

・サンプルファイルのコピーの仕方　→　「サンプルファイルの使い方」参照

本書の画面はWindows 10で作成していますが、Windows 7、8(64bit版)、macOS(※)でもそれほど支障なくお使いいただくことができます。

使用ファイルについては誌面に記載していますので、ご確認の上、ご利用をお願いします。

(※)ファイルの保存操作の画面が多少異なります。あらかじめご了承ください。

付属DVD-ROMのフォルダ構成

付属DVD-ROMのフォルダ構成

付属DVD-ROMには、本書で使用したソフトウェア、制作過程のBlenderファイルおよび画像ファイルなどが収録されています。本書の内容にあわせてご利用ください。

付属DVD-ROMは、必ず「付属DVD-ROMの使い方」、Blenderのインストール方法は12ページをお読みになった上で、ご利用ください。

本付属DVD-ROMの収録内容は、以下の通りです。

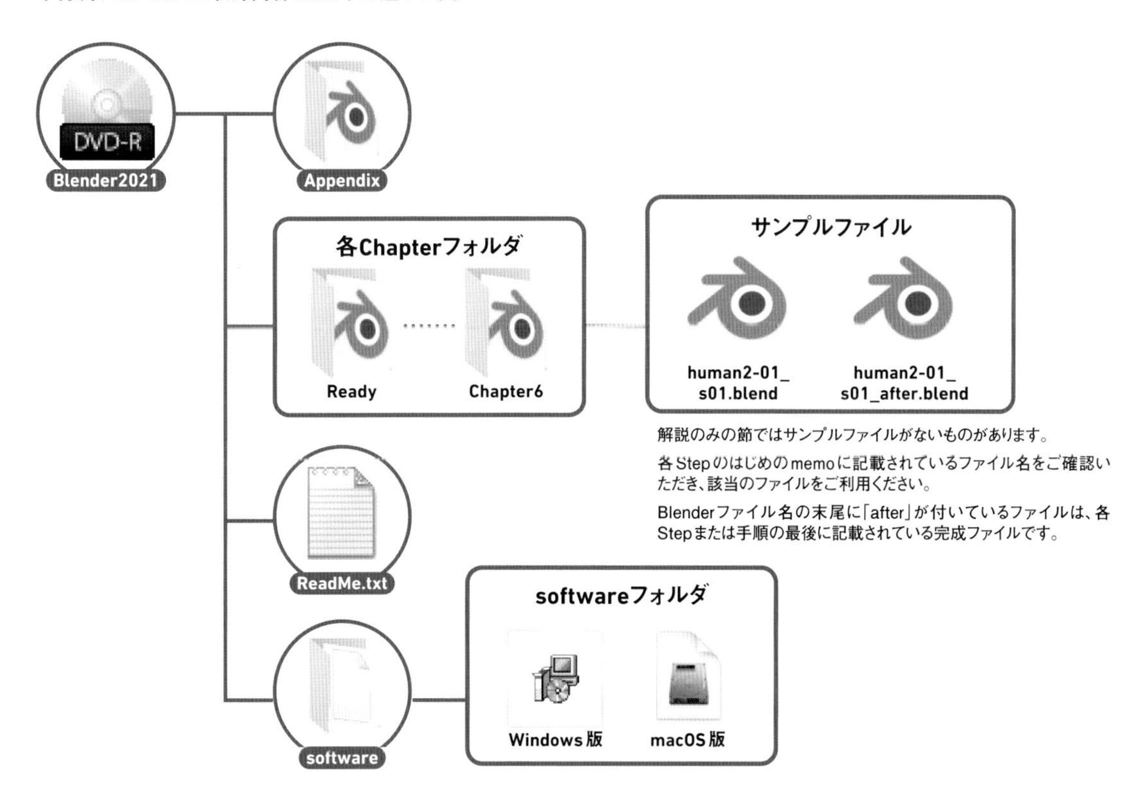

サンプルファイルのダウンロード方法

サンプルファイルは以下のウェブサイトからもダウンロードできます。

https://gihyo.jp/book/2021/978-4-297-11858-7/support

なお、ダウンロードできるのはサンプルファイルのみになりますので、ソフトウェアのBlenderはお使いのウェブブラウザからダウンロードしてインストールしてからご利用ください。

・Blenderのダウンロード　→　13ページ参照

01

ウェブブラウザのアドレス欄に以下の URL を入力して Enter キーを押します。

https://gihyo.jp/book/2021/978-4-297-11858-7/support

02

画像のようなページが表示されるので、「ダウンロード」 をクリックします。

03

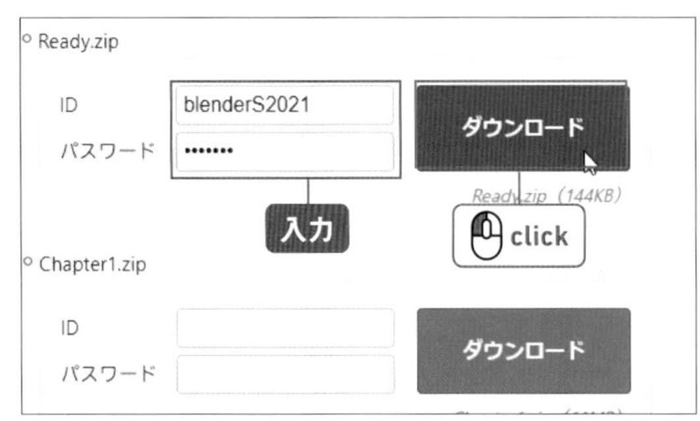

ダウンロードするファイルの ID とパスワードを以下のように入力し、［ダウンロード］ ボタンをクリックします。

ID：blenderS2021
パスワード：GSbb291

04

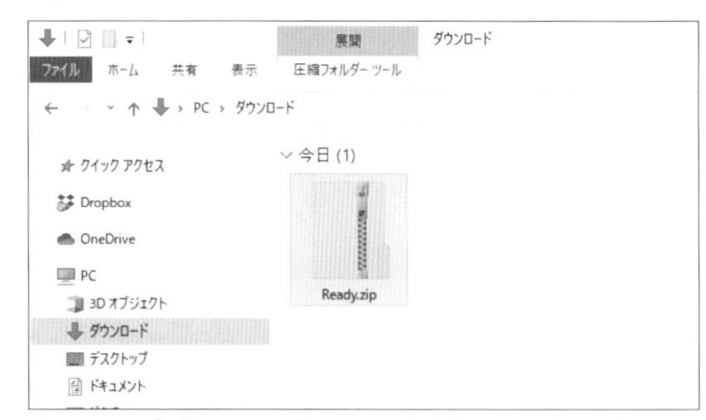

ファイルは ［ダウンロード］ フォルダにダウンロードされます。

Windowsでダウンロードしたファイルは圧縮されています。
エクスプローラーの上の［圧縮フォルダーツール］をクリックして［すべてを展開］ボタンをクリックするか、圧縮ファイルを右クリックしてメニューから［すべてを展開］をクリックすると展開されます。
macOSは［ダウロード］フォルダに解凍された状態でダウンロードされます。

フォルダ・ファイルのコピーの仕方

サンプルファイルは、ハードディスクなどわかりやすいところにコピーしてからご利用ください。
特にDVD-ROMは上書き保存することはできませんので、必ずコピーしてからお使いください。

ハードディスクにコピーする方法は以下の通りです。

※画面はWindows 10ですが、Windows 7、8でも同じようにコピーすることができます。

Windows

Windowsでは、ハードディスクドライブ「ローカルディスク(C:)」に「data」フォルダを作り、各Chapterのデータを「data」フォルダにコピーしてお使いください。

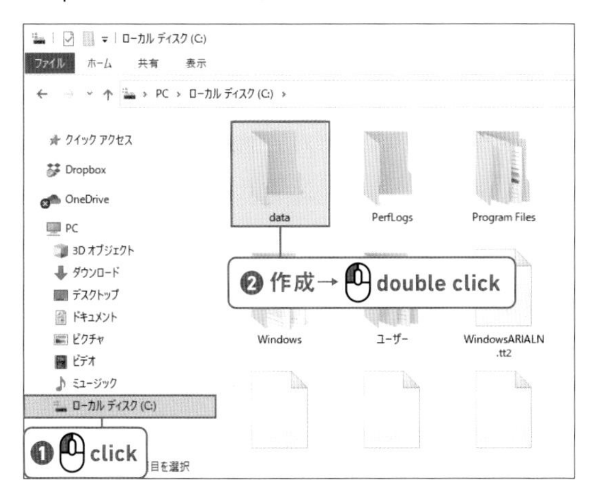

エクスプローラーを開き、左側の［ローカルディスク（C:）］をクリックします。「data」フォフォルダを作成します。

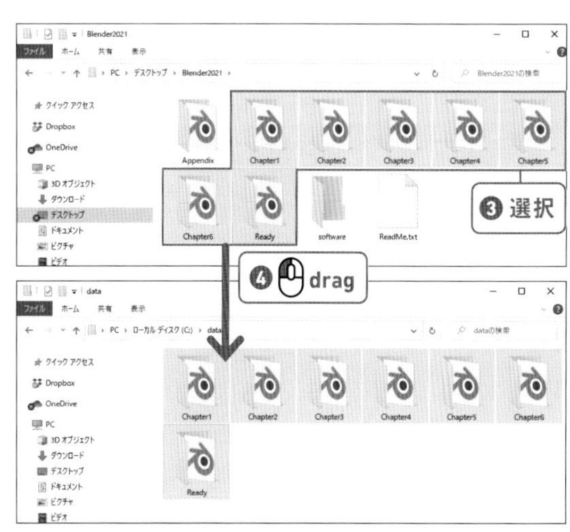

DVD またはダウンロードしたサンプルファイルを「data」フォルダにドラッグしてコピーします。

macOS

macOSでは、デスクトップに「data」フォルダを作り、各Chapterのデータを「data」フォルダにコピーしてお使いください。

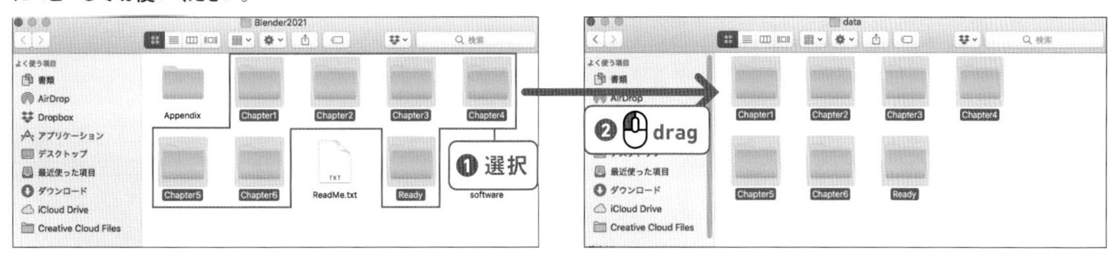

デスクトップに「data」フォフォルダを作成します。DVD またはダウンロードしたサンプルファイルを「data」フォルダにドラッグしてコピーします。

CONTENTS

本書の使い方……003
ブレンダーの動作環境……008

Ready ブレンダーはこんなソフト ～入門編～……009

01 3DCGとブレンダー……010
02 ブレンダーをインストールしよう……012
03 ブレンダーを使いやすいように設定しよう……016
04 基本操作をマスターしよう……019
05 プリミティブでキャラクターを作ろう……031

Chapter 01 キャラクターアニメーションを作ろう ～アニメーション初級編～……037

01 アニメーションを作る準備をしよう……038
02 キャラクターが走る動画を作ろう……044
03 キャラクターをジャンプさせよう……051

Chapter 02 キャラクターの形を作ろう ～モデリング基本編～……063

01 キャラクターの頭部と胴体を作ろう……064
02 モディファイアーで左右対称の形状を作ろう……072
03 つま先・顔を作ろう……080

Chapter 03 キャラクターのリグを作ろう ～モデリング応用編～……089

01 立方体キャラクターのアニメーションを修正しよう……090
02 アーマチュアを使ってメッシュを変形しよう……098
03 人型モデルにアーマチュアを入れよう……108
04 人型モデルにIKをつけよう……120
05 ペアレントとコンストレイントを設定しよう……130

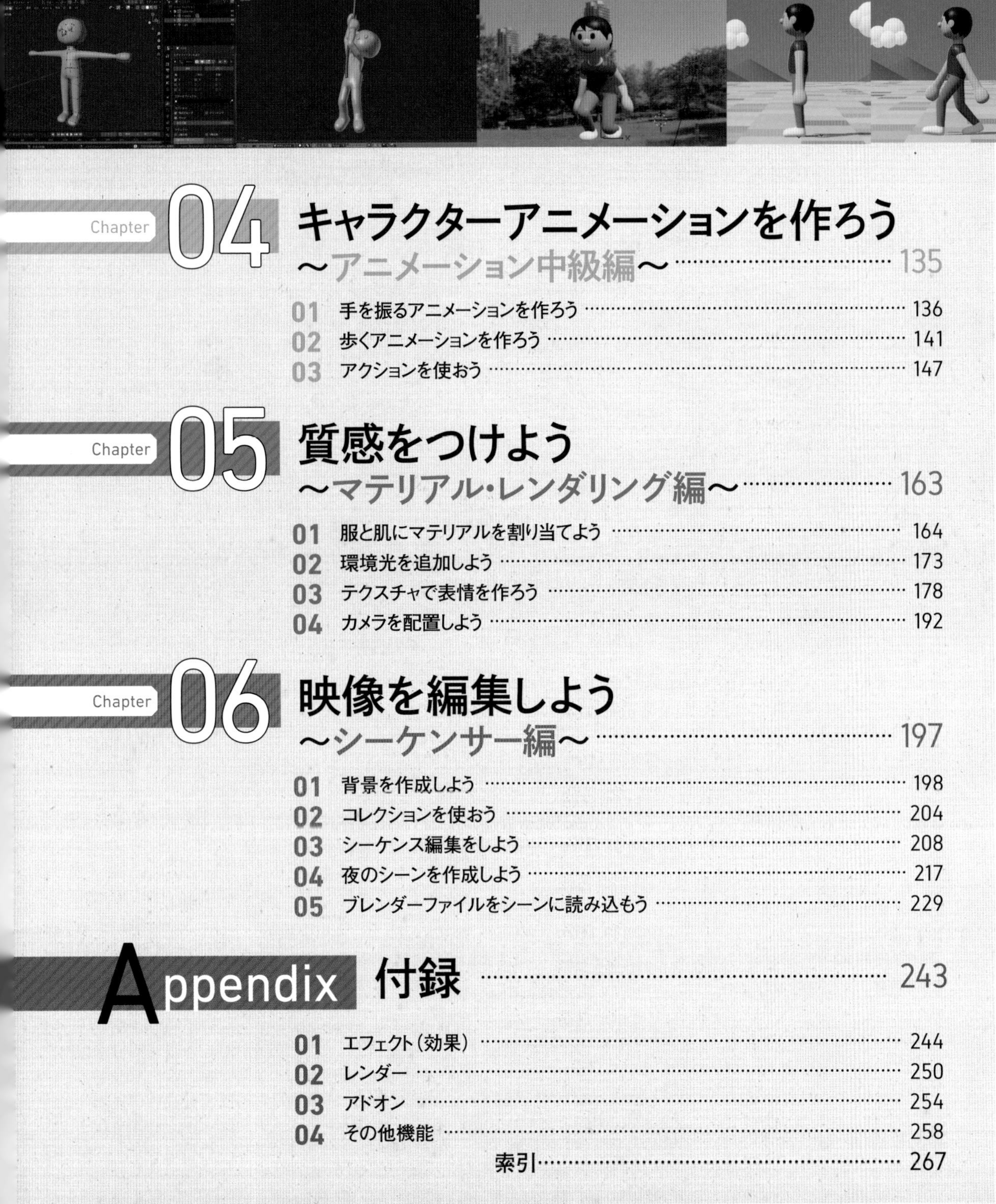

Chapter 04 キャラクターアニメーションを作ろう ～アニメーション中級編～

キャラクターアニメーションを作ろう ～アニメーション中級編～ …… 135

01 手を振るアニメーションを作ろう …… 136
02 歩くアニメーションを作ろう …… 141
03 アクションを使おう …… 147

Chapter 05 質感をつけよう ～マテリアル・レンダリング編～

質感をつけよう ～マテリアル・レンダリング編～ …… 163

01 服と肌にマテリアルを割り当てよう …… 164
02 環境光を追加しよう …… 173
03 テクスチャで表情を作ろう …… 178
04 カメラを配置しよう …… 192

Chapter 06 映像を編集しよう ～シーケンサー編～

映像を編集しよう ～シーケンサー編～ …… 197

01 背景を作成しよう …… 198
02 コレクションを使おう …… 204
03 シーケンス編集をしよう …… 208
04 夜のシーンを作成しよう …… 217
05 ブレンダーファイルをシーンに読み込もう …… 229

Appendix 付録

付録 …… 243

01 エフェクト(効果) …… 244
02 レンダー …… 250
03 アドオン …… 254
04 その他機能 …… 258
索引 …… 267

ブレンダー(Blender)の動作環境

Windows & macOS

Blenderの必要ソフトウェア、推奨環境は以下の通りです。

● 使用できるOS

・Windows 7／8／10

・macOS 10.13(High Sierra)以降

マウスはホイール付で、ホイールがクリックできるタイプのマウスを使ってください。

※Windowsでは32bit、64bit、macOSではIntel、PowerPC、OS X 10.13以降などにOSごとにインストーラーが異なります。
詳しくは、ブレンダー財団のWebサイトをご覧ください。

ブレンダー財団
https://www.blender.org/

※LinuxでもBlenderがリリースされています(Blender 2.92.0)。
本書はWindows、macOSのみで動作確認をしていますが、ほぼ同様の操作を行うことができます。

新規バージョンがリリースされた際には最新版をインストールすることをおすすめします。

●Blender　日本語サイト

日本語での情報を提供しているサイトです。個人の運営サイトになりますので、本書の内容および行き過ぎたお問い合わせなどはお控ください。

http://blender.jp/

● 本書の説明

本書は入門書でありBlenderすべての機能について解説しているわけではないことをご了承ください。

ラジオシティなどの一部の機能については解説していません。

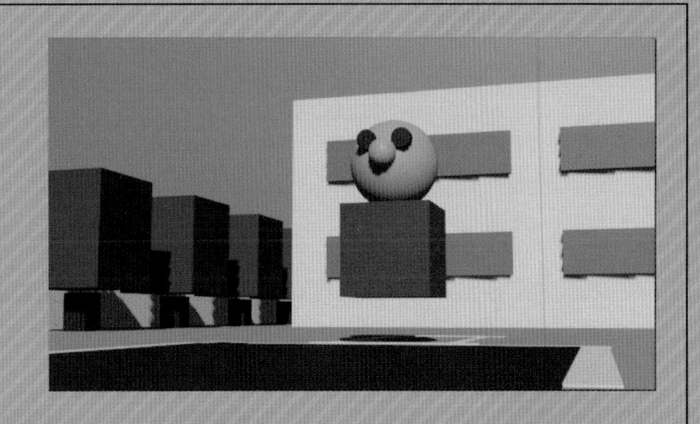

Ready

ブレンダーはこんなソフト
～入門編～

本書では3Dアニメーションの作成に
ブレンダー（Blender）というソフトウェアを使います。
ブレンダーは非常に高機能なソフトウェアですが、無償で配布されています。
このブレンダーとマウスとPCがあれば、
何もない状態から3DCG映像を作ることができます。

Ready

01 3DCGとブレンダー

3DCGを作るには、PCとCGソフトウェアが必要です。
本書では、「ブレンダー(Blender)」というソフトウェアを使って、3Dムービーを作ります。

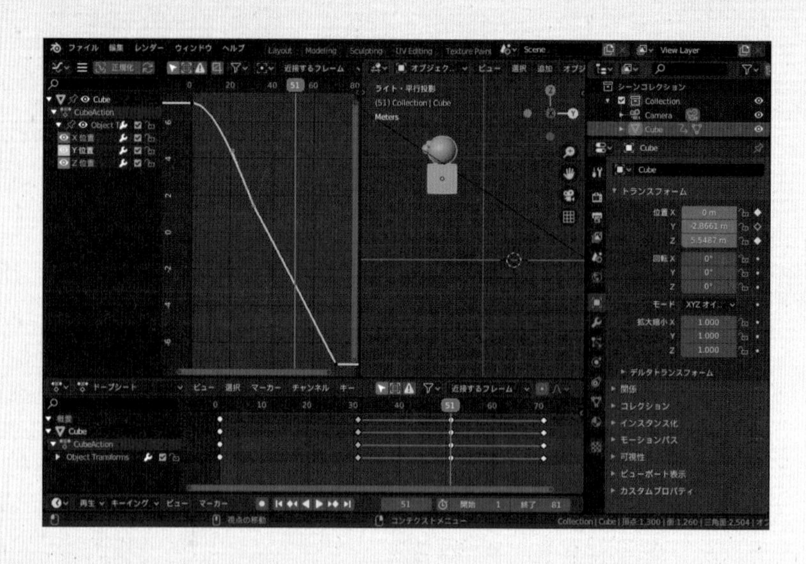

Step: 01 ブレンダーができること

01

3DCG ムービーを作るには、まずキャラクターや背景の形を作り、これに動きをつけます。例えば、犬が歩くムービーを作る場合、工程は以下のような手順になります。

犬の形を作る(モデリング)
↓
犬の骨格を作る(セットアップ)
↓
歩く動きをつける(アニメーション)
↓
カメラや光源・背景を配置する
↓
撮影してムービーを作る(レンダリング)

02

何もない状態から3Dムービーが完成するまでのすべての工程を、「ブレンダー(Blender)」だけで行うことができます。
ブレンダーの他にもCGを作成するソフトウェアはいろいろあります。
モデリング専用のソフト、レンダリング専用のソフトなどもありますが、ブレンダーはモデリングからコンポジットまで、CG作成のすべての工程を ブレンダー 内で行うことができます。

03

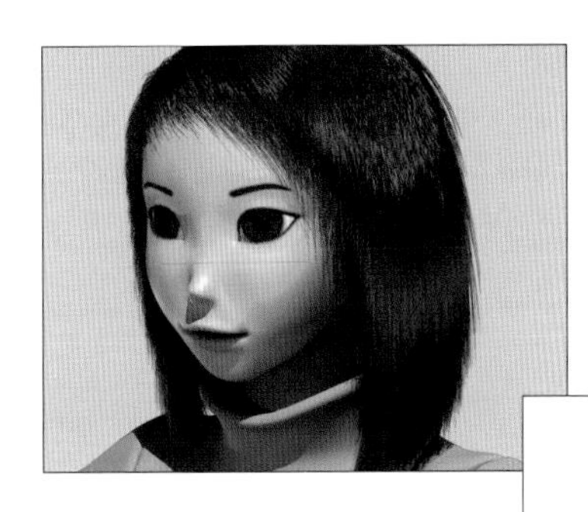

ブレンダーはモデリングやアニメーションなどのメインの機能に加え、毛や布の表現、液体や煙の表現、落下や衝突等の物理計算など高価なソフトウェアでしか使えなかったような機能も備わっています。

memo

ブレンダーについて

ブレンダーはオランダ生まれの3Dグラフィックソフトウェアです。
もともとはCGスタジオNEOGEO社の社内ツールでしたが、現在はブレンダー財団(Blender Foundation)によってフリーソフトとして配布されています。
正確にはGPLに基づいたフリーソフトということですが、作品を作るだけならフリーソフトと同じと思ってよいでしょう。

Keyword: GPL (The GNU General Public License)

プログラミングの知識があって、ブレンダー関連のプログラミングをしたい人は、GPLというライセンス規約を守る必要があります。GPLの正確な定義についてはGPLのオフィシャルサイトを参照してください。
http://www.gnu.org/licenses/gpl.html

Ready

02 ブレンダーをインストールしよう

ブレンダーをインストールしましょう。ここではBlender 2.91で解説を行いますが、最新の正式リリース版をダウンロードして使用することをおすすめします。

Step: 01 ブレンダーのインストール方法

01

DVDに収録されている「software」フォルダの「Blender_Windows」フォルダをデスクトップにコピーしておきます。
コピーした「Blender_Windows」フォルダをダブルクリックし、「blender-2.91.0-windows64.msi」をダブルクリックします。

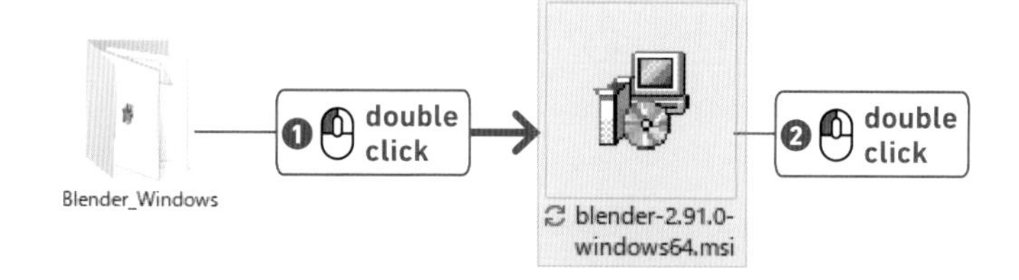

memo

OSにあわせてインストールする

本書ではおもにWindows10を使用して解説を行いますが、DVDの「software」フォルダには、それぞれのOSに合わせたソフトウェアを用意しています。使用するOSにあわせたソフトウェアを選択してインストールを行ってください（詳しくはp.3参照）。

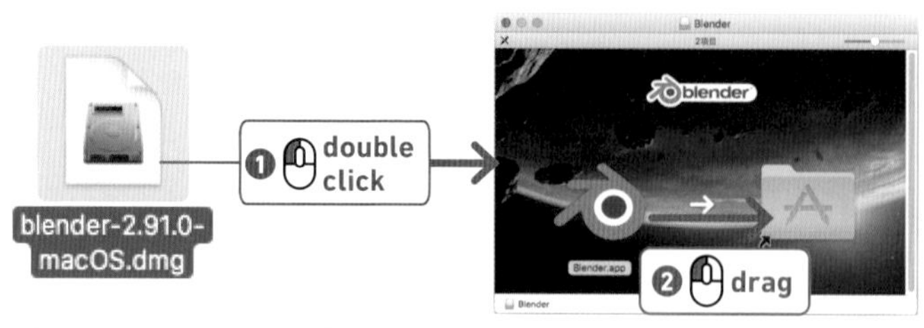

macOSのインストールは、「Blender_Mac」フォルダの「blender-2.91.0-macOS.dmg」をダブルクリックし、表示されたダイアログで「Blender.app」アイコンを「アプリケーション」フォルダにドラッグします。

02

インストーラーが起動します。
[Next] ボタンをクリックします。

memo

[ユーザーアカウント制御] ダイアログ

Windowsでは、インストーラーが起動する前に[ユーザーアカウント制御]ダイアログが表示される場合があります。特に問題ないので、[はい]ボタンをクリックして先に進みます。

03

ブレンダーの使用許諾について英文で表示されます。内容を確認し、「I accept the terms in the License Agreement」にチェックを入れ、[Next] ボタンをクリックします。

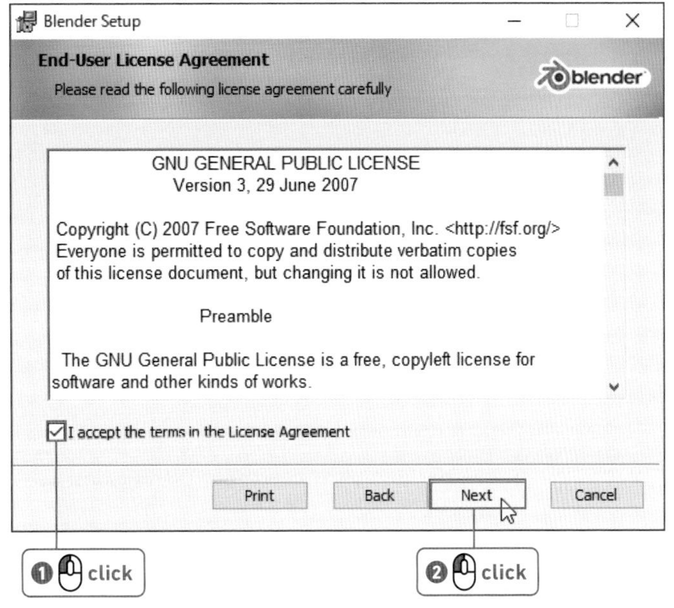

memo

ブレンダーのオフィシャルサイト

Blender 2.91の規約内容は、主にGPLについて書かれています。個人で3DCG作品を作り、CG作品だけを配布するだけなら問題ありません。英語が苦手な方はGoogle翻訳等で日本語にして確認してください。

Column ブレンダーのオフィシャルサイト

以下の URL からブレンダーをダウンロードすることができます。

Blender.org
https://www.blender.org/
Windows 版、macOS 版、Linux 版など各 OS に合ったブレンダーのインストーラーをダウンロードしてください。本書では、Windows 版バージョン 2.91.0 を使用しています。「Blender バージョン 2.91.0」は DVD の「software」フォルダの中に収録しています。

04

ブレンダーのインストール先を指定します。
[Next] ボタンをクリックします。

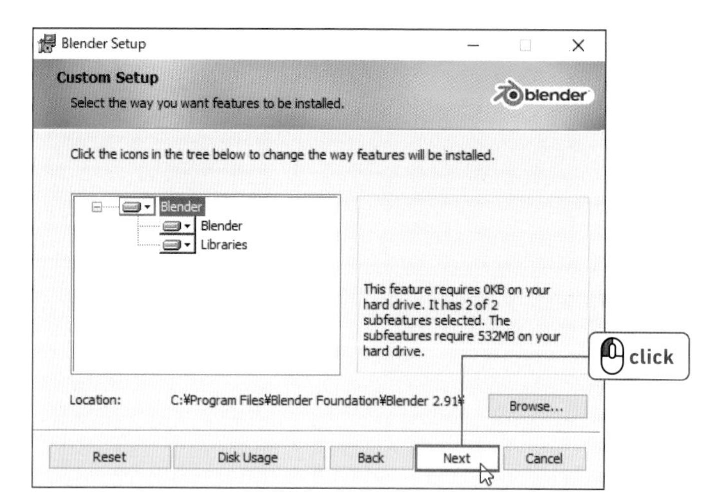

memo

ブレンダーのインストール先

変更をしなければ、ローカルディスク(C:) > 「Program Files」フォルダにインストールされます。通常、変更する必要はありません。

05

[Install] ボタンをクリックすると、インストールが開始されます。
インストールが終わるまでしばらく待ちます。

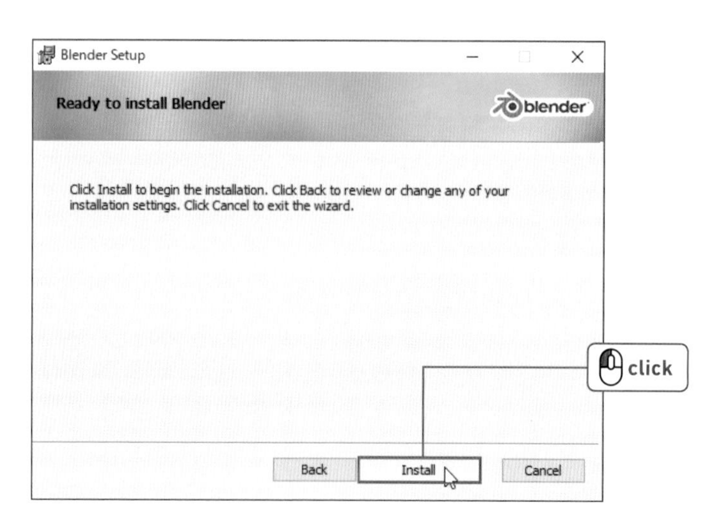

memo

[ユーザーアカウント制御] ダイアログ

Windowsでは、[ユーザーアカウント制御] ダイアログが表示される場合があります。特に問題ないので、[はい] ボタンをクリックして先に進みます。

06

インストールが終了しました。
[Finish] ボタンをクリックするとインストールが完了します。

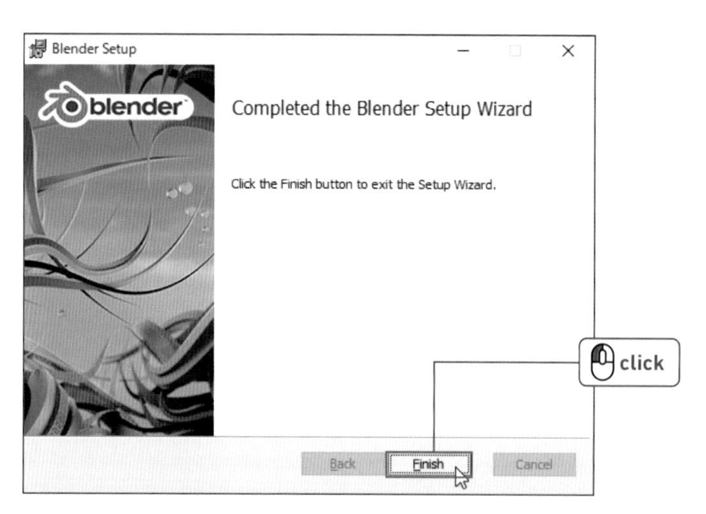

Step: 02 ブレンダーを起動する

01

WIndows の［スタート］メニューに登録されているので［スタート］メニューから Blender を探しましょう。
もしくはデスクトップのショートカット（［Blender］アイコン ）をダブルクリックして起動しましょう。

ブレンダーを素早く起動する

［スタート］メニューの［blender］アイコン を右クリックして［スタートにピン留めする］を選択するか、ブレンダーの起動後、タスクバーの［Blender］アイコン を右クリックして［ピン留めする］（macOSは［オプション］→［Dockに追加］）をクリックして登録しておくと次回の起動が楽になります。

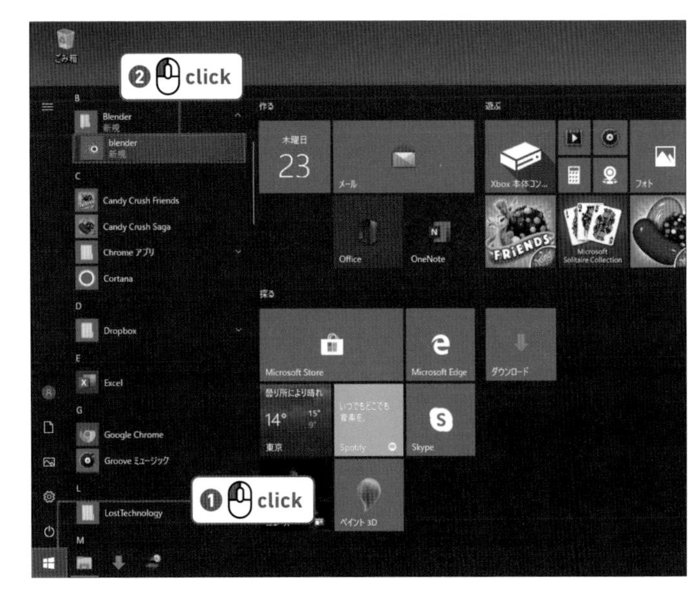

02

ブレンダーが起動しました。
中央の画面をクリックして、スプラッシュウィンドウを閉じます。

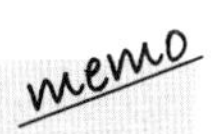

ドライバーの警告ダイアログ

ブレンダーを起動した際、「Unsupported Graphics Card」という警告ダイアログが表示されることがあります。
使用しているPCのグラフィックカードがブレンダーのサポート外になっていることが原因です。とりあえずはじめたい場合は［Continue Anyway］ボタンをクリックすると起動します。

Column ブレンダーのアンインストール

ブレンダーをアンインストール（削除）したい場合は、［スタート］ボタン→［Blender］フォルダ→［Blender］を右クリックして［アンインストール］をクリックします。
macOS の場合は、［移動］メニュー→［アプリケーション］にコピーした「Blender.app」ごと［ゴミ箱］に移動して削除します。
ブレンダーをバージョンアップする場合は、アンインストールをしてからインストールしてください。

Ready

03 ブレンダーを使いやすいように設定しよう

すぐに作業をはじめたいところですが、作業しやすいようにいくつか設定をしておきましょう。

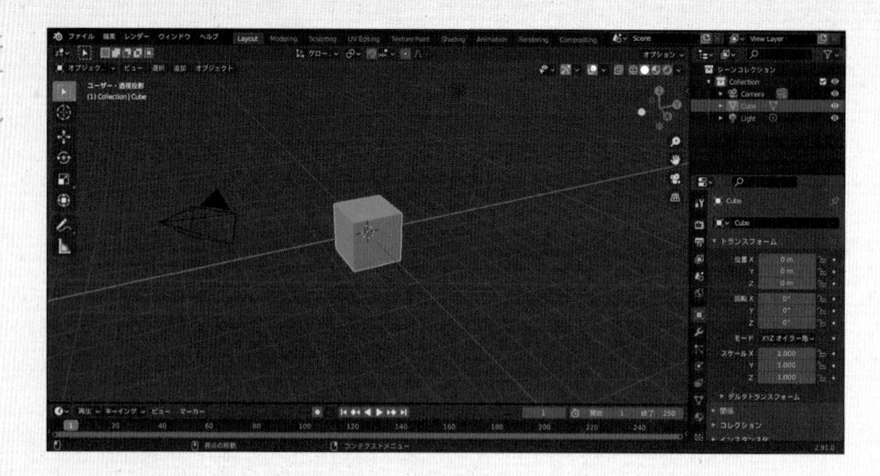

Step: 01 ユーザー設定ウィンドウを表示する

01

一番上の［Edit］メニューをクリックし、［Preferences］をクリックします。

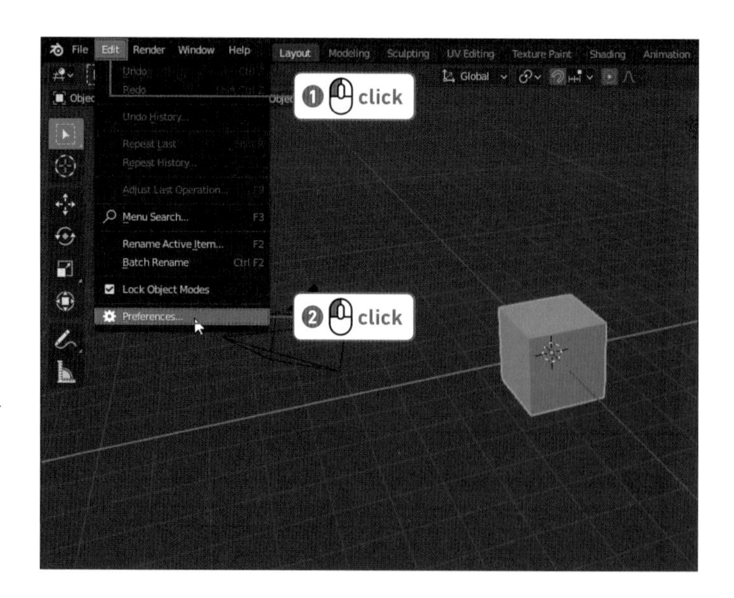

memo

インターフェイスが日本語の場合

インターフェイスがすでに日本語の場合は、［編集］メニュー→［プリファレンス］の順にクリックします。

Step: 02 インターフェイスを日本語にする

01

インターフェイスが英語の場合は日本語に切り替えます。
左側の［Interface］ボタンをクリックして［Translation］タブの文字をクリックすると ▶ が下を向き、タブが開きます

02

［Language］の「English（English）」をクリックし、「Japanese（日本語）」を選択します。

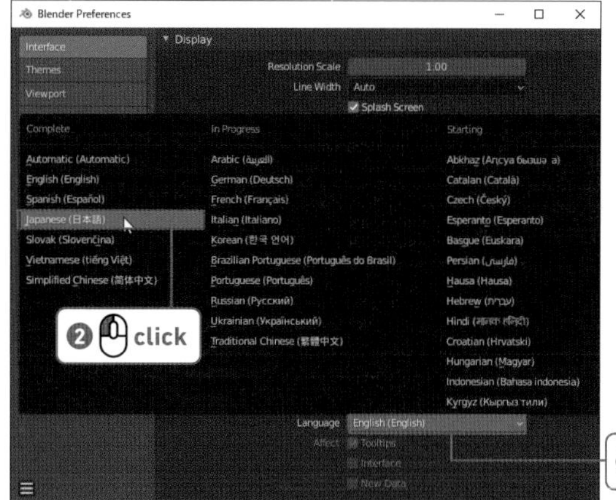

03

［翻訳（Translation）］タブの［ツールチップ］と［インターフェイス］と［新規データ］のチェックボックスにチェックが入ります。
ブレンダーのインターフェイスがｓ日本語になりました。

Step: 03 インターフェイス・入力の設定・各設定を保存する

01

作業が楽になるように、いくつか設定しておきます。
左の［視点の操作］ボタンをクリックし、［選択部分を中心に回転］にチェックを入れてください。

02

左下の［Save & Load］アイコン ☰ をクリックし、［プリファレンスを保存］を選択してください。
次回、ブレンダーを再起動した場合、今保存したブレンダーの状態を読み込んだ状態で起動します。
［Blender Preferences］（［Blender プリファレンス］）ウィンドウ の右上の［閉じる］ボタン ✕ をクリックして閉じます。

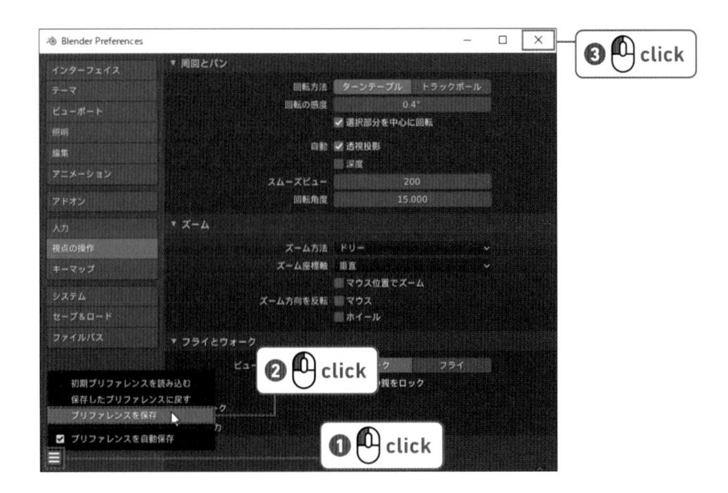

Column ブレンダーを初期設定に戻す

設定した項目を消去して、ブレンダーをインストール直後の状態に戻すには、［編集］メニュー→［プリファレンス］をクリックして［Blender プリファレンス］ウィンドウを表示し、左下の［Save & Load］アイコン ☰ をクリックして［初期プリファレンスを読み込む］を選択してください。

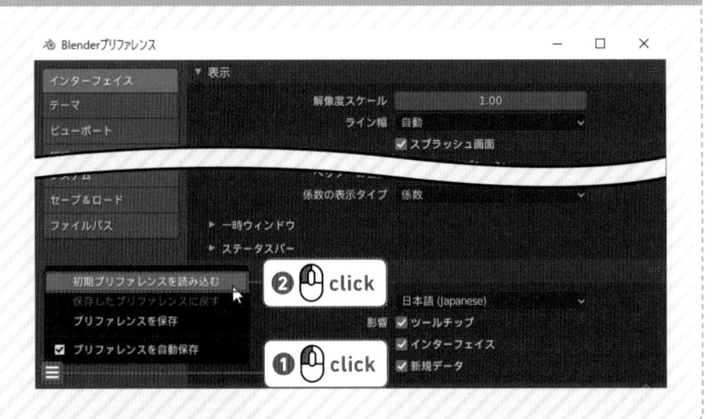

Ready

04 基本操作をマスターしよう

ブレンダーの基本操作を覚えましょう。
ここでは立方体と球を使って、ブレンダーの画面の構成、視点の操作、移動、回転について説明します。

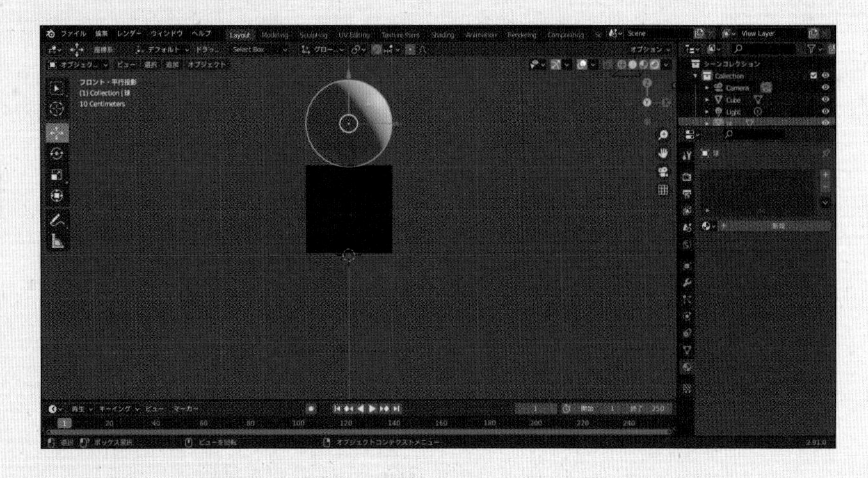

Step: 01 画面の表示操作を覚える

01

中央の立体的な画面を「3Dビューポート」といいます。
3Dビューポートは立体物の作成や表示を行う一番よく使う画面です。
まだ何もしてないのに、3Dビューポートには何やらいろいろ表示されています。

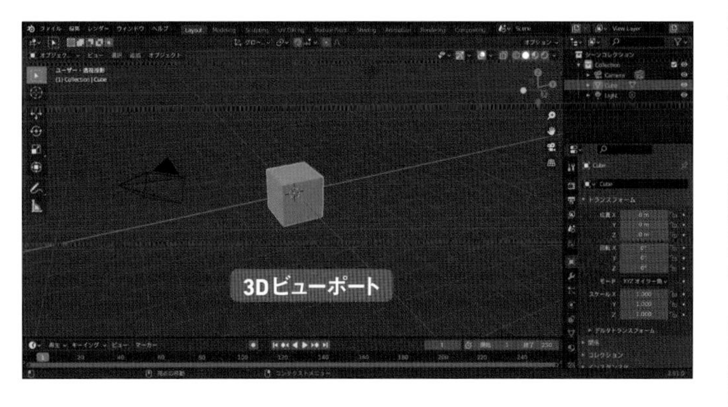

02

キーボードの F12 キーを押してみてください。グレーの立方体を表示したウィンドウ（Blender レンダー）が現れました。
画像を確認したら右上の［閉じる］ボタン × をクリックしてウィンドウを閉じてください。

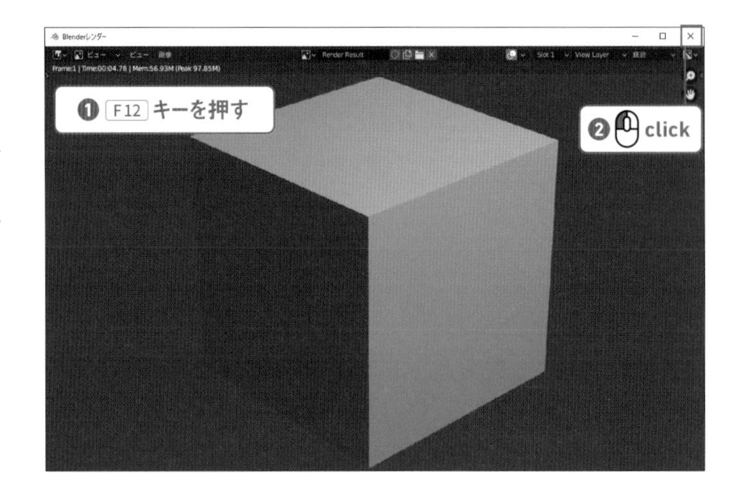

03

3D ビューポートの中央には立方体があります。F12 キーを押して表示されたグレーの立方体は、この立方体が計算されて CG になったものです。
3D ビューポートの左にある四角錘は「カメラ」です。F12 キーを押して表示された画像はこのカメラで撮影した画像です。
立方体の右上にある円は光源（ライト）です。ブレンダーの起動時には立方体、カメラ、ライトが 1 つずつ配置されているのです。

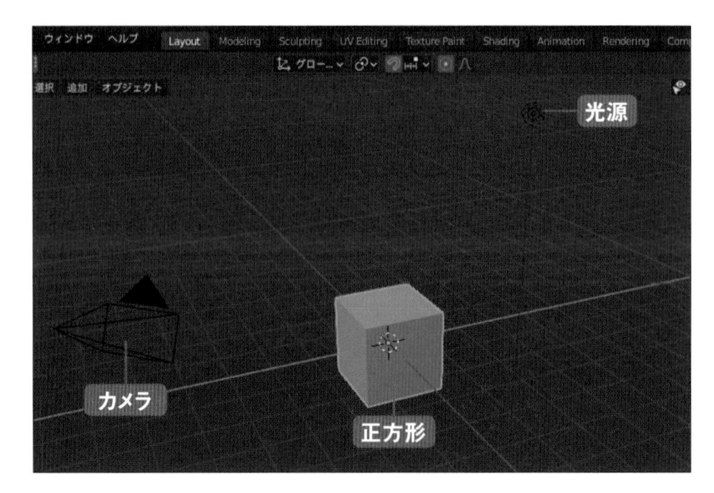

04

3D ビューポート上でマウスの中ボタン（マウスホイール）を押しながらぐりぐりとドラッグ（マウス移動）してください。
視点がぐるんぐるん動きます。

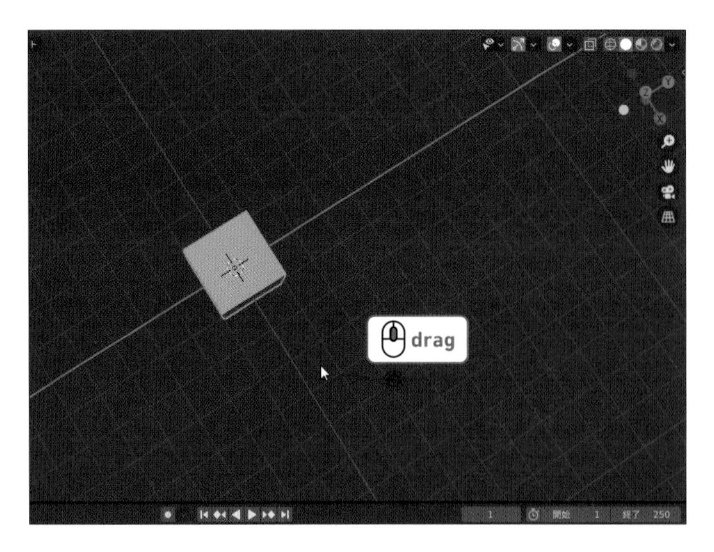

memo

視点が動かない場合

マウスのマウスホイールボタンの動作に「中央ボタン」が割り当てられていません。割り当て方はマウスのメーカーによって違います。マイクロソフト社のマウスの場合は、［スタート］ボタン→［Windows システムツール］→［コントロールパネル］→［ハードウェアとサウンド］→［マウス（デバイスとプリンター）］から設定してください。詳しくはマウスのマニュアルをお読みください。

05

今度はマウスホイールを回してみましょう。立方体が近くなったり遠くなったりします。

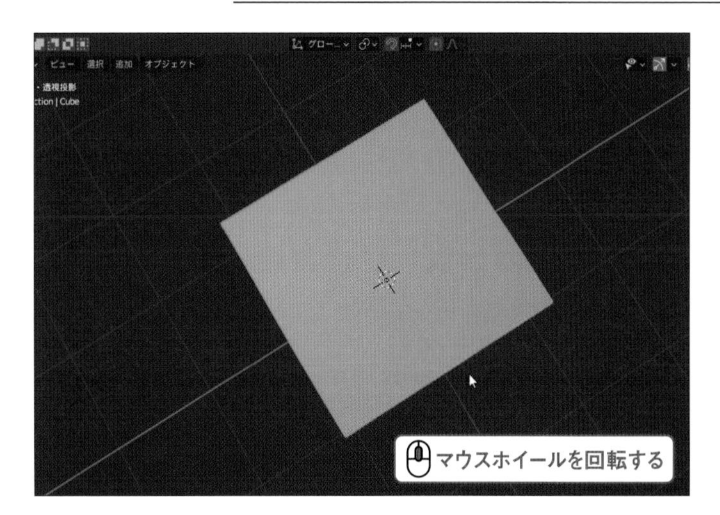

Column F12 を押すとブレンダーが終了してしまう場合

使用している PC によっては「Eevee」の機能が使えません。Eevee は必須ではありませんが、またブレンダーが強制終了しないように次の手順で設定を行ってください。

❶ブレンダーを再起動します。
❷右側のアイコン列の[レンダープロパティ]アイコン をクリックします。
❸レンダーエンジンの[Eevee]をクリックし、[Cycles]に切り替えます。
❹[ファイル]メニュー→[デフォルト]→[スタートアップファイルを保存]の順に選択します。

これによって「Eevee」の代わりに「Cycles」を使用するようになりました。
本書は Eevee の使用を前提にしているので、Cycles を使用している場合、ビューポートの表示やマテリアル設定で読み替えなくてはいけない場合があります。
「Eevee」および「Cycles」については p.28 の Keyword と p.250 ～ 253 の Appendix で説明します。

Step: 02 視点を移動させる

01

次にキーボード Shift キーを押しながらマウスホイールボタンでドラッグしましょう。
視点が上下左右に移動します。

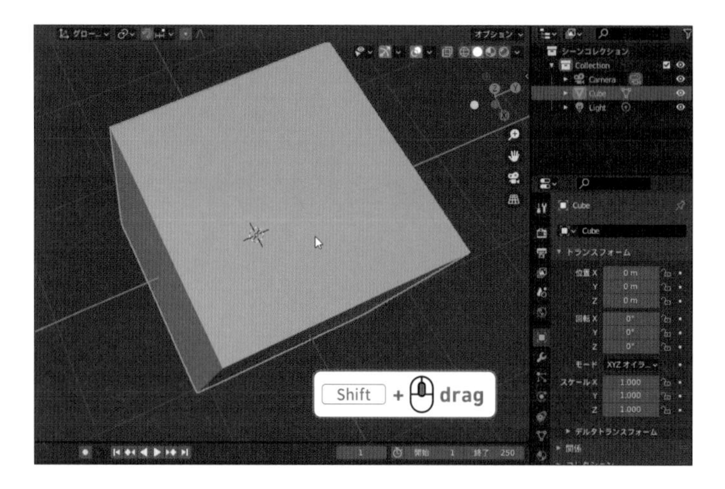

02

視点を動かしすぎて前後不覚になったときは、キーボードの Home キーを押してみましょう。[3D ビューポート] ウィンドウに丁度すべてが納まるように視点を移動してくれます。
3D ビューポートの [ビュー] メニューから [全てを表示] を選択しても同様のことができます。

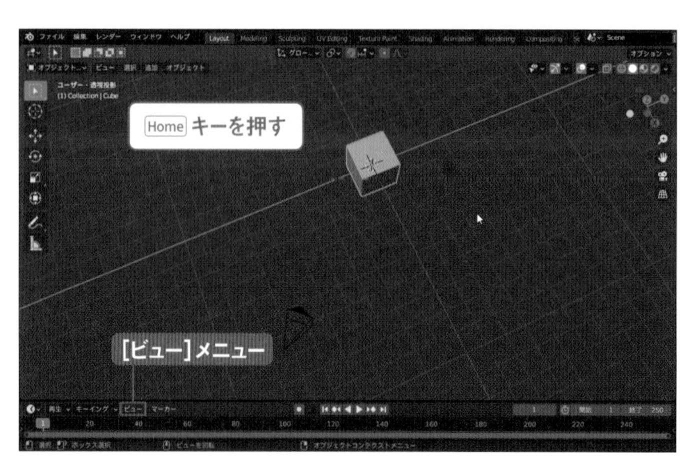

Keyword: 透視撮影と平行投影

透視投影は人間の目で見たように遠くのものが小さく見える投影法です。
平行投影は遠近感を無くし、遠くのものも同じ大きさで表示します。
3D ビューポート上でテンキーの 5 をキーを押すと表示が切り替わります。

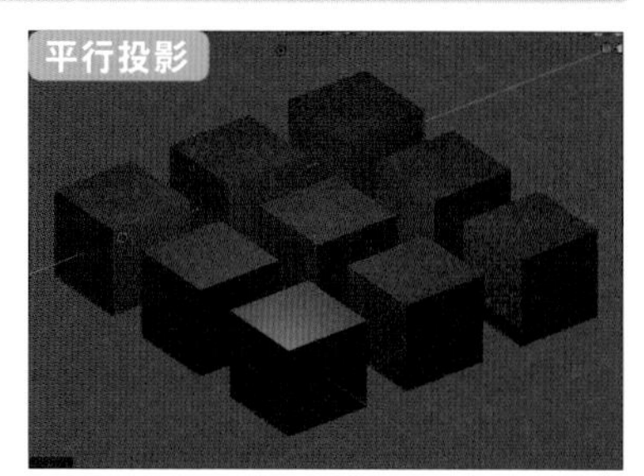

Column　ビューの向きを切り替える

3D ビューポートにマウスカーソルを移動して、テンキーの 7 を押すと［トップ］ビューに、1 キーを押すと［フロント］ビュー、3 キーを押すと［ライト］ビューになります。キー配列で 1「フロント」の上にあるのが 7「トップ」、右にあるのが 3「ライト」と覚えるとよいでしょう。ブレンダーでショートカットキーを使用するときは、操作したいエディターにマウスカーソルがあるようにしてください。

ビューの向きを変え方法はほかにもあります。@ キーを押すとビューを選択するパイメニューが現れます。また、右上のインタラクティブナビゲーションのクリックでもビューの操作ができます。インタラクティブナビゲーションは 3D ビューポート右上の赤青緑の XYZ 軸が表示されたグラフィックです。

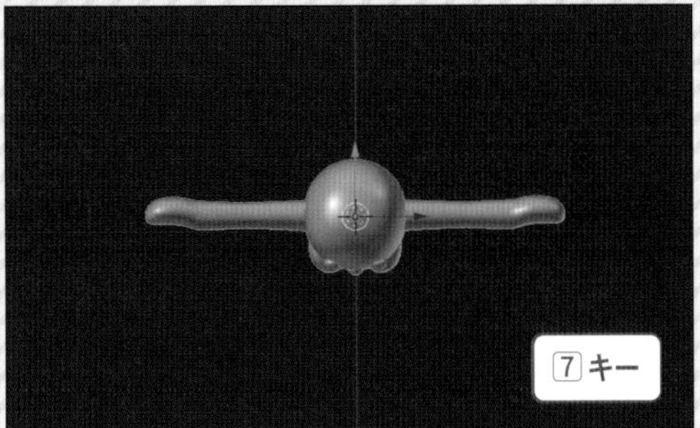

［トップ・平行投影］ビュー

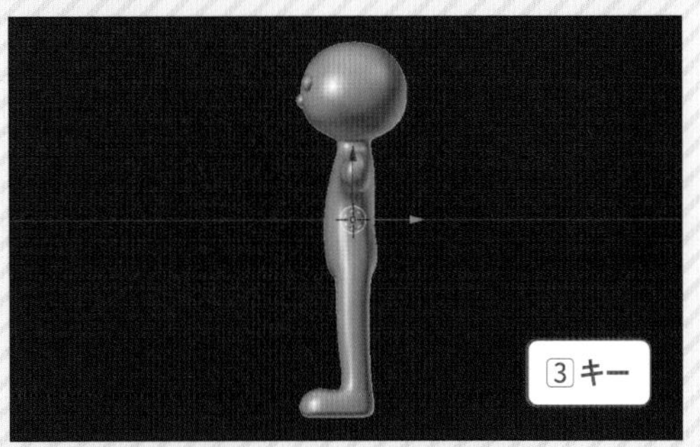

［ライト・平行投影］ビュー

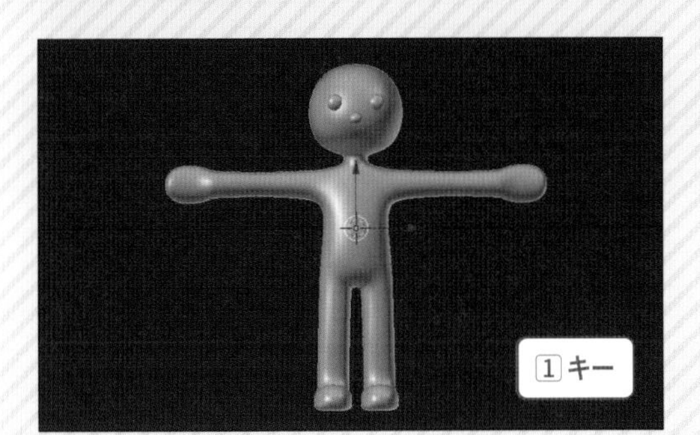

［フロント・平行投影］ビュー

パイメニュー、インタラクティブナビゲーション

Column　視点をかえてもデータはかわりません

これらのマウスホイールボタンを使った操作は、視点を変えているだけでデータが変更されることはありません。
いつでも作業しやすいように視点を変えてください。

Step: 03 立方体を移動させる

01

立方体を移動してみましょう。テンキーの 7 キーを押してください。3Dビューポートの左上に、[トップ・透視投影]と表示されているようなら、テンキーの 5 を押して[トップ・平行投影]ビューにします。
立方体をクリックし、輪郭がオレンジで表示されている状態で、キーボードの G キーを押してください(Grabの「G」)。その状態で、マウスを移動させると立方体も移動します。

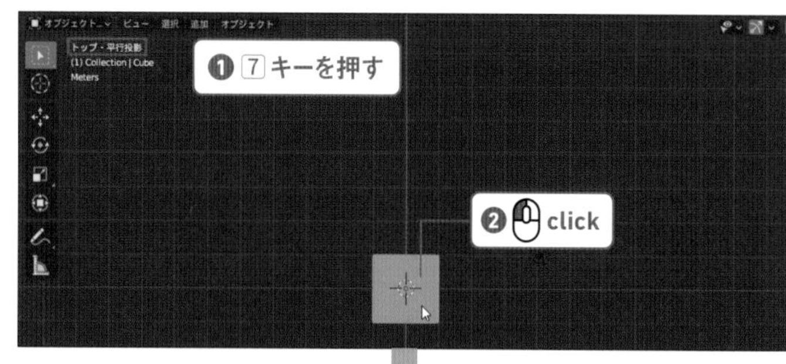

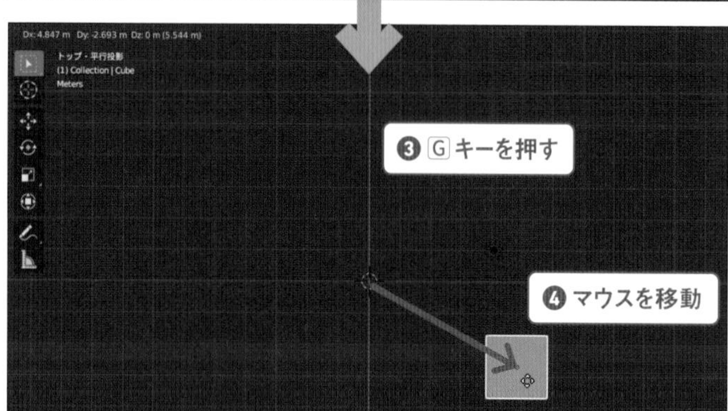

memo 軸を固定した移動

G キーを押したあと、X キー、Y キー、Z キーを押すことで、軸を固定して移動することができます。

02

移動先でクリックすると移動位置が決定します。この G キー→マウス移動→クリックで立方体を何度か移動してみましょう。

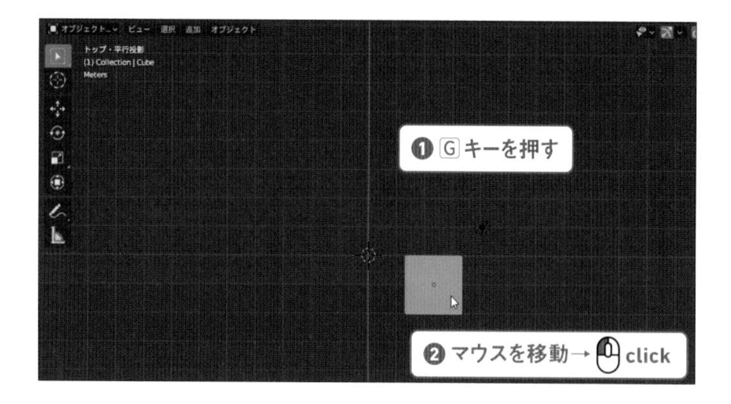

memo 移動のキャンセル

移動中に右クリックすると移動をキャンセルすることができます。

Column [重要] 1つ前の状態に戻したい場合は?

操作を間違えたときに元に戻す方法を覚えておきましょう。Ctrl (command) キーを押しながら Z キーを押してください。1つ前の状態に戻ります。今度は Ctrl (command) + Shift + Z キーを押してください。1つあとの状態になります。これらの操作は、それぞれ戻す操作を「Undo(アンドゥ)」、進める操作を「Redo(リドゥ)」といいます。

03

F12 キーを押して、立方体が移動していることを確認しましょう。
確認したら［Blender レンダー］ウィンドウを［閉じる］ボタン ✕ をクリックして閉じてください。

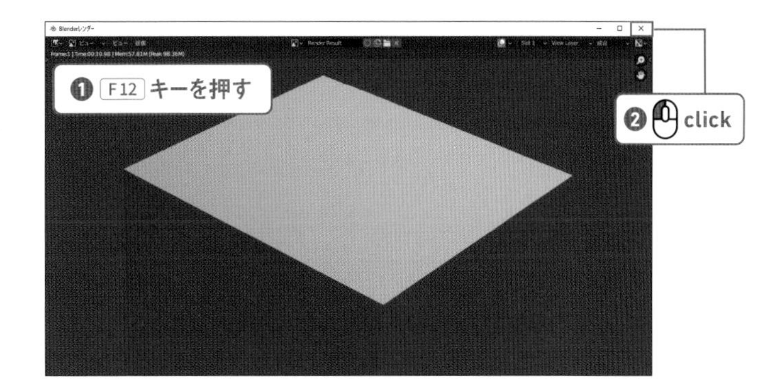

Keyword: ツールバー

オブジェクトの移動、回転、拡大縮小の切り替えは左側のボタンからも行えます。
それぞれのアイコンをクリック、または長押しすると、それぞれの操作モードに入ります。

ボックス選択	オブジェクトを選択する
長押し	
サークル選択	
投げ縄選択	
カーソル	3D カーソルを移動する
移動	選択したオブジェクトを移動する
回転	選択したオブジェクトを回転する
拡大縮小	選択したオブジェクトを拡大縮小する
ケージを拡大縮小	

トランスフォーム	移動、回転、拡大縮小する
アノテート	注釈を記入する
アノテートライン	
アノテートポリゴン	
アノテート消しゴム	
メジャー	距離と角度を計測する

Step: 04 立方体を回転、拡大・縮小する

01

今度は立方体を回転させましょう。回転はキーボードの R キーを押します（Rotation の「R」）。操作方法は「移動」と同様です。立方体を回転させるようにマウスを動かします。クリックすると回転位置が決定します。

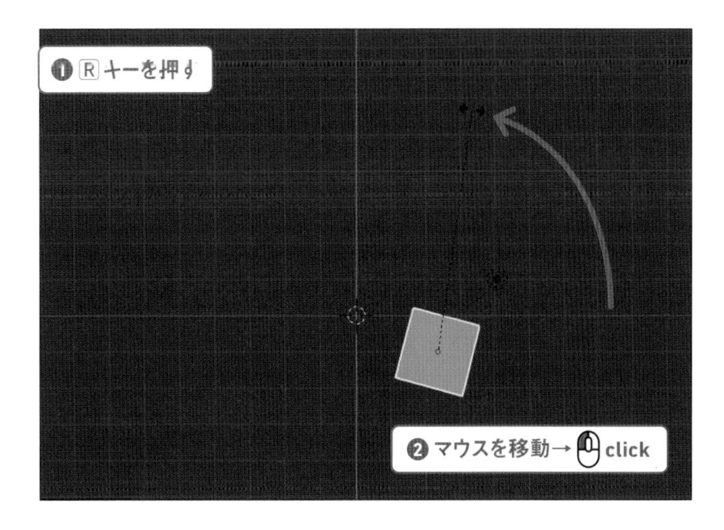

02

立方体を大きくしてみましょう。拡大・縮小には、キーボードの S キーを使います（Scaleの「S」）。
「移動」「回転」と同じように操作してみましょう。

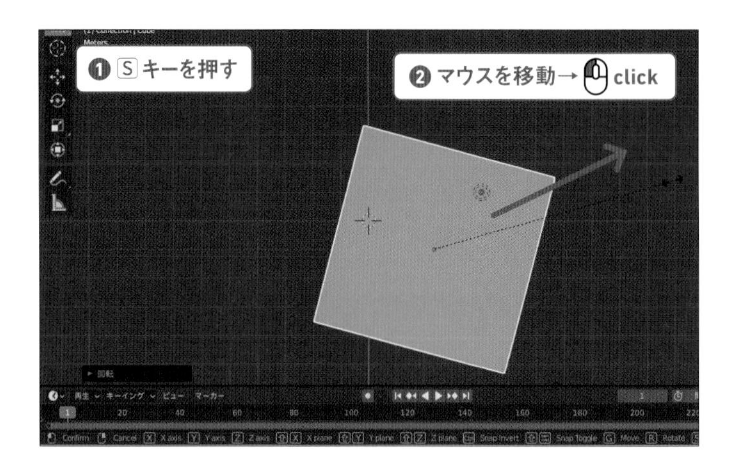

03

カメラも同じように移動、回転してみましょう。カメラをクリックすると選択状態になり、オレンジ色になります。選択すると移動、回転操作ができるようになります。

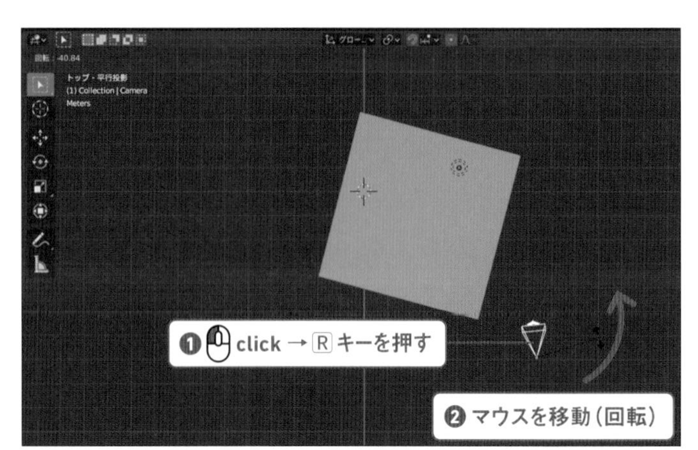

Keyword: XYZ座標とギズモ

左側のツールバーの［移動］ボタン をクリックすると移動モードになります。移動モード中に3Dビューポートで何かを選択すると、選択しているものに矢印が現れます。この矢印を「ギズモ」といいます。矢印の先をドラッグすると、矢印の方向に立方体が移動します。

この赤が「横方向」、緑が「奥行き」、青が「高さ」方向を表し、これを3Dでは「X方向」、「Y方向」、「Z方向」といいます。
拡大縮小のマニピュレータの操作を Shift キーを押しながら行うと、操作した軸以外の2方向に拡大縮小します。
これは柱の長さを変えず太さだけ変えたりするときに便利です。

高さ
奥行き
横方向

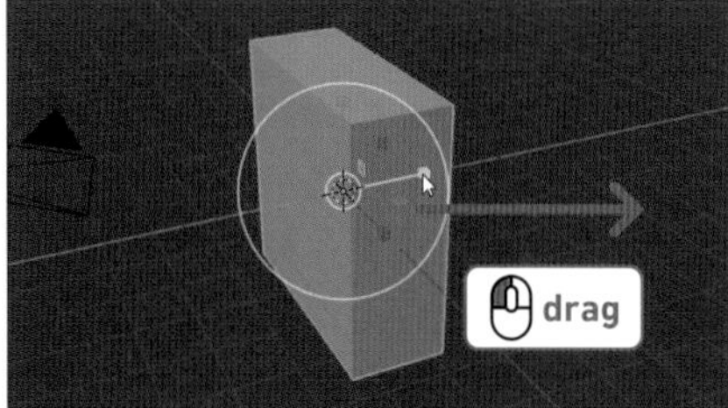

矢印をドラッグすると、立方体が移動拡大、縮小する

Step: 05 ブレンダーの画面構成

01

一度、ブレンダーを最初の状態に戻します。［ファイル］メニュー→［新規］→［全般］を選択して最初の状態に戻します。

memo

保存のダイアログ

［保存しますか］というメッセージが表示された場合は、ここでは［いいえ］ボタンをクリックしてください（保存方法は、p.36で解説します）。

02

ここでブレンダーの画面構成について説明しておきます。
3D ビューポート内の上端にアイコンが並んでいます。この部分を［ヘッダ］といいます。ブレンダー画面は 4 つのエリアに分かれていて、それぞれにヘッダがあります。それぞれのエリアのことを「エディター」といいます。しばらくは 3D ビューポートとプロパティエディターしか使いません。

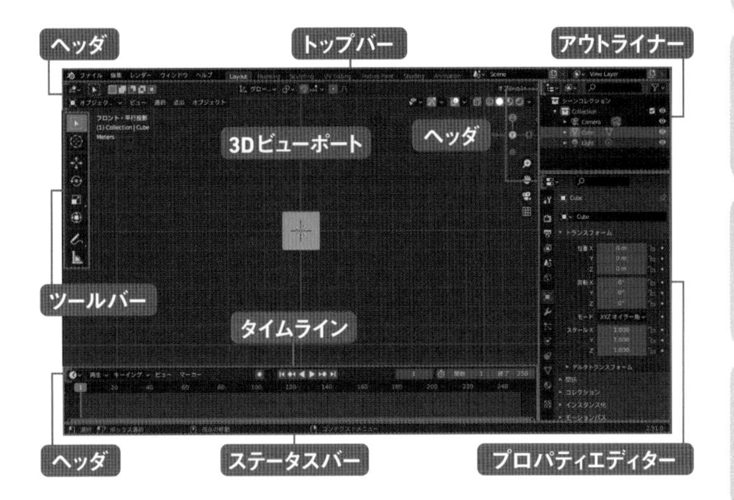

Step: 06 立方体に色をつける

01

立方体に色をつけてみましょう。テンキー 1 キーを押してビューを［フロント・平行投影］にします。立方体をクリックで選択します。ツールバーの［移動］ボタンをクリックし、矢印が表示されたら青い矢印の先を上方向にドラッグして立方体の底が赤い線の上に接するあたりに移動してください。

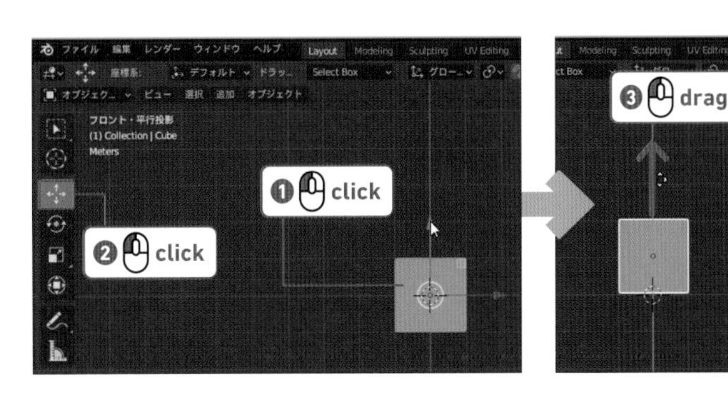

02

3D ビューポートのヘッダの右端にグレーの球のアイコンが 4 個並んでいます。左から 4 個順番にクリックしてみましょう。
中央のグレーの立方体の色が少し変わるのが確認できたでしょうか。今回は一番右の［レンダープレビューを表示］が選択されている状態にしてください。

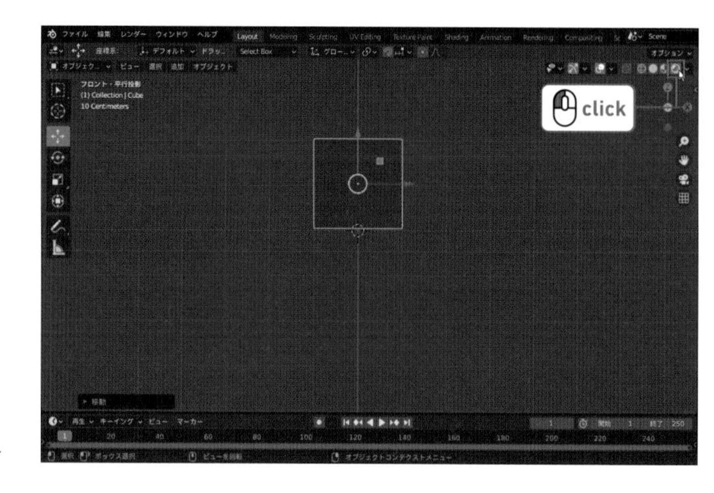

memo

3Dビューのシェーディング

［レンダープレビューを表示］ボタンをクリックすると、3DビューポートがEeveeまたはCyclesを使用した表示になります。表示が遅くて作業しにくい場合は、左から2番目の［ソリッドモードで表示］が選択された状態に戻してください。

03

プロパティエディターの［マテリアルプロパティ］をクリックしてください。
プロパティエディターの表示が切り替わります。

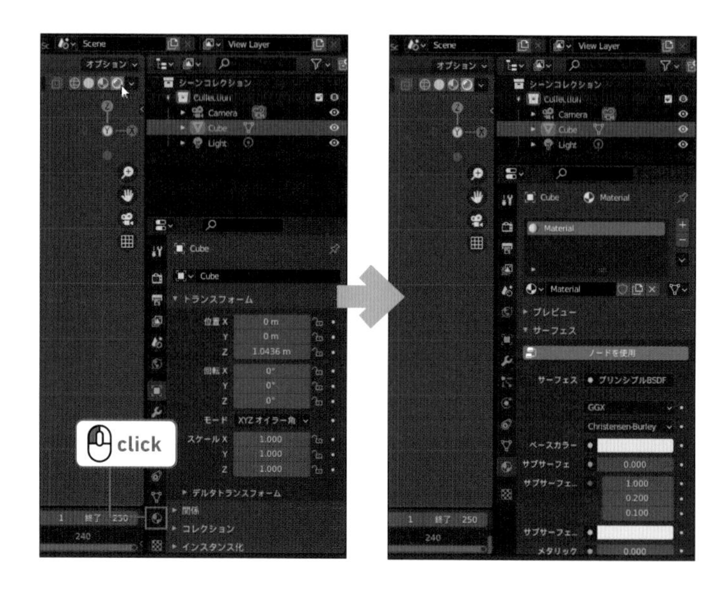

Keyword: レンダー（Eevee ／ Cycles）

CGを計算して画像にすることをレンダリングといいます。
今回、ビューポートの表示とレンダリングにEevee、もしくはCyclesを使用します。
Eeveeを使用するとビューポートでの表示がまるでレンダリングしたように綺麗な画像になりますが、表示が遅くなることはなく、スムーズに作業することができます。
Cyclesは高速ではないものの、Eeveeより高品質な画像を作成します。

04

プロパティエディターの［ベースカラー］の白いボックスをクリックすると、カラーダイアログが表示されます。色のついた円（カラーホイール）をクリックして色を選択してください。色は何色でもかまいません。
マウスカーソルをダイアログの外に出すと、ダイアログが閉じて立方体の色が変わります。

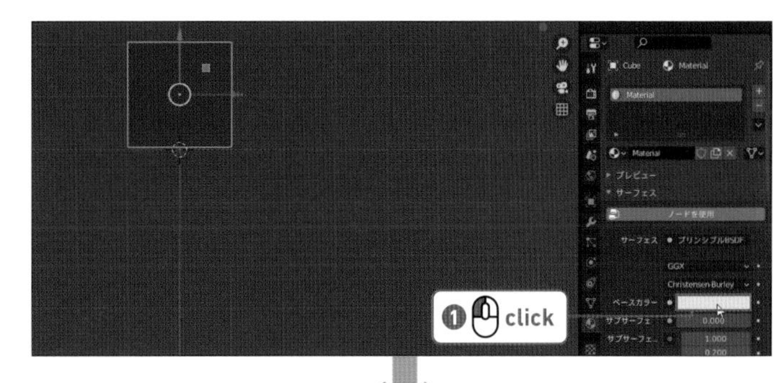

memo ダイアログの表示／非表示

ブレンダーのダイアログは、ほとんどが［OK］と［キャンセル］ボタンを持ちません。このような場合、ダイアログの外をクリックするか、マウスカーソルをダイアログからはずすと、ダイアログが閉じます。

Step: 07 球を追加する

01

立方体を体、球を顔にしてキャラクターを作成します。
3Dビューポートのヘッダの［追加］ボタンをクリックし、［メッシュ］→［UV球］の順にクリックしてください。

02

青い矢印の先を上にドラッグして球を立方体の上に移動してください。

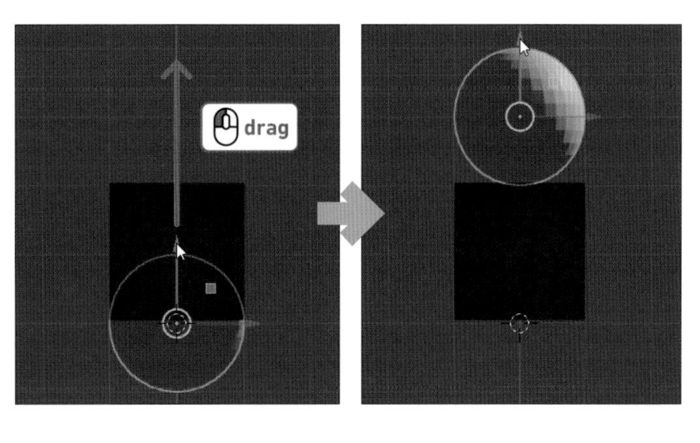

memo ギズモが表示されない

図のようにマニピュレータが表示されていない場合は、ツールバーの［移動］ツール をクリックしてください。

03

3D ビューポートのヘッダの［オブジェクト］ボタンをクリックし、［スムーズシェード］をクリックしてください。

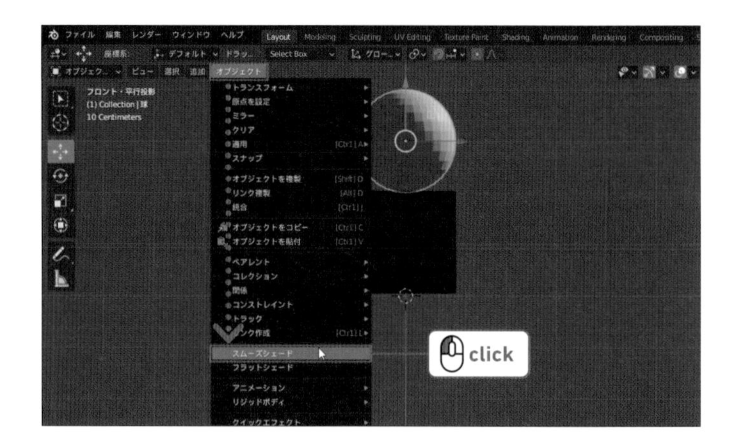

04

球の表面がなめらかに表示されるようになりました。

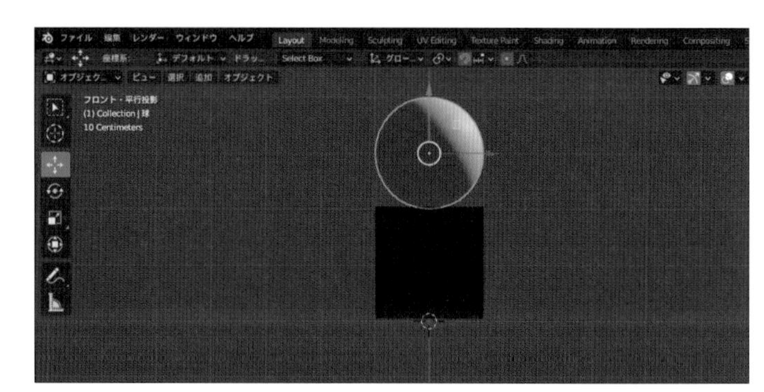

「Ready」フォルダ→「cubeman」フォルダ→「cubeman0-04a.blend」

Keyword: メッシュとプリミティブ

●メッシュ

球に近づくとたくさんの四角形で構成されているのがわかると思います。この１つの四角形を[メッシュ]または[ポリゴン]といいます。立方体は6枚の四角メッシュで構成されています。球のような局面はたくさんのメッシュを使用して疑似的に曲面を表現しています。

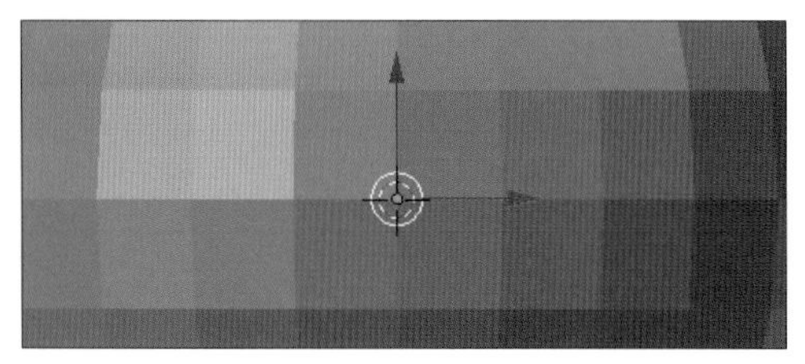

球の表面

●プリミティブ

球と同様の手順で平面、円柱、円錐等の基本図形を追加できます。これらの基本図形のことを「プリミティブ」といいます。

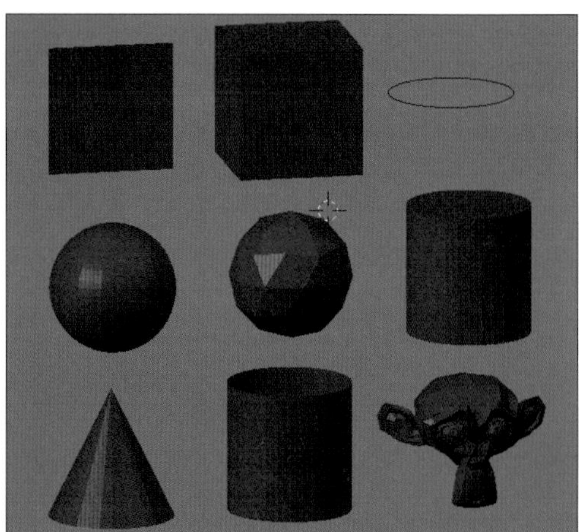

Ready

05 プリミティブでキャラクターを作ろう

Chapter1からはアニメーションを作っていくのですが、その前にアニメーションさせるキャラクターを作っておきましょう。
ここでは前の節で作った立方体を体に、球を頭部に見立ててかんたんなキャラクターを作ります。

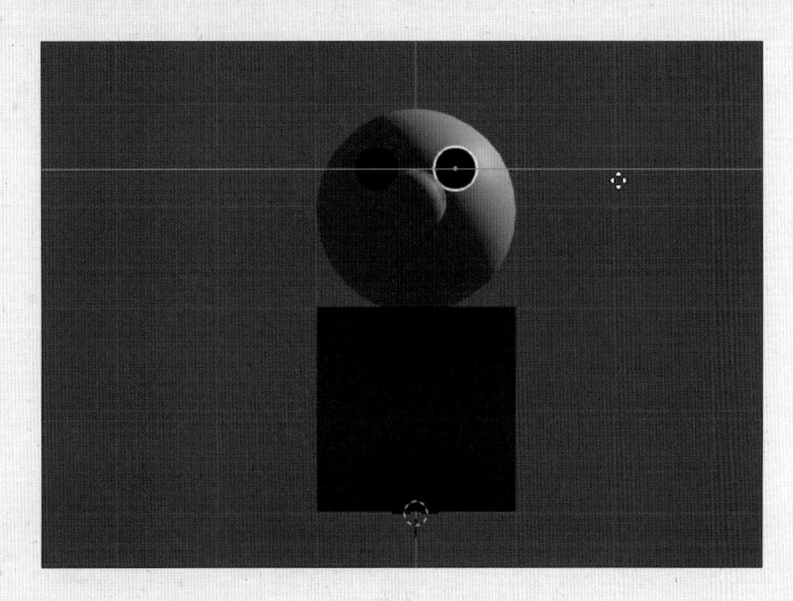

Step: 01 顔と鼻を作る

01

球にはまだ色がついていません。
プロパティエディターの［マテリアルプロパティ］の［新規］ボタンをクリックします。

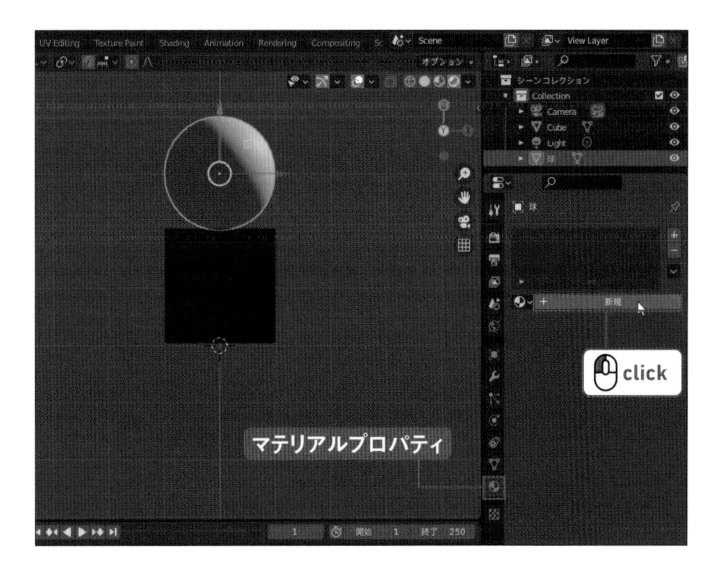

02

新規にマテリアル（質感）が作られます。p.29で解説したように、［ベースカラー］の白いボックスをクリックして肌の色を選んでください。

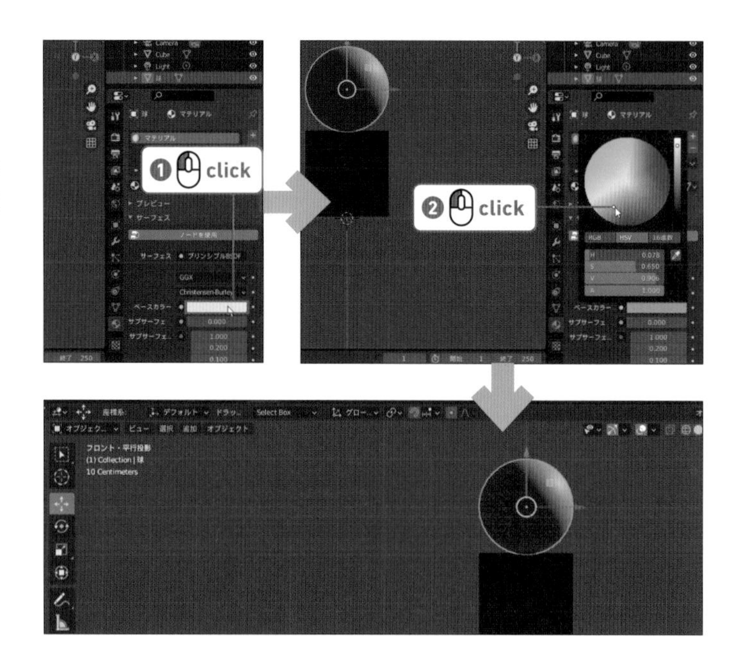

03

キャラクターに鼻をつけます。鼻は頭部を複製して作ってみましょう。3Dビューポートにマウスカーソルを置き、テンキーの 3 キーを押して右からの［ライト・平行投影］ビューに切り替えます。
頭部をクリックして選択状態にします。Shift + D キーを押し、マウスを移動させクリックするとクリック先に頭部の複製が作られます。

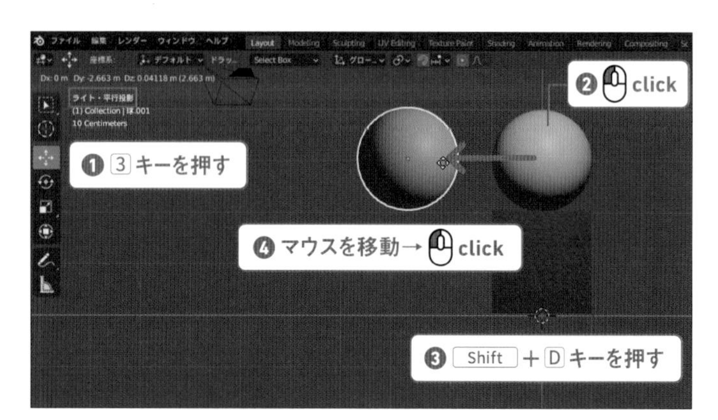

04

複製した球が鼻になるように S キーで縮小します。
縮小した球を頭部の鼻の位置に、G キーで移動します。

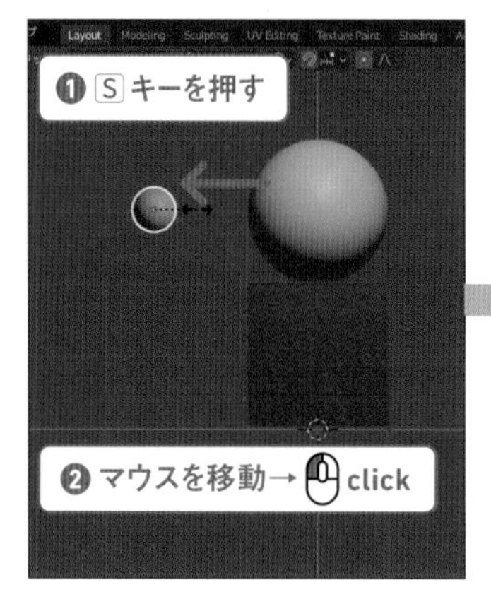

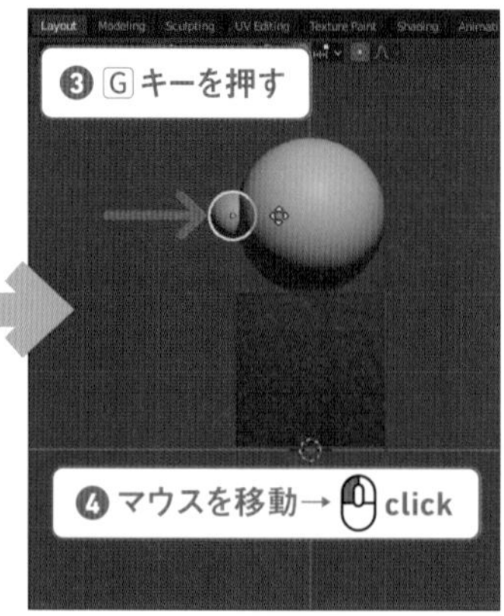

Step: 02 目を円柱で作る

01

目を円柱で作成します。
3Dビューポートのヘッダの［追加］ボタンをクリックし、［メッシュ］→［円柱］の順にクリックしてください。

02

円柱の上面が正面に向くようにRキーで90度回転します。
Ctrl（command）キーを押しながら回転させると5度ずつ回転するので、3Dビューポートの左上に表示されている回転量の値を見ながら90度回転させます。

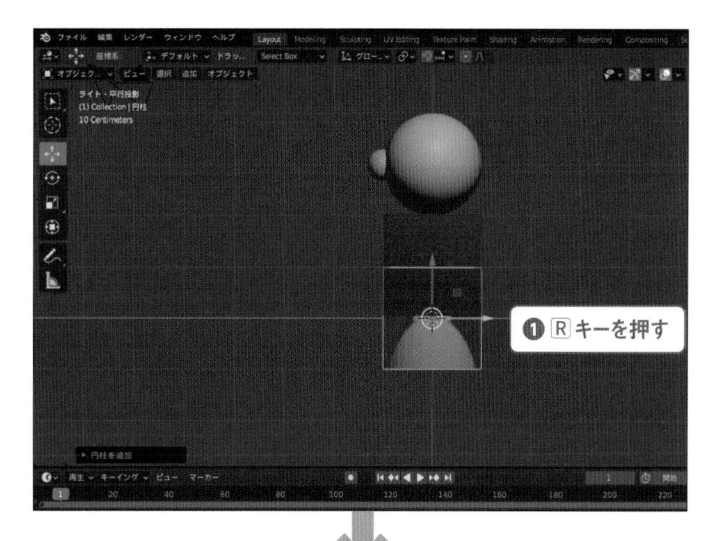

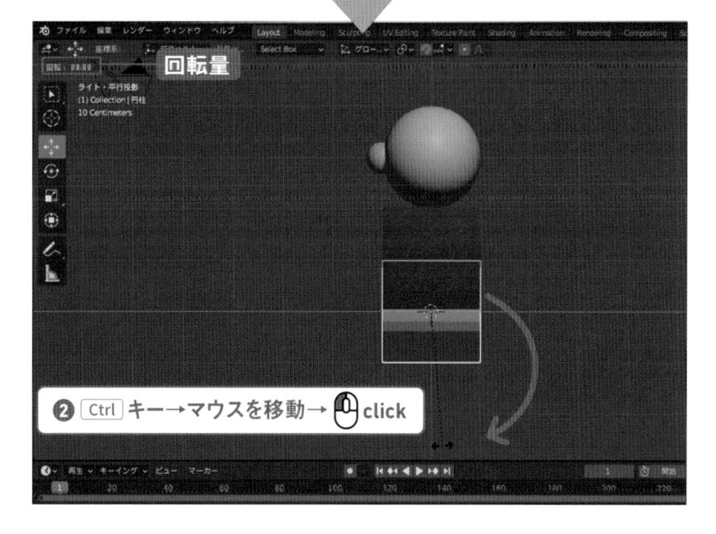

03

円柱が目の位置になるように、S キーで縮小し、G キーで移動してください。

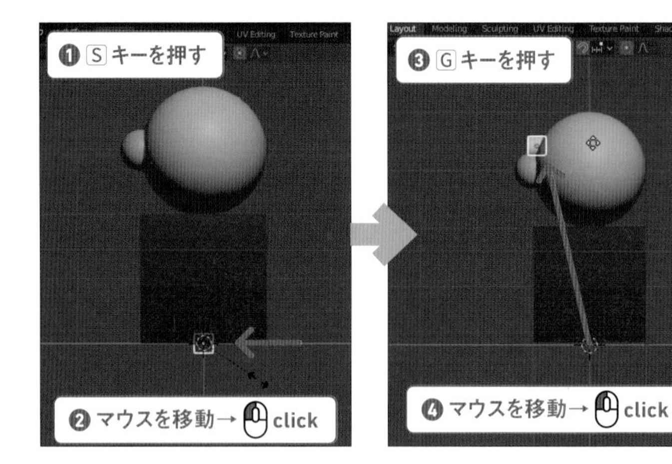

04

円柱を S → Y キーで薄くします。
プロパティエディターの［マテリアルプロパティ］の［新規］ボタンをクリックします。

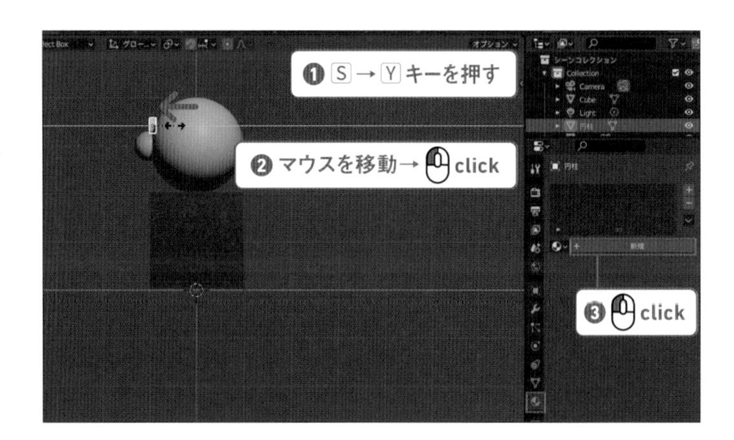

05

［ベースカラー］の白いボックスをクリックし、目の色を黒にします。

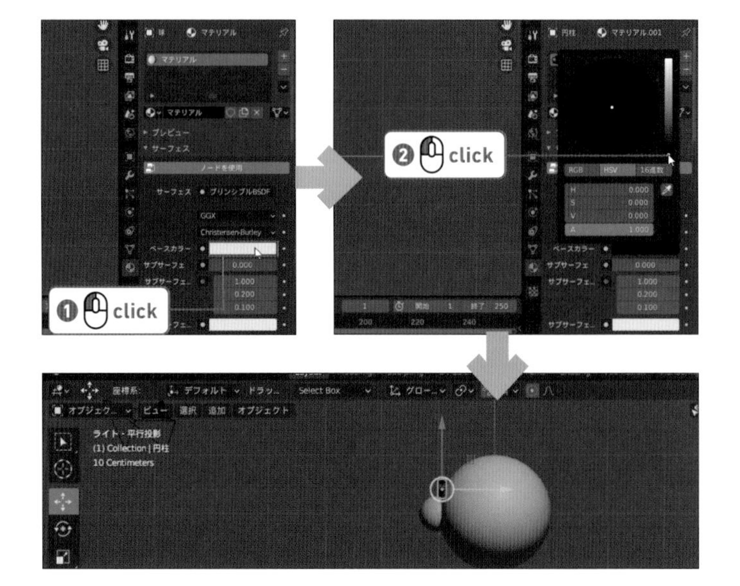

06

テンキー 1 キーで[フロント・平行投影]ビューにします。
G キーで目の位置に移動します。

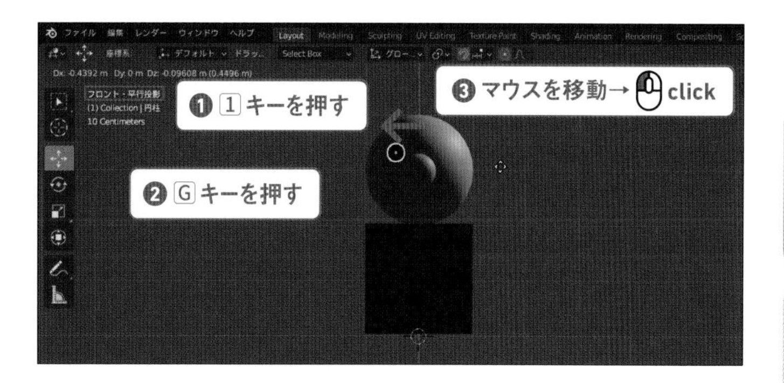

07

目を Shift ＋ D キーで複製して両目を作ります。 複製中に X キーを押すと X 方向にだけ移動します。

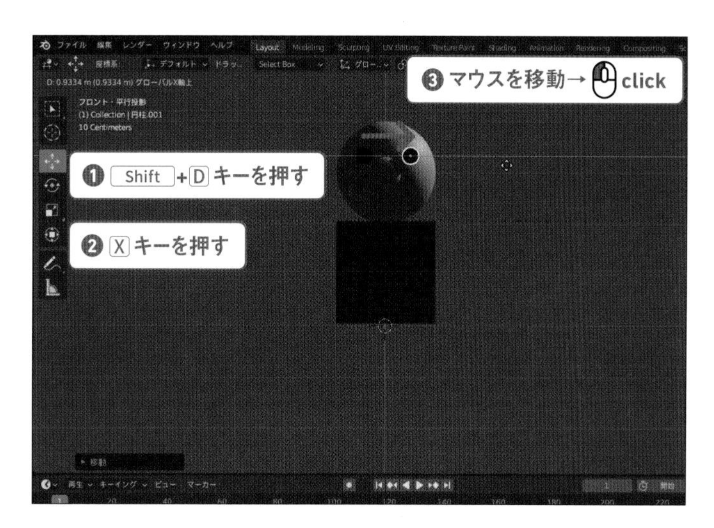

memo

移動の制限

Shift ＋ D キーでの複製中に X キーを押すとX軸方向にだけ移動するようになります。同様に Y キーでY軸方向、Z キーでZ軸方向に移動が制限されます。この動作の制限は R キーでの回転中や S キーでの拡大縮小時にも有効です。
また、移動中にマウスホイールボタンをクリックしても各軸の方向に移動を制限できます。

08

このようにプリミティブを組み合わせるだけでも、いろいろなものを作ることができます。
プリミティブを追加して、キャラクターを完成させていきましょう。このキャラクターはこのあとの章でアニメーションに使用します。

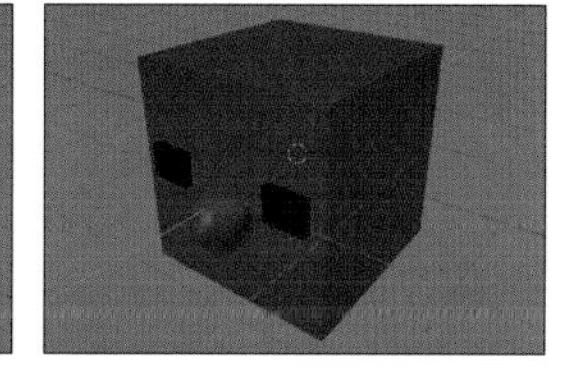
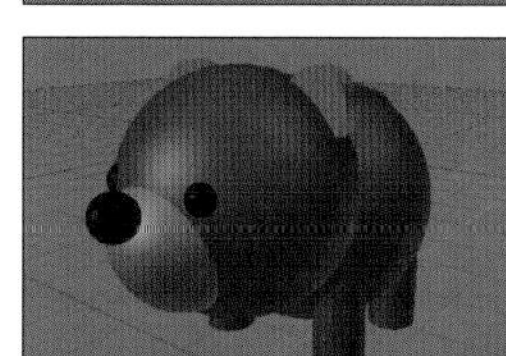

Keyword: プリミティブの削除

ここでプリミティブの削除について説明しておきます。右クリックでプリミティブを選択し、X キーを押すとプリミティブは削除されます。間違って削除してしまった場合でも Ctrl （command）＋ Z キーで削除前の状態に戻すことができます。

Step: 03 ファイルとして保存する

01

現在の状態をファイルとして保存しておきましょう。［ファイル］メニュー→［名前をつけて保存］の順に選択します。

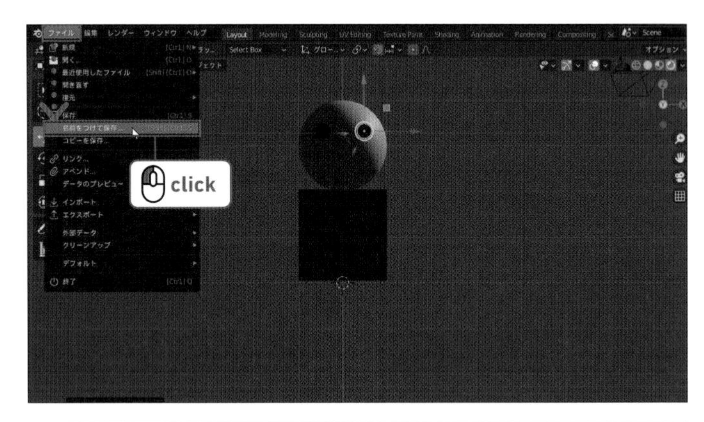

memo

外部ファイルのリンク

外部ファイルを使用する場合に［ファイル］メニュー→［.blendファイルに自動パック］にチェックを入れておくと、自動でリンクされるので、チェックすることをおすすめします。

02

［Blender ファイルビュー］ブラウザが開くので、［ボリューム］や［親ファイル］ボタン  を使用して「C:\data」まで移動します（「data」フォルダがない場合は、p.5 参照）。パスの指定の領域の最後に「\cubeman」を追加して「C:\data\cubeman」に変更します。

ファイル名の「untitled.blend」を「cubeman01.blend」に書き換えてください。右下の［名前をつけて保存］ボタンをクリックするとデータがファイルとして保存されます（ショートカット Enter キー）。保存先の「cubeman」フォルダはまだ作られていませんが、保存時にフォルダも作成されます。

 「Ready」フォルダ→「cubeman」フォルダ→「cubeman01.blend」

Column ブレンダーの終了方法

このまま Chapter1 に進んでもよいのですが、ブレンダーの終了についても覚えておきましょう。

ブレンダーはほかのソフトと同じようにウィンドウ右上の［閉じる］ボタン × をクリックすると終了します。

［ファイル］メニューから終了することもできます。作業途中に間違って終了しようした場合は、保存が必要かを確認するダイアログが表示されます。

Keyword: 名前をつけて保存

制作中もデータをこまめに保存するよう心がけましょう。
保存する場合は「保存」を使わずに、「名前をつけて保存」を使って古いファイルも残しておくとよいでしょう。［ Blenderファイルビュー］ブラウザが表示された状態で、ファイル名の入力ボックスの右側にある ＋ ボタンをクリックすると「test1.blend」のように通し番号を付けてくれてます。次の保存時に ＋ ボタンをクリックすると「test2.blend」のように番号が増えていきます。

Chapter 01

キャラクターアニメーションを作ろう

～アニメーション初級編～

いよいよキャラクターをアニメーションさせてみましょう。
この章ではアニメーション作成の基本について解説します。
まず、キャラクターをアニメーションさせやすいように、
いくつか準備をしておきましょう。

Chapter 1

01 アニメーションを作る準備をしよう

いよいよキャラクターを動かしてみましょう。この章ではアニメーションの基礎について解説します。まず、キャラクターをアニメーションさせやすいように、いくつか準備をしておきましょう。

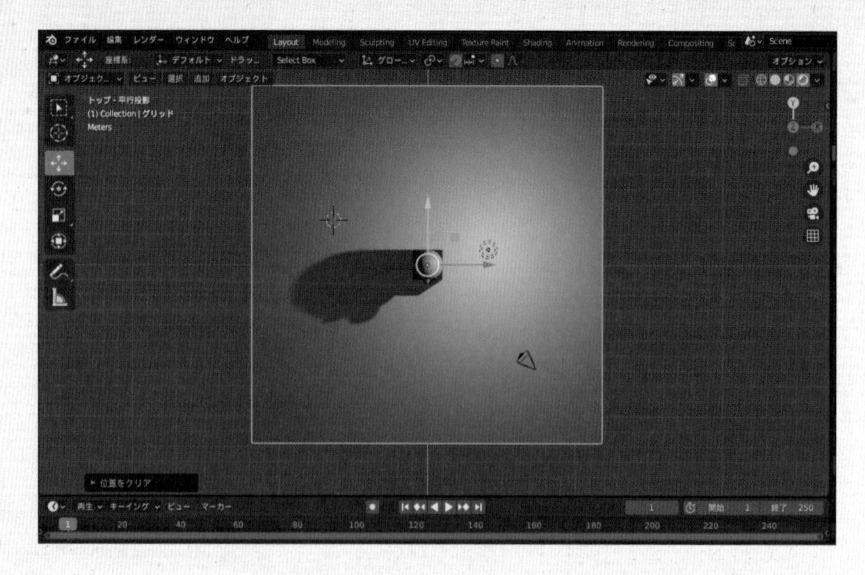

Step: 01 ファイルを開く

01

ブレンダーを起動し、前の章で作ったキャラクターのデータを開きます。
ファイルを開くには、［ファイル］メニュー→［開く］の順に選択し、［Blender ファイルビュー］ブラウザを開きます。

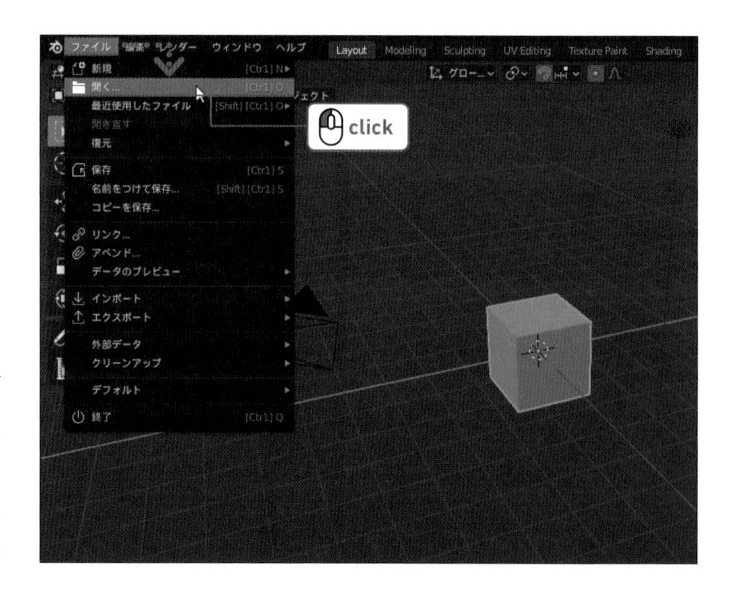

memo

ブレンダーの起動

デスクトップのショートカットをダブルクリックするか、Windowsの場合は、［スタート］メニューからブレンダーを起動します。mac OSの場合は、［移動］メニューの［アプリケーション］フォルダからブレンダーを選択します。

02

キャラクターの「.blend」ファイルを選択し、右下の［開く］ボタンをクリックしてください。

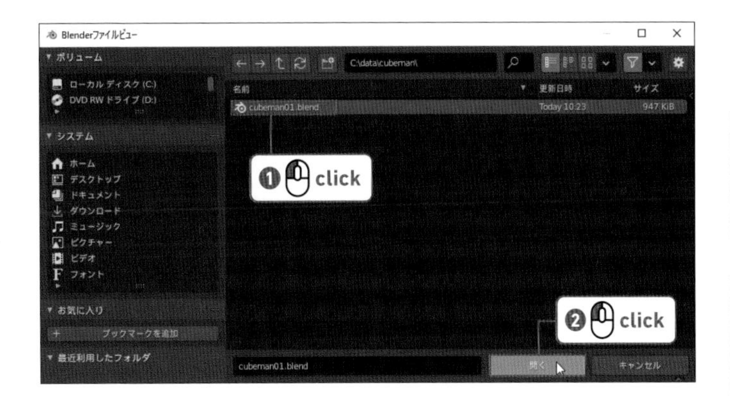

memo
ファイルがない場合
キャラクターのデータがない場合は、「Chapter1」フォルダ→「cubeman」フォルダ→「cubeman02.blend」ファイルを使用してください。

03

ファイルを開くとキャラクターがグレーになってしまっています。
3Dビューポートのヘッダの一番右側の［レンダープレビューを表示］ をクリックしてください。

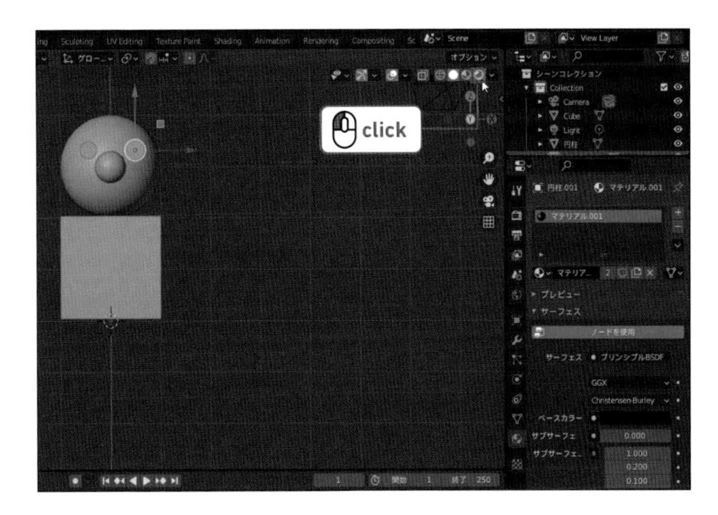

memo
3Dビューポートの表示
Blender2.91では現状、毎回この操作を行う必要があります。

Step: 02 オブジェクトを1つにまとめる

01

まだキャラクターは積み木のようにバラバラで、顔を動かしても日、鼻、体は一緒に動きません。
キャラクターのパーツを1つにまとめておきましょう。
まず、ツールバーの［移動］ツール で胴体をクリックして選択してください。

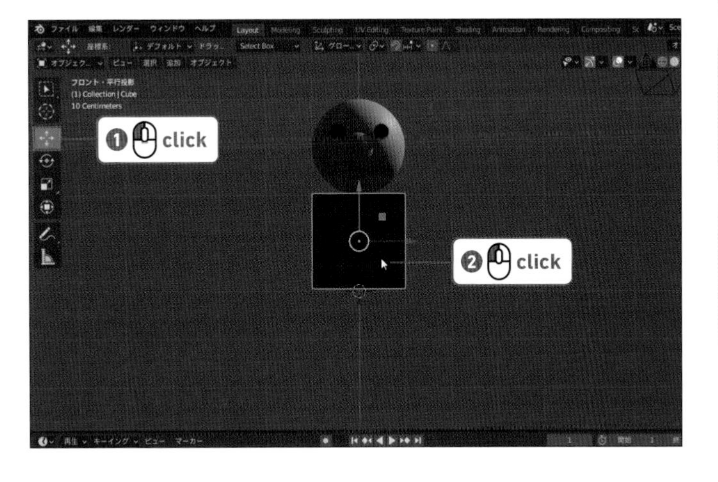

02

3D ビューポート内にマウスカーソルがある状態で、B キーを押してください。マウスカーソルの形状が変わるので、キャラクターの左上から右下までキャラクターを長方形で囲むようにドラッグしてください。キャラクターのすべてのパーツが選択されます。
この時、胴体の部分だけが「明るい黄色」で囲まれていることを確認してください。
B はボックス選択のショートカットです（「Box」の「B」）。

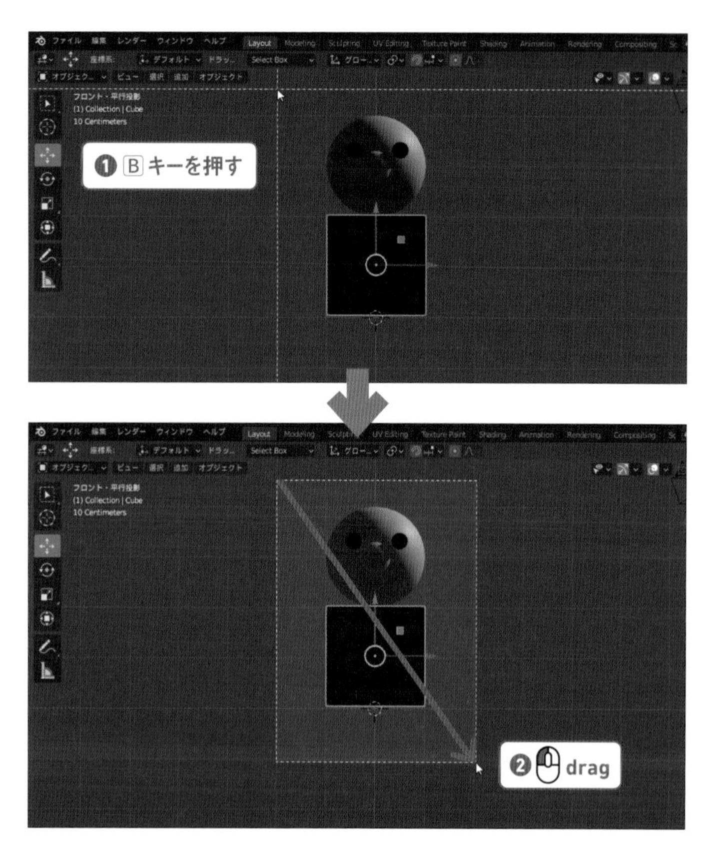

memo

クリックによる複数選択

オブジェクトの Ctrl（command）キー＋クリックで追加選択することができます。
もう一度 Ctrl（command）キー＋クリックすると選択が解除されます。

03

キャラクターのすべてのパーツが選択されたら、3D ビューポートのヘッダから［オブジェクト］→［統合］の順に選んでください（ショートカット Ctrl（command）＋J）。
複数のプリミティブが合体して、1 つにまとまりました。

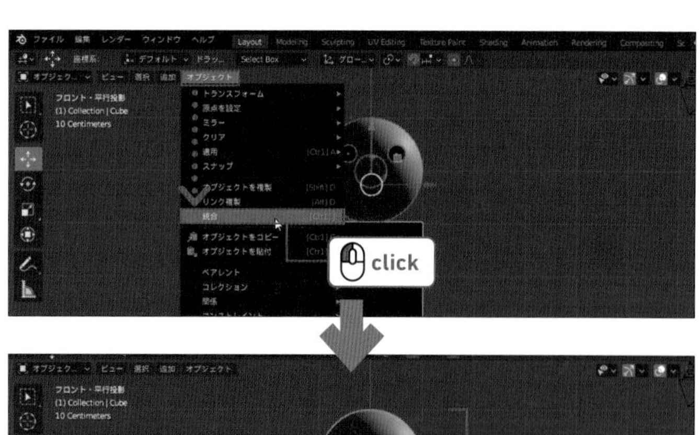

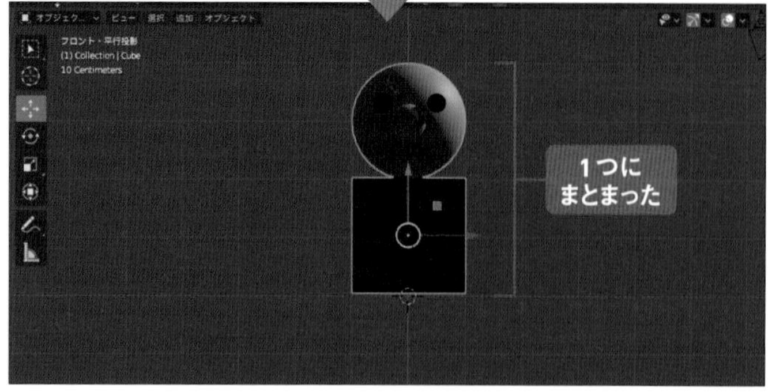

memo

複数選択での代表オブジェクト

オブジェクトを複数選択していると、最後に追加選択したオブジェクトは「明るいオレンジ色」で囲まれます。このオブジェクトが複数選択の中で代表として扱われるオブジェクトです。今回は胴体を代表にしていたので、胴体の中心が統合後のオブジェクトの中心として扱われます。代表オブジェクトはオブジェクトの Shift ＋クリック選択で切り替えることができます。

Keyword: **オブジェクト**

「統合」の処理は、「複数のオブジェクトをまとめて1つのオブジェクトにした」と言い換えることもできます。
ブレンダーでは、クリックで選択できる1つひとつを「オブジェクト（Object）」といいます。
ライトやカメラもそれぞれが1つのオブジェクトです。

Step: 03 床を追加する

01

シーンに床を追加しておきましょう。
3Dビューポートでテンキー 7 を押して[トップ・平行投影] ビューに切り替えます。
マウスのホイールボタンをスクロールして、広い範囲を表示させます。

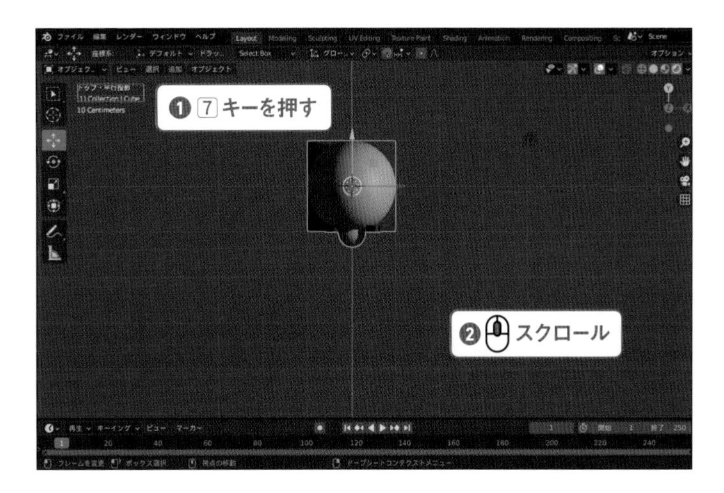

02

キャラクターの外の何もない部分を Shift キーを押しながら右クリックします。
紅白の丸がクリックした場所に移動します。
これは3Dカーソルといって、3D空間にあるマウスカーソルのようなものです。

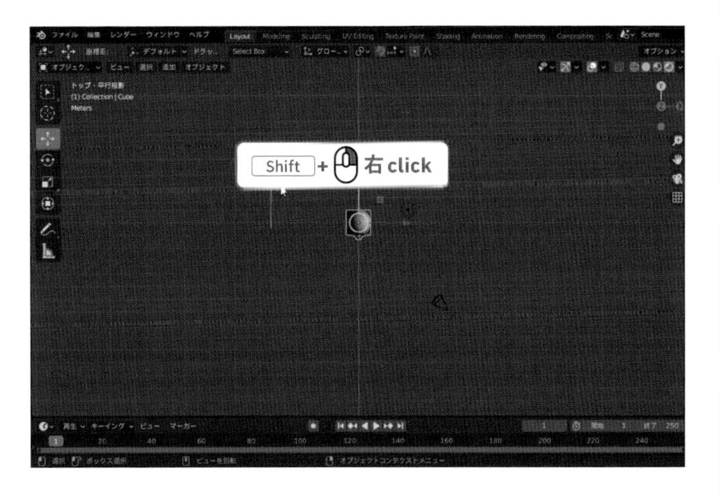

03

3Dビューポートのヘッダから［追加］ボタンをクリックし、［メッシュ］→［グリッド］の順に選択し、平面のオブジェクトを作成します。

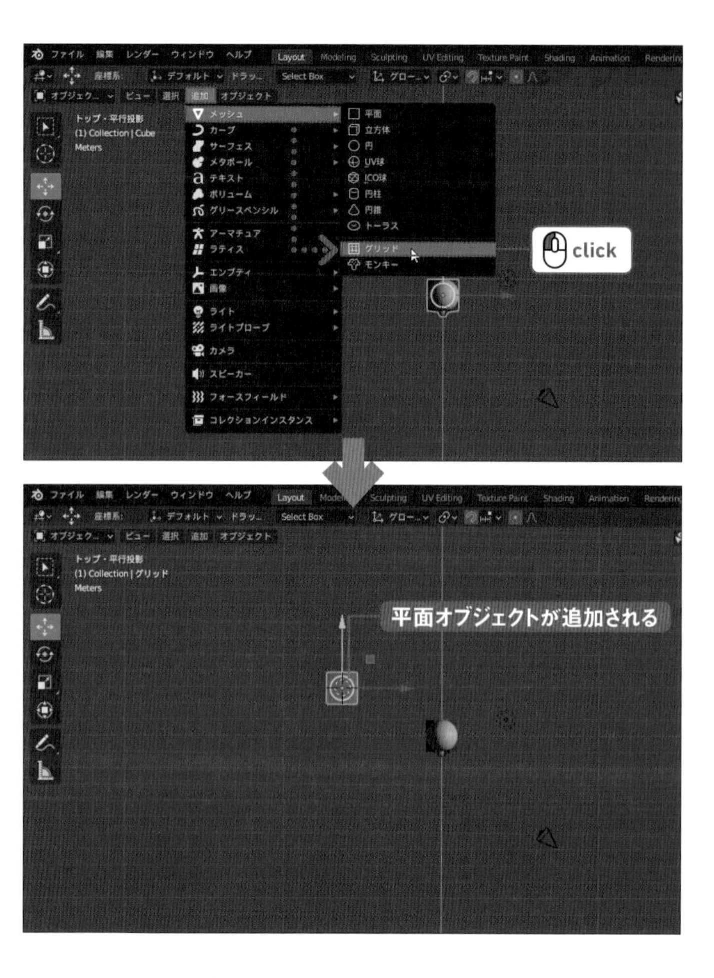

04

キーボードの S を押してマウスを移動させて、平面を十分な大きさに拡大しておきましょう。

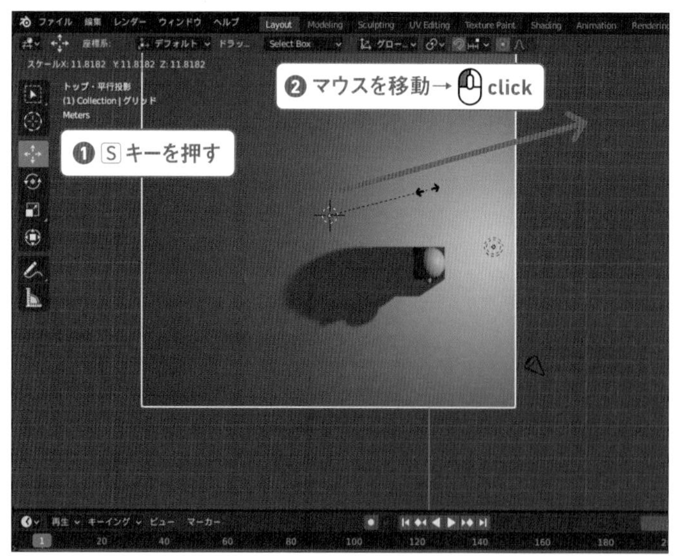

05

平面が選択されている状態で、Alt（option）＋G キーを押して中央に移動させます。

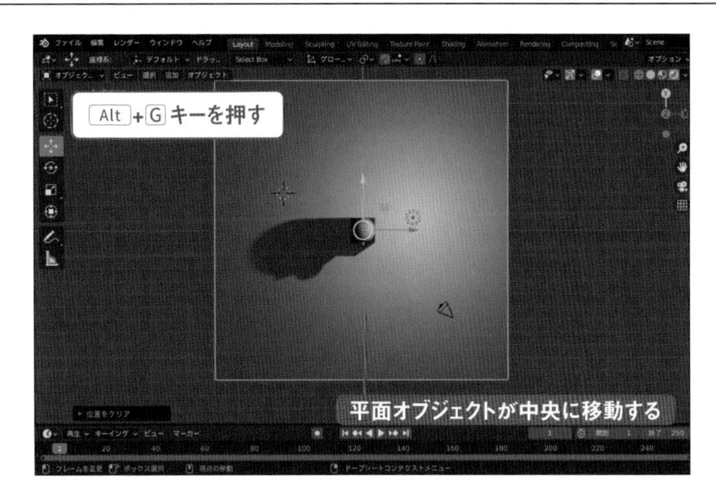

位置の初期化のショートカット（memo）

Alt（option）＋Gキー：位置の初期化。X＝0、Y＝0、Z＝0の位置に移動する。
Alt（option）＋Rキー：回転の初期化
Alt（option）＋Sキー：スケールの初期化

06

ここで、［ファイル］メニュー→［名前をつけて保存］を実行しておきましょう。
［Blender ファイルビュー］ブラウザでファイル名を入力しなくても、ファイル名の右側にある＋ボタンをクリックすると、ファイル名の最後の番号を１つ増やした名前にしてくれます。

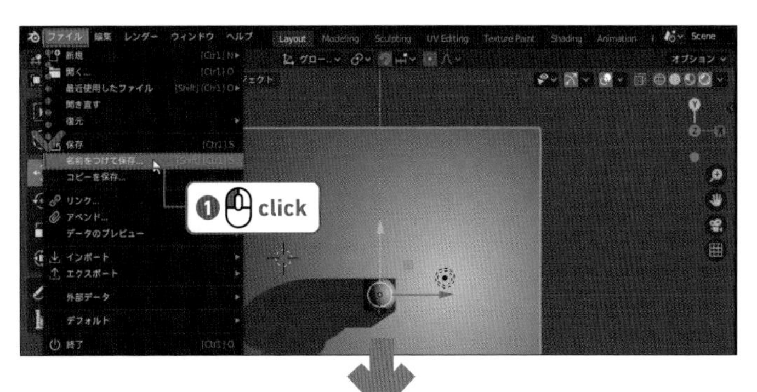

ファイルはこまめに保存を!（memo）

以後の手順において、ファイルの保存は指示しませんので、なるべく頻繁に行ってください。
だいたい、手順のStepが変わるごとに［名前をつけて保存］するとよいでしょう。

「Chapter1」フォルダ→「cubeman」フォルダ→ cubeman01-01a.blend

Keyword: バックアップファイル

ブレンダーには編集中のファイルを２分毎にバックアップしています。
バックアップファイルは、［ファイル］メニュー→［復元］→［自動保存］から読み込めます。プリファレンスの［セーブ&ロード］からバックアップの設定変更ができます。また、ファイルを間違って［上書き保存］した場合は、上書きする前のファイルが、同じ場所に「.blend1」という拡張子で保存されています。拡張子を「.blend」にすればブレンダーファイルとして使用できます。

Chapter 1

02 キャラクターが走る動画を作ろう

キャラクターが移動するアニメーションをつけてみましょう。
ここでは、前進するアニメーションを作成します。

Step: 01 キーフレームを設定する

01

テンキーの 3 キーを押して［ライト・平行投影］ビューにします。テンキーのないキーボードを使用している場合は、@ キーを押してパイメニューを表示し、［右］を選択してください。キャラクターをクリックして選択します。

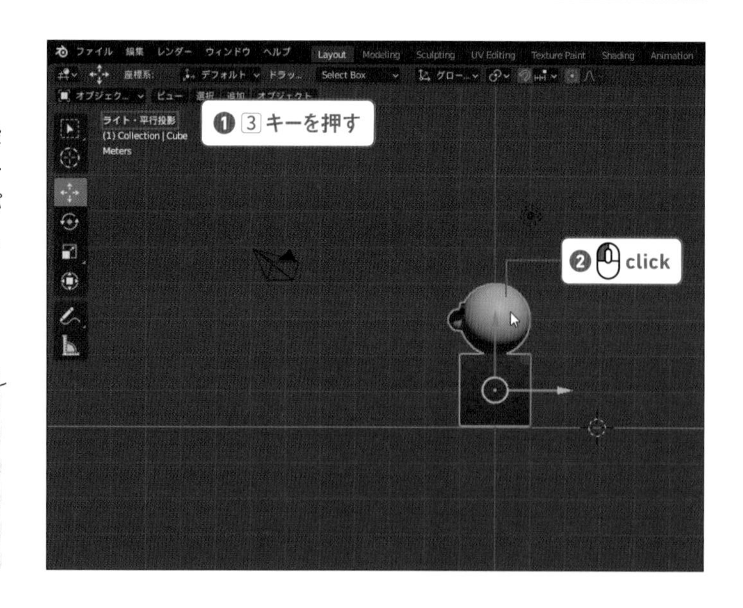

memo

キャラクターの向きを確認

キャラクターが真左を向いていない場合は、［トップ・平行投影］ビュー（テンキー 7）に切り替えて、R キーを押したあと、Ctrl（command）キーを押しながらキャラクターを90度回転させてください。

02

ギズモ（緑の矢印）をドラッグして、キャラクターを右に（後方に）移動します。

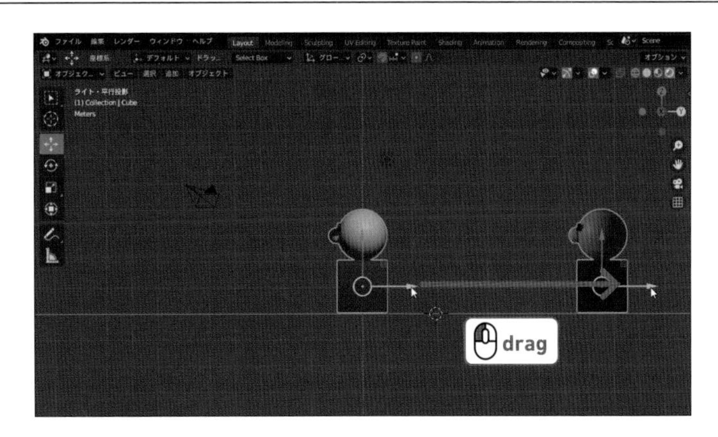

> **memo**
> **ファイルがない場合**
> キャラクターのデータがない場合は、「Chapter1」フォルダ →「cubeman」フォルダ →「cubeman03.blend」ファイルを使用してください。

03

マウスカーソルを 3D ビューポートに置いた状態で、I キーを押すと［キーフレーム挿入］メニューが表示されます。
一覧から［位置］を選択します。

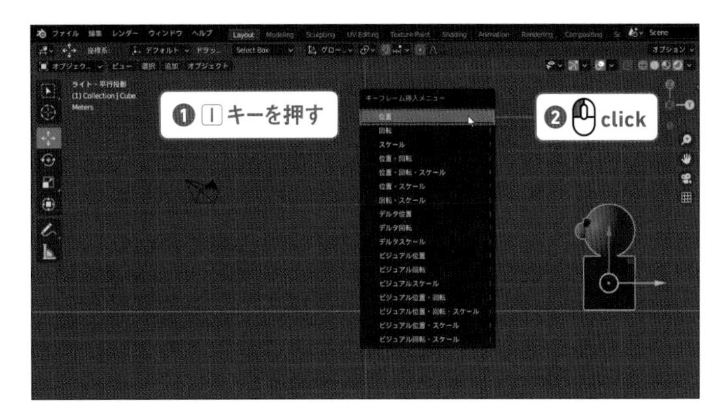

04

3D ビューポートの下にあるエディターは「タイムライン」です。
タイムラインのヘッダの右に 3 つの数字があります。3 つの一番左側の数字はアニメーション内の時間（フレーム）を表しています。
タイムラインの濃いグレーのエリア、もしくは青背景の数字をドラッグし、カレントフレーム（現在の時間）を「71」フレームにしてください。

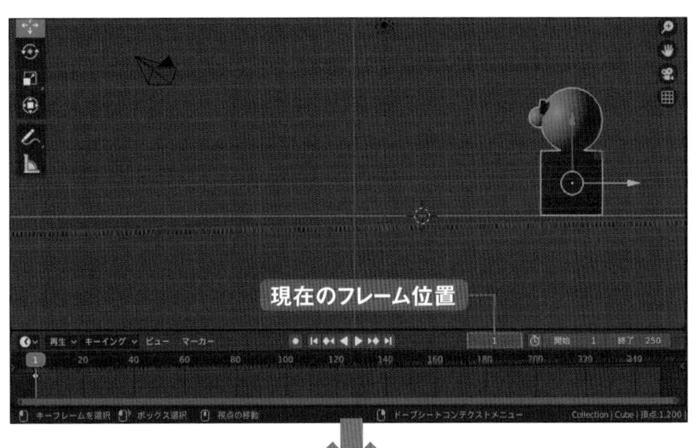

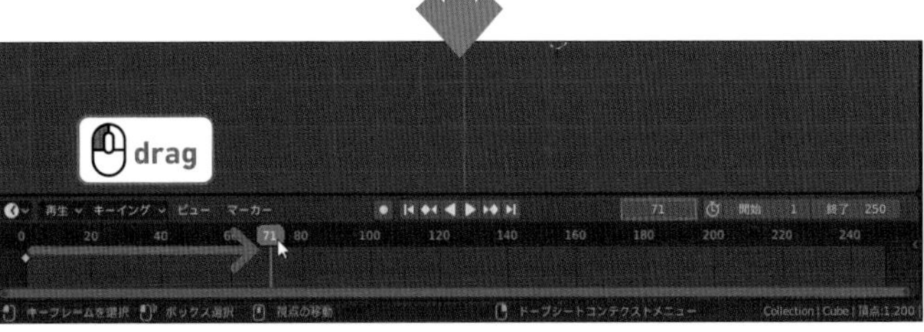

> **memo**
> **ブレンダーでの時間**
> ブレンダーでは、時間が「1（フレーム）」から始まります。

05

ギズモ（緑の矢印）をドラッグし、キャラクターを左に（前進方向に）移動してください。

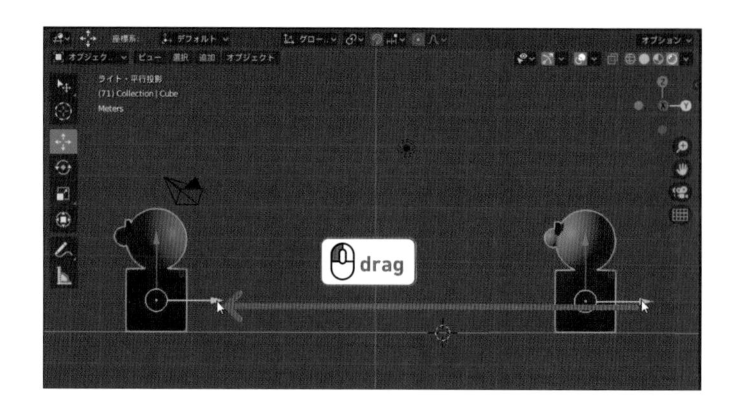

06

3D ビューポートで再び I キーを押して［キーフレーム挿入］メニューを表示し、一覧から［位置］を選択します。

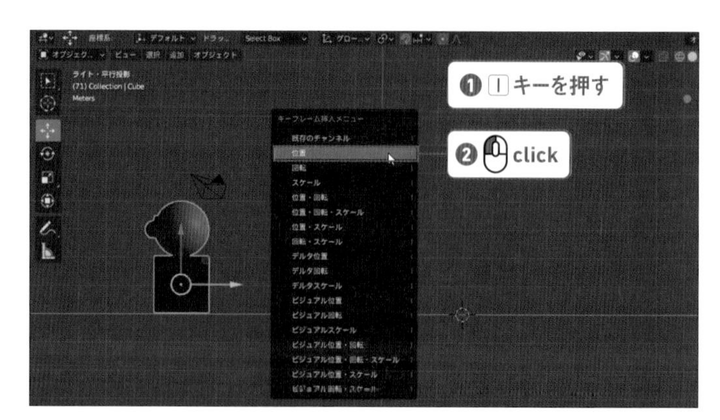

07

タイムラインのヘッダの［終了：250］と表示されているところをクリックしてください。
キーボード入力ができる状態になるので、数値を「71」に変更して Enter （return）キーを押します。
この［開始］から［終了］までのフレームがアニメーションする範囲になります。

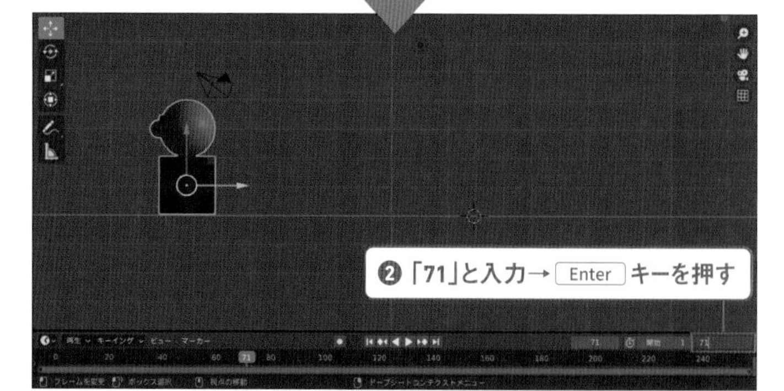

memo

タイムラインのビュー操作

タイムラインでも3Dビューポートと同じように、ホイールボタンのドラッグや、ホイールの回転で表示位置や表示範囲を変更することができます。
また、タイムライン上でHomeキーを押すとタイムラインの表示が最適化されます。

08

タイムラインの［再生］ボタン▶をクリックしてください（ショートカット Space キー）。キャラクターが右から左に移動します。
キャラクターが動いているのが確認できたでしょうか。「1」から「71」フレームまで前進するアニメーションができました。
［ポーズ］ボタン⏸をクリックするか、Esc キーでアニメーションを止めましょう。

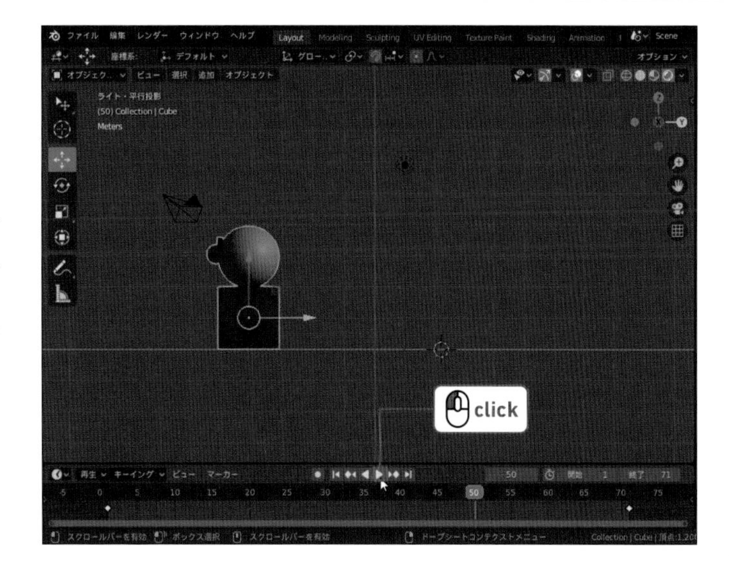

Keyword: キー／キーフレーム／カレントフレーム

「1」フレームと「71」フレームで押した I キーは、その時間のオブジェクトの位置を決定するショートカットです。この 2 つの時間に作成したタイミングのことを「キー（Key）」といいます。今回は「1 フレームと 71 フレームにキーを作成した」ということになります。I キーを押したあとで［位置］を選択したので、「位置キー」が作成されました。
同様に回転や拡大縮小のアニメーションにもキーを作成できます。
キーがあるフレームを「キーフレーム」といいます。
キーフレームはタイムラインにダイヤ形◆で表示されています。
青いラインは現在の時間（フレーム）です。現在の時間を「カレントフレーム」といいます。

Column カレントフレームの操作

マウスカーソルがブレンダー上のどのエディターにあっても、カーソルキーでカレントフレームの操作ができます。左右カーソルキーを押すとカレントフレームは 1 ずつ増減します。
上下のカーソルキー（↑↓）を押すと、カレントフレームは前後のキーフレームに移動します。Shift キーを押しながら左右側のカーソルキー（←→）を押すとカレントフレームは開始、終了フレームに移動します。

Keyword: フレーム

フレームとは時間の最小単位です。パラパラマンガの 1 ページにあたるのが「1」フレームです。現在の日本のテレビは 1 秒に約 60 枚（60 フレーム）の画像が表示されていて、これを［60fps（frames per second）］と表記します（※）。
この fps で表す数値を［フレームレート］といいます。

※日本のテレビ放送は正確には［59.94fps］です。DVD は［29.97（約 30）fps］です。

Step: 02 動画ファイルを作る

01

このアニメーションの動画ファイルを作成しましょう。
[出力プロパティ] をクリックし、ファイル出力のプロパティエディターを表示します。

02

動画ファイルの保存先を指定しましょう。
プロパティエディターの下のほうにある[出力]タブの［ファイルブラウザを開く］アイコンをクリックします。
[Blender ファイルビュー］ブラウザが開くので、［ボリューム］や［親フォルダ］ボタンを使用して保存する場所まで移動します。
下のボックスにはファイル名を入力します。
拡張子は付けないでください。
入力できたら、右下の［OK］ボタンをクリックします。

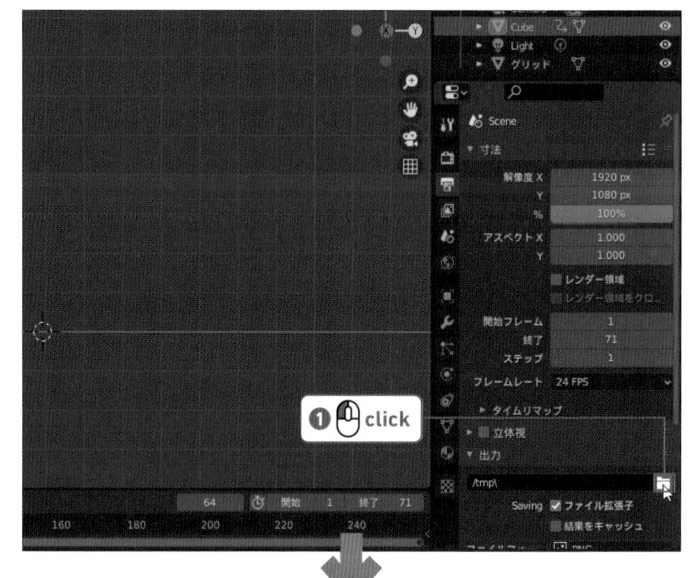

memo

ファイルの保存先とファイル名

ファイルの保存先どこでもかまいません。
ここでは、ファイルの保存先を「ローカルディスク(C)」→「data」フォルダ→「cubeman」フォルダとしています(p.5参照)。
ファイル名はここでは「cubeman_run」としていますが、どんな名前でもかまいません。

03

［出力］タブの［ファイルフォーマット］の右側のボックス（初期設定は「PNG」）をクリックし、「AVI JPEG」を選択してください。

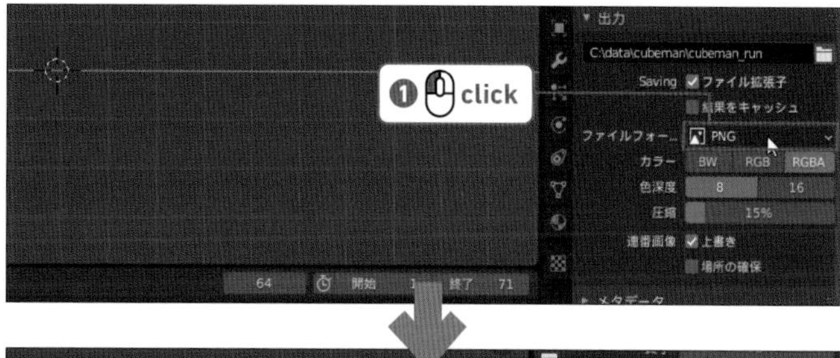

04

3D ビューポートの表示がそのまま動画になります。
アニメーションの見栄えがよくなるように、マウスでビューを回転、移動してください。

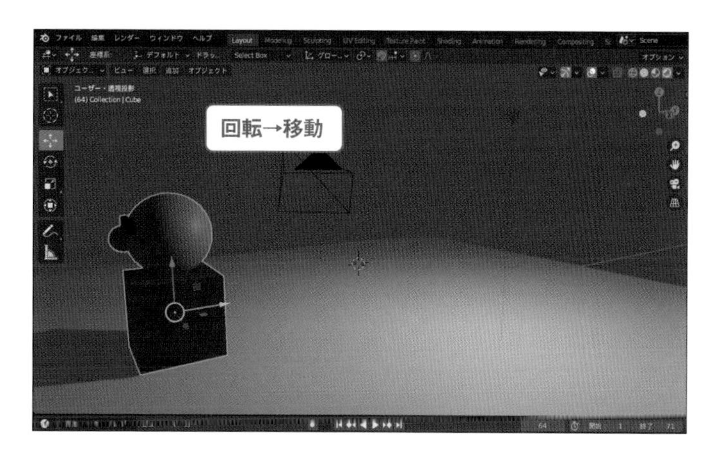

memo

カメラは使用されない

簡易レンダリングは、カメラ位置とは関係なくビューの表示がそのままレンダリングされます。

05

3D ビューポートのヘッダから［ビュー］ボタン→［ビューで動画をレンダリング］の順にクリックしてください。

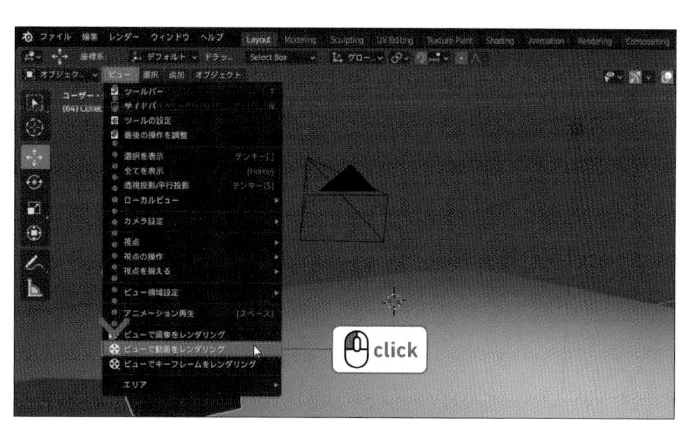

06

[Blender レンダー] ウィンドウが表示され、レンダリングが始まります。
マウスカーソルがフレーム数になります。
「71」フレームになってマウスカーソルが元に戻るまで待ちます。
レンダリングが終わったら、ウィンドウの右上の[閉じる] ボタンをクリックして [Blender レンダー] ウィンドウを閉じます。

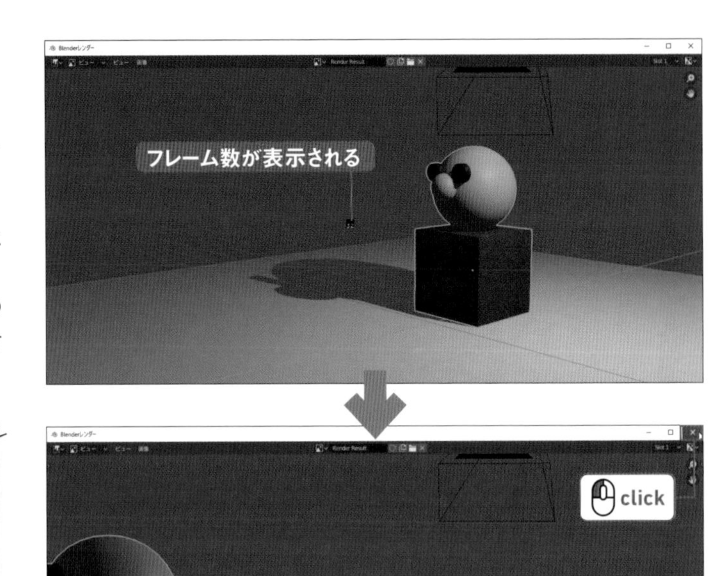

memo

レンダリングできない

エラーが出てレンダリングできない場合があります。グラフィックドライバーの設定を見直してください。
簡易レンダリングはさほど重要ではないので、簡易レンダリングできない場合は、次の節に進みましょう。

07

エクスプローラー (Finder) でファイルの保存先に指定したフォルダを開いてください。
「.avi」が拡張子のファイルが作られています。
はじめての動画が完成しました。
ダブルクリックでファイルを開いて再生してみましょう。

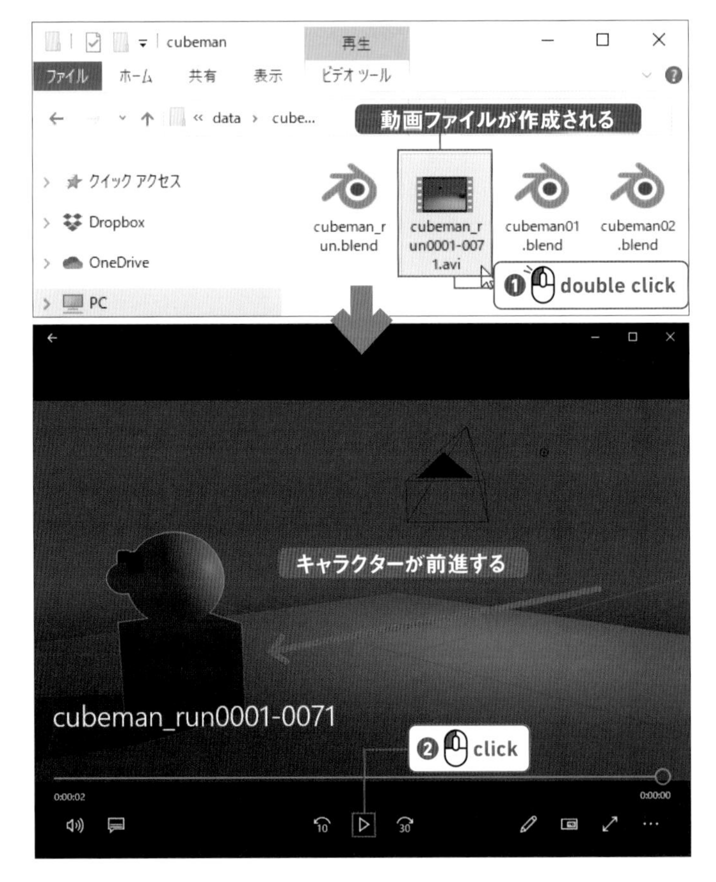

「Chapter1」フォルダ→「cubeman」フォルダ→ cubeman_run01.blend

Chapter 1

03 キャラクターをジャンプさせよう

キャラクターが前進するアニメーションを作りました。今度は走り幅飛びのようにキャラクターが走ってジャンプするアニメーションを作ってみましょう。

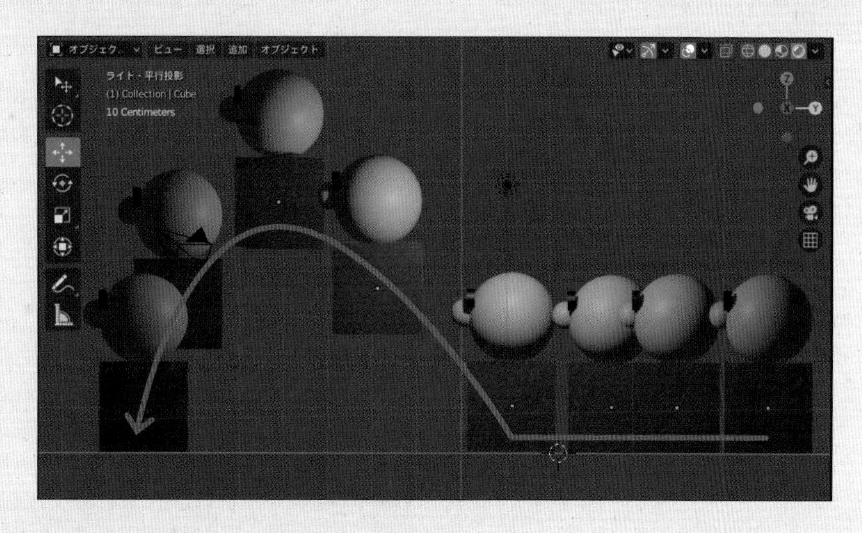

Step: 01 ジャンプの動きを作る

01

「31」フレームから「71」フレームまでキャラクターがジャンプするアニメーションに変更しましょう。3Dビューポートでテンキーの 3 キーを押して［ライト・平行投影］ビューにし、カレントフレームを「31」フレームに変更します。この位置で位置キーを作成します。キャラクターのオブジェクトを選択し、3Dビューポートで I キーを押して、［キーフレームを挿入メニュー］の一覧から［位置］を選択してください。

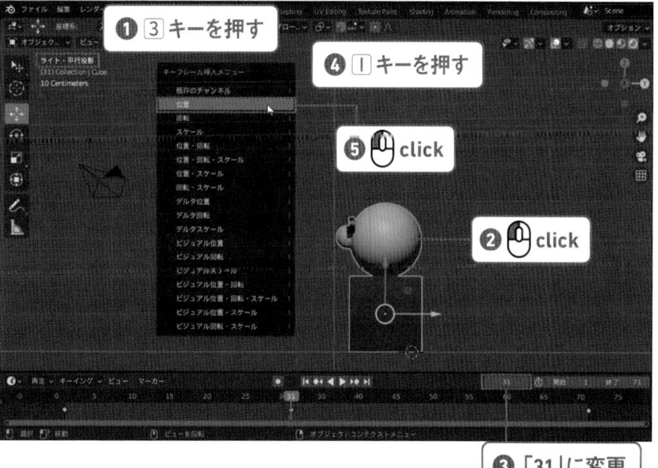

memo

ファイルがない場合

作成したデータがない場合は、「Chapter1」フォルダ→「cubeman」フォルダ→「cubeman_run01.blend」ファイルを使用してください。

02

カレントフレームを「51」フレームに変更します。ツールバーの［移動］ツールを選択し、ギズモの青の矢印をドラッグしてキャラクターを上に移動してください。
3D ビューポートで I キーを押して、［キーフレームを挿入メニュー］の一覧から［位置］を選択します。

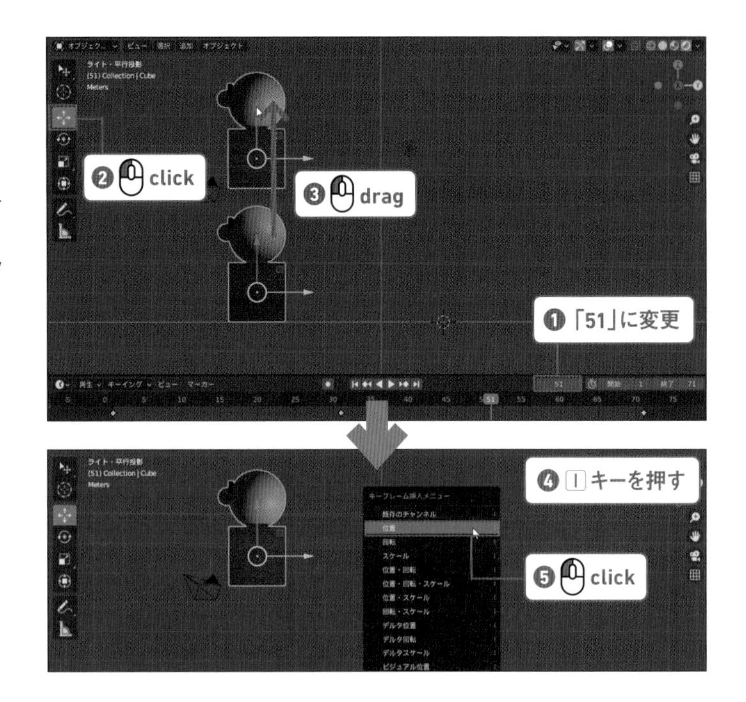

03

タイムラインの［再生］ボタンをクリックして再生してみましょう。
キャラクターが走ってからジャンプしています。ちょっと動きが変ですが、これは Chapter3 で修正することにします。
ポーズボタンをクリックしてアニメーションを止めてください。

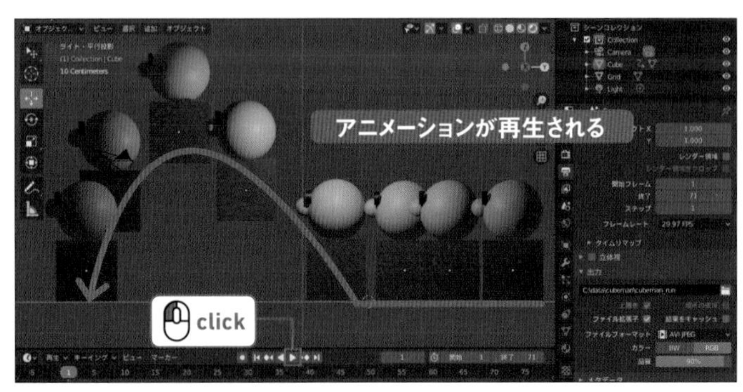

Step: 02 3Dビューポートを分割する

01

今度はカメラを使ってレンダリングしましょう。
3D ビューポートとタイムラインの境目にマウスカーソルを移動すると、カーソルが上下方向の矢印に変わります。
右クリックすると、メニューが表示されるので［垂直に分割］を選択します。

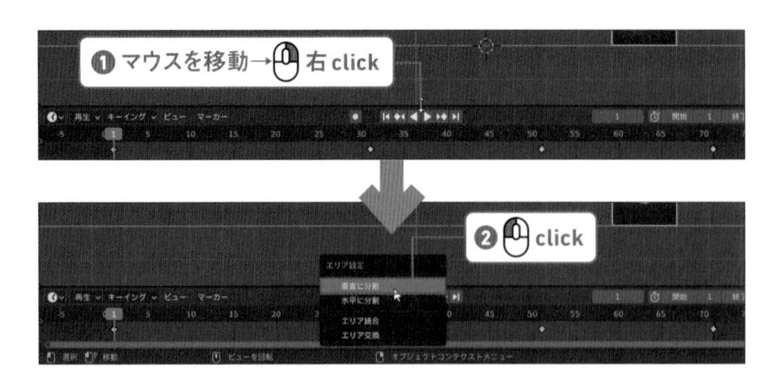

02

3D ビューポート縦に線が表示されるので、ビューの中央をクリックしてください。
3D ビューポートが左右 2 つのウィンドウに分かれます。
このようにブレンダーはエディターのレイアウトをかなり自由に変更することができます。

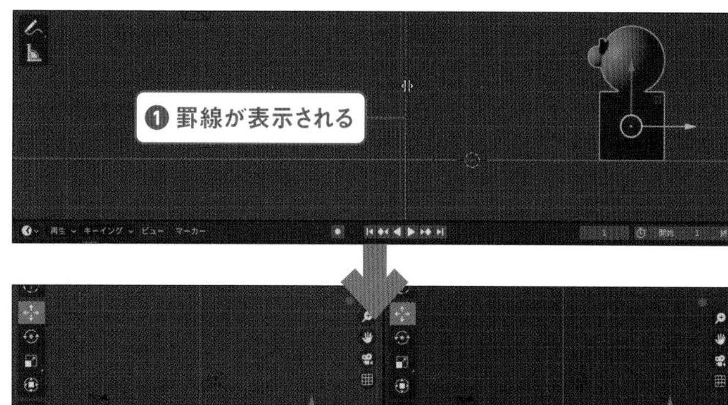

03

右側の 3D ビューポートにマウスカーソルがある状態で、テンキーの 0 キーを押してください。
ビューがカメラから見た視点に切り替わり、左上には「カメラ・透視投影」と表示されています。ビューに表示されている横長の枠がレンダリング画像になる範囲です。

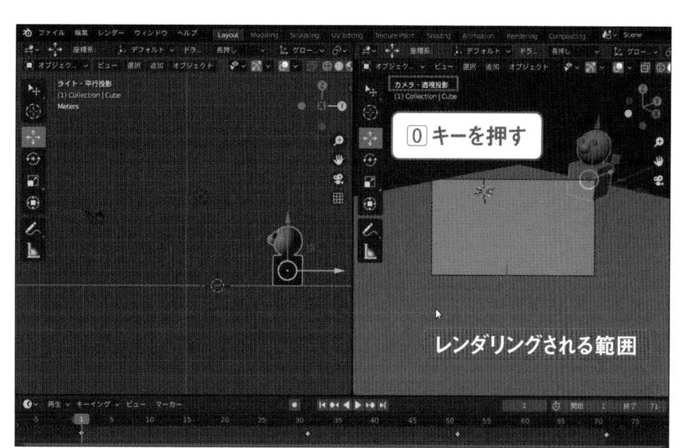

04

キャラクターがグレーで表示されているので表示方法を切り替えます。
右側の 3D ビューポートのヘッダの部分で、マウスホイールを回してヘッダの右端が見えるようにします。
3D ビューポートのヘッダの一番右端の［レンダープレビューを表示］をクリックしてください。

Column ヘッダの操作

3D ビューポートのヘッダ部分の右端が見えない場合は、ヘッダ部にマウスカーソルを移動してマウスホイールを回すとヘッダが左右にスクロールします。中ボタンのドラッグでもスクロール可能です。

マウスホイールを前後に回転すると、左右にスクロールする

マウスの中ボタンをドラッグをしても左右にスクロールする

Step: 03 カメラとライトの配置を調整する

01

タイムラインの「1」フレームから「71」フレームの間をドラッグしてみてください。
キャラクターのアニメーションがカメラの枠からはみ出てしまっています。
右側の 3D ビューポート（カメラビュー）にマウスカーソルを移動し、テンキー 5 を 2 回押してビューを［ユーザー・透視投影］表示に切り替えます。
マウスの中ボタンをドラッグするなどのビューの操作で、理想的なカメラアングルになるようにアニメーションを確認しながらビューを移動しましょう。
タイムラインの青背景のフレーム数を「1」から「71」までドラッグし、アニメーションを確認しながら移動しましょう。

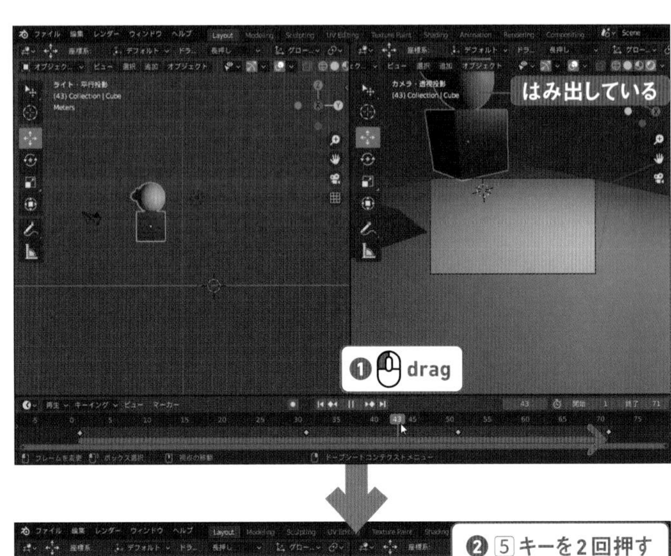

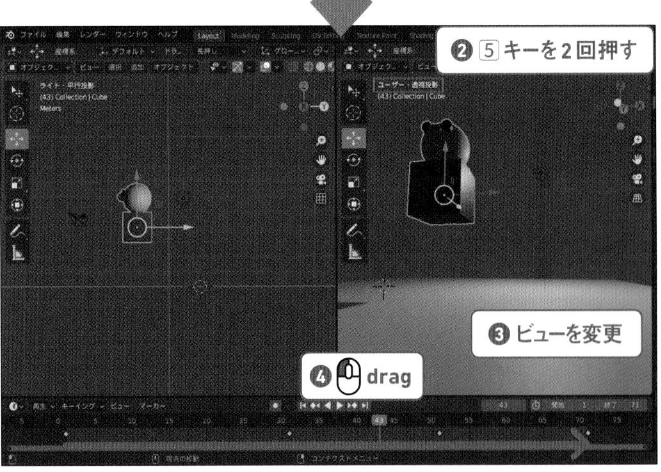

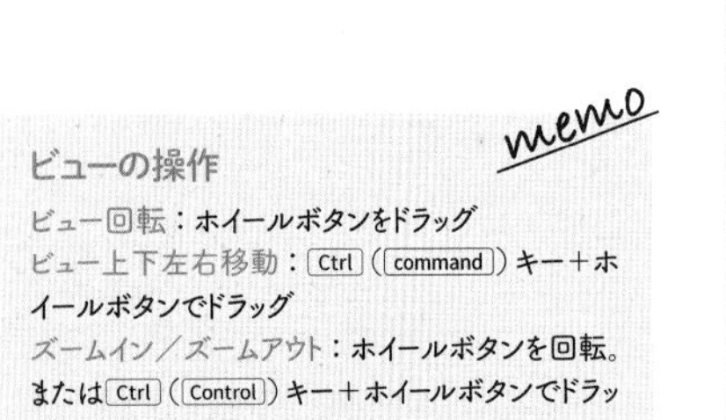
memo

ビューの操作

ビュー回転：ホイールボタンをドラッグ
ビュー上下左右移動：Ctrl（command）キー＋ホイールボタンでドラッグ
ズームイン／ズームアウト：ホイールボタンを回転。または Ctrl（Control）キー＋ホイールボタンでドラッグ

02

ビューの位置が決まったら、右側の 3D ビューポートのヘッダでマウスホイールを回してヘッダの左端が見えるようにします。
ヘッダの［ビュー］ボタンをクリックし、［視点を揃える］→［現在の視点にカメラを合わせる］の順に選択します（ショートカット Ctrl（command）＋ Alt（Option）＋テンキー 0）。
ビューの位置にカメラが移動し、右側の 3D ビューポートがカメラビューになります。

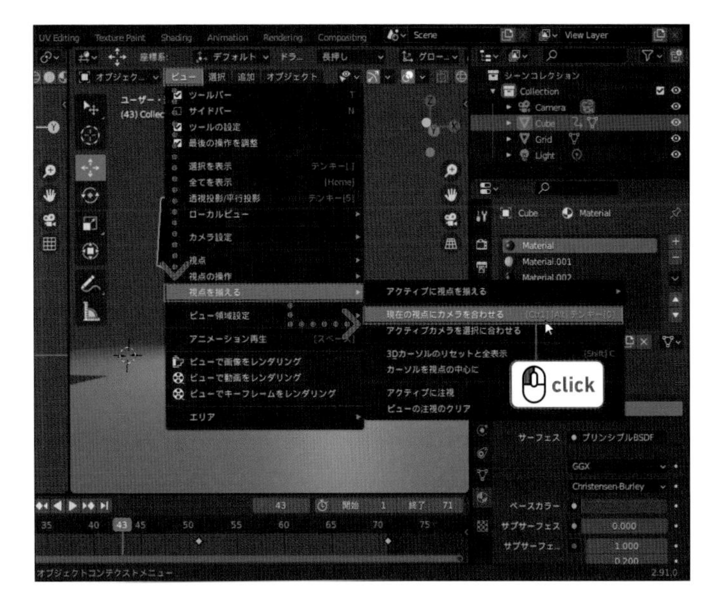

03

タイムラインをドラッグしてアニメーションを確認します。
カメラの位置を前後に移動したい場合は、左側の 3D ビューでカメラを移動します。
テンキーの 7 キーを押して［トップ・平行投影］ビューに切り替えます。
左側の 3D ビューポートのヘッダの［トランスフォームの座標系］（初期設定では［グローバル］）をクリックし［ローカル］に変更します。

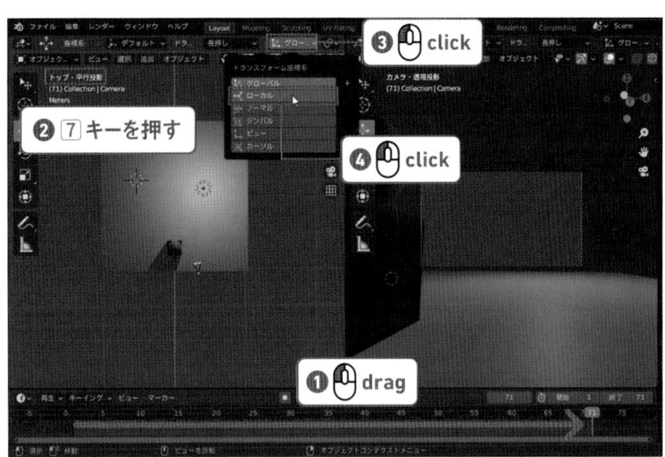

Keyword: 座標系

どの座標系を使用するかによって x、y、z の向きが変わります。

グローバル：3D 空間の高さ方向が Z、横方向が X、奥行き方向が Y になります。

ローカル：選選択しているオブジェクトが回転していると、座標系もいっしょに回転します。

ジンバル：Z 方向が Global 座標系、X 方向が Local 座標系になります。

ビュー：3D ビューポートの画面に対して上下、左右に移動するときに使います。

04

カメラを選択し、青のギズモをドラッグして、カメラの前後位置を調整します。
カメラを回転する場合は、ツールバーの［回転］ツール をクリックして［回転］モードに切り替え、調整します（カメラ回転時の座標系は［ジンバル］ を使用してください）。

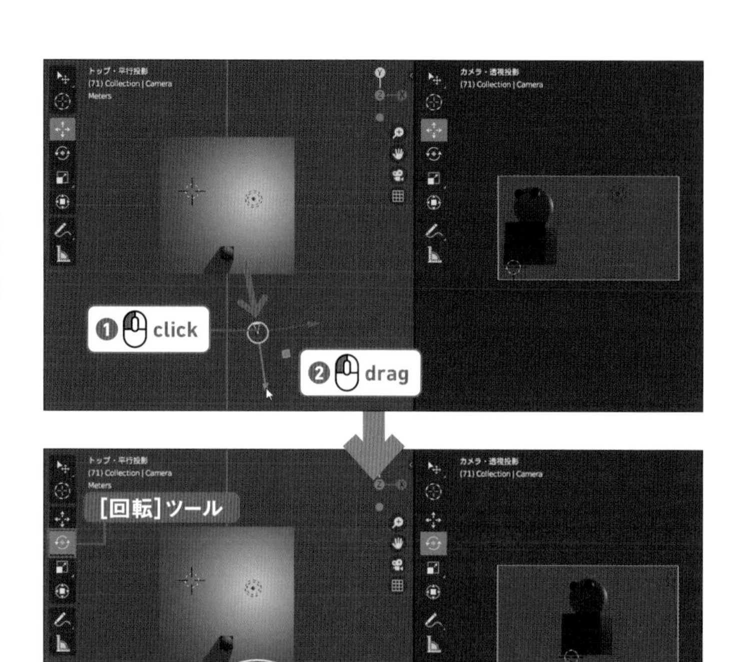

05

カメラ位置が決まったら静止画でレンダリングしてみましょう。
フレーム数を「１」フレームにして、F12 キーを押してレンダリングしてください。少し暗いですが、キャラクターがレンダリングされています。

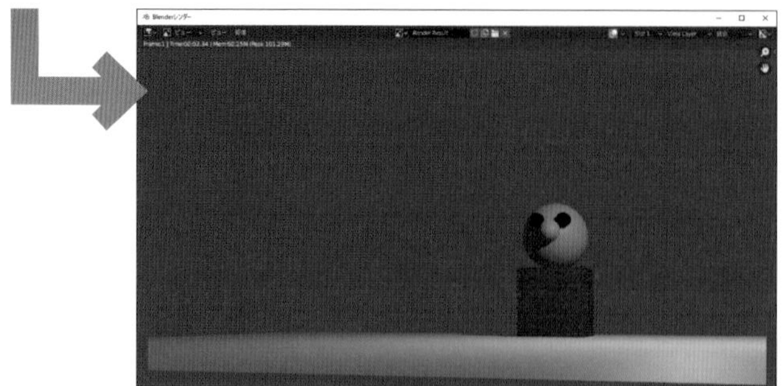

06

時間を「71」フレームにして F12 キーでレンダリングしてください。ライトを背中から受けるため、逆光になってしまいます。

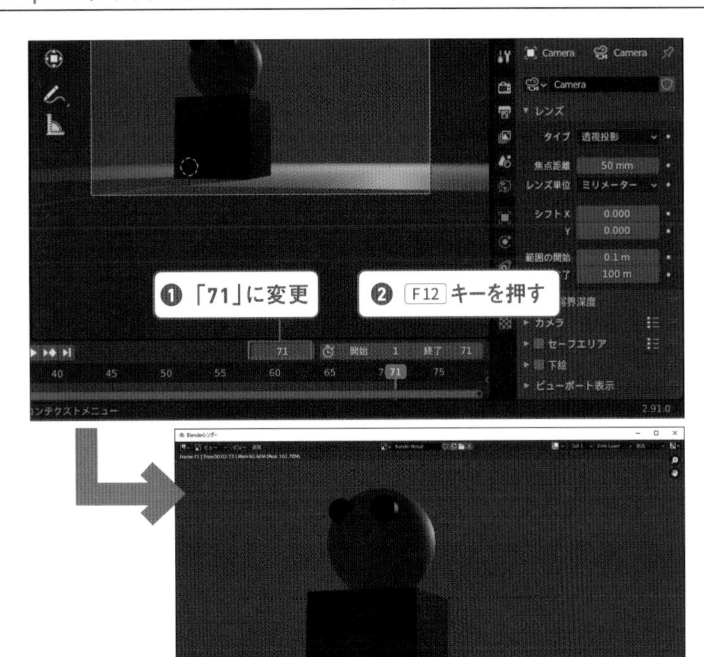

07

ライトの設定を変更します。
3D ビューポートでライトを［移動］ツールでクリックして選択してください。
［オブジェクトデータプロパティ］をクリックしてライトのプロパティを表示します。
ライトの種類が［ポイント］になっているので、［サン］ボタンをクリックして光を電球から太陽に変更します。

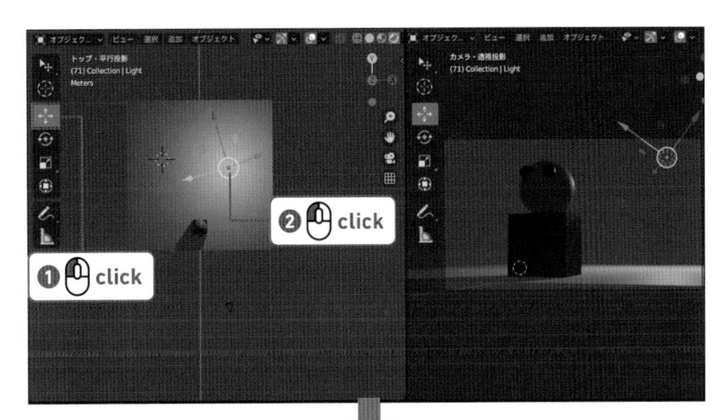

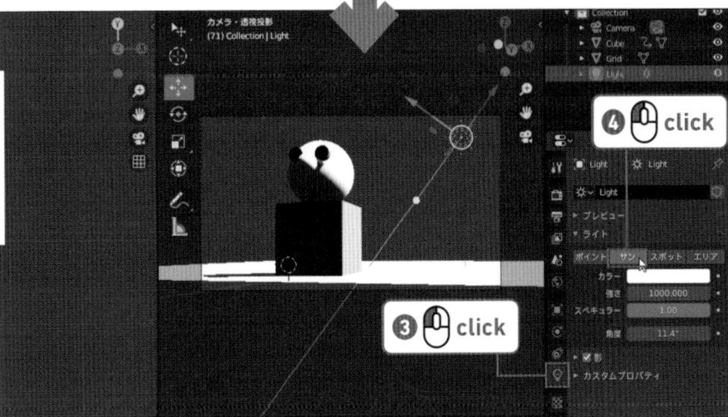

memo

ライトの種類：ポイント

「ポイント」は電球のようなものなので位置によって明るさが変わります。太陽光はどこにいても同じ強さの光が同じ方向から当たります。
ライトについては、Chapter5で詳しく解説します。

08

このままでは光が強すぎるので、プロパティエディターで［強さ］の値を「5.0」くらいまで下げましょう。

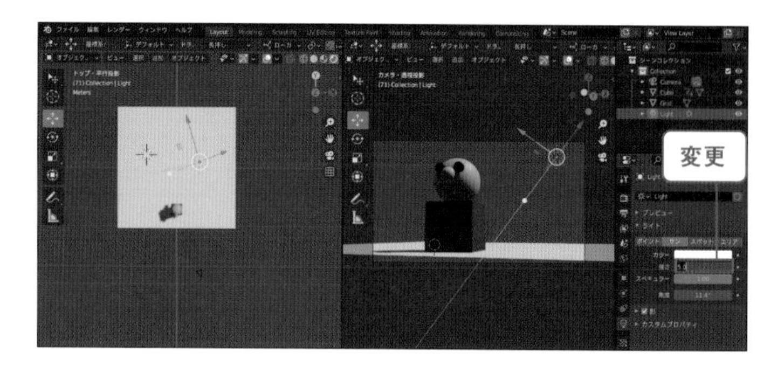

09

太陽光の向きを調整しましょう。太陽光にはオレンジの長い点線がくっついています。これが光の方向です。
左側の 3D ビューポートでテンキーの 3 キーを押して［ライト・平行投影］ビューにし、Alt（Option）＋ R キーを押してライトの向きを一度リセットします。
キャラクターの顔にライトがあたるように［回転］ツールで［回転］モードにし、赤いギズモなどでライトの向きを変えます。キャラクターは隠れないようにしてください。

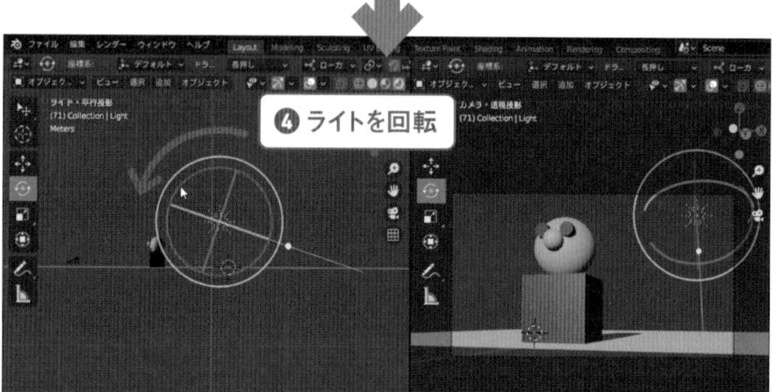

10

カレントフレームを変更すると、「50」フレームくらいまでは影が地面に落ちるようになっていますが、アニメーションの後半では影か消えてしまっているかもしれません。

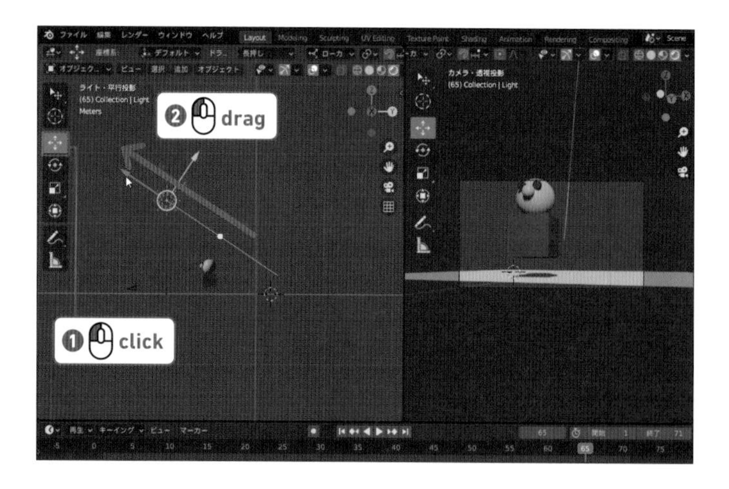

Step: 04 背景色と床の色を変える

01

空が灰色なので空色にしましょう。
今回は背景を空色の平面で表現します。右側の 3D ビューポートで床をクリックで選択します。
Shift + D キーを押すと、複製モードになるので、マウスを少し上に移動してクリックします。

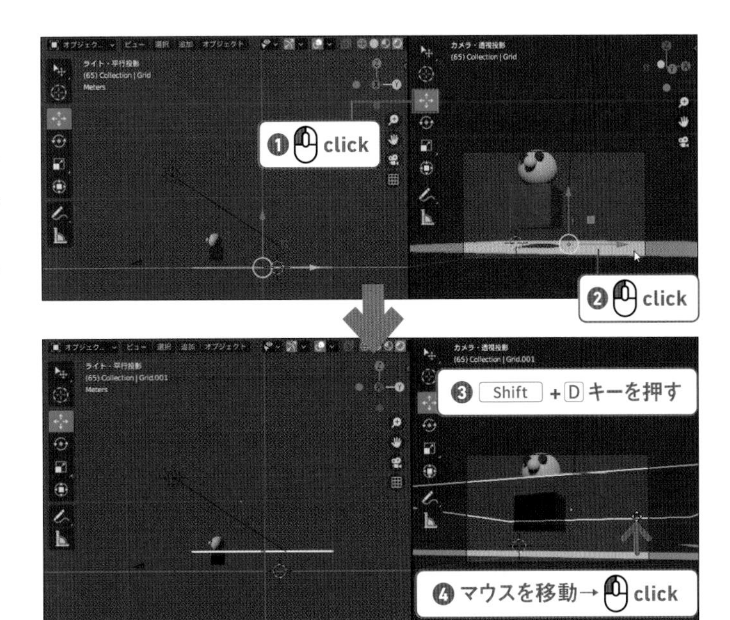

02

カレントフレームを「1」に変更し、複製した平面を選択した状態で、ツールバーの［移動］ツール 、［回転］ツール 、［スケール］ツール を使用してカメラから見た空の空間が平面で埋まるように移動します。

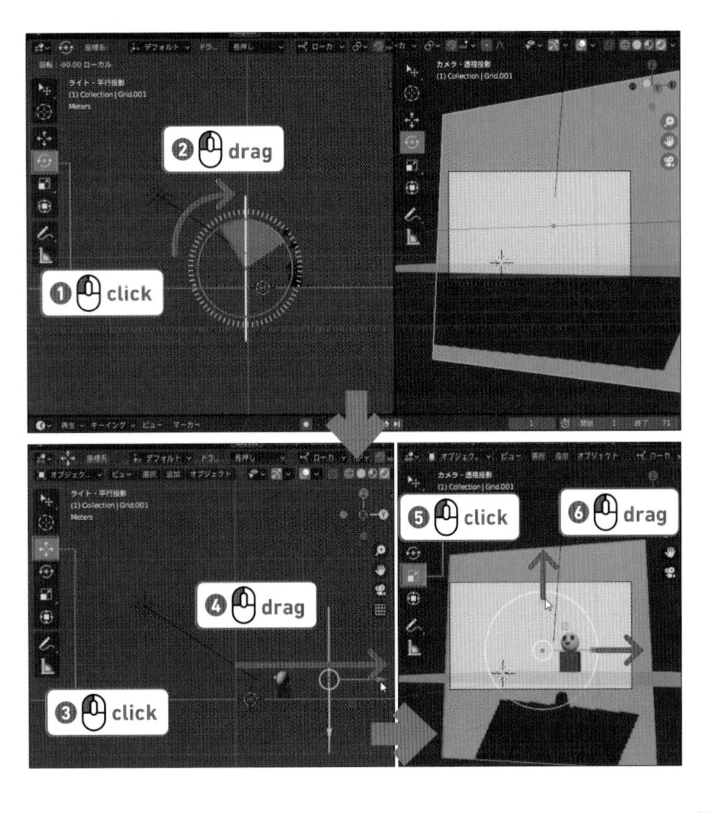

memo

90度回転

［回転］ツールで Ctrl （ command ）キーを押しながらドラッグすると、切りのよい数値で回転できます。

03

平面を空色にします。
プロパティエディターを［マテリアルプロパティ］ に切り替えます。
［新規］ボタンをクリックしてマテリアルを作成します。
ベースカラーを真っ黒に変更してください。

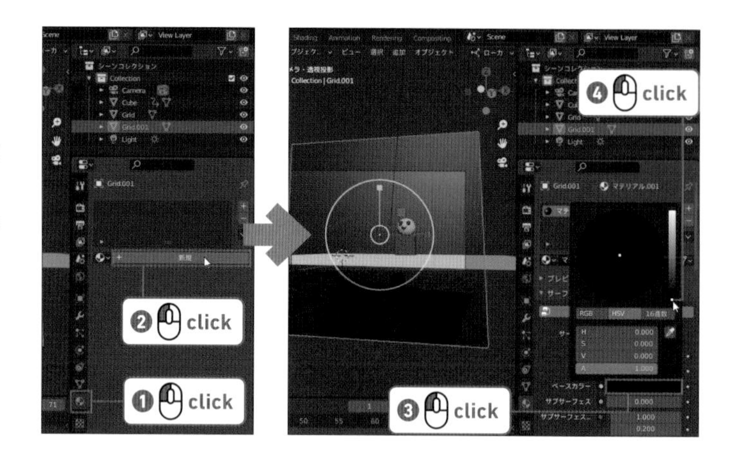

04

ベースカラーの下に［放射］の項目があり、ボックスは真っ黒になっています。
ボックスをクリックして右側のスライダーの上の方をクリックして色を白にしてから、カラーホイールで空色にします。

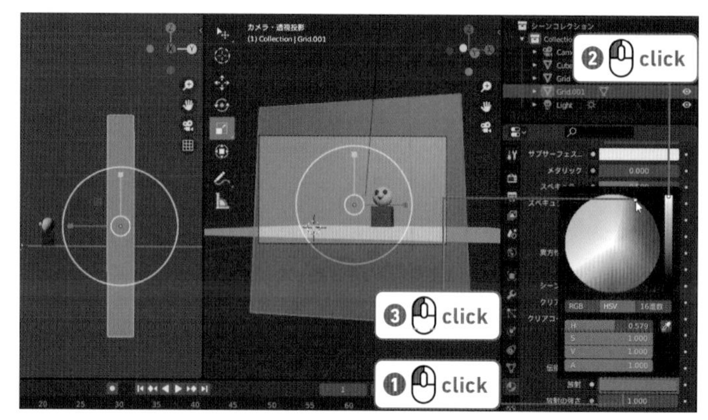

05

地面の色も変更しましょう。
右側の 3D ビューポートで地面の平面をクリックで選択します。
プロパティエディターを［マテリアルプロパティ］ に切り替え、［新規］ボタンをクリックして床用のマテリアルを作成します。
ベースカラーの白のボックスを緑に変更してください。

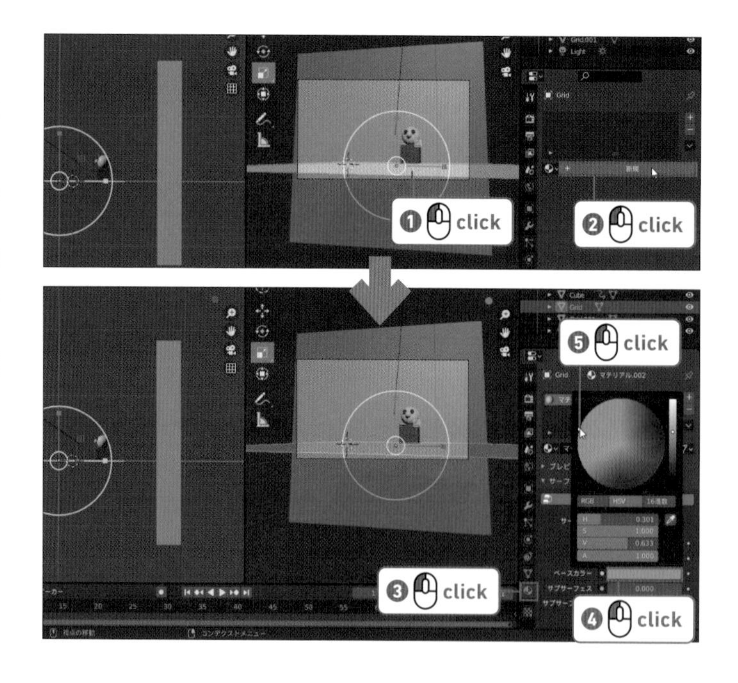

Step: 05 レンダリングして動画ファイルを作る

01

アニメーションをレンダリングして動画ファイルを作ります。
プロパティエディターを［レンダープロパティ］に切り替えます。
アニメーションのレンダリングは時間がかかるので、レンダリングのクオリティ少し下げておきましょう。［サンプリング］タブを開き、［レンダー］の値を「64」から「8」に下げます。

02

今度はレンダリングのサイズを小さくします。
［出力プロパティ］に切り替えます。［寸法］タブを開き、解像度［X］を「1280」、解像度［Y］を「720」に変更します。

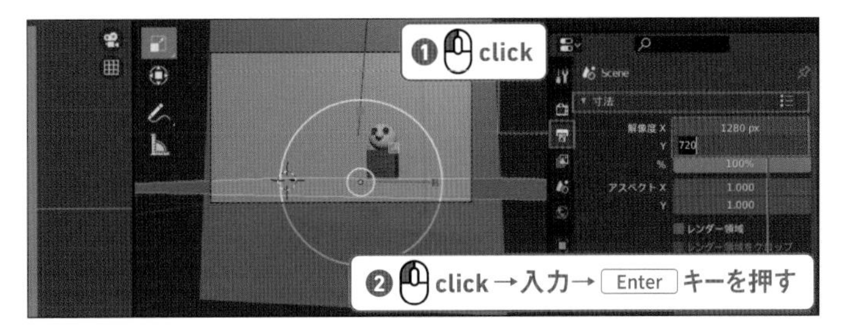

03

保存するファイル名を指定します。
［出力プロパティ］の［出力］タブのファイルパス名をクリックし、ファイル名の部分を違う名前に変更しましょう。
ここでは「cubeman_jump」に変更しています。

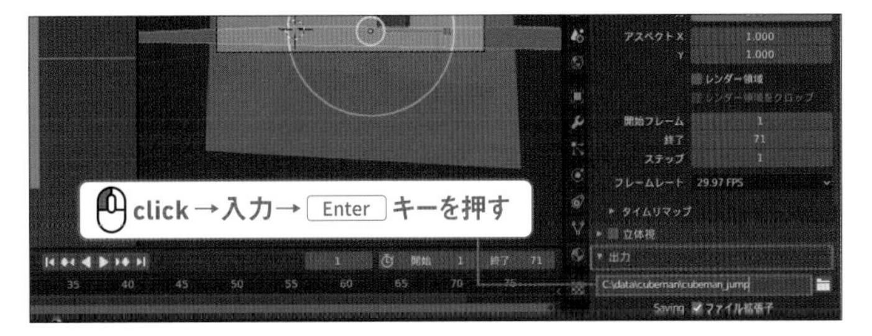

04

［レンダー］メニュー→［アニメーションをレンダリング］の順にクリックします。アニメーションのレンダリングが始まります。
レンダリングが終わるまでしばらく待ちましょう。

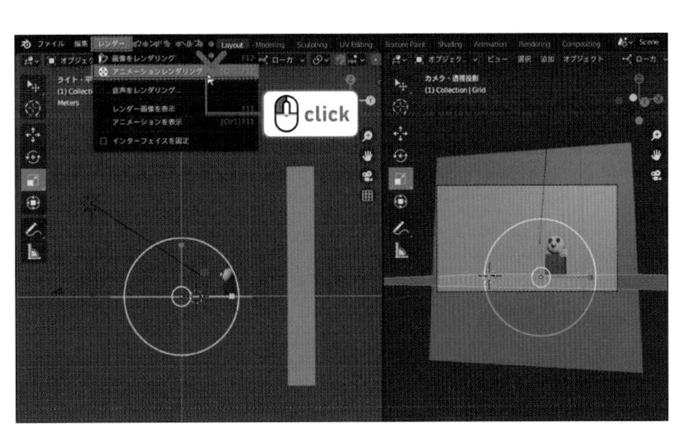

memo

レンダリングを途中で強制終了する

レンダリングを途中で強制終了する場合は、Esc キーを押します。

05

レンダリングが終了し、動画ファイルが作成されました。
エクスプローラー（Finder）でファイルが出力されたフォルダを開き、動画を再生してみましょう。
先程のプレビューの動画よりは、だいぶCG動画らしくなりました。

「Chapter1」フォルダ→「cubeman」フォルダ→cubeman_jump01blend

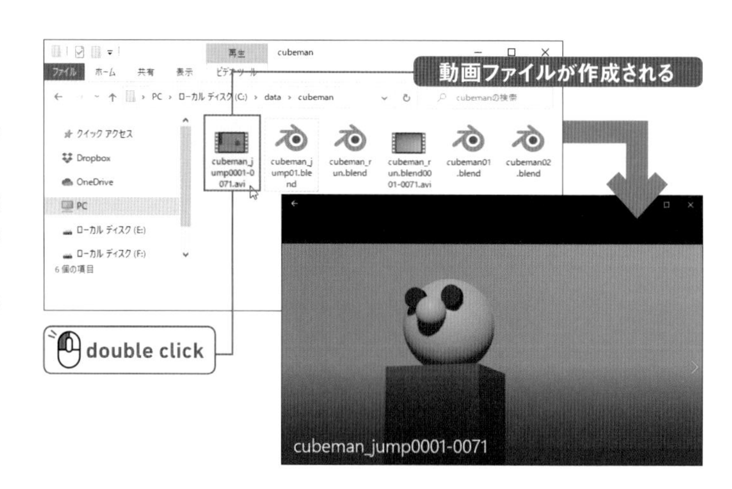

06

さらに背景を作ったり、複数のキャラクターを配置したり、ライトを追加するのもよいでしょう。
このブレンダーデータは、Chapter3でも使用するので名前をつけて保存しておいてください。

「Chapter1」フォルダ→「cubeman」フォルダ→cubeman_jump02.blend

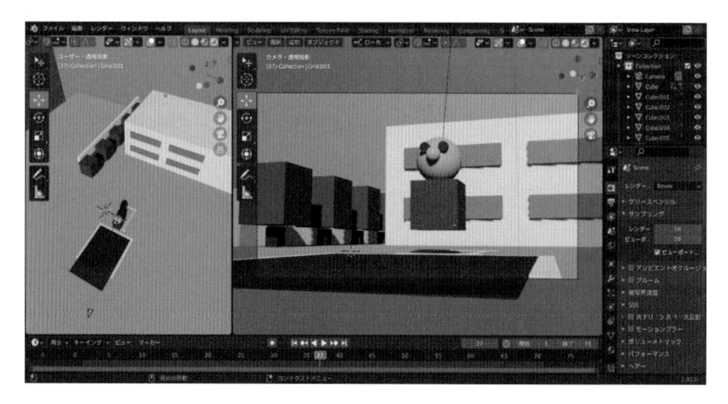

以上が動画作成の基本的な流れになります。まだ形状、アニメーション、質感など修正したいところがたくさんあるかと思います。この後の各章でモデリング、アニメーション、マテリアル、レンダリングについて解説しているので興味のある章から読んでみてください。

Column 操作に便利なショートカットキー

キーボードからのビューの操作

ビューのマウスでの操作といくつかのショートカットについては説明しましたが、ほかにも便利なショートカットがあります。

ショートカットキー	機能
1	［フロント・平行投影］ビュー
3	［ライト・平行投影］ビュー
7	［トップ・平行投影］ビュー
Ctrl + 1	［バック・平行投影］ビュー
Ctrl + 3	［レフト・平行投影］ビュー
Ctrl + 7	［ボトム・平行投影］ビュー
0	［カメラ・透視投影］ビュー

ショートカットキー	機能
Ctrl + 0	選択カメラの［カメラ］ビュー
Ctrl + Alt + 0	ビュー位置にカメラを移動する
+	視点を前に移動
−	視点を後ろに移動
/	選択しているオブジェクト以外を隠す。もう一度押すと元に戻る
.	選択部分をズームして表示

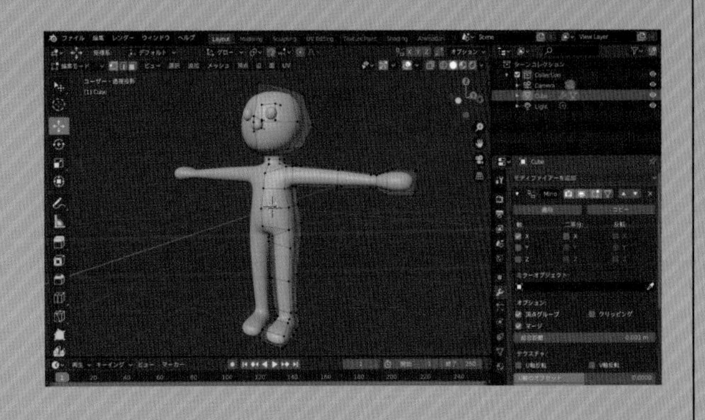

キャラクターの形を作ろう ～モデリング基本編～

モデリングの入門として、人の形を作ってみましょう。
この章で作った人の形に、Chapter3で骨格を入れ、
Chapter4から手足に動きをつけてアニメーションを作ります。

Chapter 2

01 キャラクターの頭部と胴体を作ろう

立方体から、人型の胴体、頭部、左半身を作成します。
Chapter2から少し難しくなります。わからなくなった場合は、「Chapter2」フォルダのブレンダーファイルを参考にしてください。

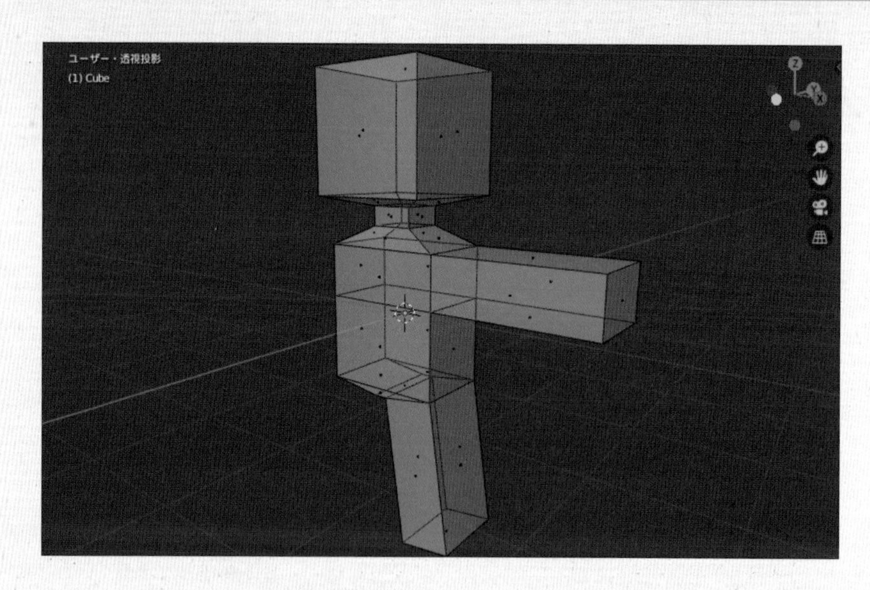

Step: 01 頭と体を作る

01

［ファイル］メニュー→［新規］→［全般］の順に選択して、ブレンダーを初期状態にします。

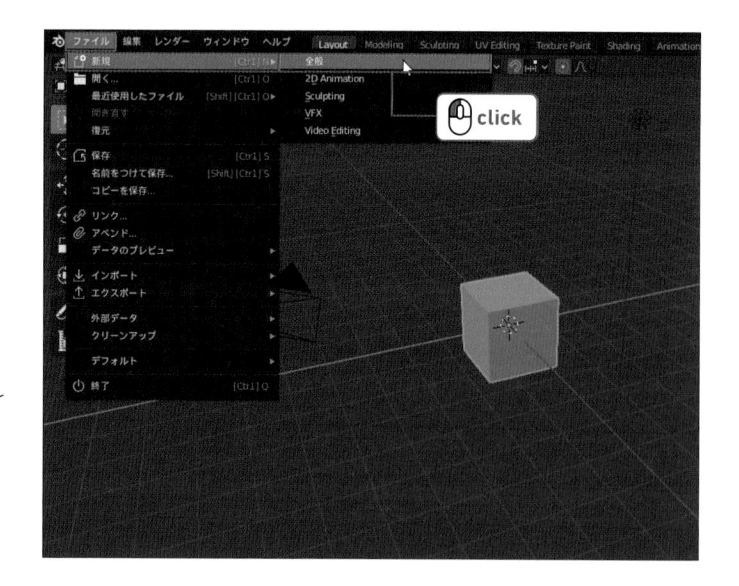

memo

保存のダイアログ

［保存しますか］というメッセージが表示される場合があります。保存する場合は［はい］ボタン、保存しない場合は［いいえ］ボタンをクリックしましょう（保存方法は、p.36参照）。

02

中央に置かれている立方体のオブジェクトを人の胴体の部分として使用します。この胴体の上に首と頭部を作っていきましょう。
箱をクリックで選択します。3D ビューポート左上の［オブジェクトモード］をクリックして［編集モード］に切り替えます。

オブジェクトモードと編集モード memo

Chapter1までは［オブジェクトモード］で作業をしていましたが、1つのオブジェクトの形状を編集するときは、［編集モード］を使用します。
2つのモード間の切替えのショートカットは Tab キーです。

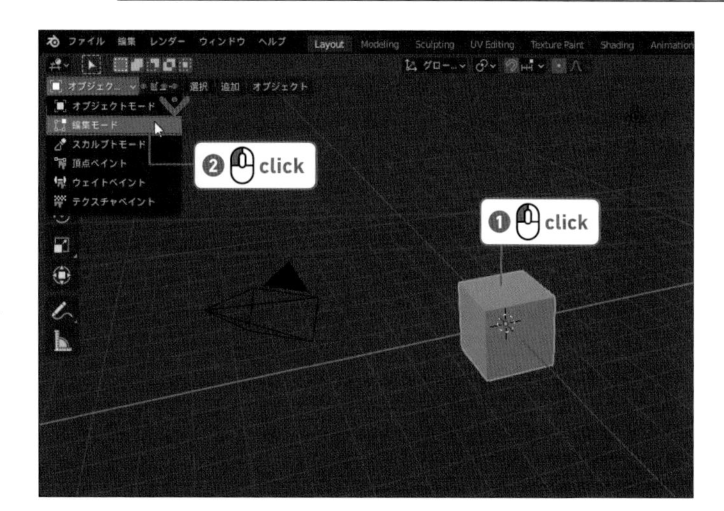

Step: 02 頭部を作る

01

3D ビューポートの左上に［頂点選択］、［辺選択］、［面選択］の 3 つのアイコンが並んでいます。右端の［面選択］ボタンをクリックし、［面選択］モードにします（ショートカットはキーボード上段の数字キー 3）。

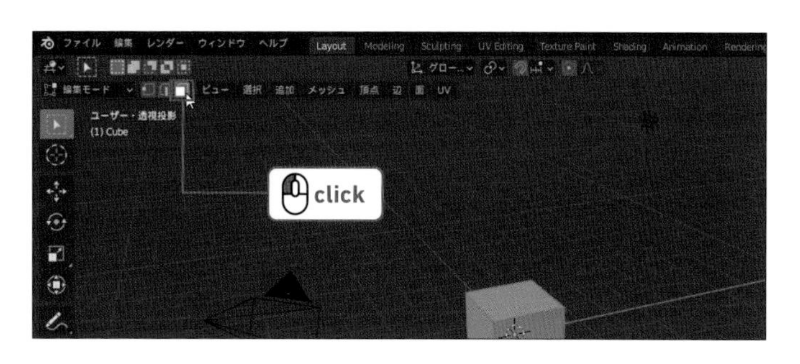

02

テンキーの 1 キーを押して［フロント・平行投影］ビューにしてから、箱を正面やや斜め上から見るように、ホイールボタンでドラッグして 3D ビューポートの視点を少し動かしてください。

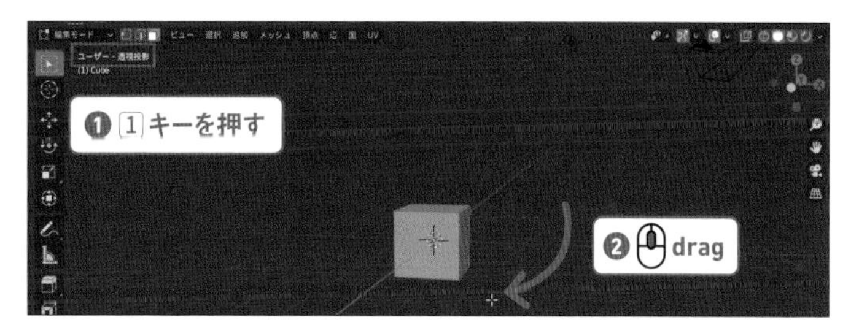

Keyword: 頂点選択／辺選択／面選択

編集モードで 3D ビューポートのヘッダの左側のボタンをクリックすると、それぞれ［頂点選択］、［辺選択］、［面選択］モードに切り替わります。
ショートカットはキーボードの上段の数字キーの 1、2、3 です。

また、各ボタンを Shift キーを押しながらクリックすると複数のモードを同時に有効にできるので、頂点も辺も面も選択できるモードにすることもできます。

03

上の面をクリックで選択します。選択面の周囲の辺の色が白色になります。
E キーを押したあと、マウスを上に動かすと選択面が押し出されます。ほんの少し上に押し出して、クリックしてください。

memo

押し出し

Eキーは［押し出し］コマンドを呼び出すショートカットキーです（Extrudeの「E」）。

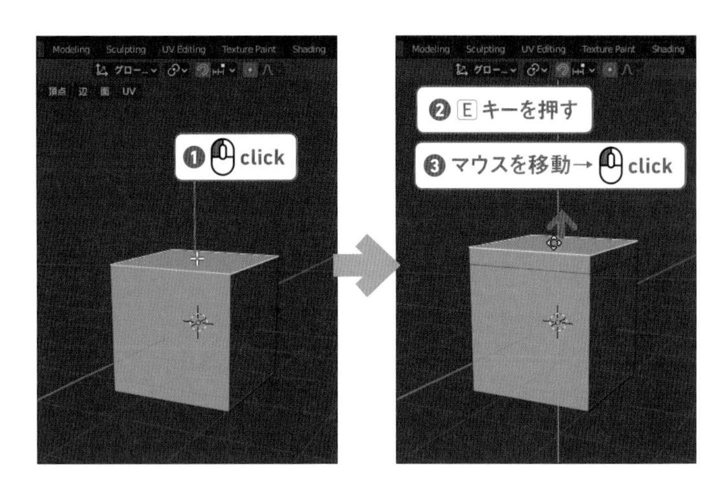

04

この面を首になるように編集します。
この面を選択した状態で S キーを押し、内側にマウスを移動して首の太さに縮小したら、クリックします。

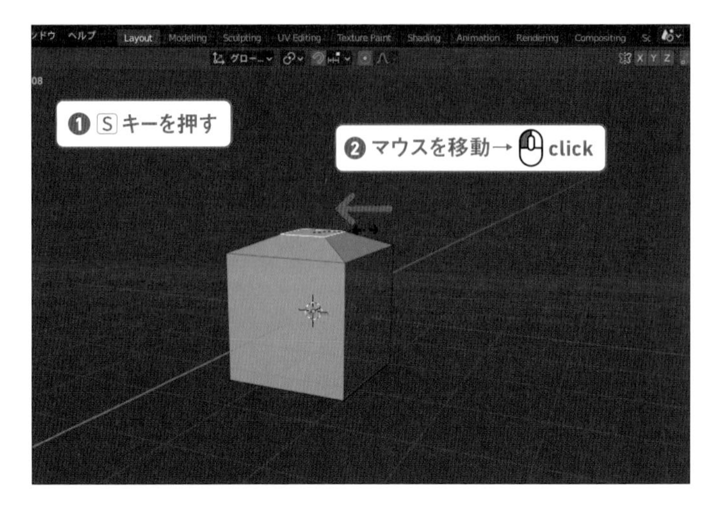

05

もう一度 E キーを押し、首の長さ分ほんの少し上に押し出します。
さらにもう1回、同じ方向にほんの少し押し出してください。

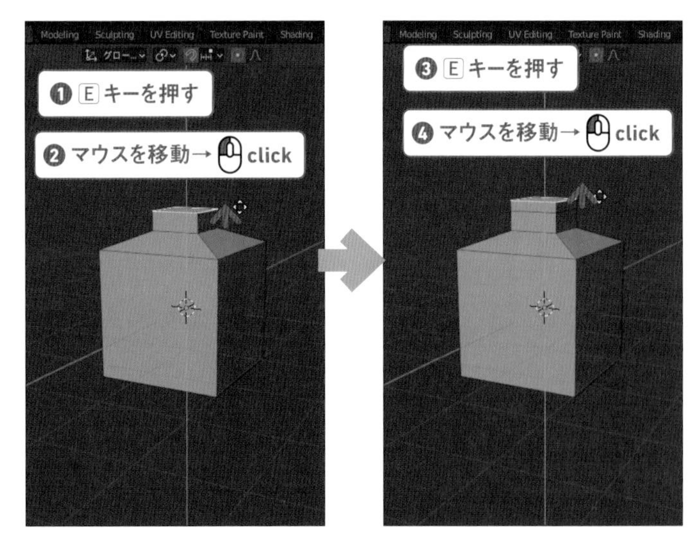

06

S キーを押し、押し出した面を胴体より少し小さいくらいの大きさになるまで拡大します。

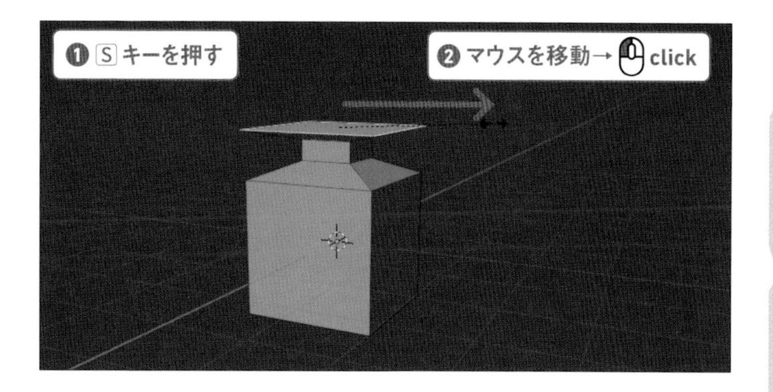

07

もう一度、E キーを押して押し出しを行い、頭部を作成してください。

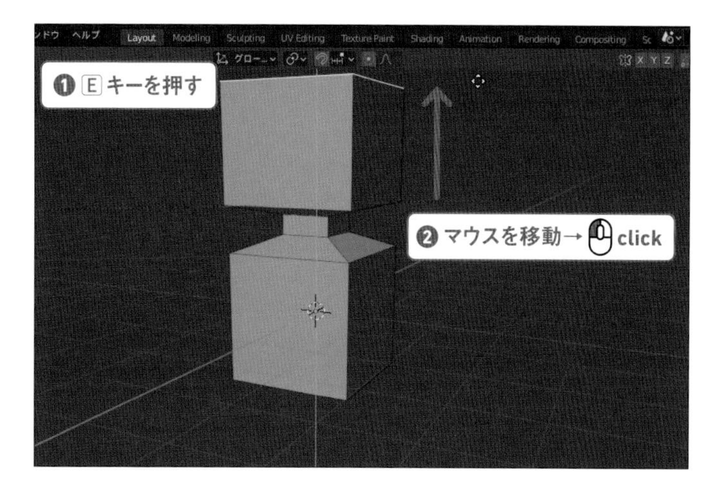

「Chapter2」フォルダ
→ human02_01_s02_after.blend

Step: 03 胴体の形を整える

01

胴体部を選択しましょう。
まず、3D ビューポートのオブジェクトも何もないところをクリックしてください。面が選択されていない状態になります。
3D ビューポート右上の［透過表示］ボタンをクリックすると、裏側の面が透けて見えるようになります。
透過表示状態だと裏側の面もマウスで選択できるようになります。

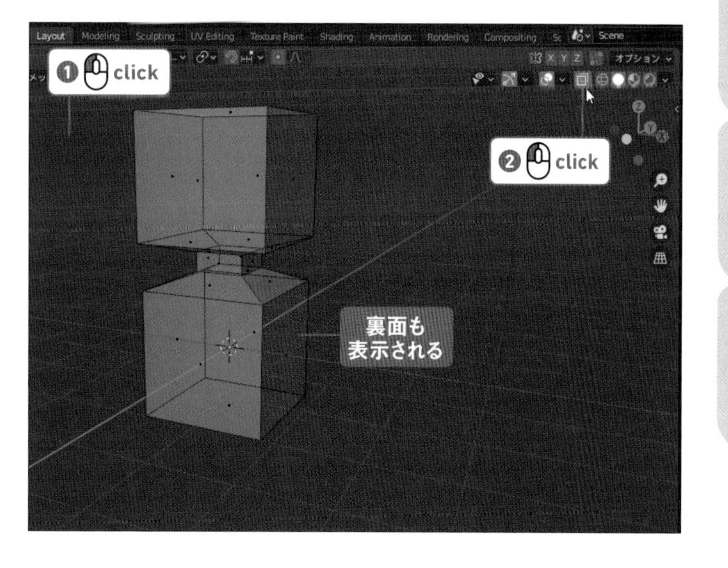

02

各面の中心に点があります。
B キーを押すとボックス選択モードになるので、胴体を構成する前後左右、底面の5つの面の中心点を囲むように選択してください。
選択しにくい場合は、ホイールボタンでドラッグしてビューを変えて、操作してみましょう。

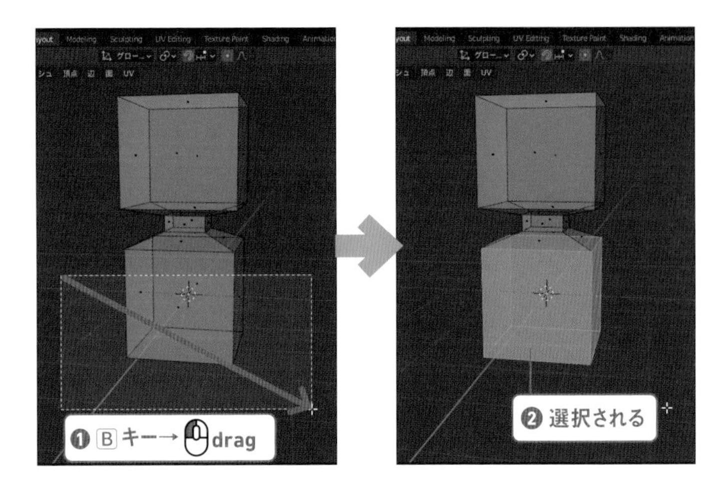

03

ツールバーの［トランスフォーム］ツール をクリックします。
［トランスフォーム］モードでは移動、回転、拡大縮小のすべてのギズモを使用することができます。各ギズモは常に表示されます。
赤い四角のギズモをドラッグしてX軸方向に少し縮小します。

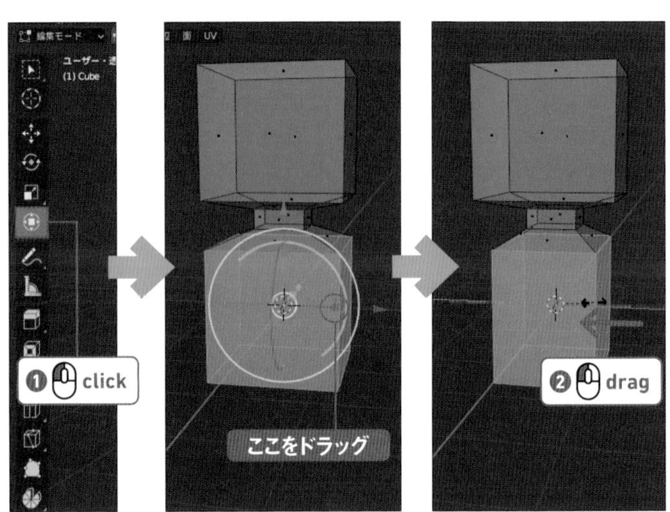

04

緑の四角いギズモをドラッグして前後方向に縮小し、体を薄くしてください。

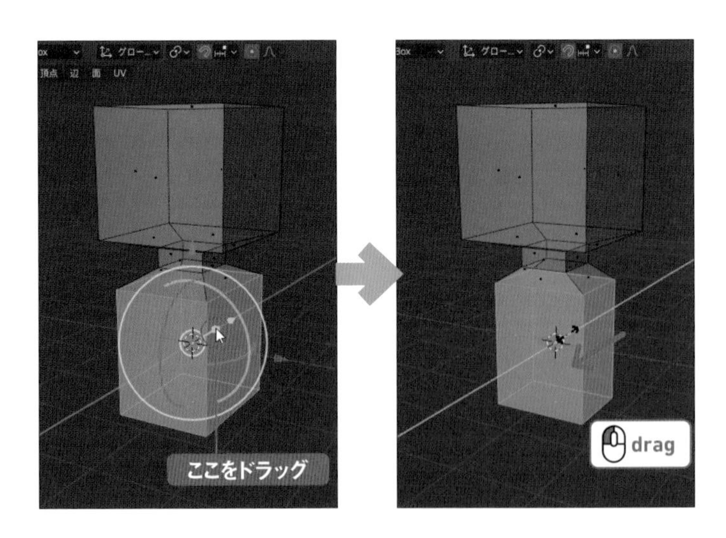

「Chapter2」フォルダ
→ human02_01_s03_after.blend

Column ギズモを常に表示する

3D ビューポートのヘッダの中央右寄りに［ギズモを表示］ボタンがあります。このアイコンは常にオンにしておいてください。
ボタンの右側のをクリックすると、複数のチェックボックスが表示されます。［移動］、［回転］、［拡大縮小］のチェックボックスをクリックしてオンにすると、ギズモは常に表示されます。

Step: 04 腕と足を作る

01

腕と足を作ります。
胴体を上下に二分することで腕を生やす正方形の面を作ります。ツールバーの［ループカット］ツールをクリックします。

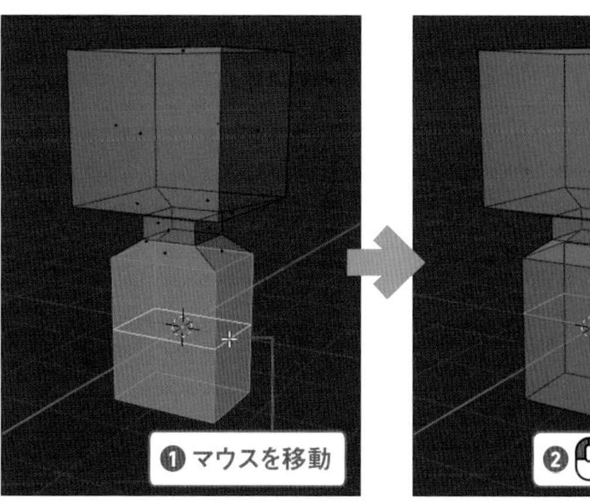

memo
ショートカットキー
［ループカットとスライド］のショートカットは Ctrl （command）＋ R キーです。

02

黄色い線が表れます。
胴体に黄色い線が水平に通るようにマウスを移動します。
そのままドラッグし、腕が生える面が正方形に近くなったらマウスを離します。
ループカットした線が選択されているので、ツールバーで［トランスフォーム］ツールをクリックして［トランスフォーム］モードに切り替え、上下に移動して位置を調整してください。

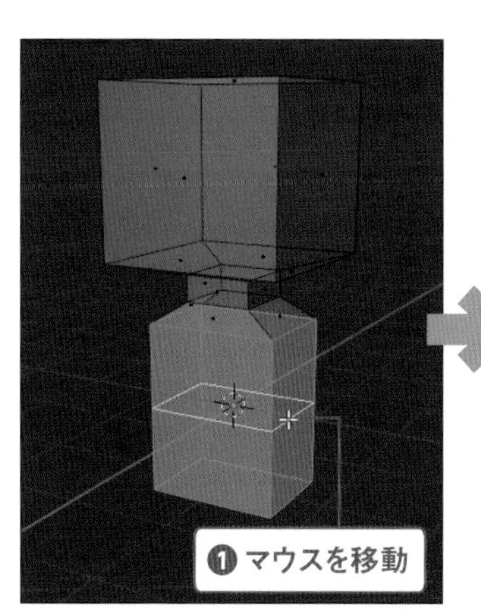

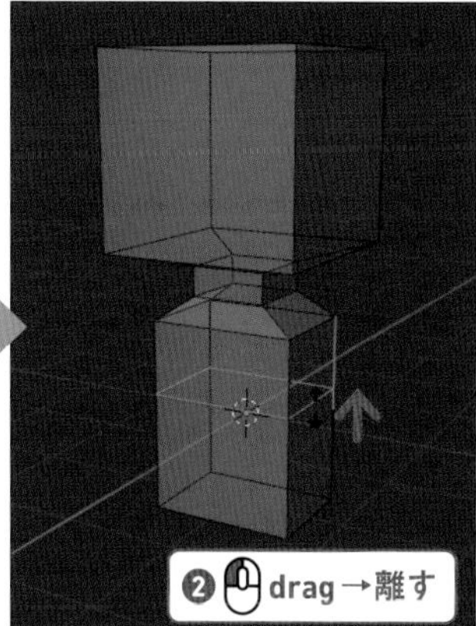

03

ループカットすると[辺選択]モードになるので、[面選択] ボタン をクリックして [面選択] モードに戻します。
正面から見て右側の腕を生やす面をクリックして選択します。
E キーを押すと押し出しモードになるので、マウスを外側に動かして腕の長さになったらクリックします。
左側の腕は作らないでください。

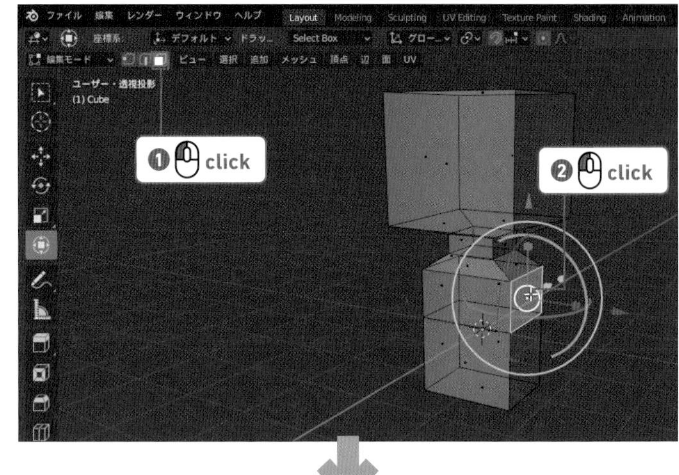

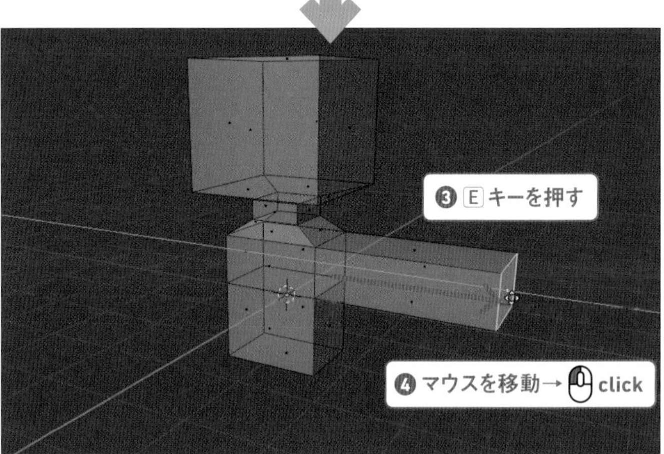

04

足も押し出しコマンドで作ります。
ホイールボタンでドラッグし、下の面が見やすいようにビューを回してください。
胴の底の面をクリックして選択し、E キーを押してほんの少し押し出します。

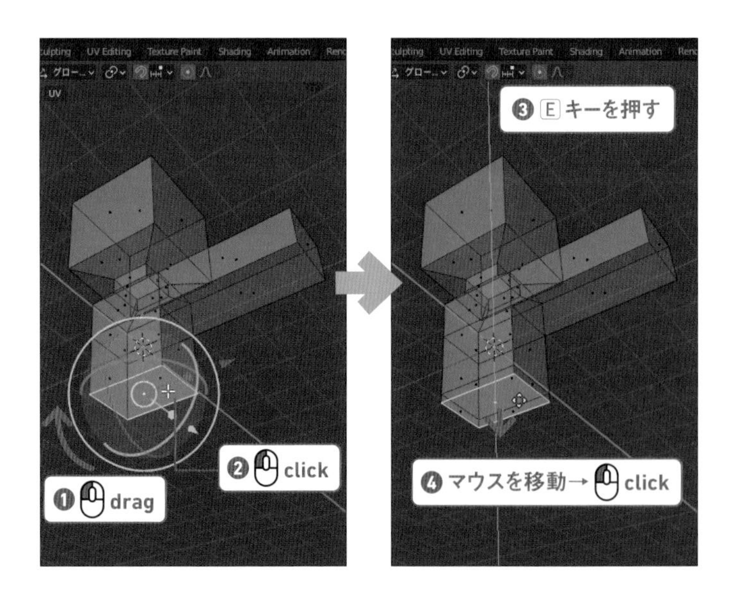

05

押し出した面を左右に縮小して足にする面を作ります。
胴の底面が選択された状態で、赤い四角のギズモを内面にドラッグして X 方向に縮小します。
選択面の両脇の面が足になります。

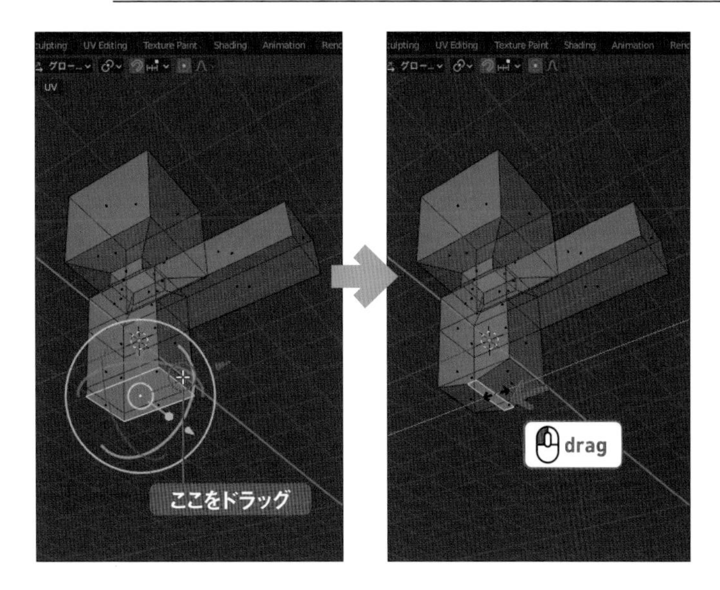

06

図のように右足を生やす面をクリックして選択します。
E キーを押して足の長さになるまで押し出します。 足が開きすぎたり形状が違っていても修正できるので気にしないでください。
［ファイル］ メニュー→ ［名前をつけて保存］の順に選択してデータを好きなファイル名で保存しておきましょう。

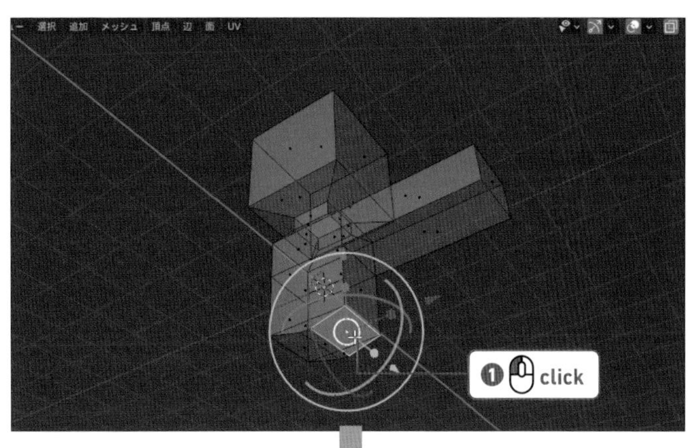

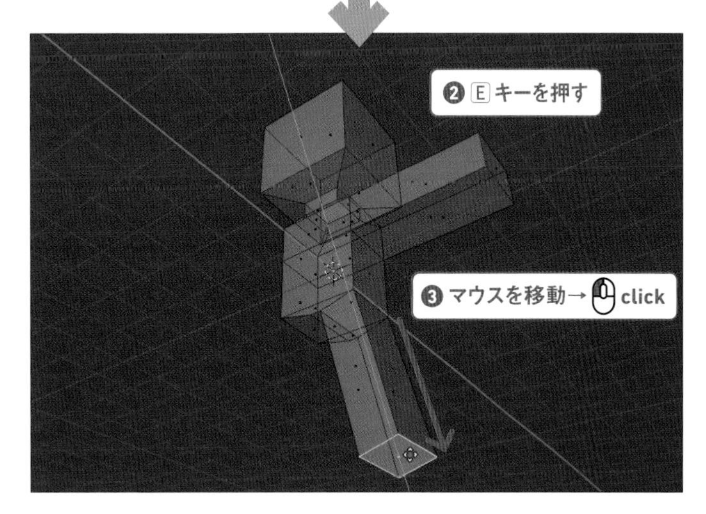

「Chapter2」 フォルダ
→ human02_01_s04_after.blend

Chapter 2

02 モディファイアーで左右対称の形状を作ろう

左半身を作る必要はありません。
左右対称の形状を作るにはモディファイアーを使用します。

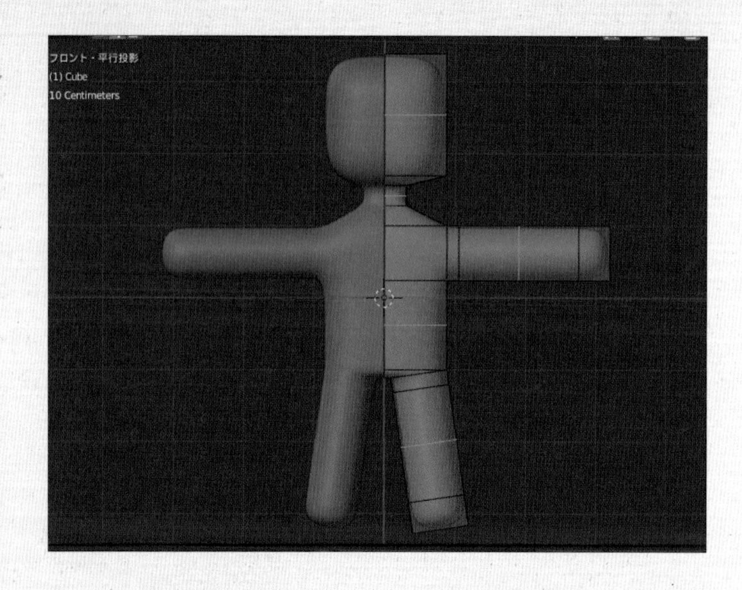

Step: 01 体を左右対称にする

01

ツールバーの［ループカット］ツール をクリックして［ループカット］モードにし、体を中心を縦にカットしてください。
ループカットでドラッグをしないでクリックすると、各辺が完全に二等分されます。

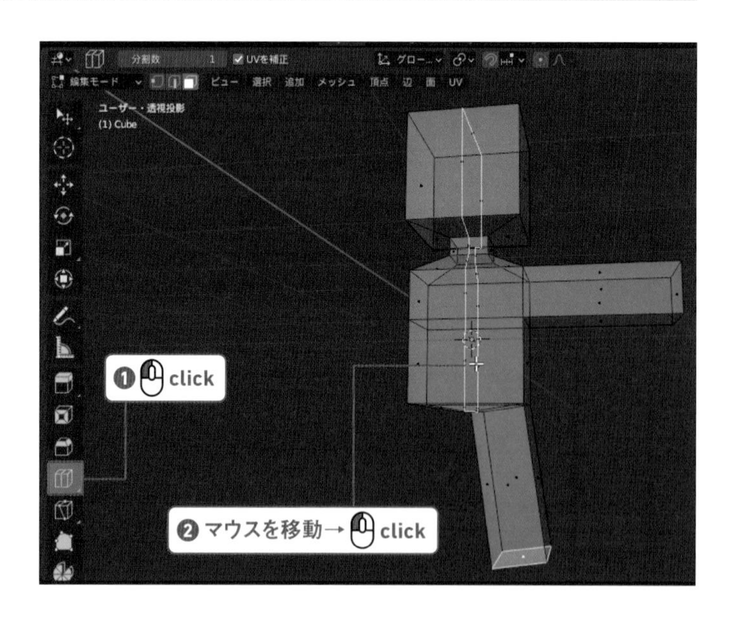

02

左半分の面を削除します。
テンキー 1 を押して［フロント・平行投影］ビューにします。
左上の［面選択］ボタンをクリックし、［面選択］モードにします。
3D ビューポートの何もない所をクリックして何も選択されていない状態にします。

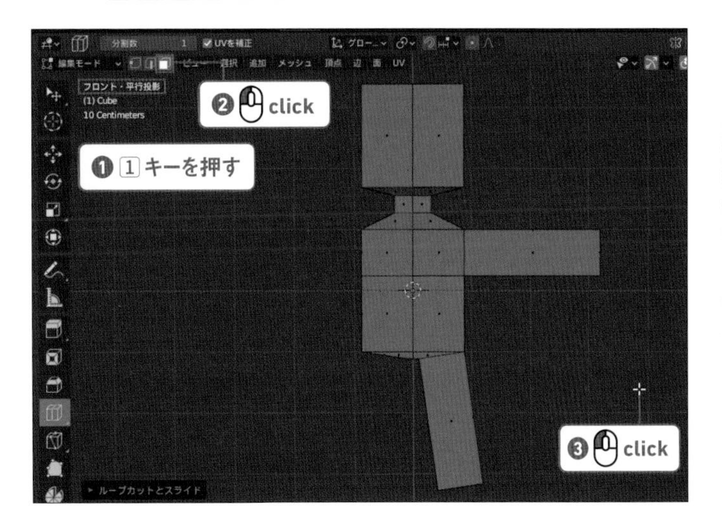

03

B キーを押し、ドラッグで左半身の面をボックス選択します。

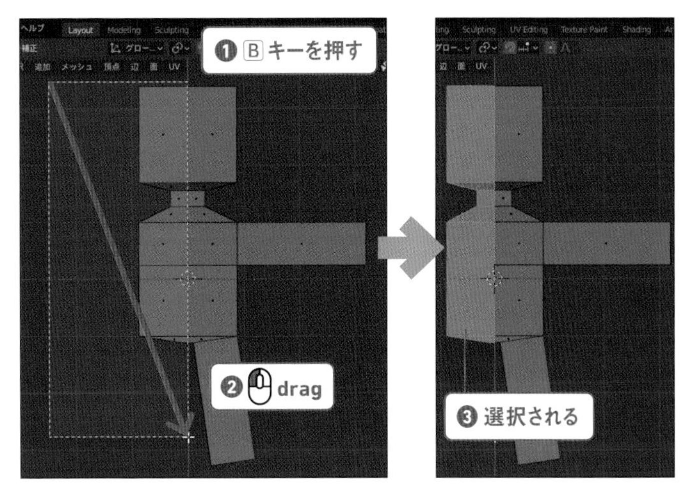

04

X キー（もしくは Delete キー）を押し、表示されたメニューから［面］を選択します。
左半身が削除されました。
まだ面が残っている場合はその面だけ選択して削除してください。
股間の面は小さいので削除し忘れないようにしましょう。

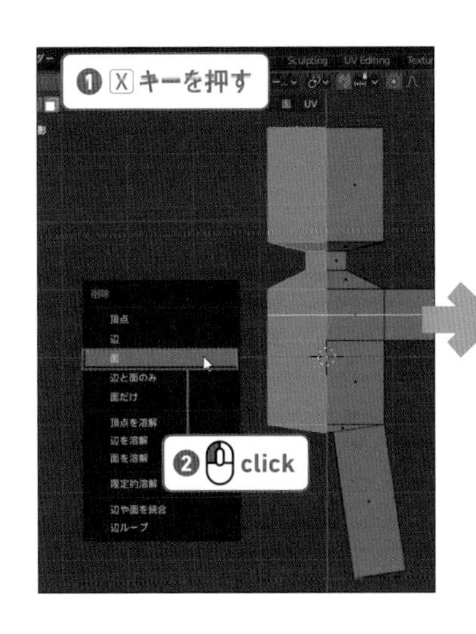

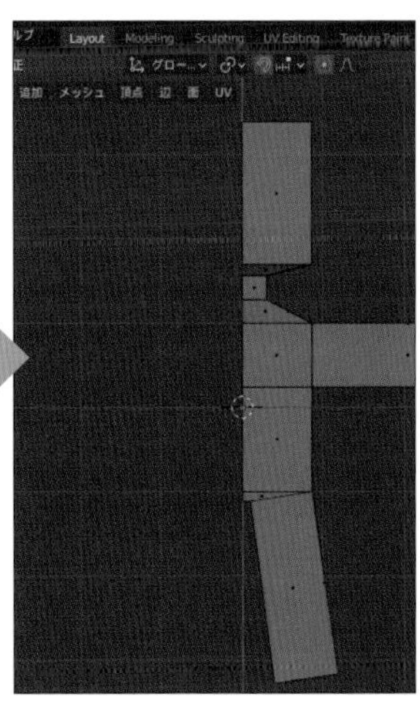

05

プロパティエディターの［モディファイアープロパティ］ をクリックします。
［モディファイアーを追加］をクリックし、［生成］の列の［ミラー］を選択します。

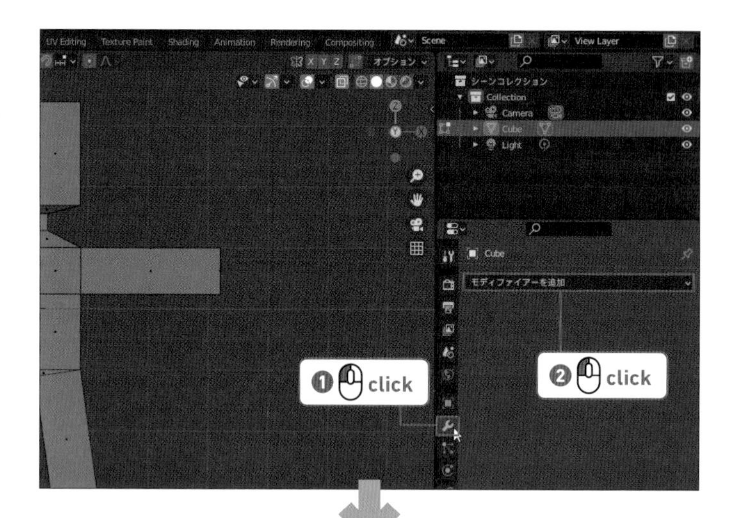

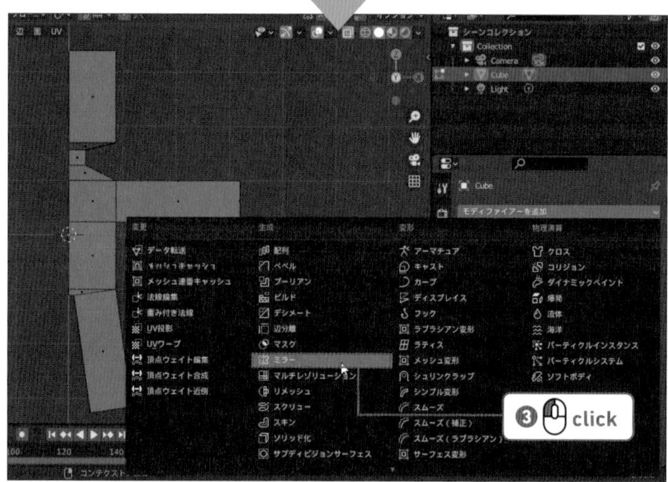

06

左半身がミラーモディファイアーによって生成されました。

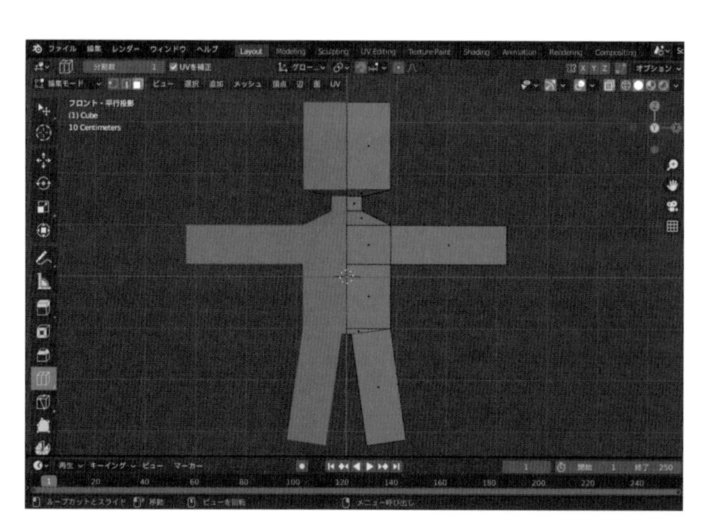

「Chapter2」フォルダ
→ human02_02_s01_after.blend

Column　ミラーリングをすると体が左右に分離してしまう場合

体の中心の頂点が左右にずれてしまっている可能性があります。
この場合は、まずツールバーの［トランスフォーム］ツールをクリックして［トランスフォーム］モードにし、3Dビューポートの左上の［頂点選択］ボタンをクリックします。
位置を揃えるエッジの1つを Alt（option）キーを押しながらクリック選択すると、頂点がループ状に選択されます。
N キーを押してサイドバーを開き、変形のXの値を確認します。値が「0」でなければ、選択した頂点のいずれかが中央からずれています。
まず、選択した頂点の縦位置を揃えます。サイドバー上で S → X キーを押したあとで「0」を入力し、Enter（return）キーを押してください。これはX方向に0倍に縮小することで、選択した頂点のX位置を揃えたことになります。
最後にサイドバーの［中点］のXの値に「0」を入力すれば、選択した頂点のX座標はすべて「0」になります。

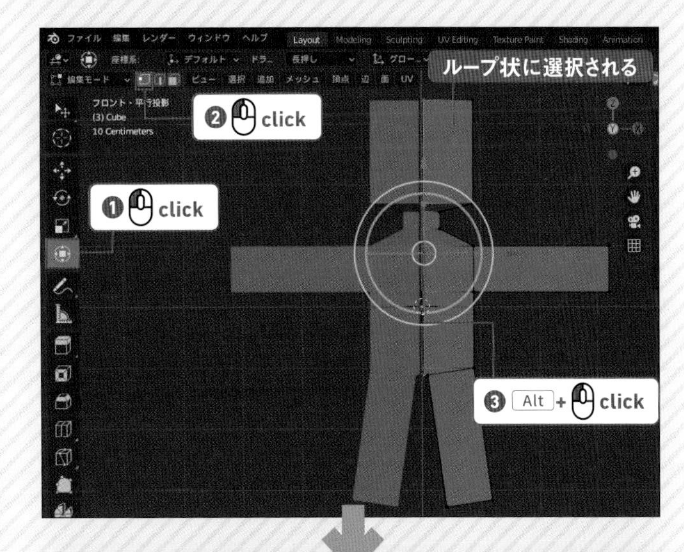

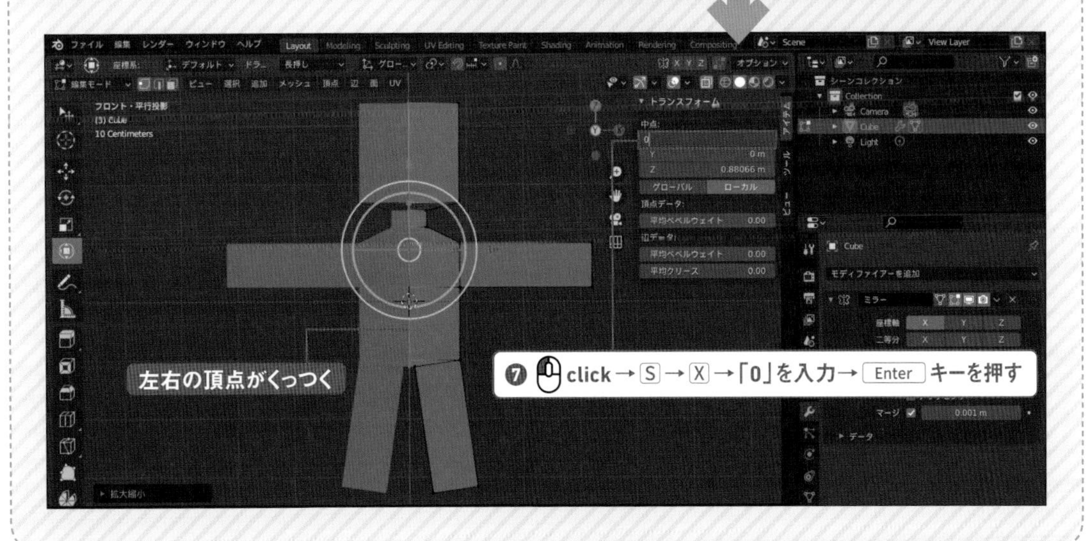

Step: 02 曲面化する

01

プロパティエディターで［モディファイアープロパティ］🔧が押されていることを確認してください。
［モディファイアーを追加］ボタンをクリックし、［生成］の列の［サブディビジョンサーフェス］を選択します。

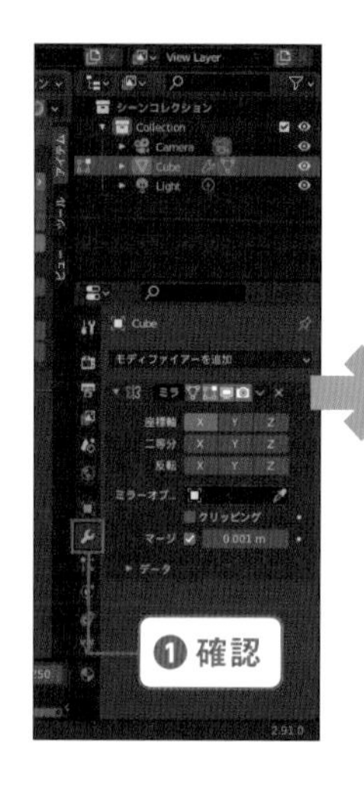

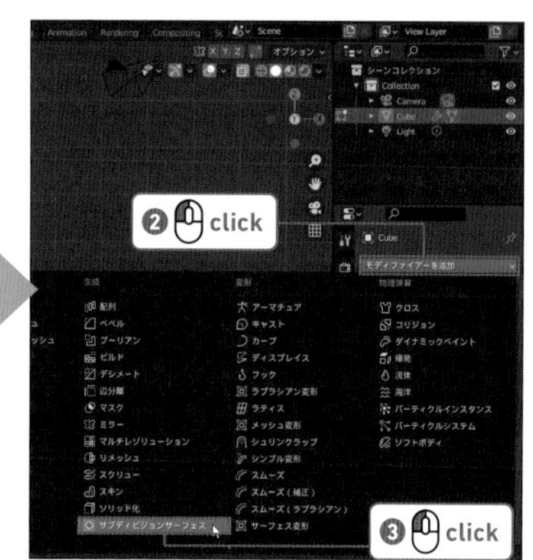

02

サブメニューの［細分化（サブディビジョンサーフェス）］モディファイアーを下にスクロールして表示し、［ビューポートのレベル］の数値を「1」から「2」に変更してください。
数字の左右の ◀ ▶ をクリックすることでも数値を増減することができます。

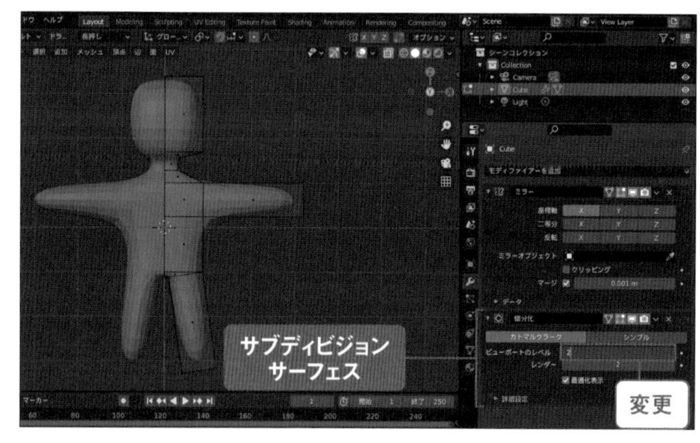

03

3Dビューポートの左上の［面選択］ボタン■をクリックしてください。
Ａキーですべての面を選択し、右クリックして表示されるメニューから［スムーズシェード］を選択します。

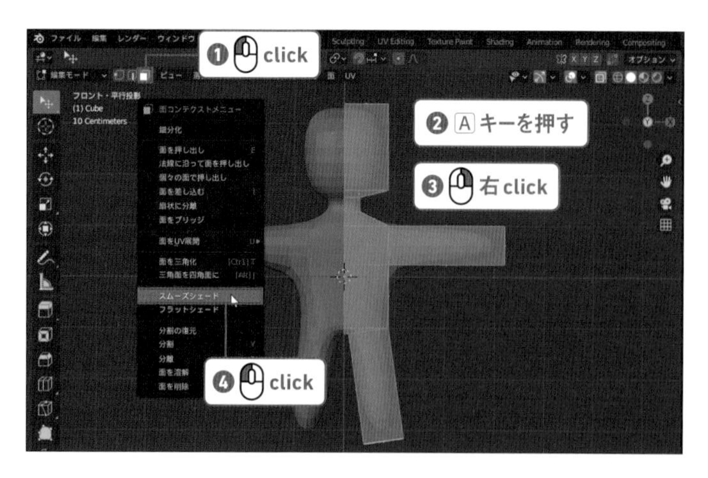

memo

スムーズ前の表示に戻すには

元のカクカクした状態に戻す場合は、右クリックで表示されるメニューから［フラットシェード］を選択します。

04

曲面化によってやわらかい形状になりましたが、溶けかけた氷のようになってしまったので修正しましょう。
まずは脇の下の形状があまいので修正します。ツールバーの［ループカット］ツール をクリックします。
ひじのあたりにマウスカーソルを移動したあと、そのままドラッグして辺を脇側に寄せて、脇の形状を調整します。
ツールバーの［トランスフォーム］ツール をクリックして移動ギズモで調整してください。

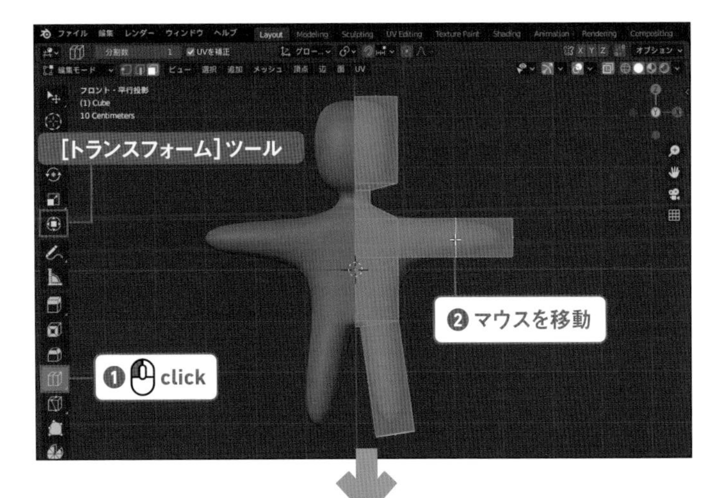

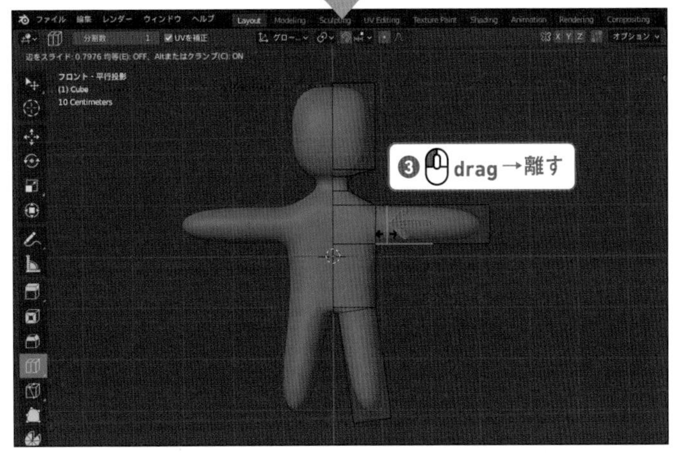

05

今度はループカットで肘から手の先の方に移動し、手の先の形状を整えてください。

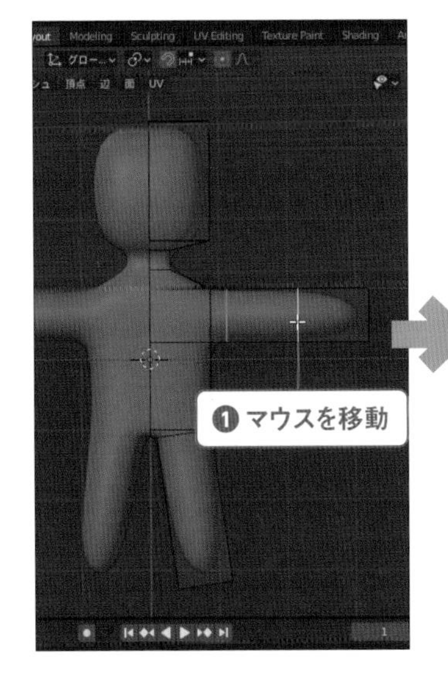

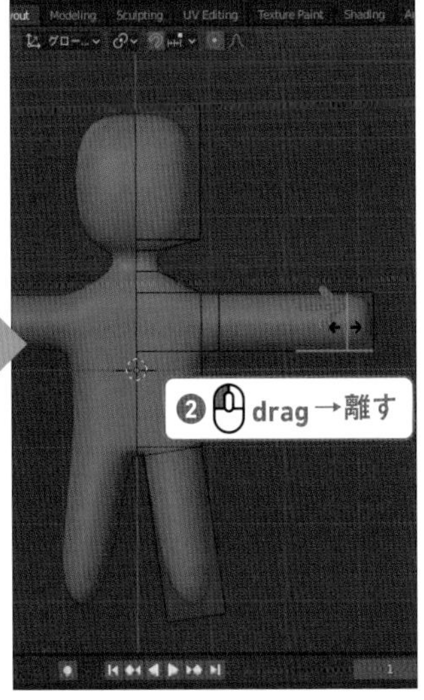

Ready
Chapter 1
Chapter 2
Chapter 3
Chapter 4
Chapter 5
Chapter 6
Appendix

06

脇と同じように、足の付け根もループカットで膝からドラッグして股間周りの形状を整えてください。
足首も手首と同じようにループカットしてください。

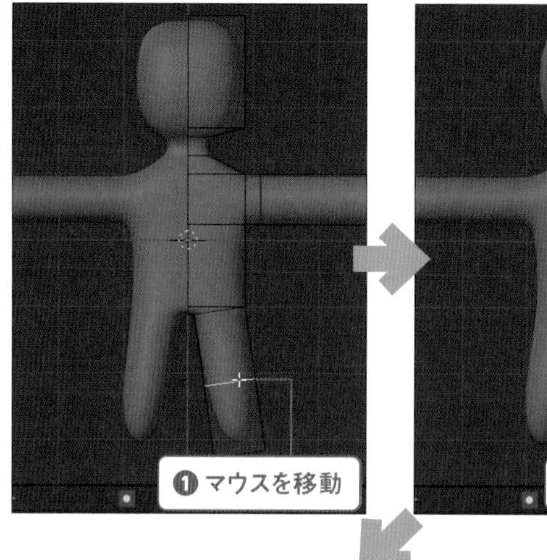

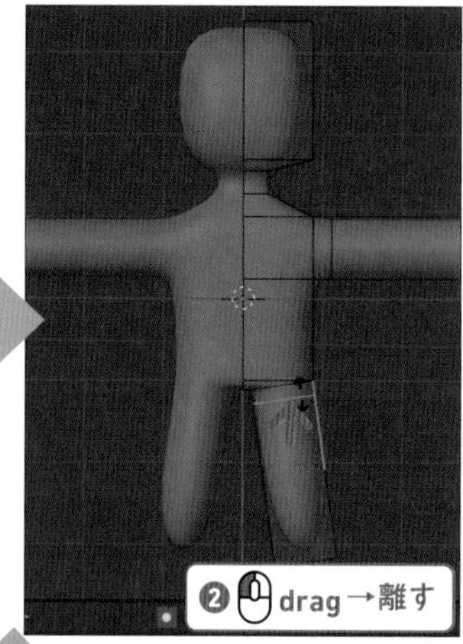

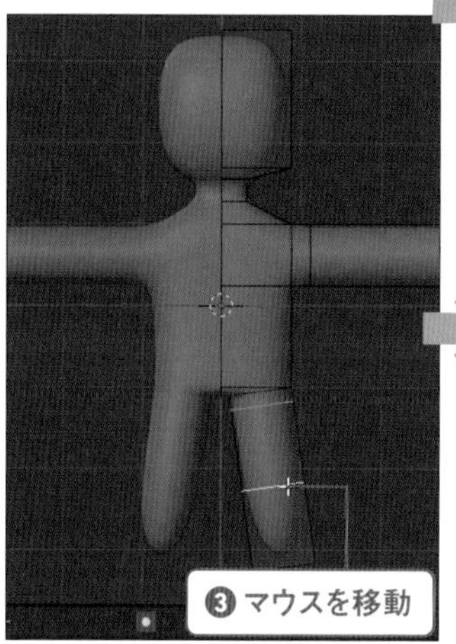

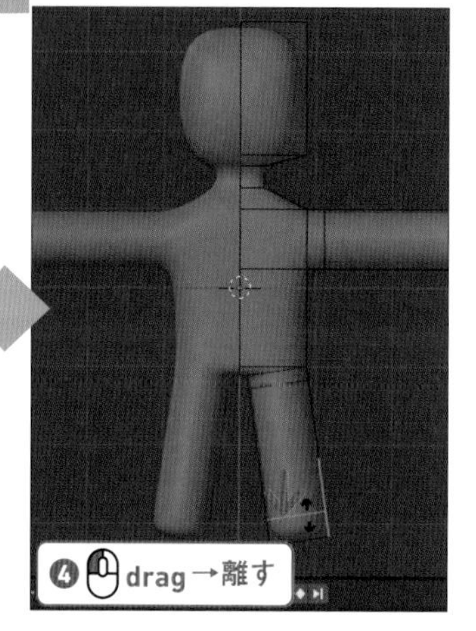

07

ループカットで以下の場所を二分してください。
ループカットはドラッグではなくクリックで実行してください。

A:頭周り
B:首回り
C:ひじ周り
D:胴周り
E:ひざ周り

(注)図は位置がわかるように加工しています。

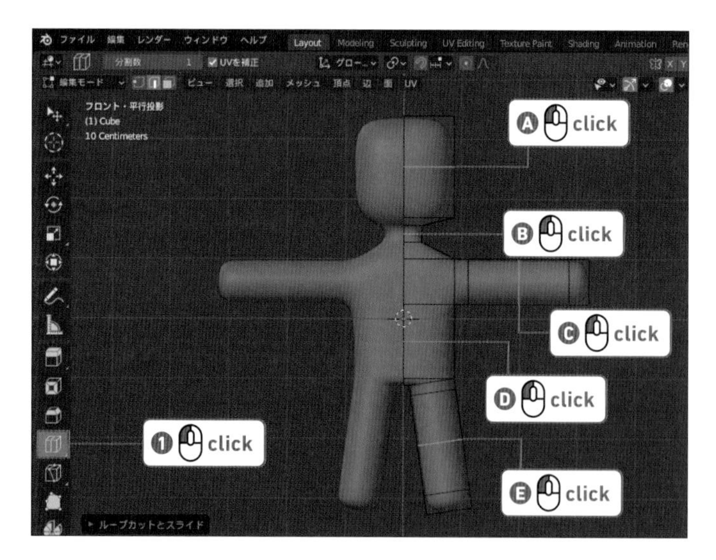

08

［ファイル］メニュー→［名前をつけて保存］で、ファイルを保存しておきましょう。

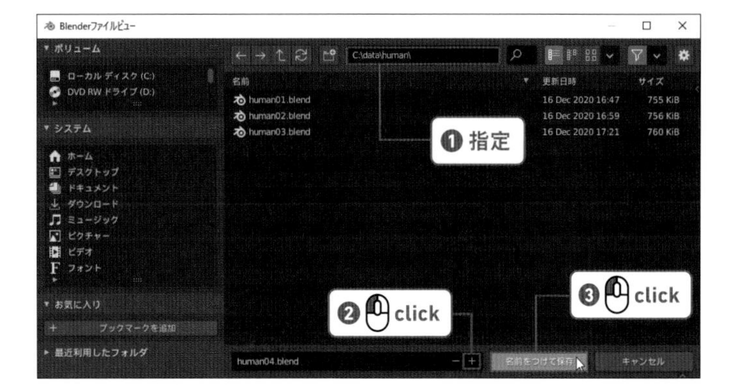

「Chapter2」フォルダ
→ human02_02_s02_after.blend

Column モディファイアープロパティの概要

モディファイアーは、それぞれのオブジェクトに何らかの変更を加える機能です。
モディファイアーの効果はいつでも必要に応じてオン、オフさせたり、その内容を変更したりすることができます。
ほかの各モディファイアーについては、最後の Appendix で解説しています。

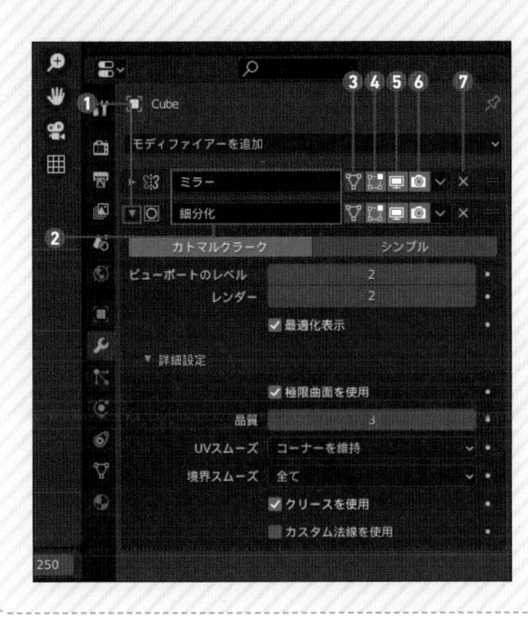

❶ 左の▼をクリックすると［モディファイアー］タブの設定項目の表示を折りたたむことができる
❷ モディファイアー名。クリックで名前を変更できる（2.90 以前で設定したモディファイアーは、欧文名で表示される。例:「Mirror」「Subdivision」など）
❸ 編集モード中に、モディファイアー適用後の状態だけを表示する
❹ 編集モード中に、モディファイアー適用後の状態を表示する
❺ 3D ビューポートの表示でこのモディファイアーをオフにする
❻ レンダリング時にこのモディファイアーをオフにする
❼ モディファイアーを削除する

Chapter 2

03 つま先・顔を作ろう

顔に目、鼻を追加します。
つま先など、細かい形状を追加していき、形を仕上げます。

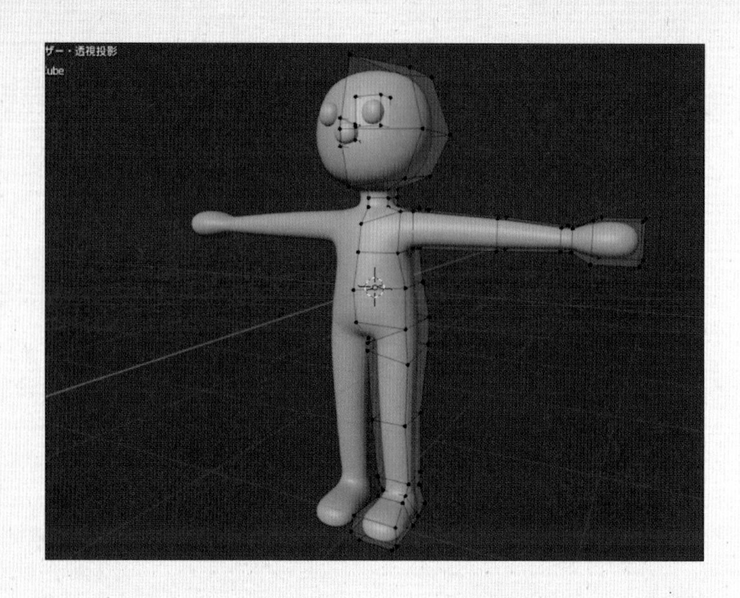

Step: 01 つま先を作る

01

［編集モード］になっていることを確認し、［面選択］ボタンをクリックして［面選択］モードに切り替えます。
3Dビューポートの左上に［フロント・平行投影］と表示されていない場合は、テンキーの1キーで［フロント・平行投影］ビューにしてください。

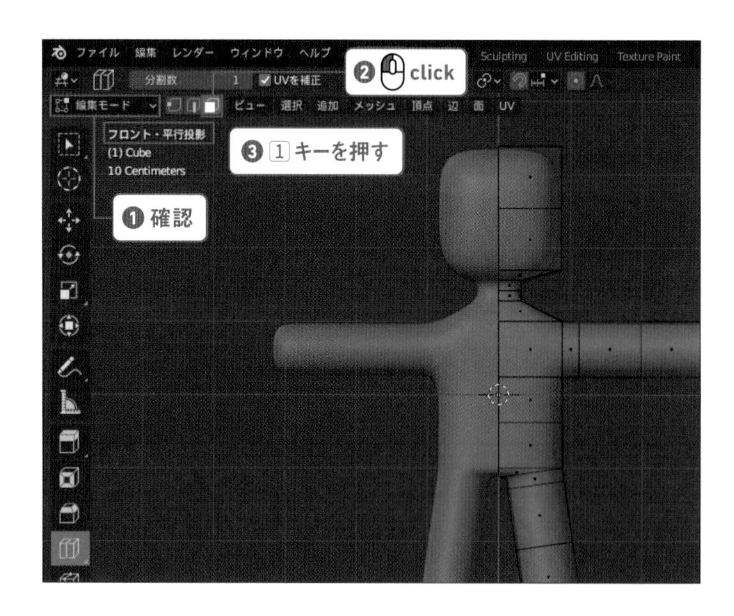

02

ここで投げ縄選択を使ってみましょう。
ツールバーの一番上の［長押し］ツール をマウスの左ボタンで長押しすると右にメニューが現れます。長押ししたまま［投げ縄選択］にマウスカースルを移動し、ボタンを離してください。［投げ縄選択］モードに切り替わりました。

> **セレクトメニューのあるコマンド** memo
> アイコンの右下に小さい三角があるアイコンは、長押しするとセレクトメニューが表示されます。

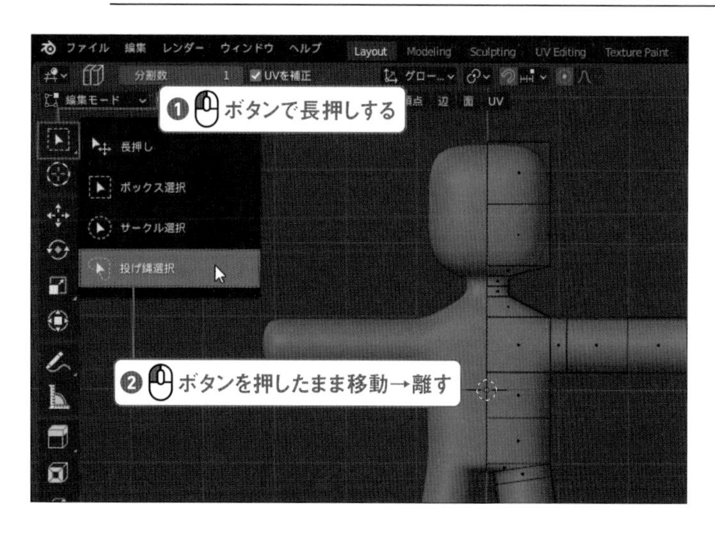

03

脚のももから先をドラッグしてぐるっと囲みます。うまくいかなかった場合は囲みなおしてください。
この［投げ縄選択］は始点と終点を同じ位置にする必要はありません。

> **追加選択と部分選択解除** memo
> Shift キーを押しながら囲むと追加選択、Ctrl キー（command キー）を押しながら囲むと部分選択解除になります。

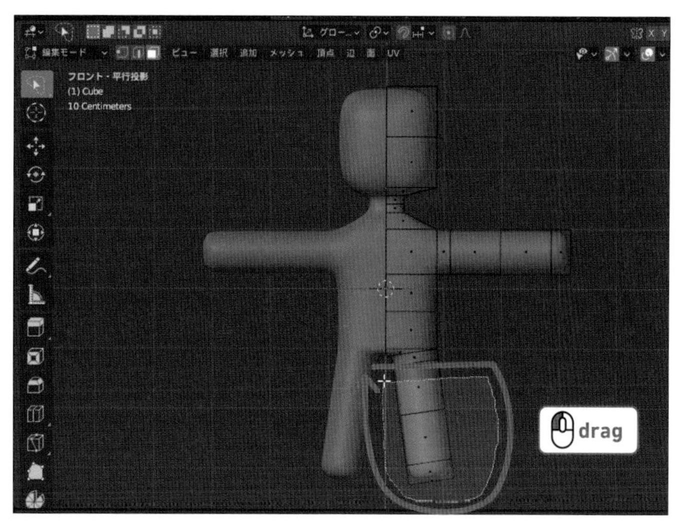

04

足が地面と水平になるように R キーを押してマウスを移動し、選択面を回転します。
回転するとガニ股になってしまうので、G キーを押して足の位置を修正してください。

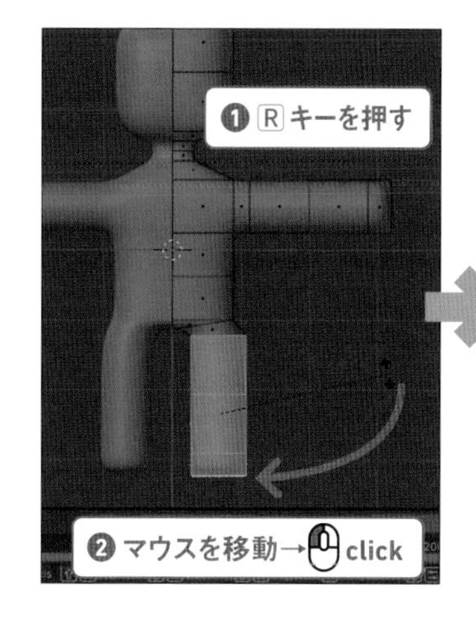

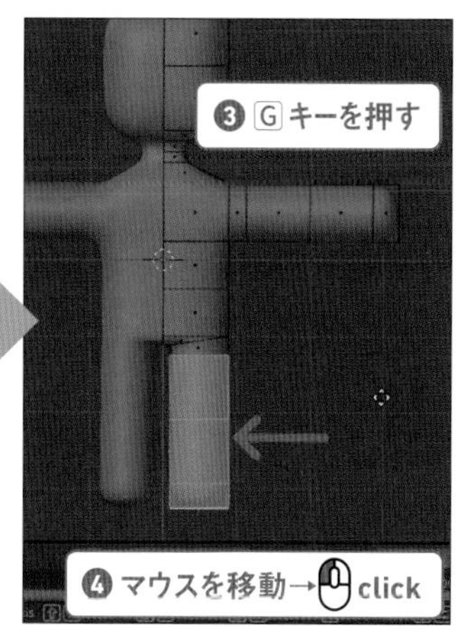

05

つま先を作ります。奥行き方向が見えやすいように、ビューを斜めにします。
つま先を作る面をクリックして選択し、E キーで押し出してつま先を作ります。

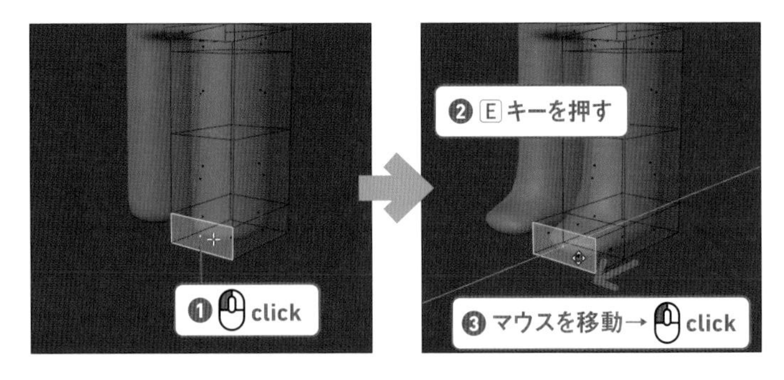

06

ツールバーで［ループカット］ツール をクリックし、足首とつま先周りをループカットを使用して形を整えます。

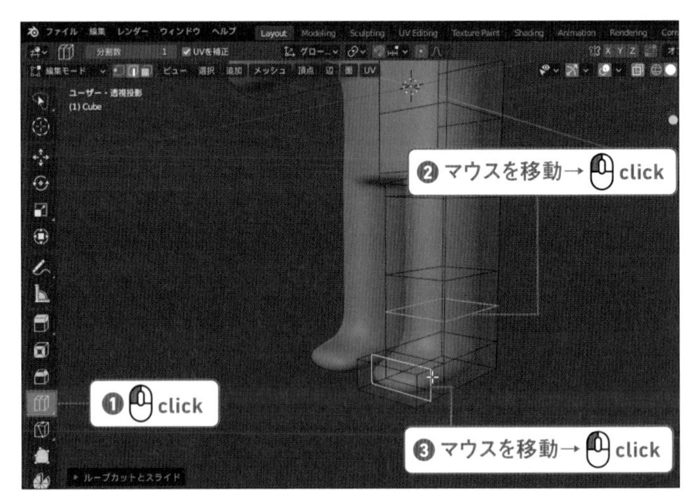

memo

ナイフコマンド

［ループカット］ツール の下に［ナイフ］ツール があります。ナイフを使うとループカットより自由に面を切断することができます。
ツールバーの［ナイフ］ツール をクリックします。辺を作成したい箇所を連続でクリックし、Enter キーでナイフを実行すると辺が作られます。

Column キーマップの変更方法

投げ縄選択でマウスの左ボタンで選択できない場合は、右ボタンドラッグになっている可能性があるので、左ボタンに変更してみましょう。
メインメニューから［編集］メニュー→［プリファレンス］を選択します。表示された［Blender プリファレンス］パネルで［キーマップ］ボタンをクリックし、ルーペアイコンの右側をクリックし、「投げ縄選択」と入力してキーマップを検索します。
検索結果の少し下の方に［3D ビュー］の項目に［投げ縄選択］が2つあるので、それぞれの［Right］をクリックして［Left］に変更します。

Step: 02 目を追加する

01

ツールバーで［トランスフォーム］ツールをクリックして［トランスフォーム］モードにしておきましょう。
3Dビューポートの何もないところを Shift キーを押しながら右クリックして、3Dカーソルを移動しておきます。
［編集モード］のまま、ヘッダの［追加］ボタンをクリックし、［立方体］を選択してください。

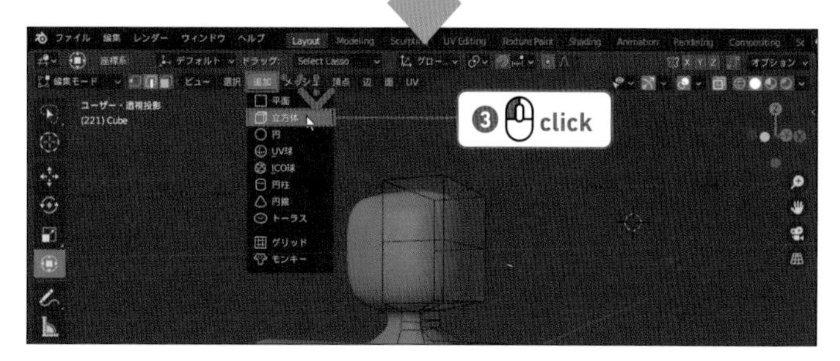

memo
編集モードでメッシュの追加
［編集］モードでメッシュの追加をすると、オブジェクト内にメッシュが追加されます。

02

［面選択］ボタンをクリックして［面選択］モードに切り替えます。
右クリックして表示されたメニューから［スムーズシェード］を選択してください。

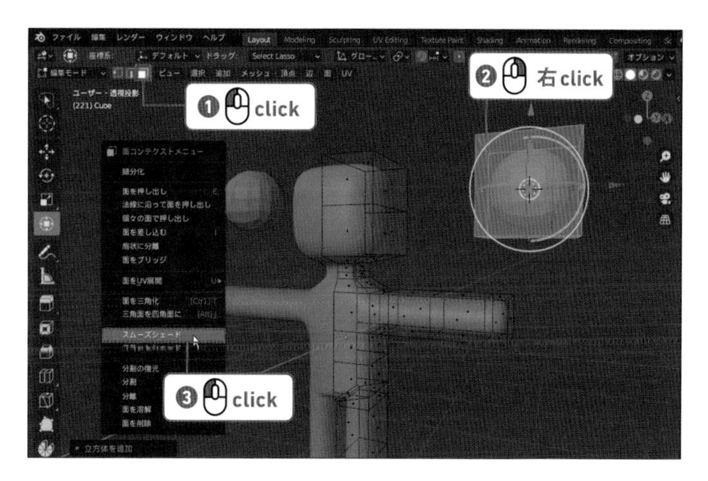

03

この立方体はキャラクターの目になります。
ツールバーで［トランスフォーム］ツールをクリックして［トランスフォーム］モードに切り替え、S キーで立方体の大きさを縮小しつつ、ギズモで目の位置に移動します。

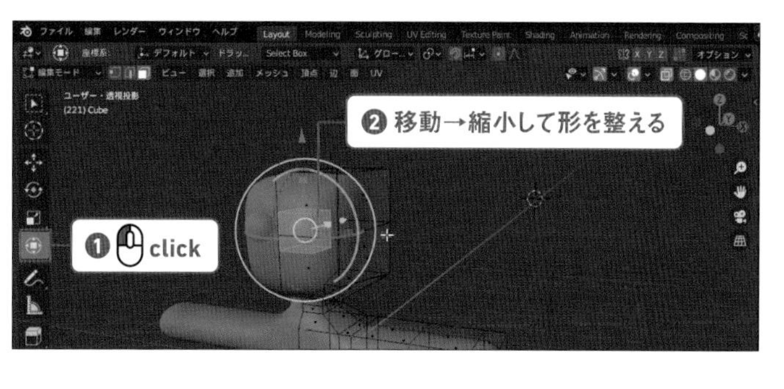

Step: 03 鼻を追加する

01

今度は鼻を作ります。鼻は顔の中央に作るので、3D カーソルを中央に戻します。3D ビューポートにマウスカーソルがある状態で、N キーを押すとサイドバーが表示されます。
［ビュー］タブを開き、3D カーソルの［位置］の［X］を右クリックし、［すべてデフォルト値に戻す］を選択します。
［回転］の［X］もデフォルトに戻しておきましょう。

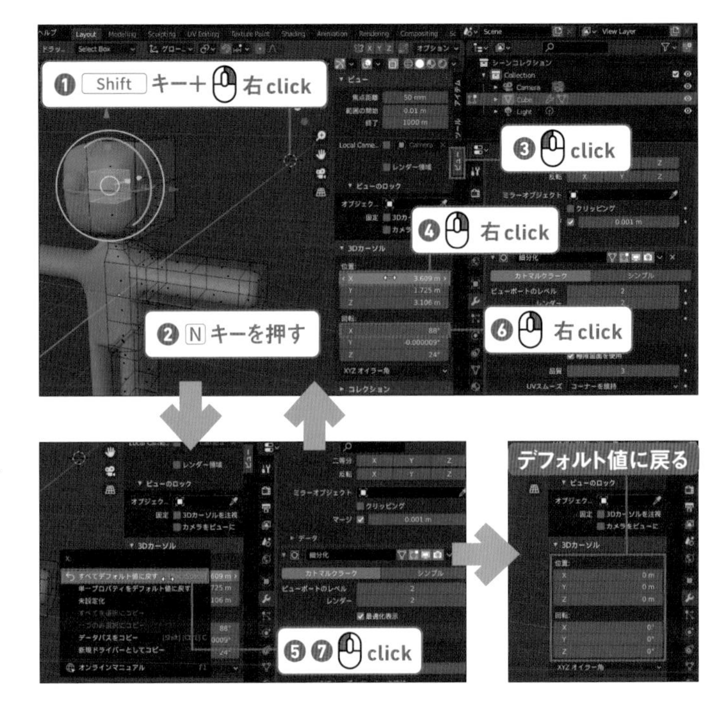

memo

サイドバーの非表示

設定が終わったサイドバーを非表示にするには、3Dビューポートにマウスカーソルがある状態で、Nキーを押すとサイドバーが非表示になります。Nキーを押すたびに表示、非表示が切り替わります。Tキーを押すと左のツールバーの表示、非表示が切り替わります。

02

鼻も目と同じように立方体メッシュを追加し、面のスムーズ、立方体の縮小（S キー）、立方体の位置（［トランスフォーム］ツール）を調整します。
中心位置からずらしたくないので、赤いギズモでの移動はしないでください。

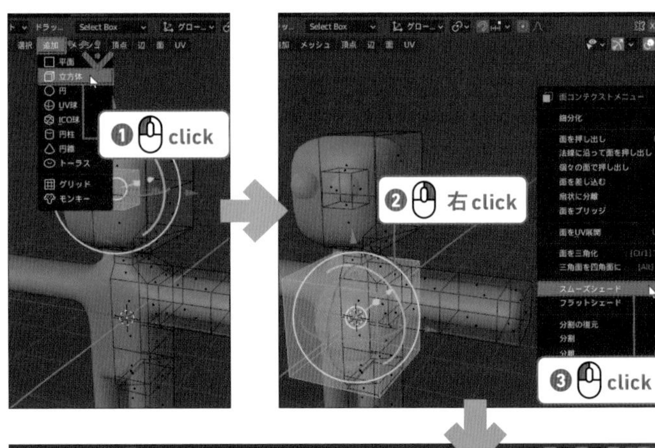

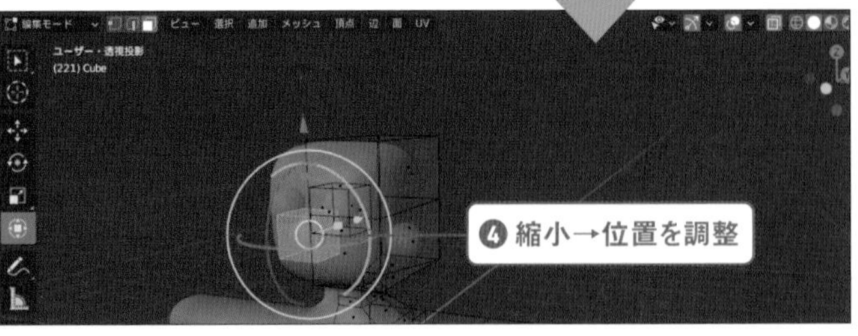

03

鼻も体と同じように、左半分の面を削除して右側の面だけにする必要があります。
［ミラー］（ミラーモディファイアー）の［リアルタイム］ボタンをクリックし、ミラーモディファイアーを一時的に表示させないようにします。

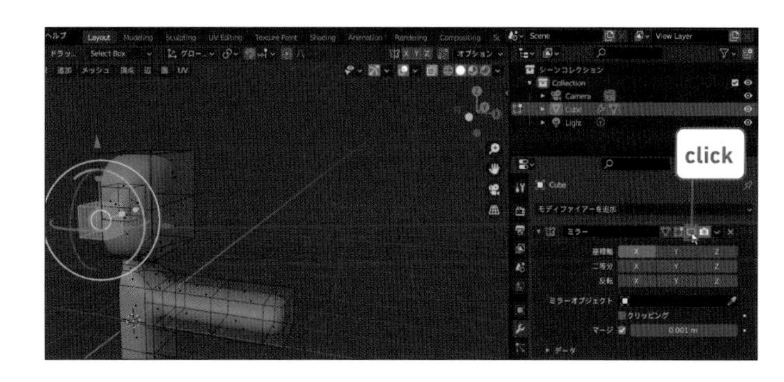

04

ツールバーで［ループカット］ツールをクリックして［ループカット］モードにし、鼻を左右に二分します。
ループカット時にドラッグしないように気をつけましょう。

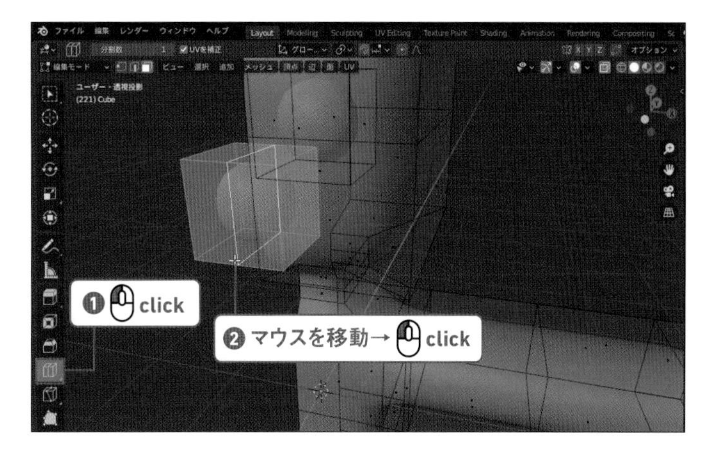

05

［面選択］ボタンをクリックして［面選択］モードにし、テンキー 1 キーで［フロント・平行投影］ビューにします。
B キーを押して［ボックス選択］モードにし、鼻の左半分を選択します。
X キー（もしくは Delete キー）で面を削除してください。

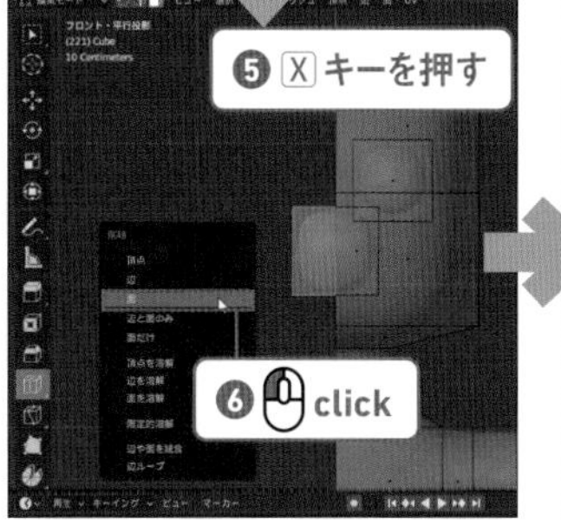

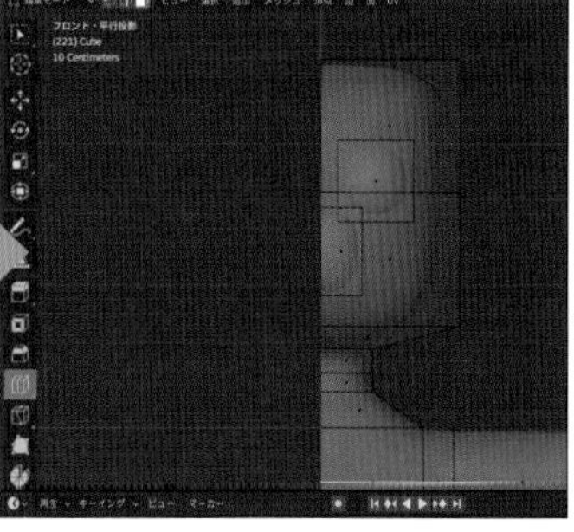

memo

右クリックのコンテクストメニュー

3Dビューポートを右クリックすると、「頂点」、「辺」、「面」それぞれの選択モードに対応したコンテクストメニューが表示されます。
また、Ctrl（command）+Vで「頂点（Vertex）」、Ctrl（command）+Eで「辺（Edge）」、Ctrl（command）+Fで「面（Face）」のメニューが表示されます。ただし、コンテクストメニューとは少し実行できるコマンドが違います。

06

［ミラー］の［リアルタイム］ボタン をクリックし、ミラーモディファイアーを有効な状態に戻します。
もし鼻のメッシュが左右で離れている場合は、「Column　ミラーリングをすると体が左右に分離してしまう場合」(p.75) を参考に直してください。

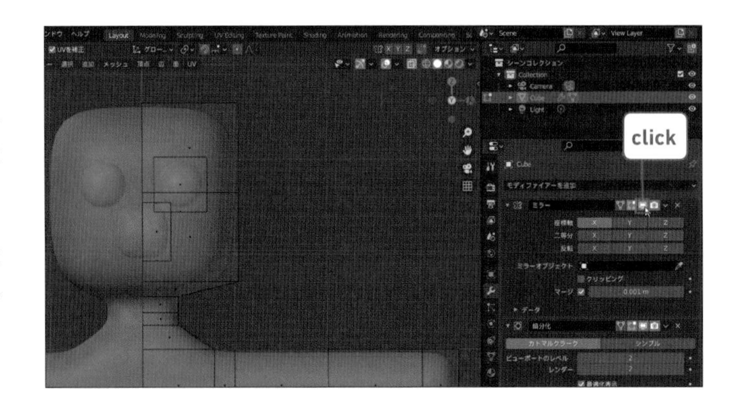

Step: 04 形を整える

01

ツールバーの［トランスフォーム］ツール をクリックして［トランスフォーム］モードに切り替え、移動、回転、拡大縮小を使い、人の形を修正していきましょう。
［頂点選択］モード にすると作業しやすいでしょう。
右の図では、手首に 2 本、足の底に水平に 1 本のループカットを追加しています。
うまくいかない場合はサンプルファイルのデータを参考にしてください。

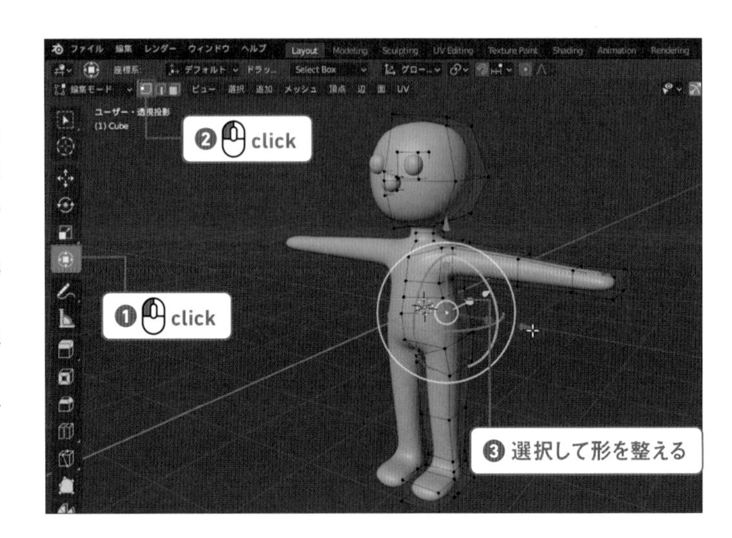

Column いろいろなメッシュ選択コマンド

3D ビューポートで点、辺、面を選択する方法は、クリックやボックス選択以外にもいろいろあります。

ショートカットキー	機能
A	全選択
Alt ＋ A	全部選択解除
B	ボックス選択
L	選択と陸続きのメッシュを選択
Alt ＋エッジのクリック	ループ選択。並んでいるエッジを連続して選択
Ctrl ＋ Alt ＋エッジのクリック	リング選択。平行して並ぶエッジを連続して選択
Ctrl ＋右ボタンクリック	投げ縄選択
C	円選択。ペンで塗るように選択できる。マウスホイールでペンのサイズを変更。右クリックで選択モード解除

02

形状を調整していると、手足や頭部などメッシュ数が少なすぎることに気がつくと思います。
細部を作り込むには、[ループカット]でメッシュを増やしてください。
右の図では、顔に2本、腕の付け根に1本、手首に2本、足首に1本、足の底に1本ループカットを追加しています。

「Chapter2」フォルダ
→ human02_03_s04_02_after.blend

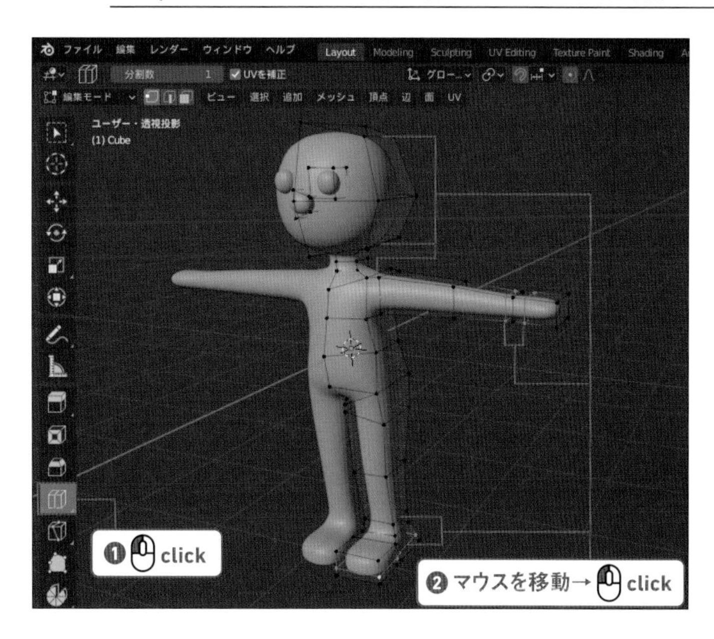

03

形状を修正します。この作業はけっこう難しいので、根気よくがんばってください。右の図では頭部が球形になるように頂点を移動し、手のひらを作り、手首を作成しています。
人の形が完成しました。ここまでのモデリングの知識だけでも十分いろいろな物を作ることができます。
本書ではアニメーションを中心に解説するため、一旦モデリングについての解説はここまでとし、Chapter3からアニメーションの解説に入ります。
複雑なモデリングについての詳細は、ここでは説明しません。
「人の顔のモデリング」のサンプルを「Appendix」フォルダ→「face」フォルダに用意しているので参考にしてください。

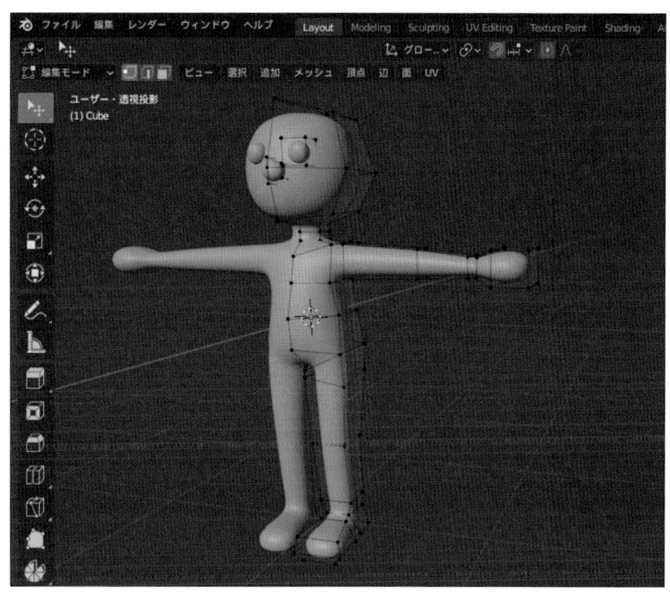

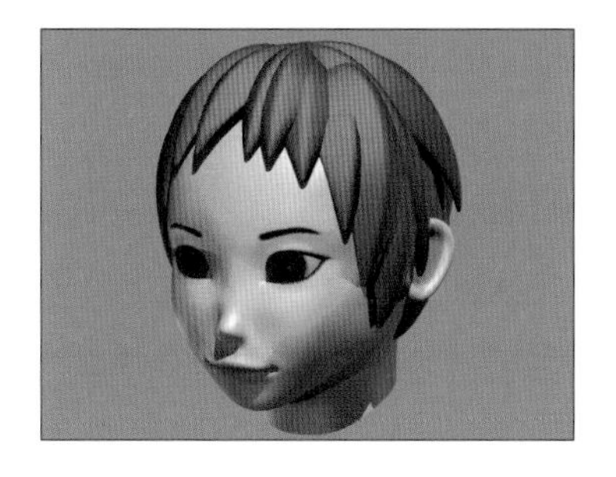

「Chapter2」フォルダ
→ human02_03_s04_03_after.blend

Column 辺を使ったモデリング

ブレンダーでは面を作らなくても頂点や辺を作ることができます。これを利用してデザイン画を簡単に3Dモデルにすることができます。

・テンキーの 1 キーを押して［フロント・平行投影］ビューにします。
・画像ファイルをエクスプローラー（macOS は Finder）からブレンダーの 3D ビューポートにドラッグアンドドロップします。
・画像の中央や角をドラッグして位置を調整します。
・ボックスオブジェクトを選択して編集モードに入ります。
・A → X キーでオブジェクト内のすべての頂点を削除します。
・［頂点選択］モードにして 3D ビューポートの下絵の輪郭の上を右クリックすると、クリックした場所に頂点が作成されます。
・さらに輪郭のほかの場所を Ctrl（Command）+右クリックすると辺が作られます。これを繰り返すと連続した辺を作ることができます。
・面を作る等高線をイメージして辺を作っていきます。
・［投げ縄選択］モードで、4 点選択した状態で F キーを押すと面が作られます。

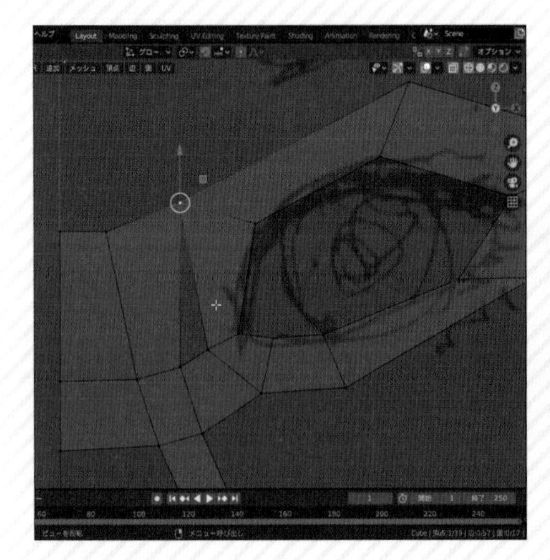

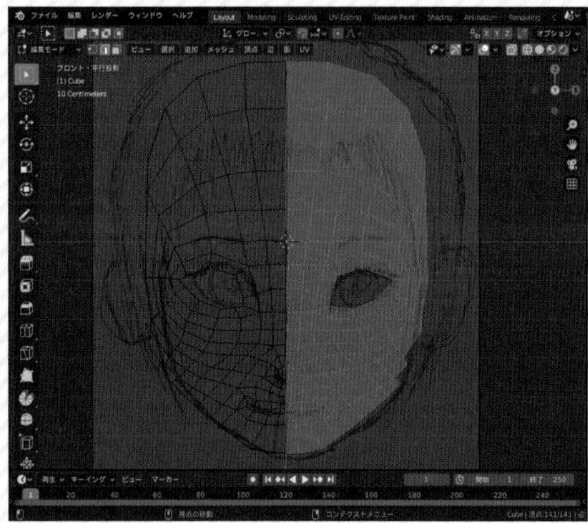

Keyword: モデリングソフトとインポート

モデリングに特化した 3D ソフトもいくつかあり、これらは効率的にモデリングできるように設計されています。
ほかの 3D ソフトでモデルを作成し、アニメーションをブレンダーで行うこともできます。
ただし、互いのソフトでデータのやり取りができるか確認してから使用してください。
ほかのソフトからのデータの読み込みは、［ファイル］メニュー→［インポート］から行います。

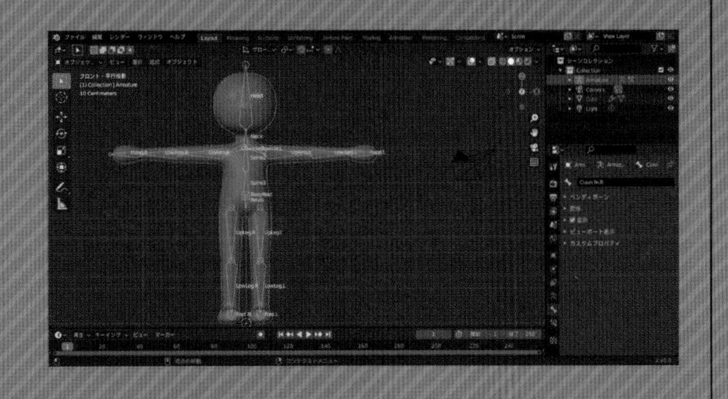

Chapter 03

キャラクターのリグを作ろう
〜モデリング応用編〜

この章ではアニメーションに必要なリギング（仕組み）について説明します。
前半では、Chapter1で作った立方体のキャラクターのアニメーションを修正します。
後半では、いよいよ人型モデルにボーンを設定していきます。

Chapter 3

01 立方体キャラクターのアニメーションを修正しよう

リグを作る前にブレンダーのアニメーションの基礎について勉強しておきましょう。Chapter1でキャラクターを作り、走ってジャンプするアニメーションをつけました。
ジャンプの踏み切りの部分の動きがおかしかったので、アニメーションを修正します。

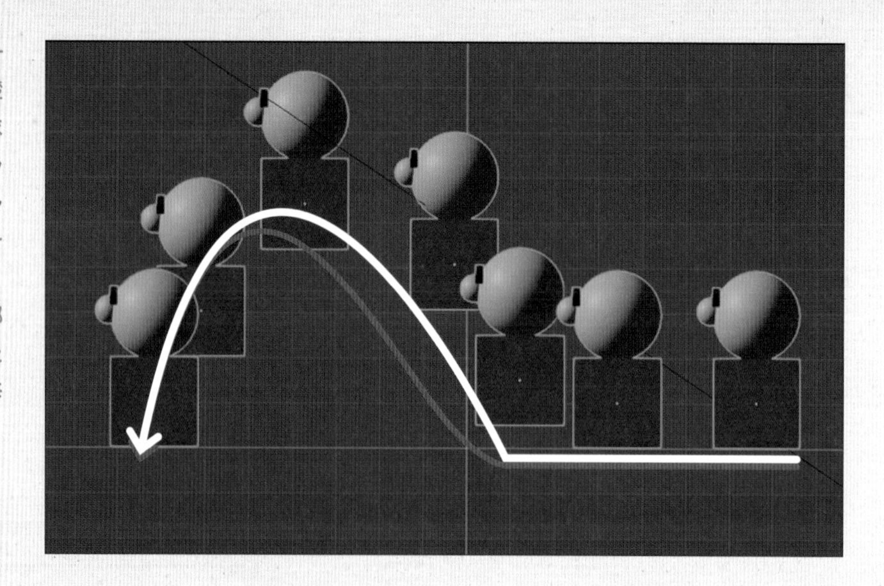

Step: 01 Animationワークスペースで作業しやすくする

01

Chapter1 でジャンプするアニメーションをつけた「.blend」ファイルを開いてください。再生してみましょう。ジャンプというより紙飛行機のような動きです。
このアニメーションを図の白い矢印のような動きになるように修正します。

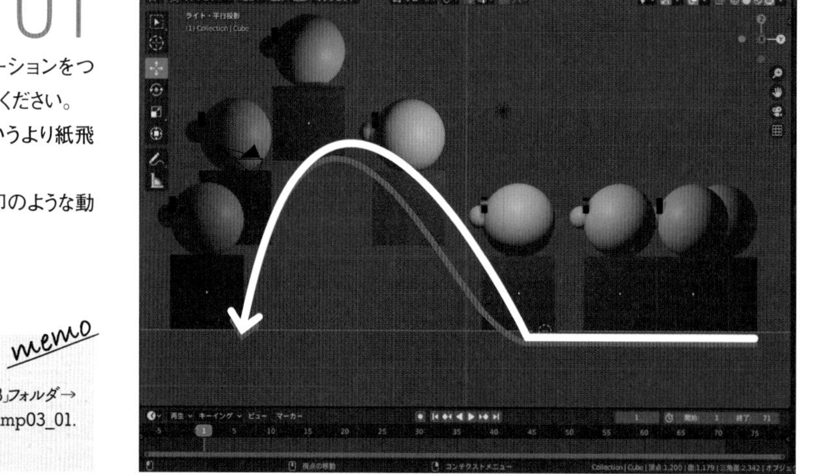

memo

ファイルがない場合は

「.blend」ファイルがない場合は「Chapter3」フォルダ→「cubeman」フォルダ→「cubeman_jump03_01.blend」を使用してください。

02

メインメニューの中央にはタブが並び、［Layout］が選択されている状態になっています。
右上のタブの［Animation］をクリックしてください。エディターの配置がガラッと変わりました。

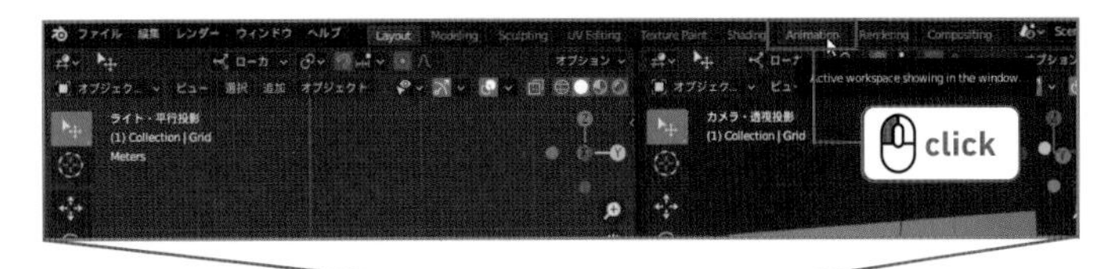

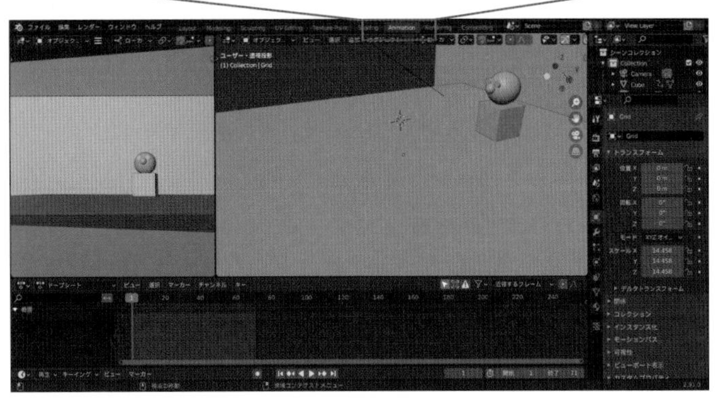

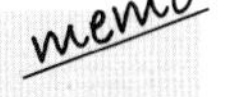

ワークスペース

Animationワークスペースはアニメーション作業しやすいように各エディターを配置します。ワークスペースはエディターの配置のプリセットです。起動時のLayoutワークスペースのエディターの配置を編集してもAnimationと同じ配置にすることができます。

03

右側の3Dビューポートでテンキーの 3 キーを押して［ライト・平行投影］ビューにします。キャラクターをクリックして選択してください。下のタイムラインを見ると今までと表示が変わっています。Animationワークスペースに切り替えるとタイムラインの代わりに「ドープシート」が配置され、タイムラインはドープシートのさらに下に1行だけ残ります。ドープシートはアニメーションのタイミングを編集するエディターです。

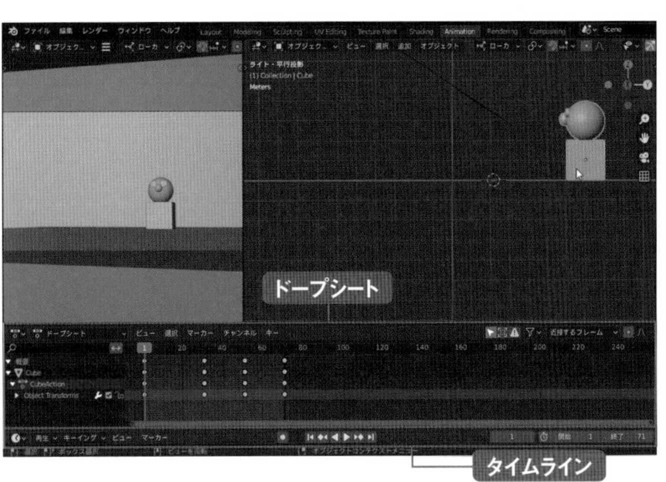

04

左上のカメラの3Dビューポートのエディターを変更します。
［エディタータイプ］ボタンをクリックして［グラフエディター］を選択します。
グラフエディターはアニメーションの動きを編集するエディターです。横方向が時間、縦方向が位置を表しています。
3Dビューポートとの境界をドラッグしてグラフエディターを広げておきましょう。

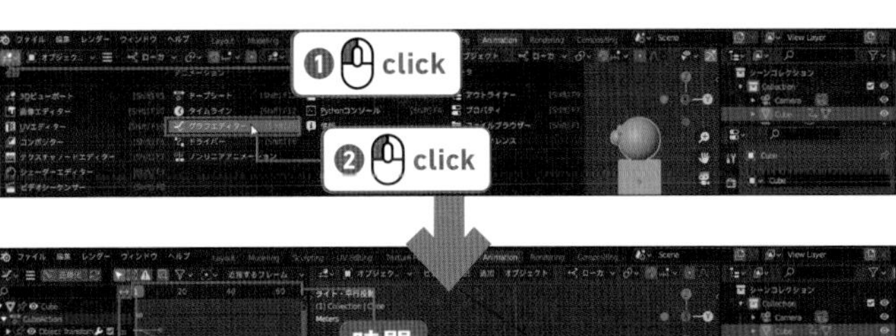

05

グラフエディター上にマウスカーソルがある状態で Home キーを押してください。 Home キーはエディター上にすべてのキーを表示するショートカットです。
ドープシートでも Home キーを押してすべてを表示してください。

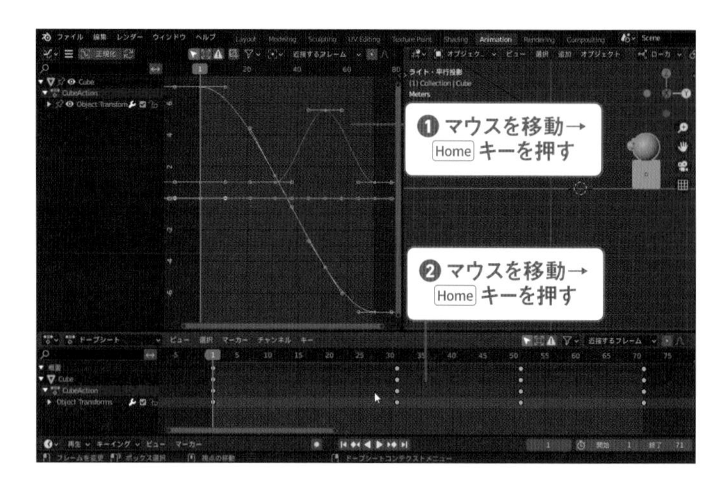

memo

Home キーがない場合は

各エディターのヘッダの[ビュー]メニュー→[全てを表示]からでも行うことができます。

column 選択オブジェクトのキーだけを表示する

グラフエディターのヘッダに［選択物のみ表示］アイコンがあります。これが有効になっていると、選択オブジェクトだけのアニメーションが表示されます。
また、［Filters］アイコンをクリックすると、より詳細な表示の切り替え方法が指定できます。

Step: 02 高さのアニメーションを編集する

01

グラフエディター左側の［Object Transforms］の左側のをクリックし、［Z 位置］をクリックしてください。
Z 位置の青いカーブが選択されます。

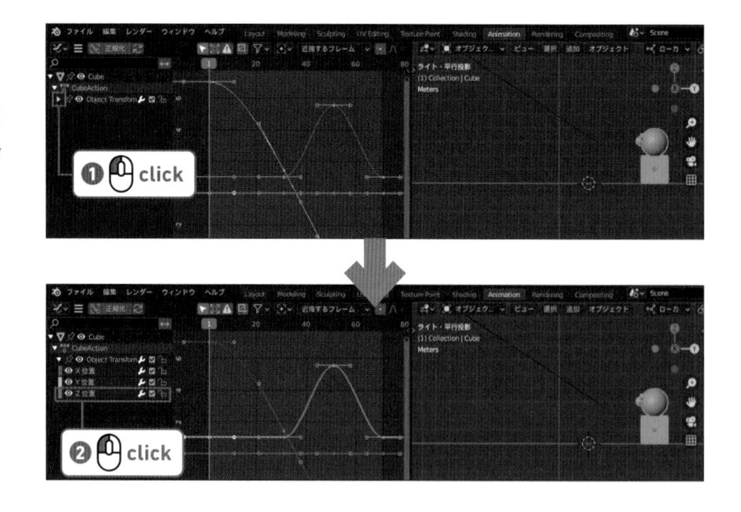

02

次にヘッダにある☰をクリックし、[ビュー] → [選択中のカーブのキーフレームのみ表示] をクリックしてチェックを入れてください。
Z 位置の青いカーブは高さの変化を表しています。
「1」フレームから「31」フレームまでは走っているので、高さは一定なはずですが、カーブになっています。
「31」から「71」フレームは飛んでいるので、高さは放物線を描くように変化するはずですが、放物線とは違う形になっています。

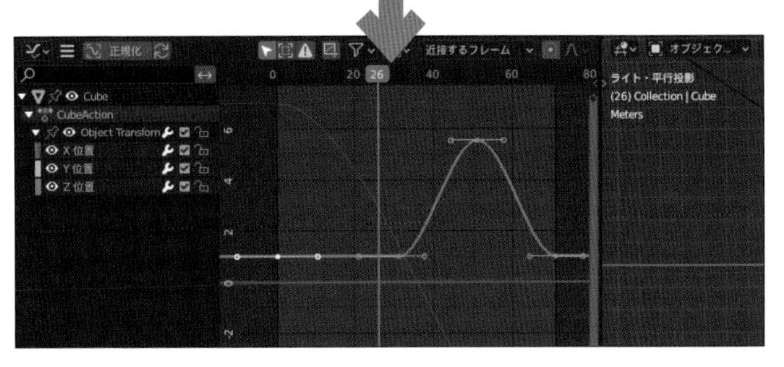

03

これを修正しましょう。
青いカーブの「31」フレームのキー（オレンジの点）をクリックして選択します。
グラフエディターのビューを右クリックし、[ハンドルタイプ] → [フリー] を選択してください。
「1」から「31」フレームまでが直線になります。

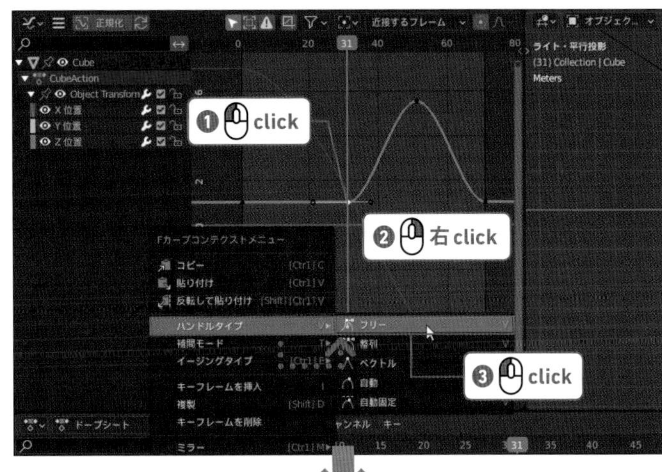

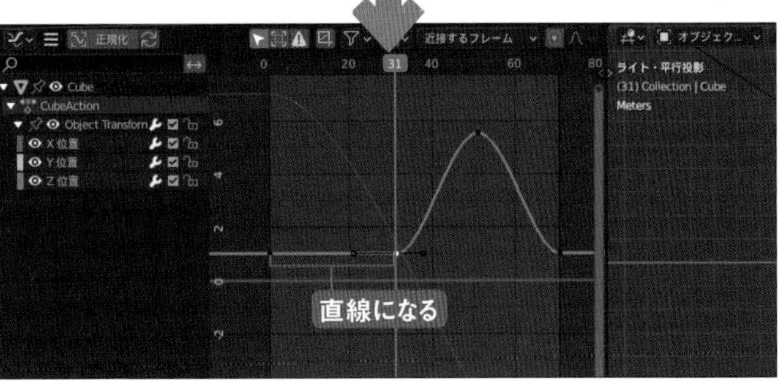

04

キーにくっついている小さな直線を「ハンドル」といいます。
ハンドルを操作することによってカーブの形を変えることができます。
「31」フレームのハンドルの右側の先をクリックして選択し、G キーで上に移動して放物線の左側の形を作ります。

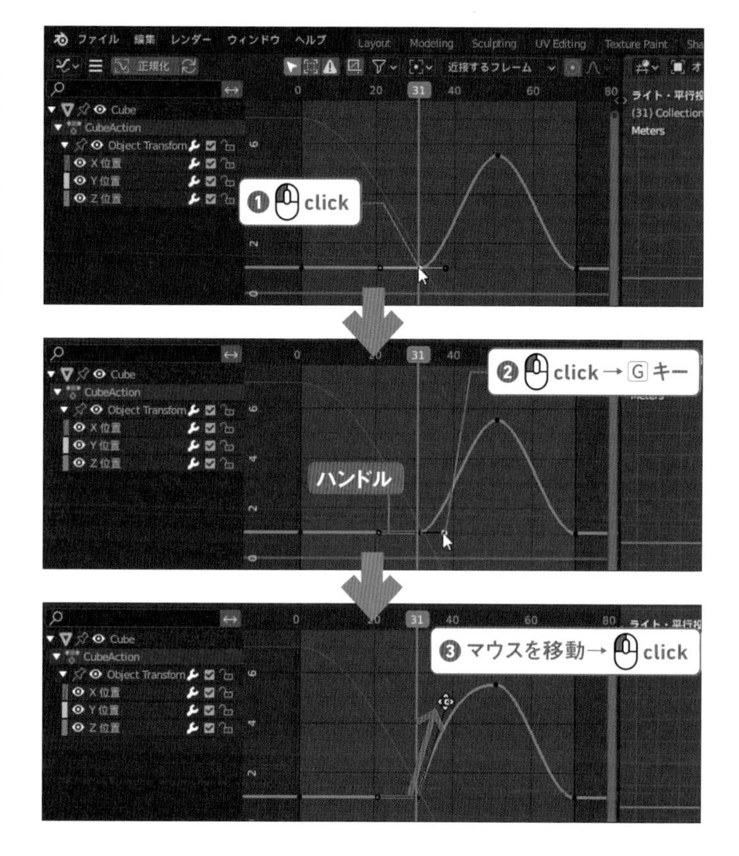

05

「71」フレームの着地のキーのハンドルも調整して、グラフを放物線の形にしてください。
[再生] ボタンを押してアニメーションを確認してください。
走りは真っ直ぐに、ジャンプがジャンプらしくなりました。

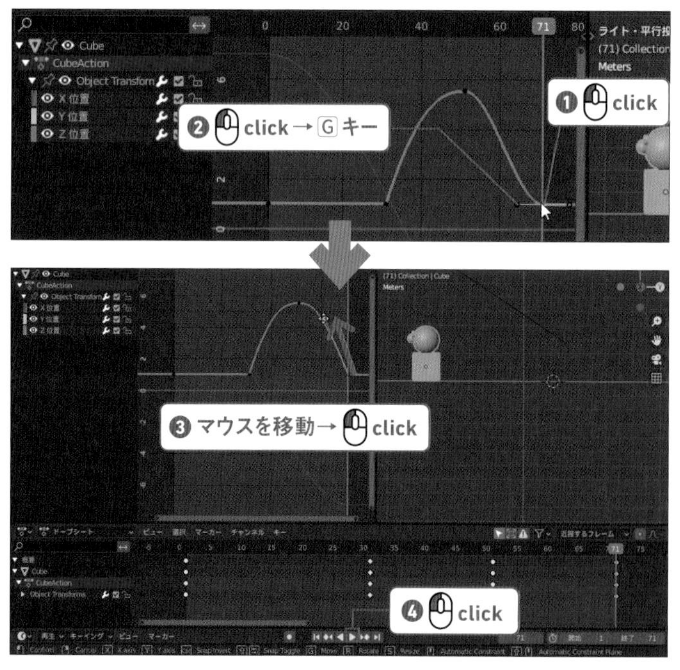

Step: 03 前進方向のアニメーションを修正する

01

今度は前進方向のスピードを修正します。
左の［Y 位置］の文字をクリックしてください。
Y 方向はキャラクターの前進方向を表しています。
走り出すときは止まっている状態からだんだん加速するので、水平からだんだん傾くカーブで問題ありません。
後半はだんだん水平に戻るカーブですが、飛んでいる間は前進方向には減速しないのでグラフは直線になるはずです。

02

ジャンプ開始から着地まで直線になるので、ジャンプ中のキーは不要なので削除します。
「51」フレームのキーをクリックして選択し、X キーを押して［キーフレーム削除］を選択します。
この Y 位置のキーを削除しても、同じ時間の X 位置と Z 位置のキーは削除されません。

03

ジャンプ開始の「31」フレームのキーをクリックして選択します。
右クリックして表示されるメニューから［補間モード］→［リニア］の順に選択します。
後半のグラフが直線になり、ジャンプ中の前進方向の速度が一定になりました。

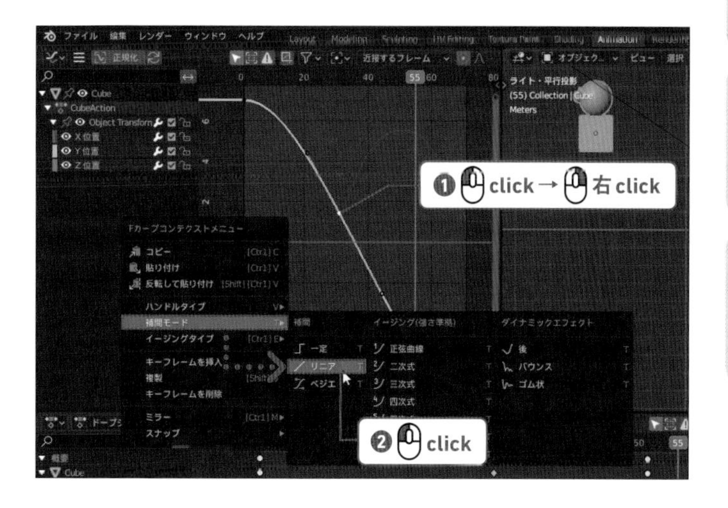

04

再生してみましょう。
タイムラインの［再生］ボタン▶をクリックしてください。
キャラクターが走ってきてジャンプ、着地するアニメーションが完成しました。
［ポーズ］ボタン⏸か、Esc キーで再生が止まります。

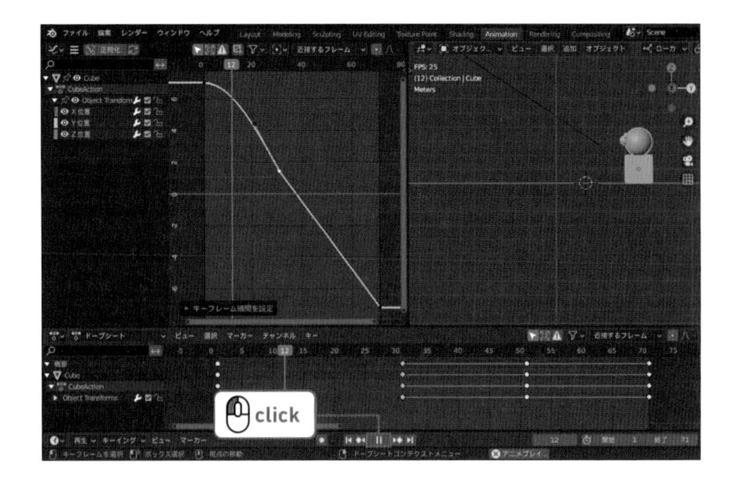

05

レンダリングして修正前のアニメーションと見比べてみましょう。
3Dビューポートのヘッダの［レンダープレビューを表示］をクリックします。［出力プロパティ］をクリックし、［出力］のパスの「cubeman_jump」のあとに「02_」を追加します。

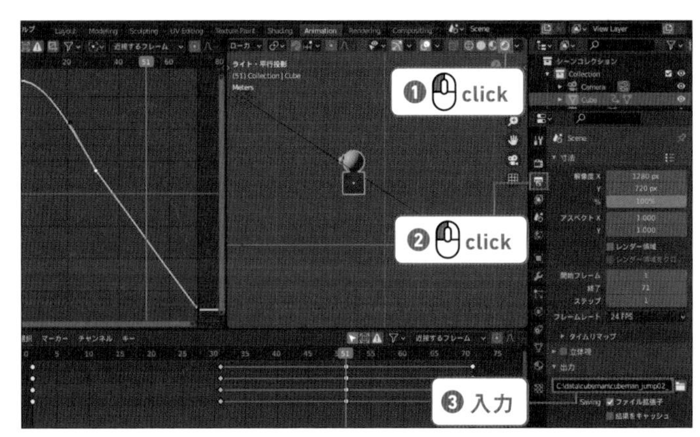

06

3Dビューポートのヘッダから［ビュー］ボタン→［ビューで動画をレンダリング］の順にクリックしてください。
［Blender レンダー］ウィンドウが表示され、レンダリングされます。

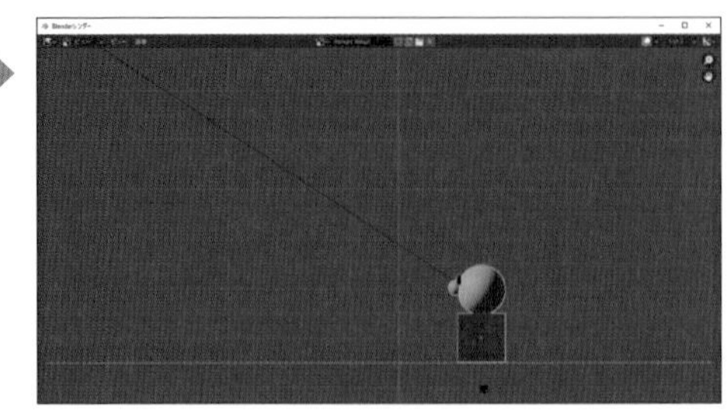

07

レンダリングした動画ファイルを再生します。動きの印象がまったく変わったことを実感できるでしょう。
立方体のキャラクターの作業はここまでです。データを［ファイル］メニュー→「名前をつけて保存」で保存してください。

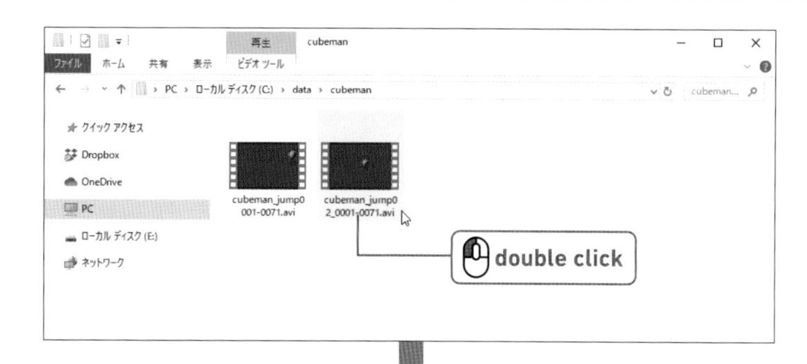

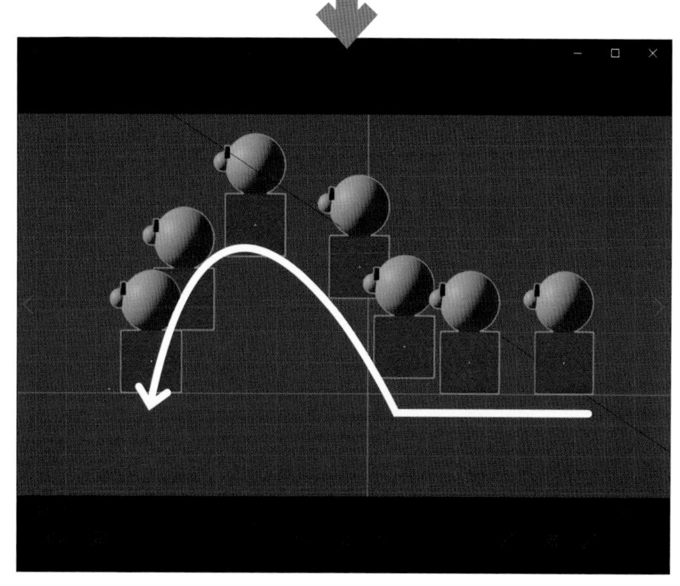

「Chapter3」フォルダ→「cubeman」フォルダ→ cubeman_jump03_03_after.blend

Column 各エディターの操作は共通している

ブレンダー内の各エディターは、共通した操作やショートカットが使えます。
以下が主な共通しているインターフェイスです。

ショートカットキー	機能	ショートカットキー	機能
ホイールボタンのドラッグ	ビューの回転や移動	Shift キー＋右クリック	追加選択
ホイールの回転	ビューの拡大、縮小	B キー	領域選択
Ctrl キーを押しながらホイールボタンでドラッグ	ビューの拡大、縮小（グラフエディターでは縦横方向個別に拡縮できる）	X または Delete キー	削除
マウスクリック	選択	G R S キー	移動、回転、拡大縮小
Shift キー＋クリック	追加選択	N キー	プロパティの表示
Home キー	すべてのアイテムをビュー内に納める	移動操作中の X キー	移動を X 軸方向に制限します。Y キーは Y 軸方向に制限します
A キー	全選択、全選択解除	Tab キー	モードの変更
マウス右クリック	メニュー表示	. キー	選択部分を表示

Chapter 3

02 アーマチュアを使ってメッシュを変形しよう

Chapter2で作成した人型のキャラクターに骨組みを入れて、アニメーションさせてみましょう。
ブレンダーでは1つの骨のことを「ボーン」、骨が集まった骨格のことを「アーマチュア」といいます。
人体のアーマチュアは複雑なので、まずは棒を曲げるだけの簡単なアーマチュアを使って解説します。

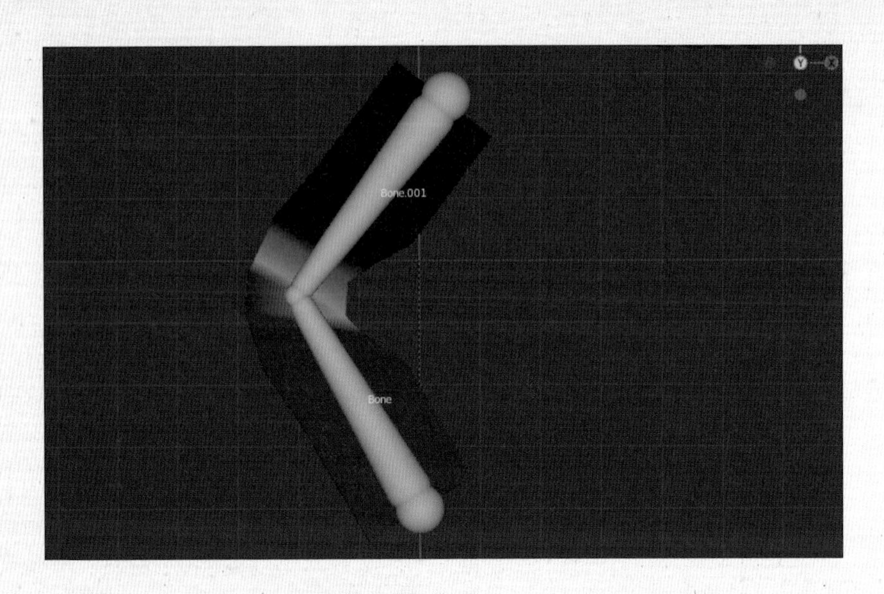

Step: 01 メッシュオブジェクトを準備する

01

［ファイル］メニュー→［新規］→［全般］の順に選択し、ブレンダーを初期状態にします。
テンキーの 1 キーを押して 3D ビューポートを［フロント・平行投影］ビューにします。
中央の立方体が選択された状態で、S → Z → 4 → Enter キーの順に押してください。立方体が Z 方向に 4 倍伸びます。

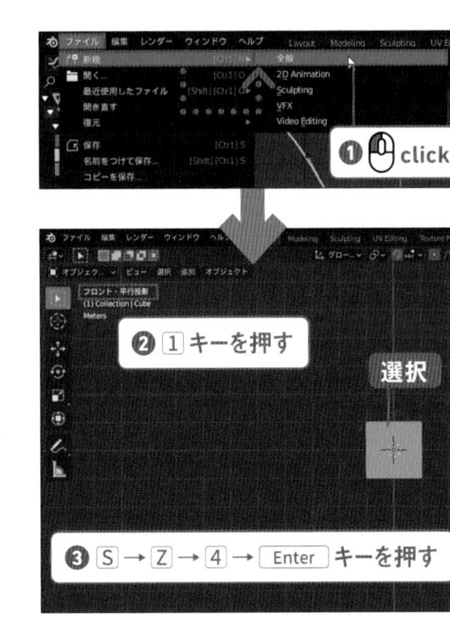

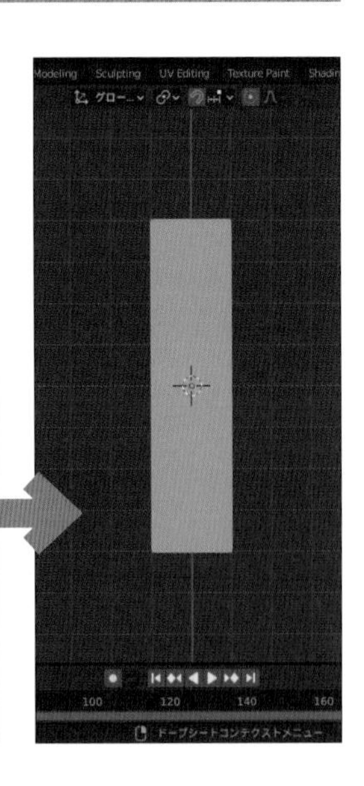

memo

保存のダイアログ

［保存しますか］というメッセージが表示される場合があります。保存する場合は［はい］ボタン、保存しない場合は［いいえ］ボタンをクリックしましょう（保存方法は、p.36参照）。

02

辺を横方向に 10 本入れます。
Tab キーを押して［編集モード］に切り替え、［辺選択］ボタンをクリックし、［辺選択］モードにします。
何もない所をクリックしてすべてを非選択にしたら、Ctrl キーと Alt（option）キーを同時に押しながら縦の辺をクリックすると、並行したすべての辺が選択されます。

03

3D ビューポートで右クリックしてメニューを表示し、［細分化］を選択します。
3D ビューポートの左下の［細分化］のをクリックし、タブを開きます。
［分割数］の数値をクリックし、「10」に変更します。
このメッシュに骨組みを入れましょう。

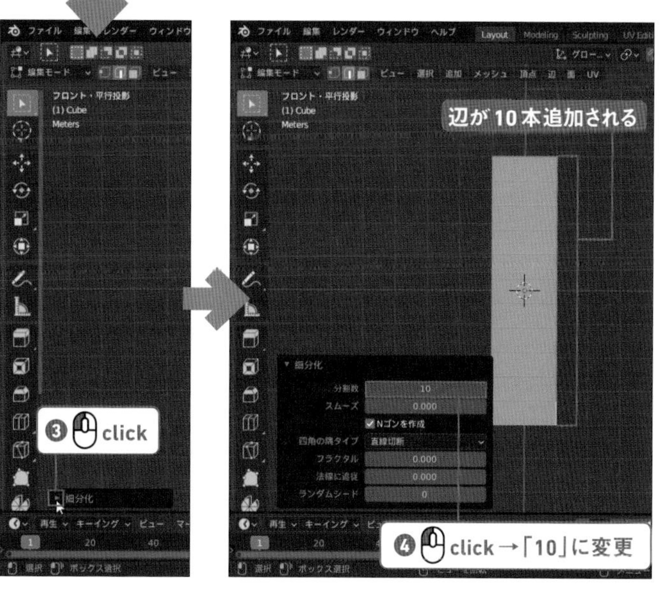

Step: 02 ボーンを作成する

01

Tab キーを押して［オブジェクトモード］に戻します。
Z キーを押して左側の［ワイヤーフレーム］を選択します。
ビューがワイヤフレームに切り替わります。

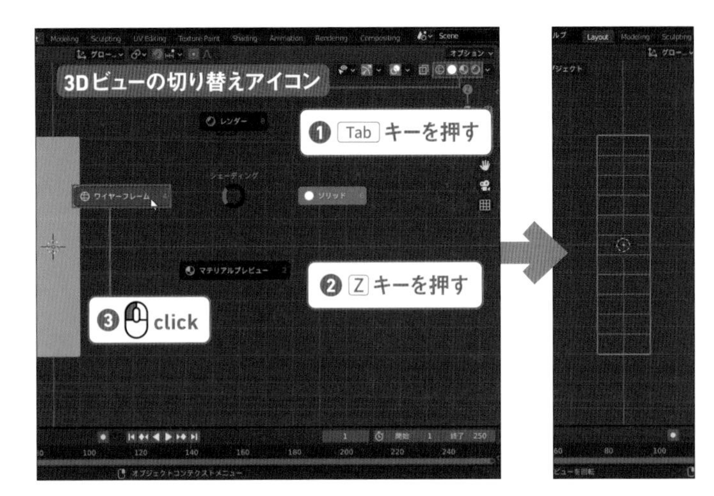

memo
3Dビューの切り替え
Zキーは、右上のビュー切り替えの［ワイヤーフレーム］、［ソリッド］、［マテリアルプレビュー］、［レンダー］の4つのアイコンのショートカットです。

02

ヘッダの［追加］ボタンをクリックし、［アーマチュア］を選択します。
小さなボーンが1つ作られます。

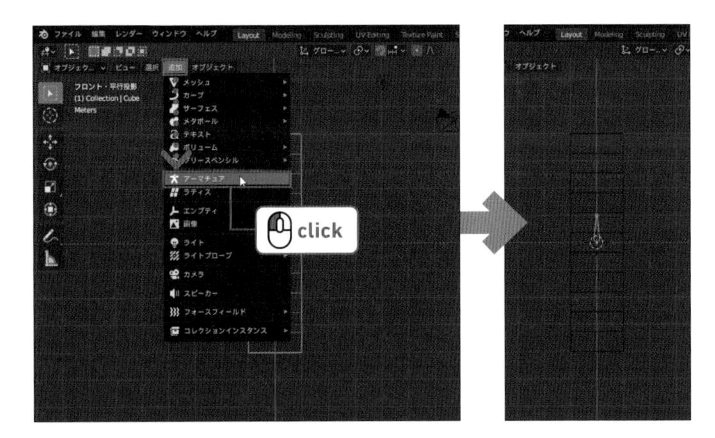

03

G → Z キーを押して立方体オブジェクトの下の端まで移動します。
Tab キーで［編集モード］に切り替え、ボーンの上の細いほうの先の球をクリックして選択し、棒の中心あたりまで G → Z キーで移動します。

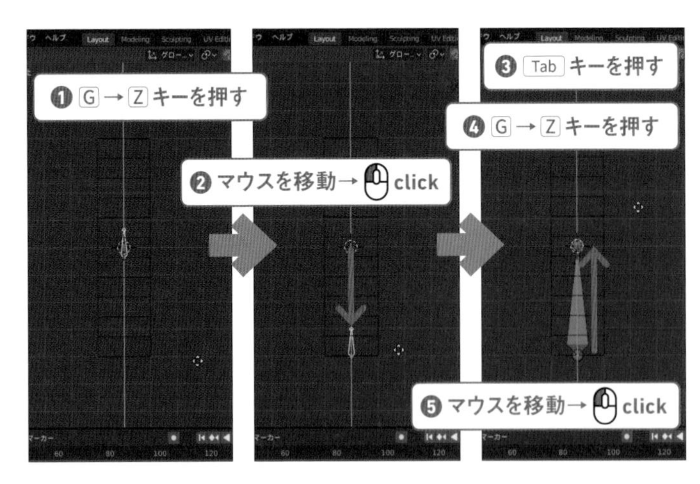

04

細いほうの先を選択した状態で（選択されていなければクリックで選択します）E → Z キーで押し出しを行い、立方体オブジェクトの一番上までもう１つボーンを作成します。

「Chapter3」フォルダ→「TestBone」フォルダ→ TestBone03_02_s02_after.blend

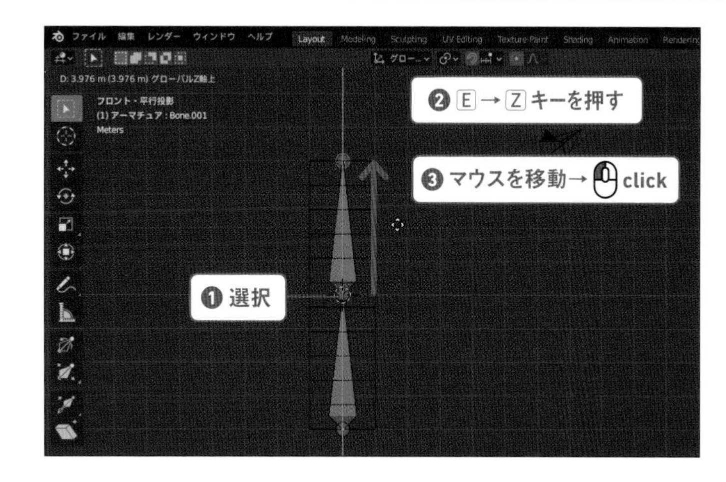

Step: 03 ボーンを動かす

01

関節を動かしてみましょう。
3Dビューポートの下の［編集モード］を［ポーズモード］に変更してください。
［ポーズモード］はアーマチュアにポーズやアニメーションをつけるモードです。

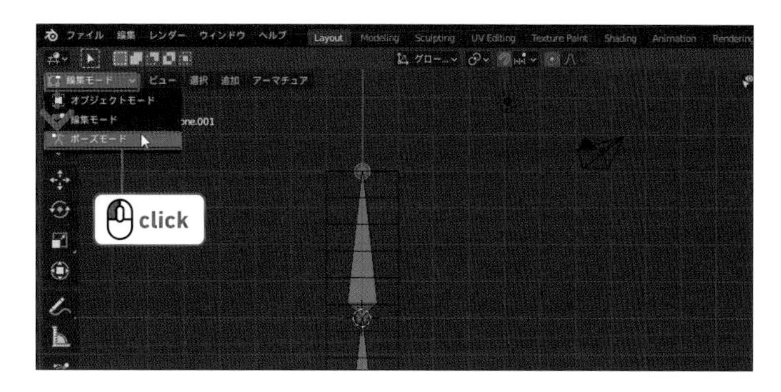

02

下のボーンをクリックして選択すると水色になります。
R キーを押して回転させると上のボーンも一緒に回転します。

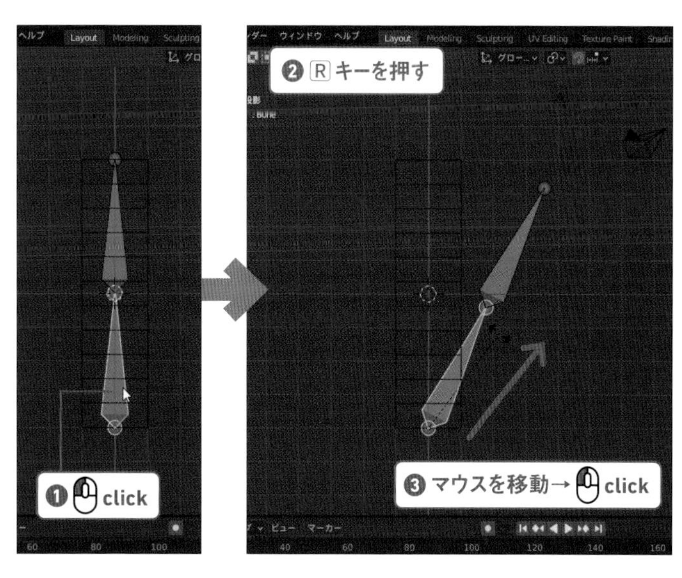

03

上のボーンを回転させても上のボーンしか回転しません。
人の腕の動きに似ていますね。
このようにつながっているボーン親子関係があります。

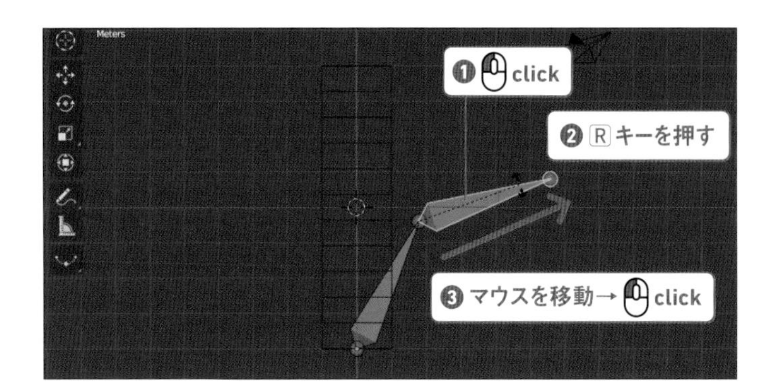

04

ボーンを動かしても棒状の立方体オブジェクトは動いていませんでした。
オブジェクトをボーンで動かしたり、曲げたりするにはボーンとメッシュオブジェクトを関連付ける必要があります。
一旦ポーズを初期状態に戻しましょう。
A キーですべてのボーンを選択し、ヘッダの［ポーズ］ボタンをクリックし、［トランスフォームをクリア］→［すべて］を選択すると、ポーズが最初の状態に戻ります。

Step: 04 アーマチュアとメッシュを関連付ける

01

ボーンを［ポーズモード］から［オブジェクトモード］に変更してください。
立方体のオブジェクトをクリックして選択し、ボーンのオブジェクトを Shift キーを押しながらクリックして追加選択します。
立方体が濃いオレンジ、ボーンが明るいオレンジで表示されています。

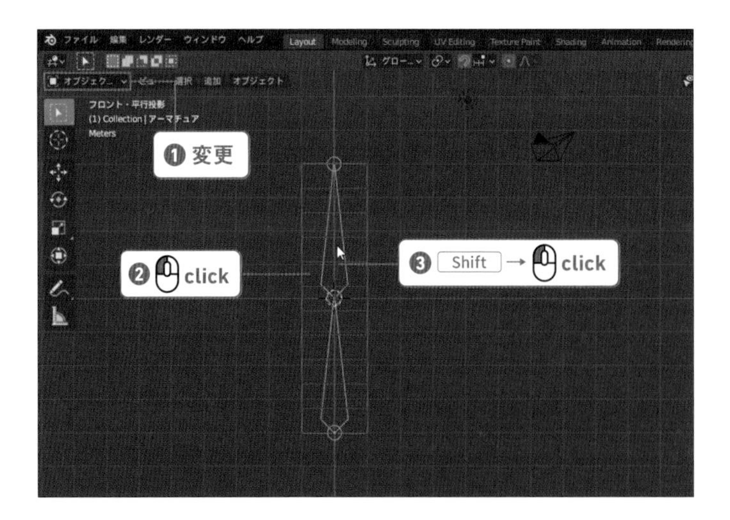

02

ヘッダの［オブジェクト］ボタンをクリックし、［ペアレント］→［自動のウェイトで］の順に選択します。
これでアーマチュアはメッシュオブジェクトの親としてコントロールできるようになりました。

memo ボーンとメッシュの関連付け

このボーンとメッシュの関連付けは右クリックメニュー、もしくはショートカットの Ctrl ＋ P（control ＋ P）キーからでも行えます。

03

［ポーズモード］に切り替え、アーマチュアオブジェクトを選択してボーンを動かしてみましょう。
メッシュがボーンと一緒に曲がったでしょうか。

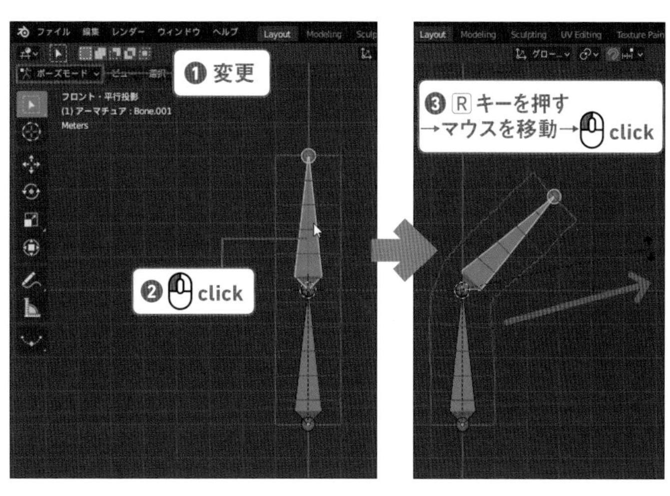

04

今回は単純な棒状のオブジェクトなのでうまくいきましたが、人間の関節の場合、ボーンとメッシュの関係を調整しないと、ゴム人形のような関節の動きになってしまいます。
この調整方法について解説します。
［ポーズモード］でボーンを「く」の字に回転させておいてください。
このデータは章の後半でまた使用するので、別名で保存しておいてください。

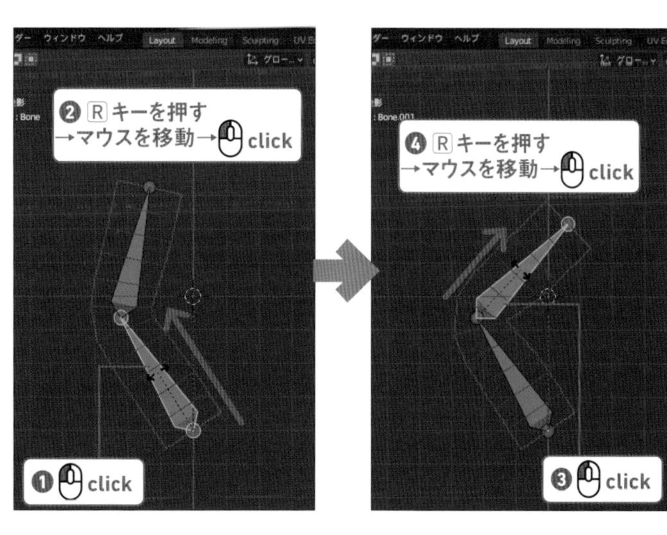

「Chapter3」フォルダ→「TestBone」フォルダ→ TestBone03_02_s04_after.blend

Step: 05 頂点グループを使ってメッシュを変形する

01

立方体のメッシュオブジェクトをクリックして選択し、［オブジェクトモード］に変更します。
プロパティエディターの［モディファイアープロパティ］🔧をクリックします。「アーマチュア」モディファイアーがありますが、これはペアレントの関連付けしたときに追加されたものです。
バインド対象の［頂点グループ］にチェックが入っています。［ボーンエンベロープ］にはチェックが入っていないことを確認してください。

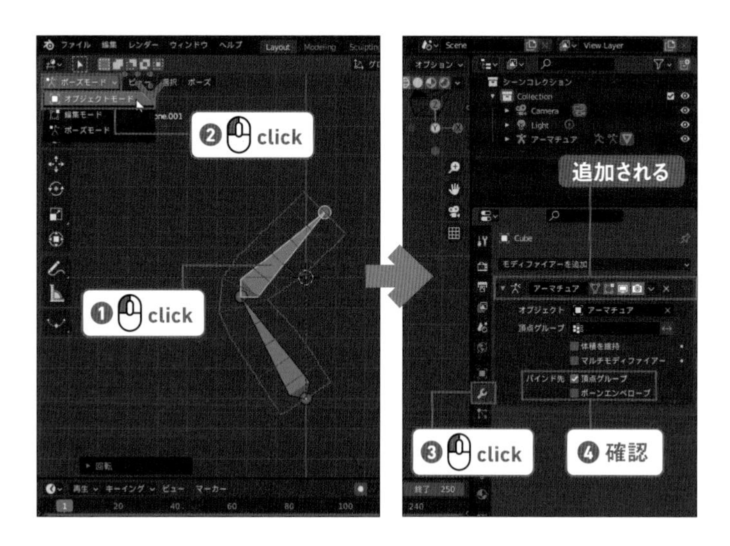

02

アーマチュアオブジェクトをクリックして選択し、プロパティエディターの［オブジェクトデータプロパティ］をクリックします。
［ビューポート表示］の左側の▼をクリックしてタブを開き、［名前］と［最前面］にチェックを入れてください。
これによってビュー上にボーン名が表示されるようになり、また、ボーンはメッシュの中にあっても手前に表示されるようになります。

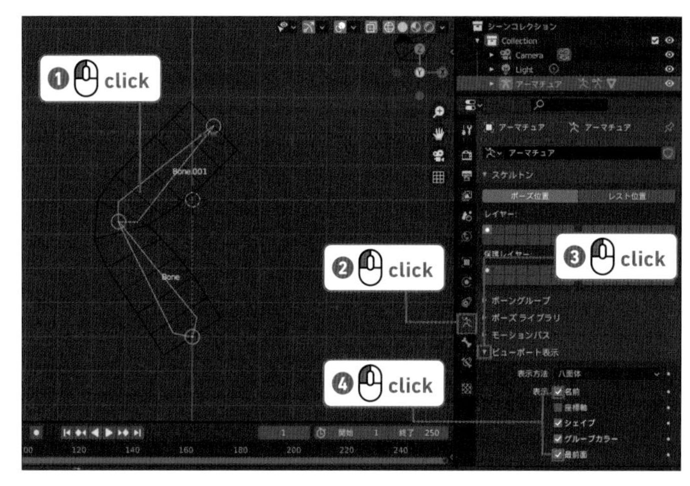

03

立方体メッシュオブジェクトを Shift キーを押しながら追加選択し、モードを［ウェイトペイント］にします。

memo

ウェイトペイント中のボーン選択

ウェイトペイント中にボーンを選択するには、アーマチュアを選択中にメッシュオブジェクトを追加選択してから、［ウェイトペイントモード］に入る必要があります。

04

Z キーを押して［ソリッド］をクリックしてください。
立方体オブジェクトが赤から青までのグラデーションで表示されます。

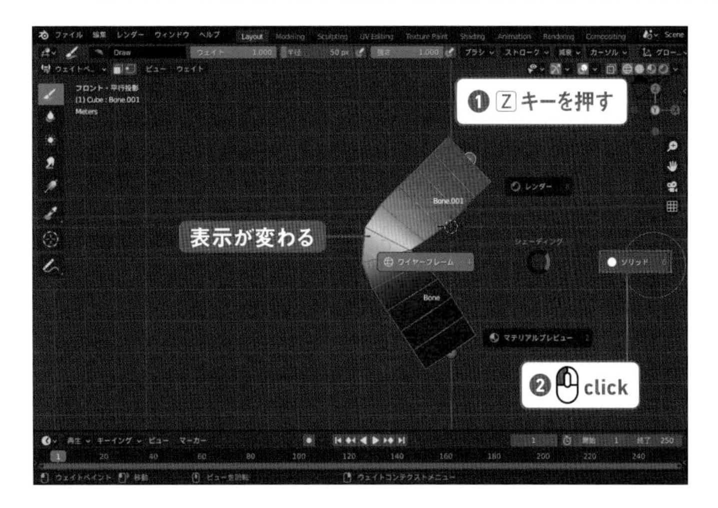

05

N キーを押してサイドバーを表示し、右側の［ツール］タブをクリックします。
［ブラシ設定］の［強さ］の値を「0.2」くらいまで下げておきましょう。
次に、［減衰］タブを開き、［減衰の形状］の［投影］をクリックして有効にし、［前面の減衰］のチェックをはずします。［オプション］タブを開き、［自動正規化］にチェックを入れてください。

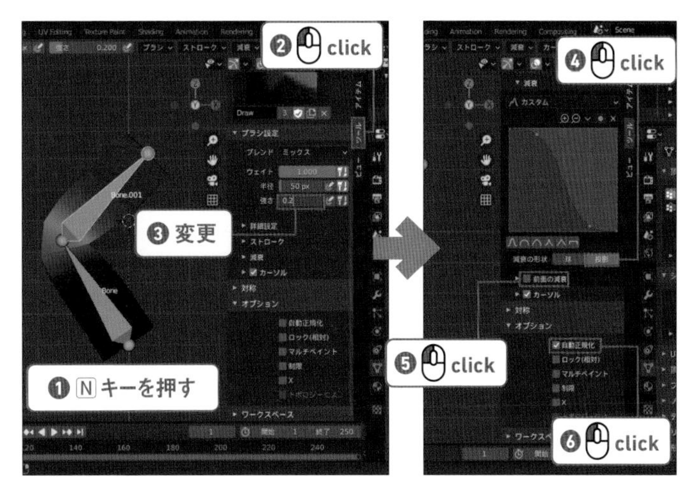

06

下のボーンを Ctrl （control）を押しながらクリックして選択します。
立方体のオブジェクトの中央辺りを塗るようにドラッグすると、だんだん赤くなり、メッシュの形状も下のボーンからの影響が強くなります。

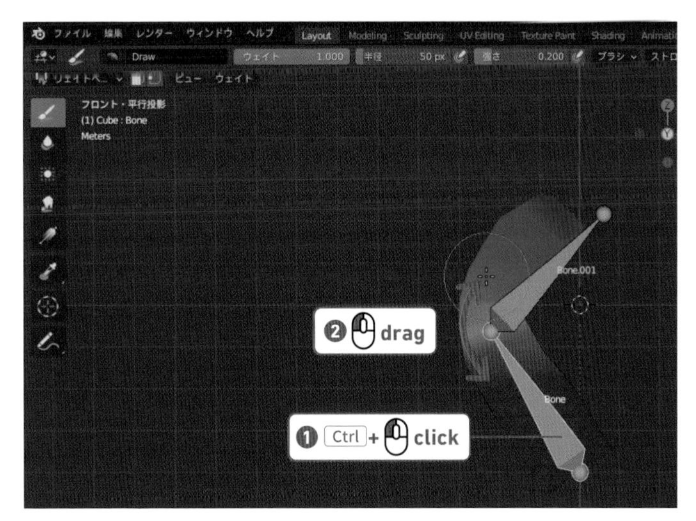

07

今度は上のボーンを Ctrl（control）キーを押しながらクリックして選択し、中央辺りを塗ってみましょう。上のボーンからの影響が強くなります。
色の変化が緩やかなほど関節のまがりはゆるくなり、色の変化が急だとパキッと急に曲がります。

「Chapter3」フォルダ→「TestBone」フォルダ→ TestBone03_02_s05_after.blend

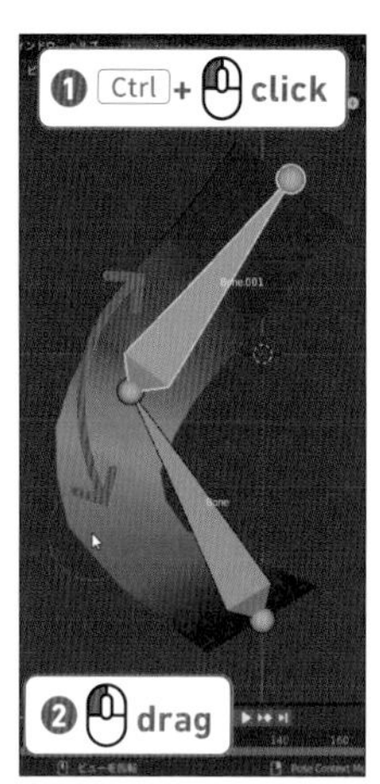

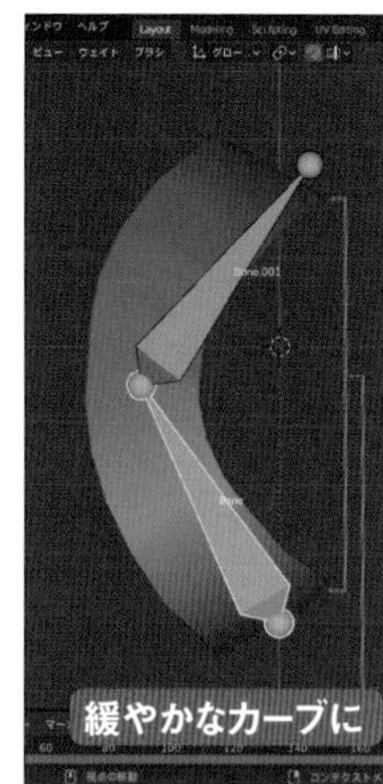

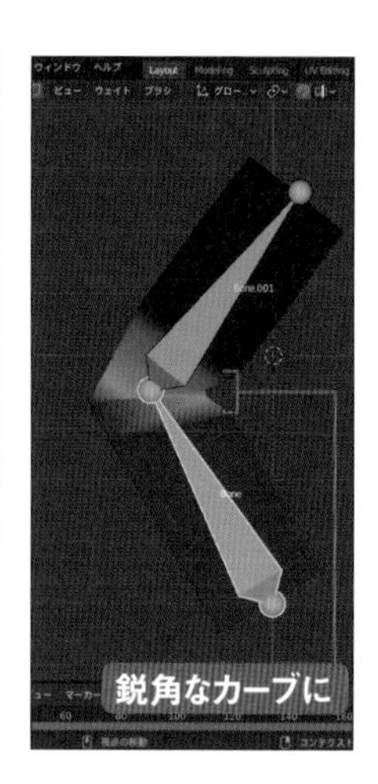

Step: 06 エンベロープを使ってメッシュを変形する

01

今度は［エンベロープ］を使ってメッシュオブジェクトを曲げてみましょう。
モードを［ウェイトペイント］から［オブジェクトモード］に戻します。
プロパティエディターの［モディファイアープロパティ］🔧をクリックして［モディファイアー］を表示し、［バインド先］の「頂点グループ」チェックをはずし、「ボーンエンベロープ」にチェックを入れてください。オブジェクトが曲がらなくなりました。

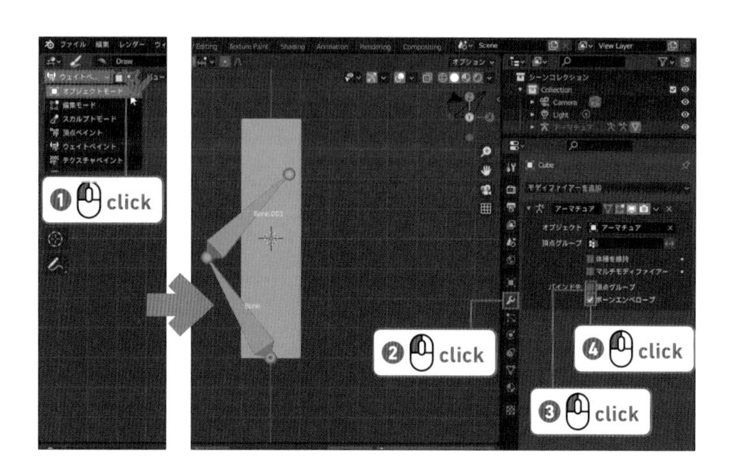

02

アーマチュアオブジェクトを選択してから［ポーズモード］に変更し、下のボーンを選択します。
プロパティエディターの［オブジェクトデータプロパティ］をクリックしてプロパティを表示します。
［ビューポート表示］の［表示方法］の［八面体］をクリックし、［エンベロープ］に変更するとボーンの見た目が変わります。

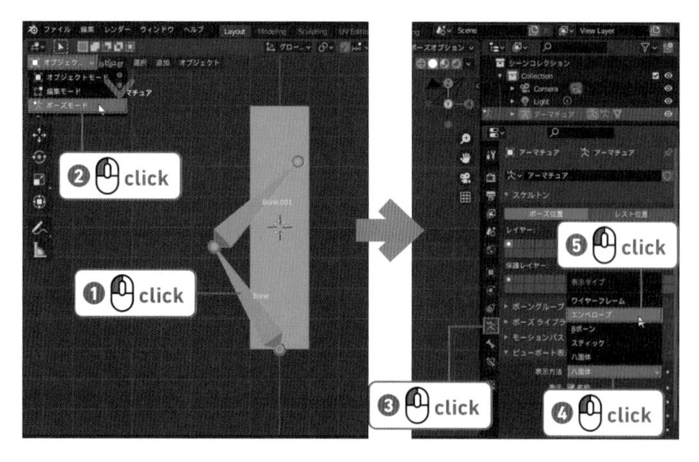

03

プロパティエディターの［ボーンプロパティ］をクリックし、［変形］タブのをクリックしてタブを開きます。
［エンベロープの距離］の数値を右にドラッグすると値が増え、ボーンの影響範囲が広がって立方体のメッシュオブジェクトが変形するようになります。
上下のボーンをクリックして選択し、それぞれエンベロープの距離を調整してください。

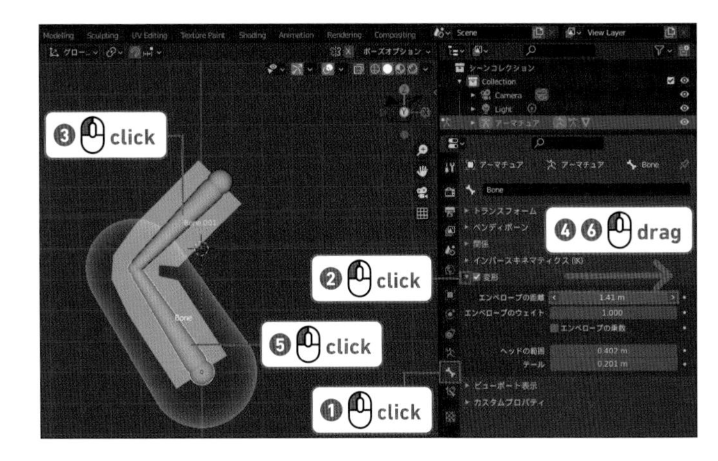

04

［変形］タブの［ヘッドの範囲］と［テール］の値も同様に変更してみましょう。
ボーンの関節の大きさが変わり、エンベロープの影響範囲をより詳細に設定することができます。

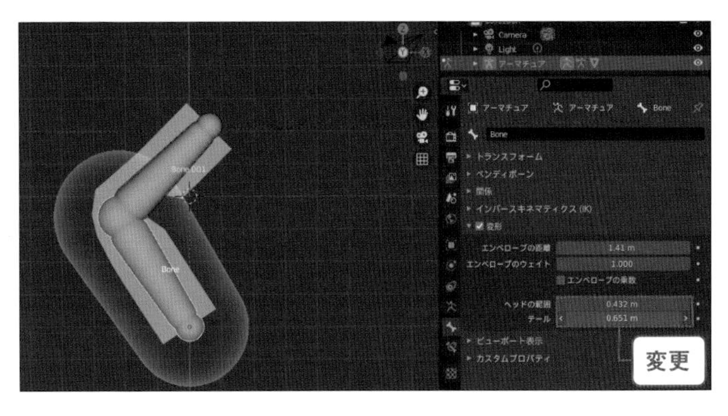

「Chapter3」フォルダ→「TestBone」フォルダ→ TestBone03_02_s06_after.blend

以上がアーマチュア設定の基礎編です。
ここまでの内容でも蛇が動くアニメーションや、魚が泳ぐアニメーション等を作ることができます。
次の節からは、Chapter2 で作成した人型モデルにアーマチュアを入れてみます。

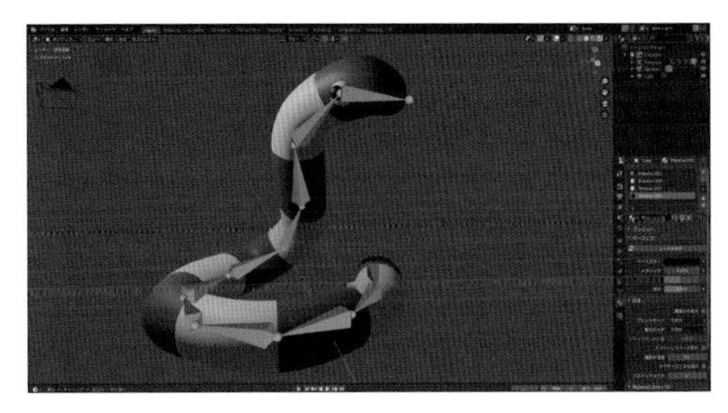

Column エンベロープと頂点ウェイト

エンベロープを使うと簡単に関連付けができる反面、おおまかな調整しかできません。
頂点ウェイトは細かい調整ができますが、各頂点にウェイトが設定されているため、ウェイト設定後にメッシュを増やしたり減らしたりすることができません。
まずはエンベロープで変形具合を調整します。調整し終わったらAキーですべてのボーンを選択し、ヘッダの[ポーズ]→[トランスフォームのクリア］→［全て］でポーズを消します。立方体オブジェクトを選択し［ウェイトペイントモード］でヘッダの［ウェイト］→［ボーンエンベロープによるウェイト設定］を行ってください。エンベロープの影響を頂点ウェイトに変換することができます。

Chapter 3

03 人型モデルにアーマチュアを入れよう

いよいよ人型のメッシュオブジェクトにアーマチュアを入れていきましょう。
人の形は複雑ですが、先程の関節を1つ入れたモデルとやることは同じです。

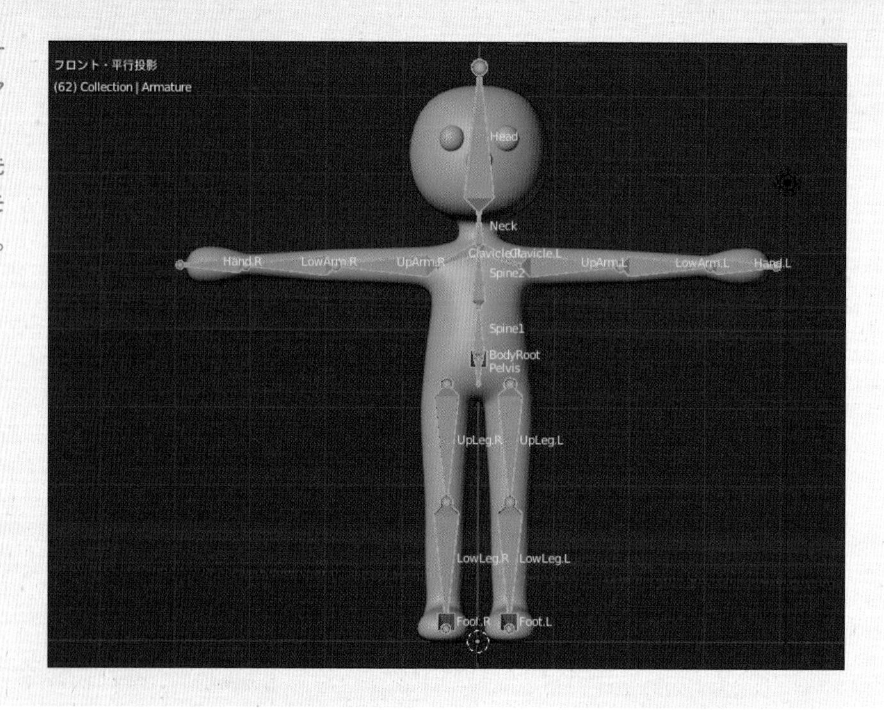

Step: 01 モデルを準備する

01

Chapter2 でモデリングした、人型モデルの「.blend」ファイルを開いてください。
モデルの形状の修正は、なるべく済ませておいてください。

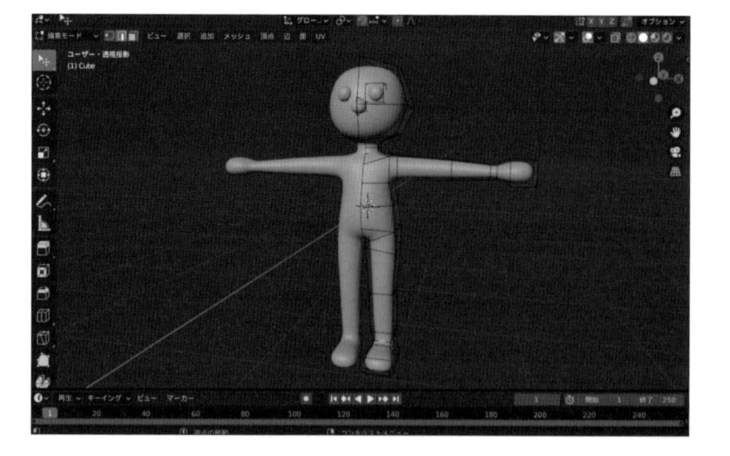

memo

ファイルがない場合は

「.blend」ファイルがない場合はDVDの「Chapter3」フォルダ→「human03_03_s01.blend」を使用してください。

02

ひじやひざを曲げるにはメッシュが足りません。［編集モード］に切り替えて［辺選択］ボタンをクリックし、関節のループカットの両隣をループカットしてください。
3 本以上のループカットがあると関節がきれいに曲がります。
ひじ、ひざ、手首、足の付け根、足首も同様にループカットします。

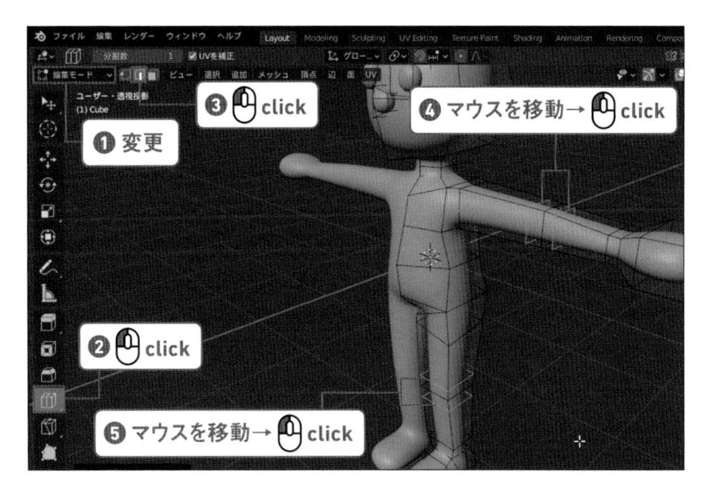

03

Z 座標が「0」の場所が地面になるように人型モデルを上に移動しましょう。
テンキーの 1 キーを押して［フロント・平行投影］ビューにし、［編集モード］に切り替え、A キーを押してすべてのメッシュオブジェクトを選択します。
足の裏の位置が赤いラインと同じか、ほんの少し下にはみ出るように G → Z キーで上に移動します。

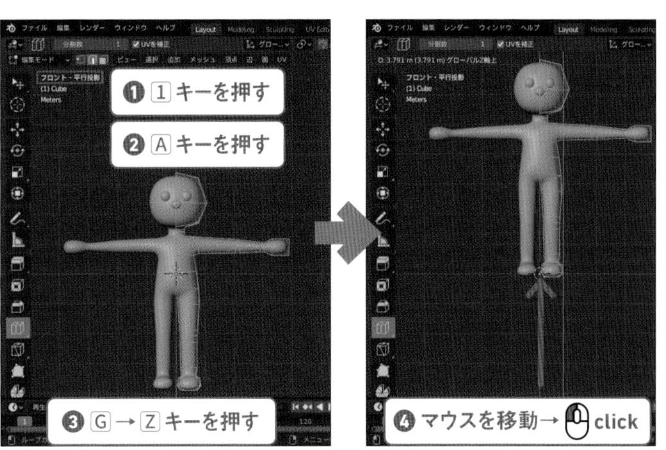

Step: 02 ルートボーンを作成する

01

アーマチュアを作成します。［オブジェクトモード］に切り替え、ヘッダの［追加］ボタンをクリックし、［アーマチュア］を選択してアーマチュアを作成します。ここから人の体に骨を 1 本 1 本入れていきますが、ブレンダーには「Rigify」という人の骨を作るためのツールが用意されています。Rigify を使えば Chapter3 の作業は必要ありませんが、Chapter3 の内容はリグを扱う上で必要なので、目は通しておいてください（p .255 参照）。

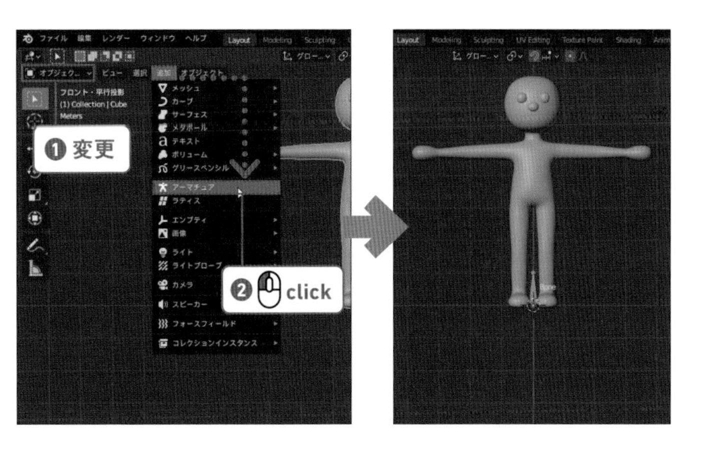

02

Alt（Option）を押しながら G キーを押すと、アーマチュアオブジェクトが原点（位置 x＝0, y＝0, z＝0）に移動します。
プロパティエディターの［オブジェクトデータプロパティ］に切り替え、［ビューポート表示］タブの［名前］と［最前面］にチェックを入れてください。

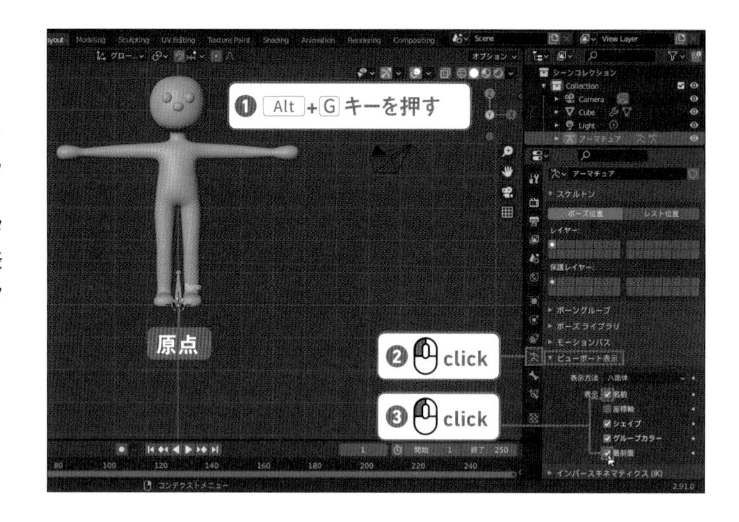

03

テンキーの 3 キーで横からの［ライト・平行投影］ビューに切り替え、アーマチュアオブジェクトが選択されている状態で［編集モード］に変更します（ショートカット Tab キー）。
ボーンの中心をクリックして選択します。R キーを押してボーンの先が前を向くように Ctrl（control）キーを押しながら 90 度回転させます。

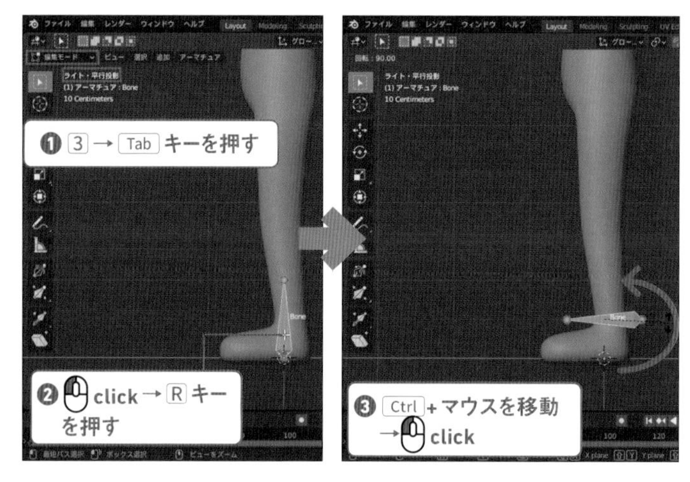

04

人型モデルの背骨と骨盤の間の位置にボーンの先がくるように G キーで移動してください。
ここを中心に上半身、下半身に骨を追加していきます。

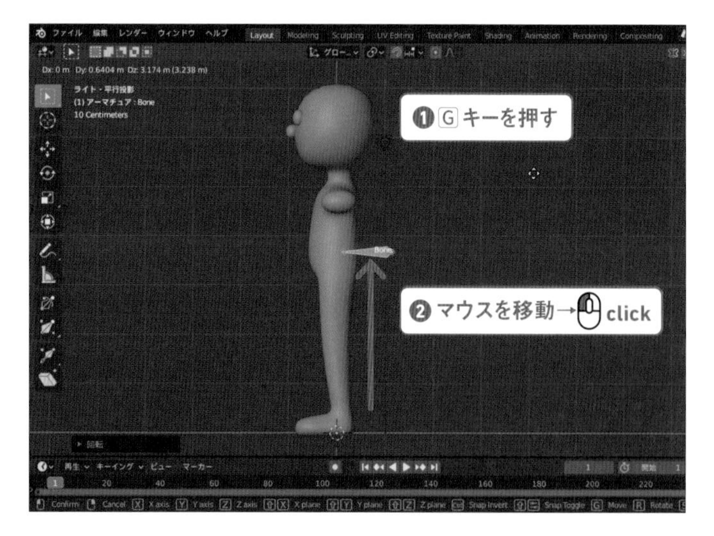

「Chapter3」フォルダ
→ human03_03_s02_after.blend

Step: 03 体の中心にボーンを作成する

01

ルートボーンの先端の小さな球だけをクリックで選択し、E キーで上に押し出して背骨を作ります。
まず腹と胸の間まで押し出し、次に首の手前まで、次に首と頭部の間まで、最後に頭の上まで、計 4 回、背骨や首の骨を意識して押し出してください。

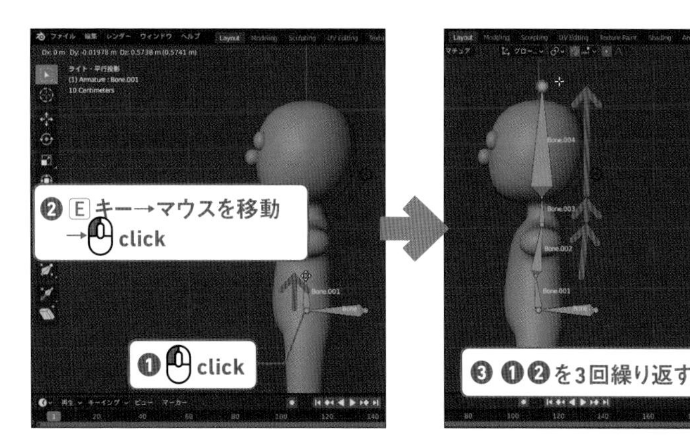

02

再び、ルートボーンの先端の球をクリックで選択し、E キーで今度は真下に向かって、足の付け根の高さまで押し出して、腰骨のボーンを作成してください。
押し出し中にホイールボタンをクリックすると移動の軸が制限されて、真下に押し出すことができます。
このボーンの名前は「Bone.005」になっているはずです。

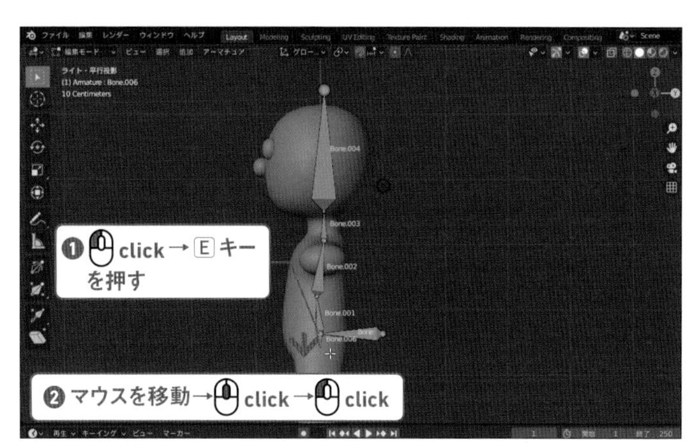

Column 長さ「0」の押し出しに注意

押し出し中にクリックをキャンセルしてしまうと、3D ビューポートでは見えませんが、長さ「0」のボーンができてしまいます。もし押し出し作業を間違った場合は、Undo（ショートカット Ctrl + Z キー、macOS は control + Z キー、Redo（ショートカット Ctrl + Shift + Z キー、macOS は control + Shift + Z キー）で戻って、問題ないところから作業をやりなおしてください。

Keyword: ツリー構造とルート

枝分かれの一番根元のことをルート（Root）といいます。
腰に配置したボーンがルートになるボーンです。
この腰のボーンは骨というより、パペット人形の手を入れる部分のような、体の動きの中心になります。

Step: 04 腕のボーンを作成する

01

テンキーの 1 キーで［フロント・平行投影］ビューに変更して、右側の腕を押し出しで作成します。
首の付け根のジョイントの球から押し出して、肩のボーンを作成します。
このまま押し出すとボーンがねじれ方向に回転してしまうので、押し出し中にホイールボタンをクリックし、真横に押し出してください。
押し出し後に先端を、腕の付け根に G キーで移動します。

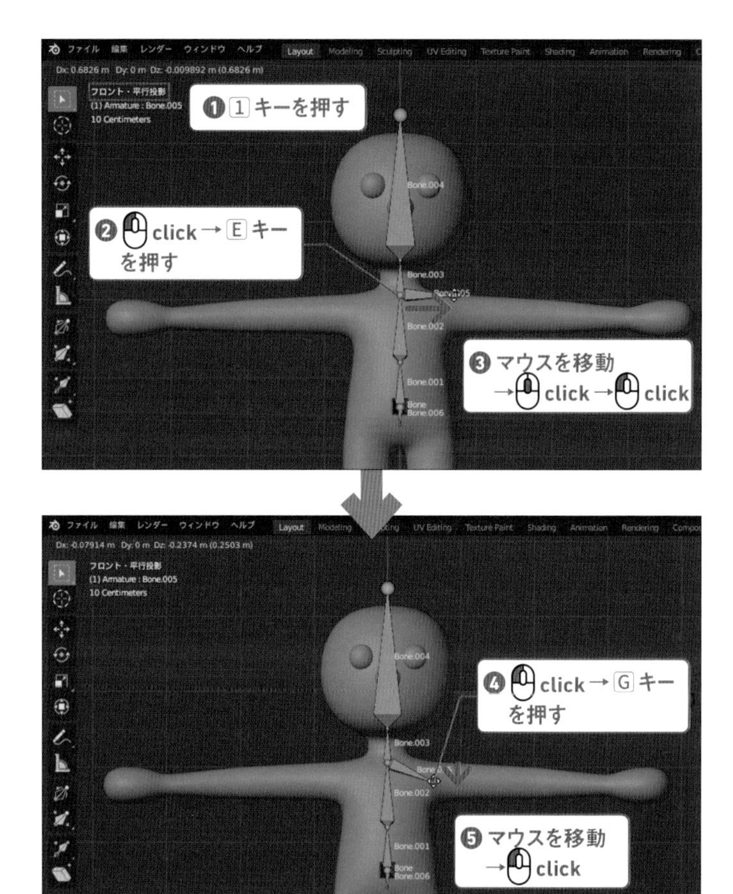

02

上腕、前腕、手のひらのボーンを押し出しで作ります。
肩と同様に押し出し中にホイールボタンをクリックして、移動が X 方向だけになるように制限してください。

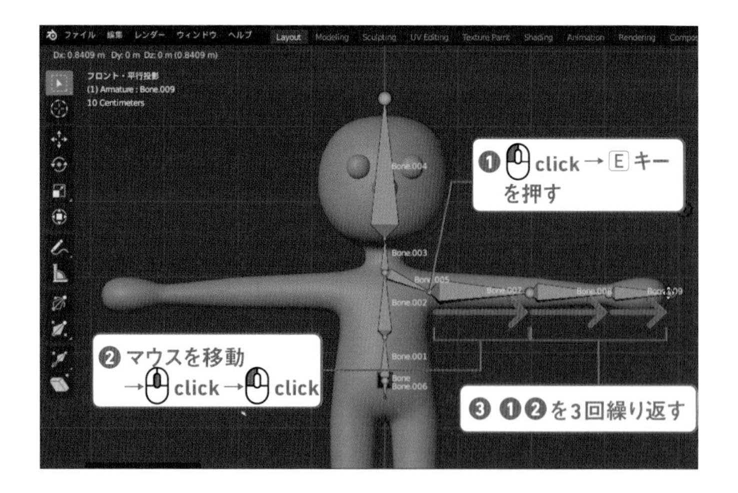

Step: 05 下半身のボーンを作成する

01

腰の骨の先から左足の付け根まで、押し出しでボーンを作成してください。
腕の付け根と同じように、押し出しは、ホイールボタンで移動がX方向だけになるように制限してください。

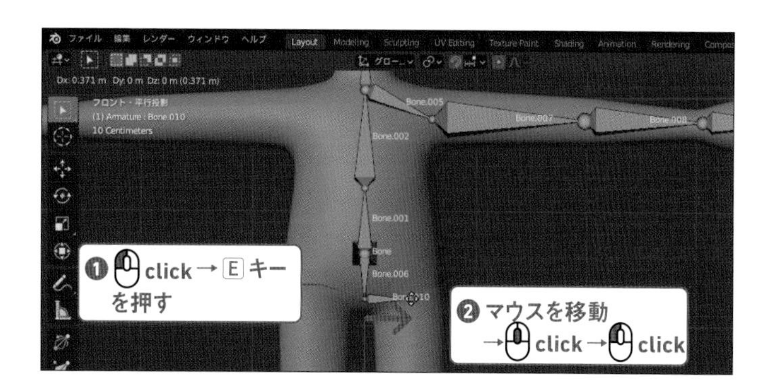

02

テンキーの3キーを押して［ライト・平行投影］ビューに切り替え、ボーンの先を選択している状態から、もも、すね、足のボーンを押し出しで作ります。
押し出し時に、ひざはほんの少しでいいので、必ず曲げてください。

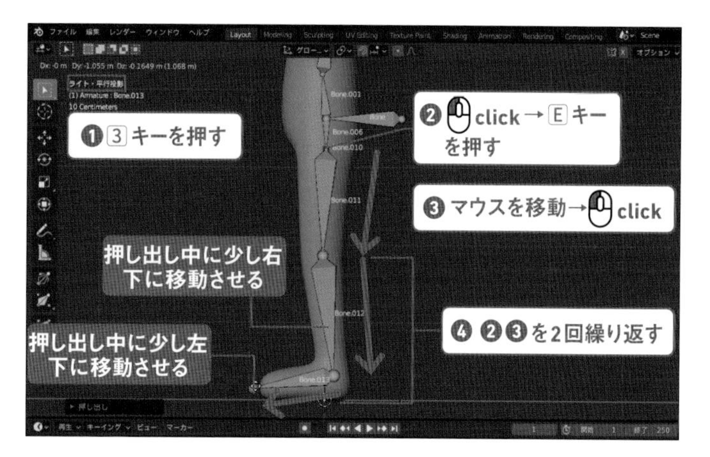

03

テンキーの1キーで［フロント・平行投影］ビューに戻し、腰から足につながるボーン「Bone.010」をクリックして選択し、Xキーを押して削除メニューから［ボーン］を選択します。削除しても、腰と足は点線でつながっていて、親子関係は残っています。
範囲選択（Bキー）などを使用し、体全体の関節位置を調整してください。

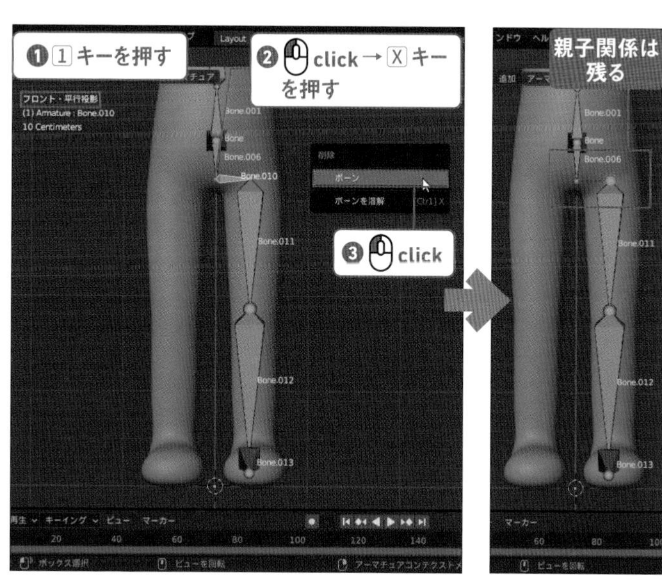

memo

ボーンの分割

1つのボーンを2つのボーンに分割したいときは、右クリックして表示されたメニューから［細分化］を選択します。今回は使いませんが、背骨を1つ増やしたいときや、指の関節を増やしたいときなどに使用します。

Step: 06 各ボーンに名前をつける

01

プロパティエディターの［ボーンプロパティ］ を表示します。3Dビューポートでボーンを1つ選択し、プロパティエディターの一番上のボーン名をクリックし、名前を変更していきます。

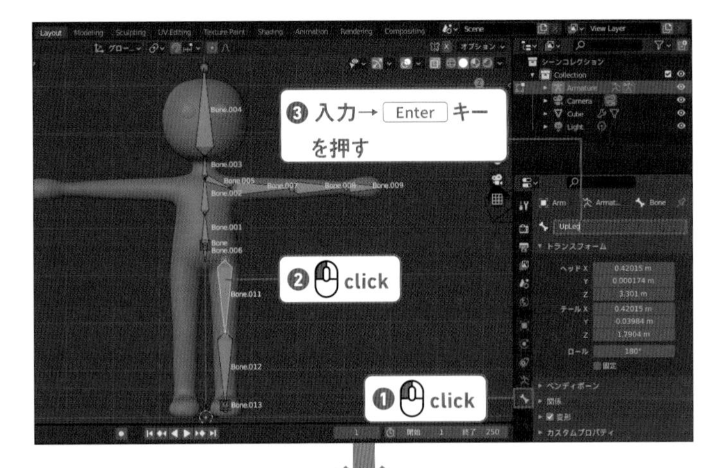

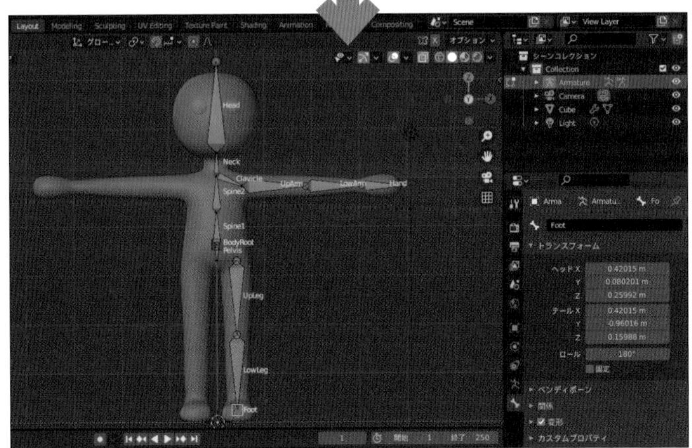

memo

ボーンの名前

どんな名前でもよいのですが、今回は説明のために以下の名前にしてください。

元の名前	新しい名前
Bone	BodyRoot
Bone.001	Spine1
Bone.002	Spine2
Bone.003	Neck
Bone.004	Head
Bone.005	Pelvis
Bone.006	Clavicle
Bone.007	UpArm
Bone.008	LowArm
Bone.009	Hand
Bone.011	UpLeg
Bone.012	LowLeg
Bone.013	Foot

02

プロパティエディターの［トランスフォーム］タブを見ると［ロール］という値があります。ロールはボーンのねじれを表していて「0」になっているものもあれば「180」などの値が入っているものがあります。
ねじれがあると思わぬ動作をすることがあるので「0」にしておきましょう。鎖骨のロール値は変えたくないので、鎖骨を選択し、Ctrl（control）＋ I キーで選択を反転して鎖骨以外を選択します。

03

ヘッダの［アーマチュア］→［ボーンロール］→［ロールをクリア］の順に選択すると、すべての選択ボーンのロールが「0」になります。

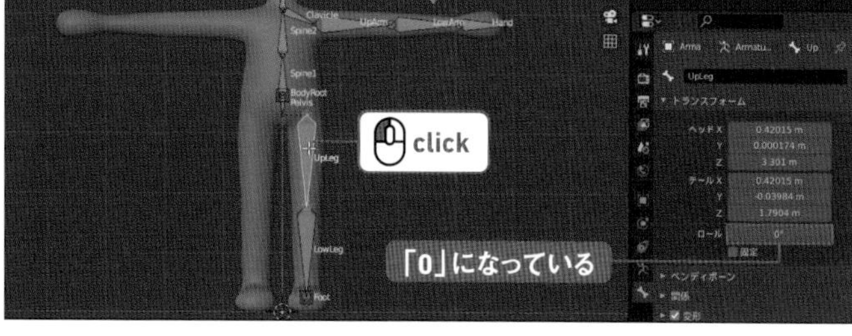

「Chapter3」フォルダ
→ human03_03_s06_after.blend

Step: 07 左側のボーンを作成する

01

右側の腕や脚の7つのボーンをボックス選択（B キー）や追加選択（Shift ＋クリック）などで選択します（Ctrl（control）＋ドラッグで囲む）。

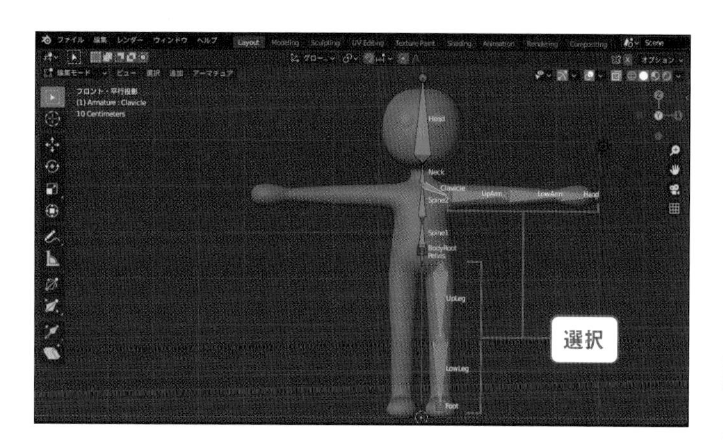

02

ヘッダの［アーマチュア］→［名前］→［自動ネーム（左右）］を選択してください。
各ボーン名のうしろに「.L」が付きます。

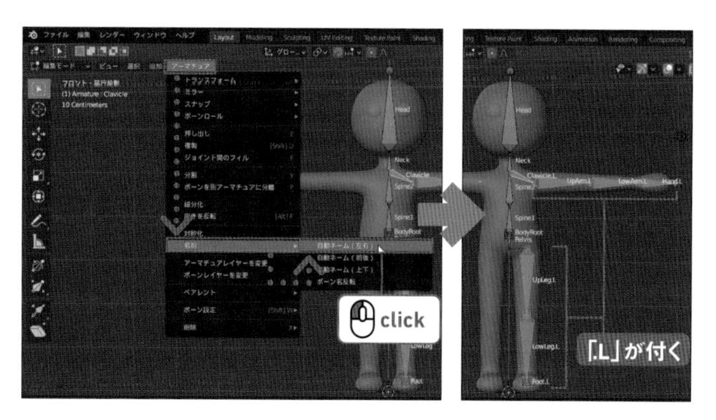

03

ヘッダの［アーマチュア］→［対称化］を選択すると左側にもボーンが作られます。ボーン名の最後には左側は「.R」が付いています。3Dビューポートの左側はキャラクターにとって右手、右足なのでRightの「R」が付くのです。全身のアーマチュアが完成しました。

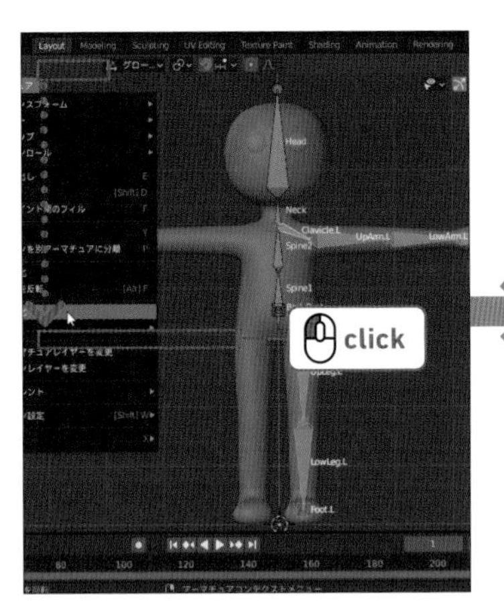

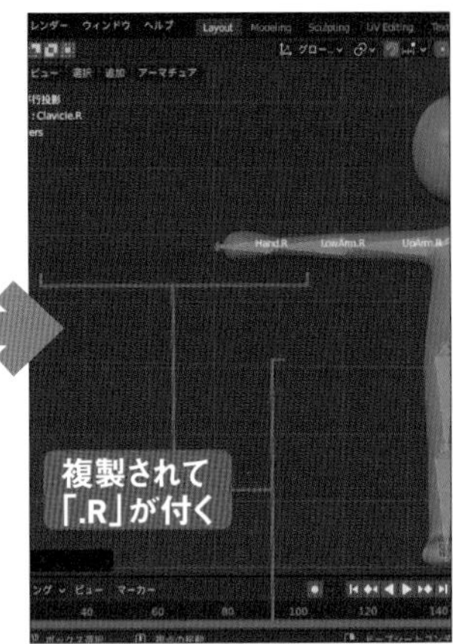

Step: 08 メッシュにアーマチュアを関連付ける

01

人型モデルのメッシュとアーマチュアを関連付けます。

［オブジェクトモード］に切り替え、人型のメッシュオブジェクトをクリックして選択し、アーマチュアオブジェクトを Shift ＋クリックして追加選択します。

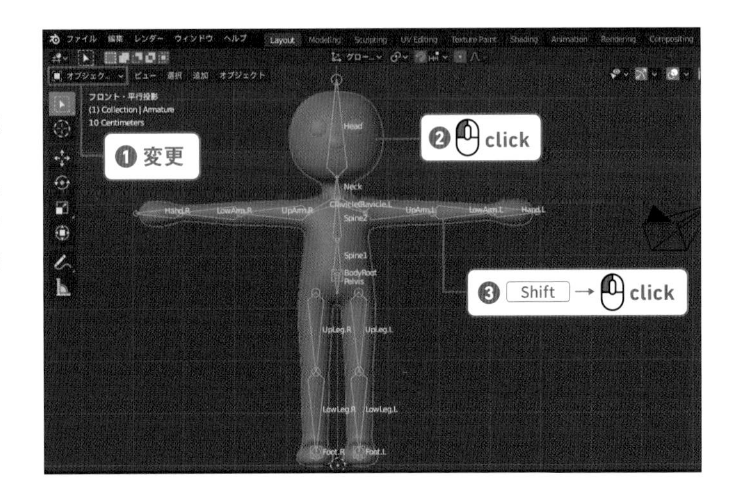

02

ヘッダの［オブジェクト］→［ペアレント］→［自動のウェイトで］の順に選択してください。

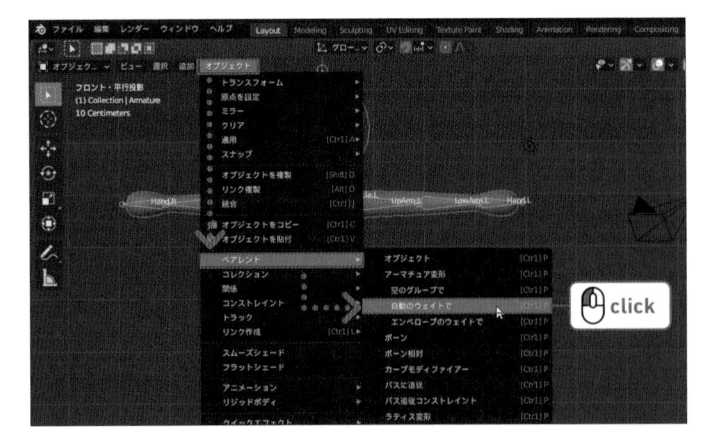

03

人型オブジェクトだけを選択し、プロパティエディターの［モディファイアープロパティ］に切り替えます。関連付けにより追加された［アーマチュア］モディファイアーのボタンをクリックし、［最初に移動］をクリックしてください。［アーマチュア］モディファイアーが一番上に移動するので、［ミラー］モディファイアーのボタン→［最初に移動］で［アーマチュア］モディファイアーの上に移動します。

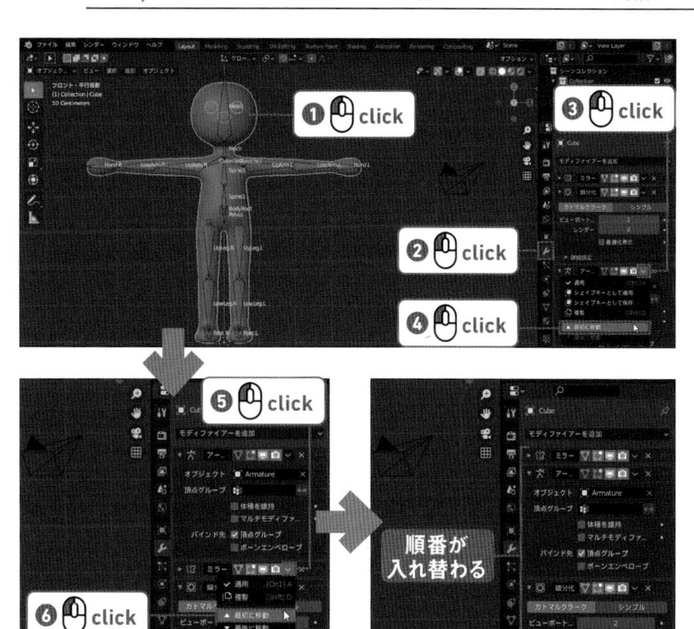

memo

モディファイアーの順番

モディファイアーは上から順に処理されます。
人型のメッシュはミラーで左右対称の形状になり、アーマチュアでポーズの変形をしたあとでは、サブディビジョン（細分化）でメッシュが増えてなめらかになります。

04

アーマチュアを選択し、［ポーズモード］にします。
R キーで各ボーンをそれぞれ回転させ、ポーズを変更してみましょう。
ポーズに合わせてメッシュが変形するようになりました。

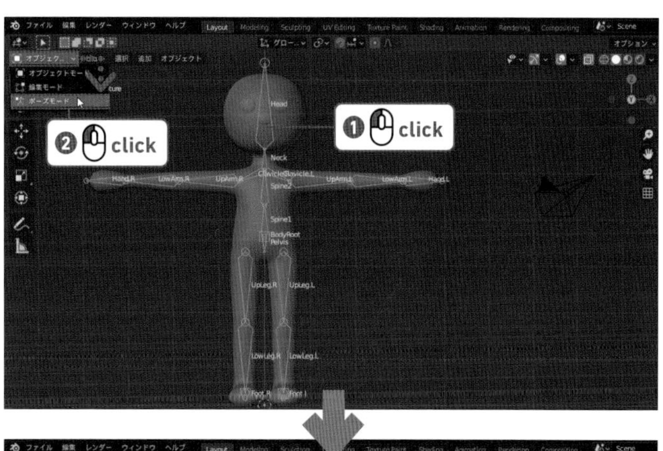

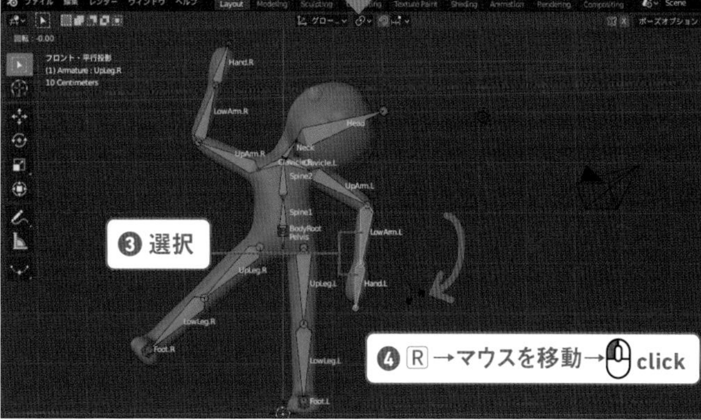

「Chapter3」フォルダ
→ human03_03_s07_after.blend

05

目や鼻のメッシュオブジェクトが置いていかれたり、変形がおかしいときはメッシュオブジェクトのウェイトを修正します。
[オブジェクトモード] でアーマチュアを選択し、メッシュオブジェクトを追加選択します。
[ウェイトペイント] に切り替え、ペイントで修正してください。

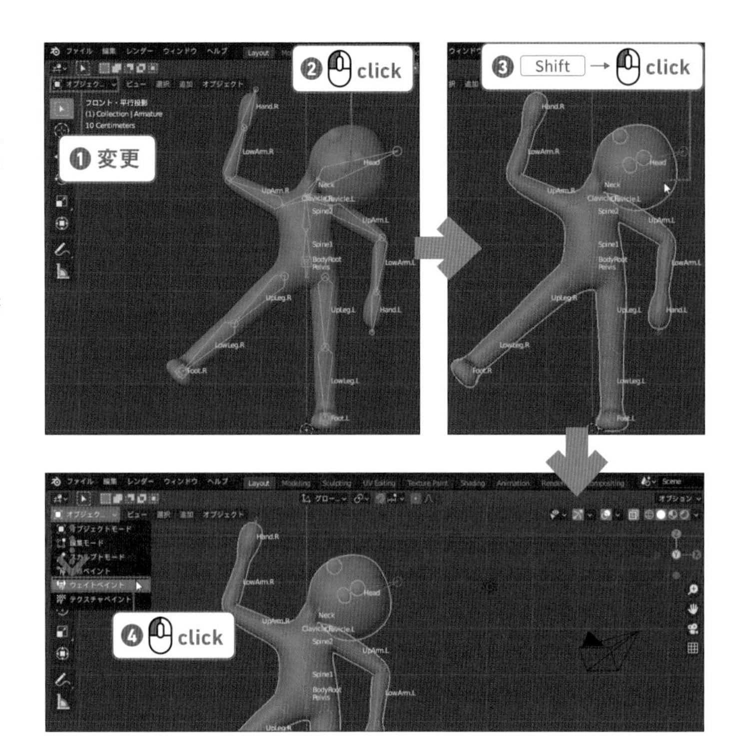

06

3D ビューポートで N キーを押してサイドバーを表示し、[ツール] タブをクリックします。
[減衰] タブを開き、[減衰の形状] の [投影] をクリックして有効にし、[前面の減衰] のチェックをはずします。[オプション] タブを開き、[自動正規化] にチェックを入れます。
Ctrl (control) キーを押しながらウェイトを調整したいボーンをクリックして選択します。

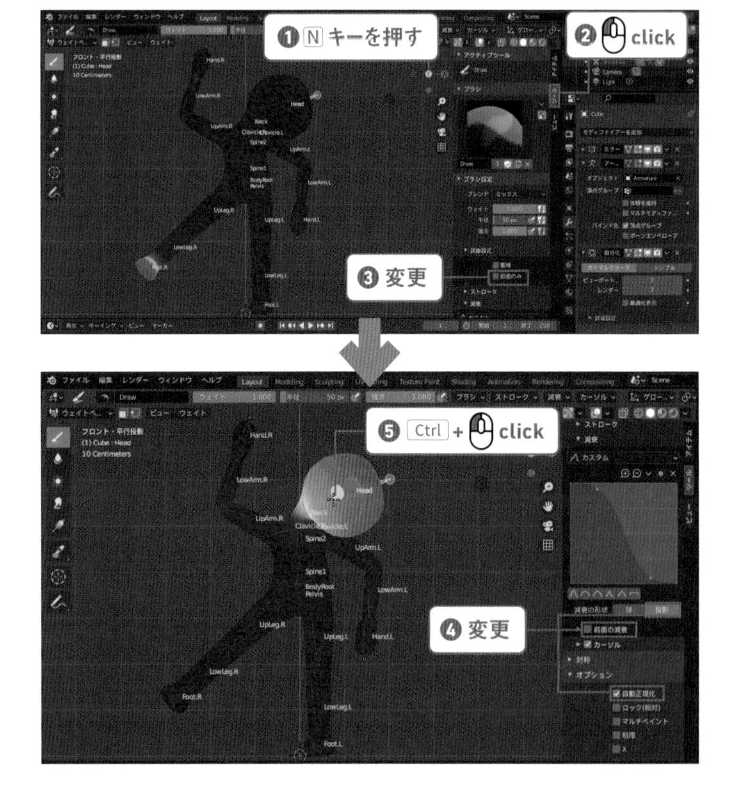

07

目や鼻が顔の位置にくるようにドラッグしてウェイトを塗って修正します。

「Chapter3」フォルダ
→ human03_03_s08_07_after.blend

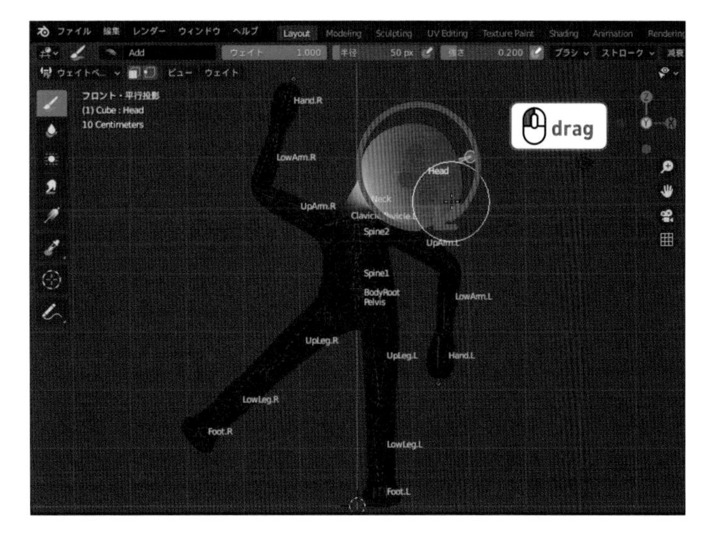

08

これで人型モデルにアニメーションをつけることができるようになりました。
アーマチュアを［ポーズモード］にすれば、泳ぐアニメーションや空を飛ぶアニメーションをつけることができます。しかし歩くアニメーションはこのアーマチュアの構造ではできません。体を移動させると足も移動するので地面を滑るように移動してしまいます。これを解決するには次節で解説する「IK」を使います。
データを保存しておきましょう。

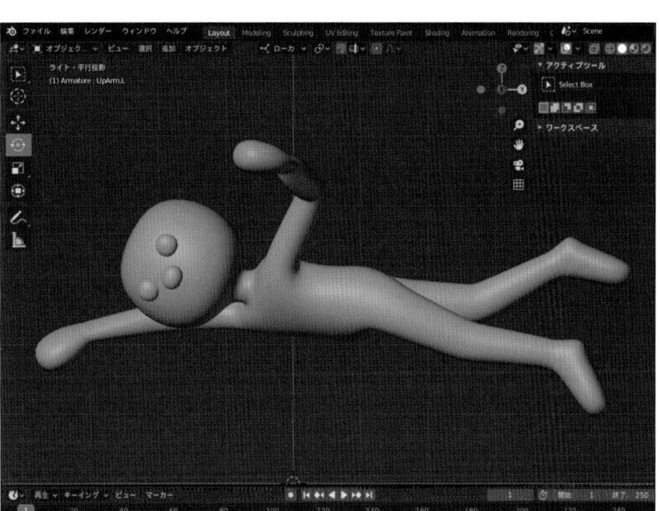

Column ミラーモディファイアーの適用

ミラーモディファイアーを残したままウェイトペイントをすると、左右一緒にウェイトペイントされます。
左右別々にペイントしたい場合は、プロパティエディターの［モディファイアープロパティ］ の［ミラー］モディファイアーの ボタン→［適用］の順にクリックしてください。
適用後に左右対称にウェイトペイントをしたい場合は、サイドバーを表示し（N キーを押す）、対象タブの ボタンをクリックしてください。

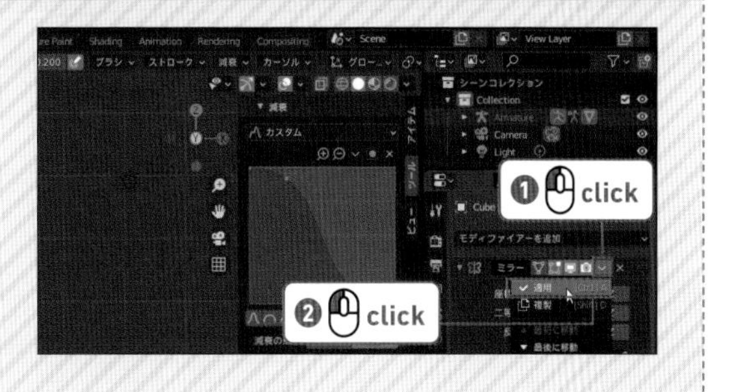

Chapter 3

04 人型モデルにIKをつけよう

ここまでのアーマチュアの構造は、ルートを移動するとすべてが移動していました。これをFKといいます。人間の歩行動作は、体を前に進めると、片足は移動せずに地面に残ります。これをIKといいます。ここでは、IK構造の作り方について説明します。

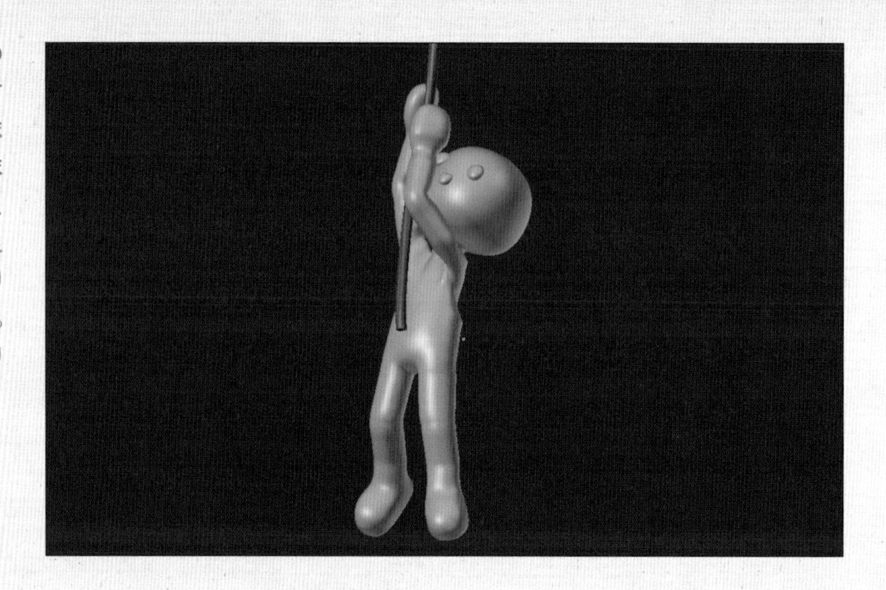

Step: 01 IK（インバースキネマティクス）の基本

01

Chapter3の前半で作成した、棒状のメッシュオブジェクトを「IK」を使って動かせるようにしましょう。
アーマチュアを選択し、［ポーズモード］に切り替えます。
A キーを押してすべてのボーンを選択します。

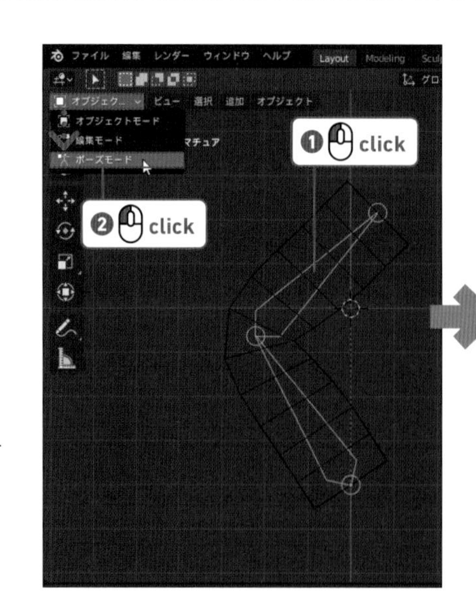

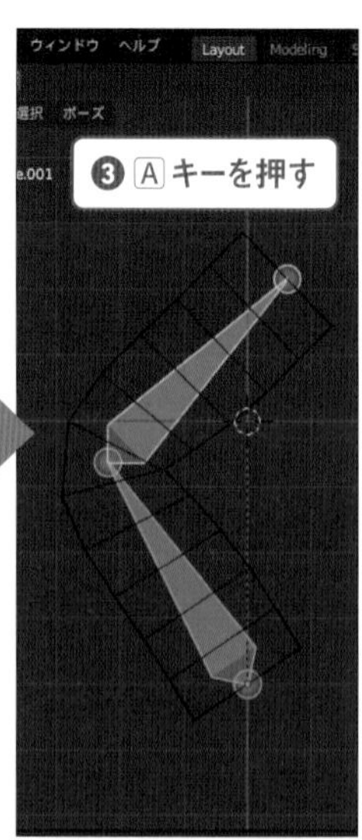

memo

ファイルがない場合は

「.blend」ファイルがない場合は「Chapter3」フォルダ→「TestBone」フォルダ→「TestBone03_04_s01.blend」を使用してください。

02

ヘッダの［ポーズ］→［トランスフォームをクリア］→［すべて］を選択し、ポーズを最初の状態に戻します。

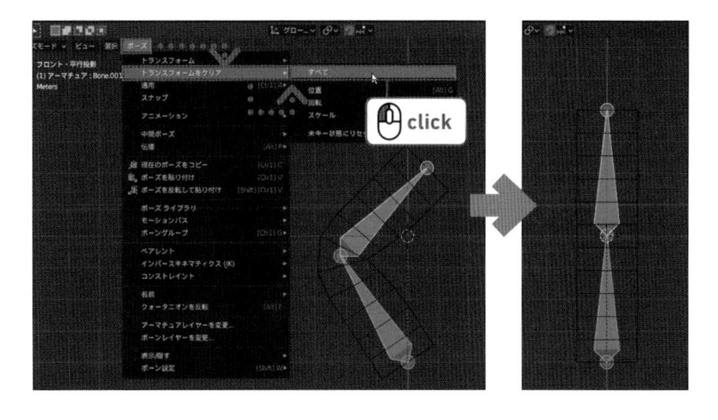

03

［オブジェクトモード］に戻し、3D ビューポートが［ワイヤーフレームを表示］になっているか確認します。
ヘッダの［追加］→［エンプティ］→［円］を選択し、エンプティオブジェクトを作成します。

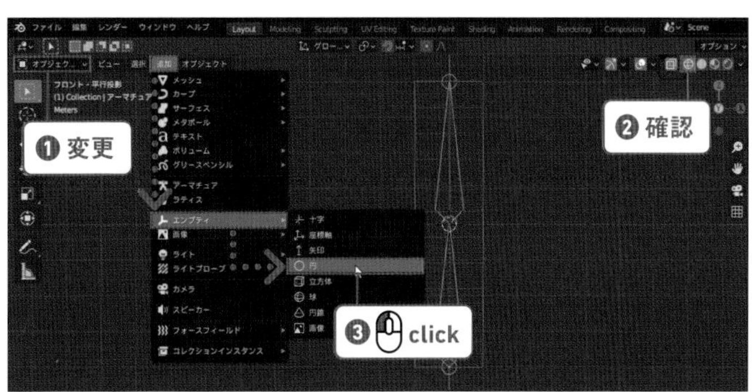

04

エンプティオブジェクトは特に機能を持たず、レンダリングもされないオブジェクトです。
エンプティオブジェクトを G → Z キーの順に押し、棒状のメッシュオブジェクトの上の端に移動してください。

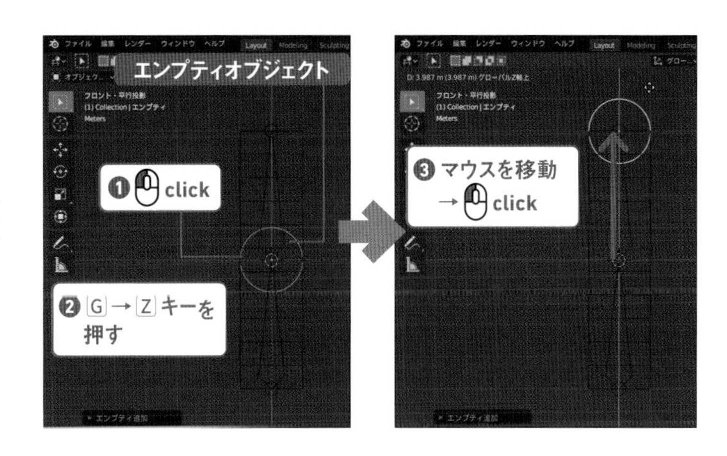

Keyword: FKとIK

現状のアーマチュアは親ボーンを動かすと子のボーンが一緒に動きます。これを「FK（Forward Kinematics）」といいます。人間の体も FK でできていて肩を動かすと腕から先も動いて、腕が動くと手のひらも移動します。

ところが誰かに手を引っ張られた場合、手から肘→肩→体へと動きが伝わります。このような先から根元へと動きが伝わる制御を「IK（InverseKinematics）」といいます。

05

アーマチュアを選択し、［ポーズモード］に切り替えます。
上のボーンを選択し、プロパティエディターの［ボーンコンテクストレイントプロパティ］に切り替えます。
［ボーンコンストレイント追加］をクリックして［インバースキネマティクス（IK）］を選択します。

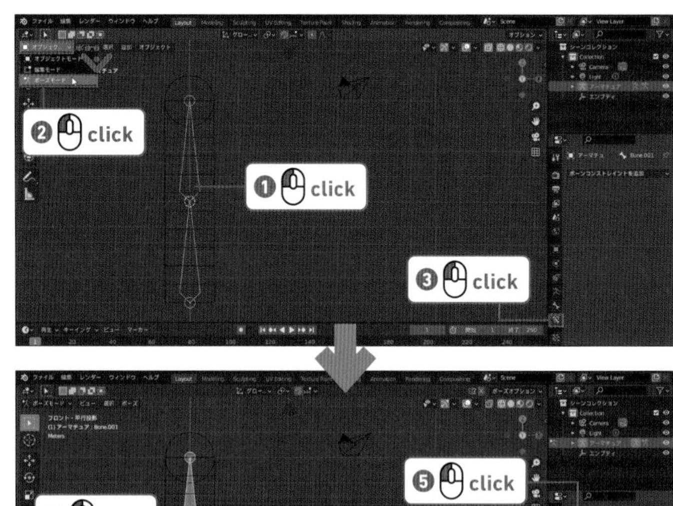

06

［ターゲット］の右のボックスをクリックし、［エンプティ］を選択します。

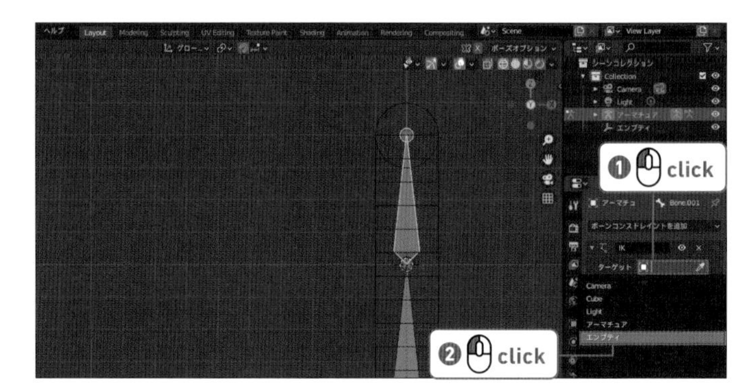

07

［オブジェクトモード］に切り替え、エンプティオブジェクトを移動してみてください。
ボーンがエンプティオブジェクトを追いかけるように動きます。
これがIKの基本的な設定と動作です。

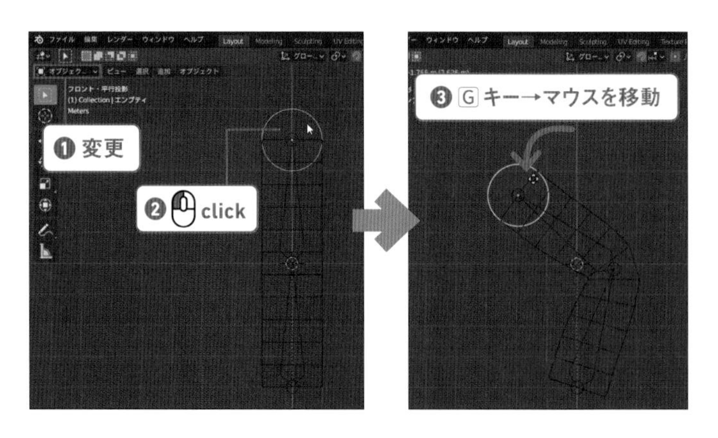

「Chapter3」フォルダ→「TestBone」フォルダ→TestBone03_04_s01_after.blend

Step: 02 足にIKを設定する

01

p.117 で作成したアーマチュアを入れた人型モデルのデータを開いてください。
脚の骨に IK を設定します。
[オブジェクトモード] に切り替え、アーマチュアを選択して [ポーズモード] に切り替えます。

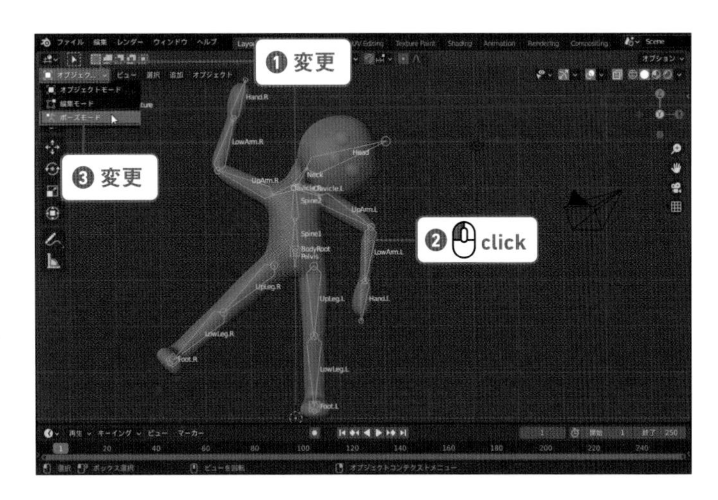

memo

ファイルがない場合は

「.blend」ファイルがない場合は「Chapter3」フォルダ→「human03_04_s02.blend」を使用してください。

02

A キーを押してすべてのボーンを選択します。ヘッダの [ポーズ] → [トランスフォームをクリア] → [すべて] の順に選択してポーズを消去します。

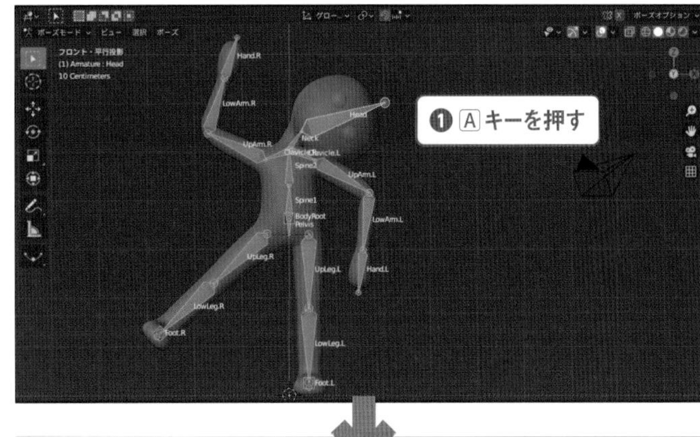

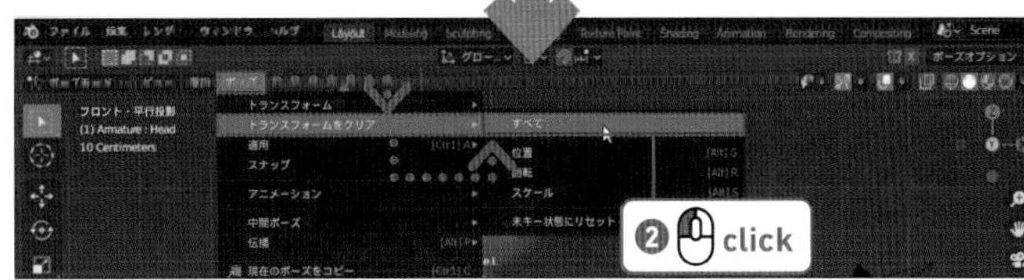

03

アーマチュアを選択し、[編集モード] にします。

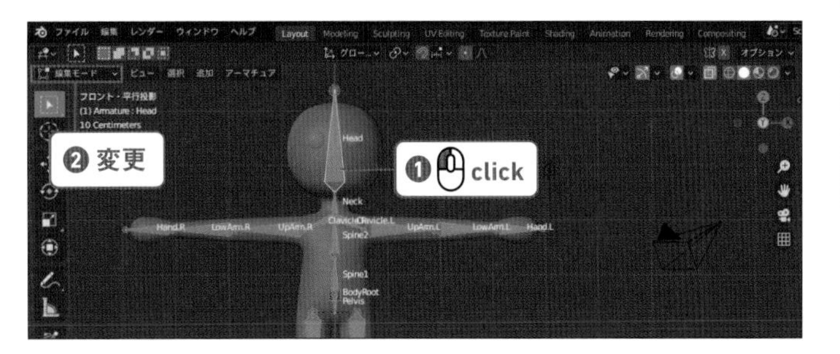

04

［ボーンプロパティ］に切り替え、「Foot.L」をクリックして選択すると、プロパティエディターの［関係］タブの［ペアレント］が「LowLeg.L」になります。
ここの右側の をクリックしてペアレントが何も設定されていない状態にします。「Foot.L」は親がいなくなったので、「BodyRoot」を移動しても足がその場に残るようになりました。

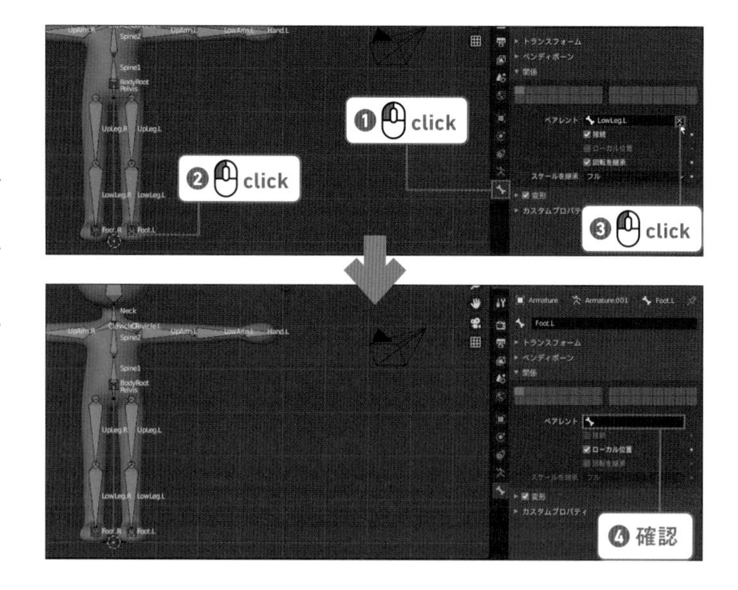

05

今度は「LowLeg.L」を選択し、［ポーズモード］に戻します。
プロパティエディターの［ボーンコンテクストレイントプロパティ］に切り替え、［ボーンコンストレイントを追加］→［インバースキネマティクス（IK）］を選択します。

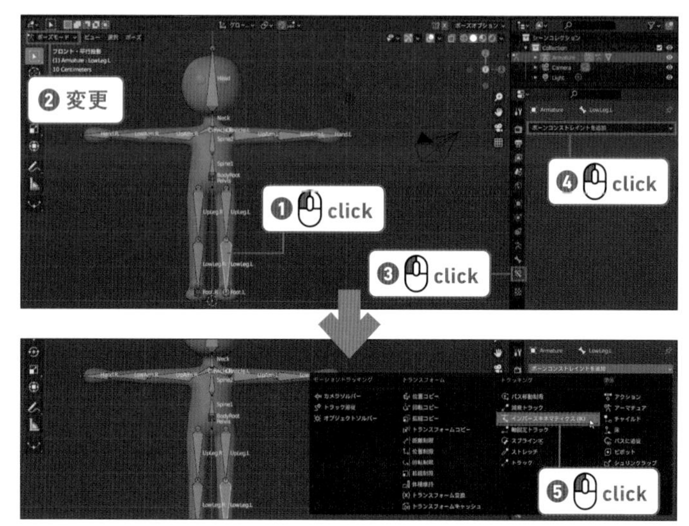

06

［ターゲット］の右側のボックスをクリックして［Armature］を選択し、その下の［ボーン］には「Foot.L」を、［チェーンの長さ］には「2」を入力してください。

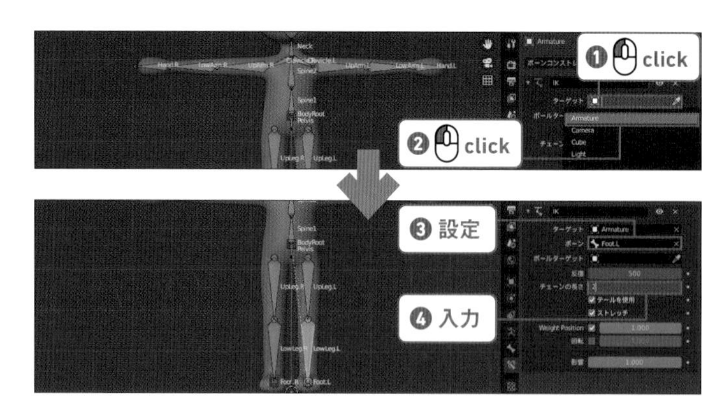

07

テンキーの3キーを押して[ライト・平行投影]ビューにします。
「Foot.L」をGキーで動かすと、ひざが足の動きについていくようになりました。
ポーズを変更した場合はCtrl（control）+Zキーを押してポーズをつける前に戻しておいてください。

「Chapter3」フォルダ
→human03_04_s02_after.blend

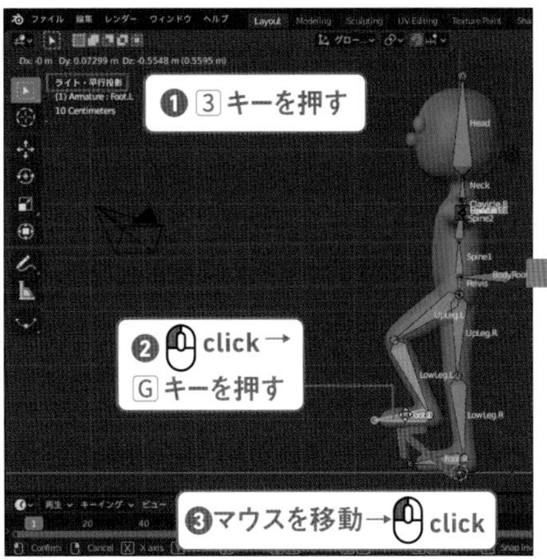

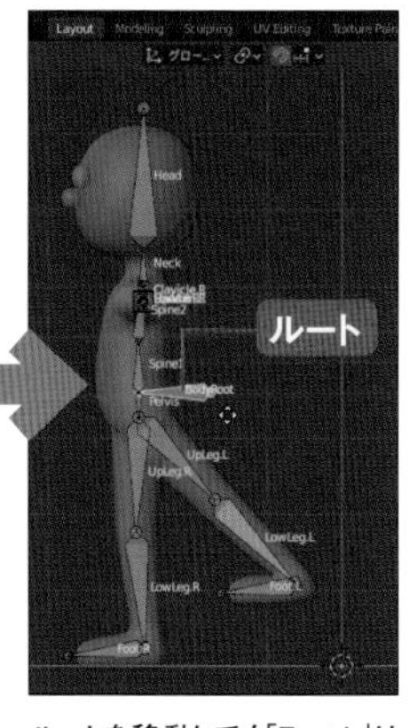

ルートを移動しても「Foot.L」は動かない

Step: 03 ひざの動きを制限する

01

「Foot.L」を前の方に移動するとひざが逆に曲がってしまいます。
これを修正しましょう。
［ポーズモード］のままで「LowLeg.L」を選択し、プロパティエディターの［ボーンプロパティ］ に切り替えます。
［インバースキネマティクス（IK）］タブの［IKをロック］の［Y］と［Z］をクリックし、膝がねじれたり横に曲がったりしないようにロックします。

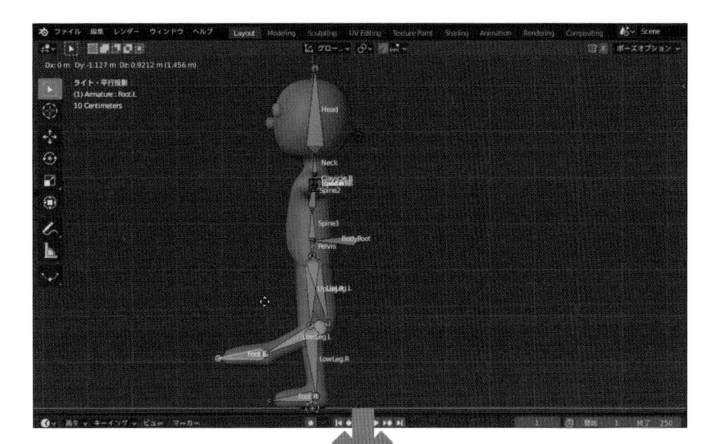

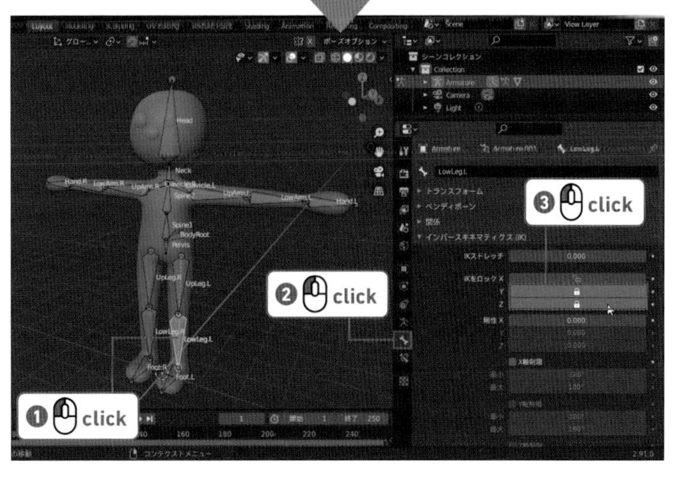

02

その下の［X軸制限］にチェックを入れると膝に赤い円が表示されました。
そのすぐ下の［最小］［最大］にそれぞれ「0」、「180」を入力してください。膝が逆方向に曲がらなくなります。
逆に曲がってしまった場合は「-180」、「0」を入力します。

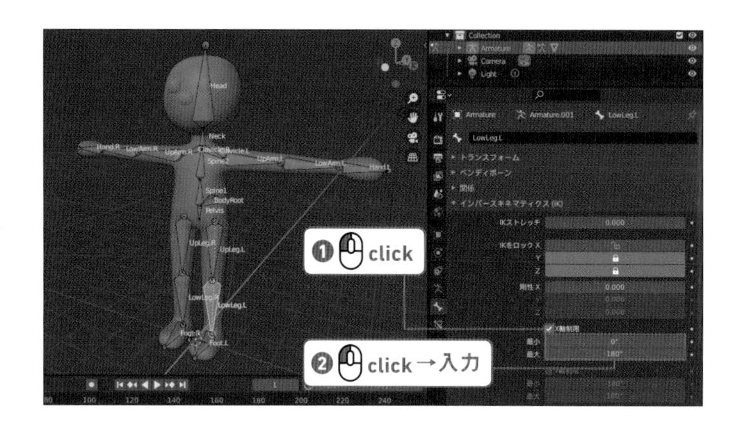

03

反対側である右足にもStep02の手順2からの手順で、IKを設定しましょう。

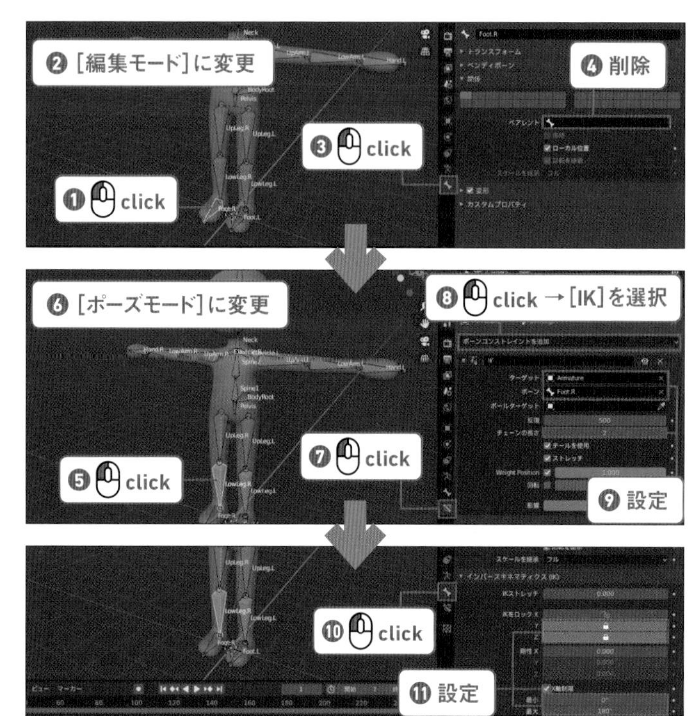

04

これで足のボーンのIK構造が完成しました。

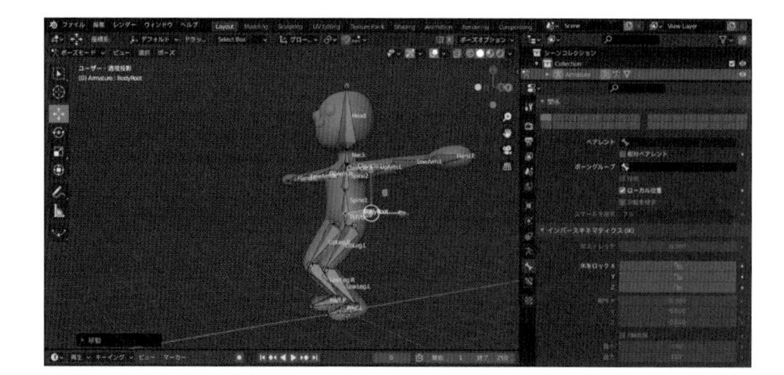

「Chapter3」フォルダ
→ human03_04_s03_after.blend

Step: 04 ルートボーンを作成する

01

今の構造では、体全体を移動するときにルートと両足のボーンを移動させなくてはいけません。これらの親になる全体を統括するボーンを追加しておくと便利です。

アーマチュアを選択して［オブジェクトモード］にし、ヘッダの［追加］→［アーマチュア］で、ボーンを作成します。

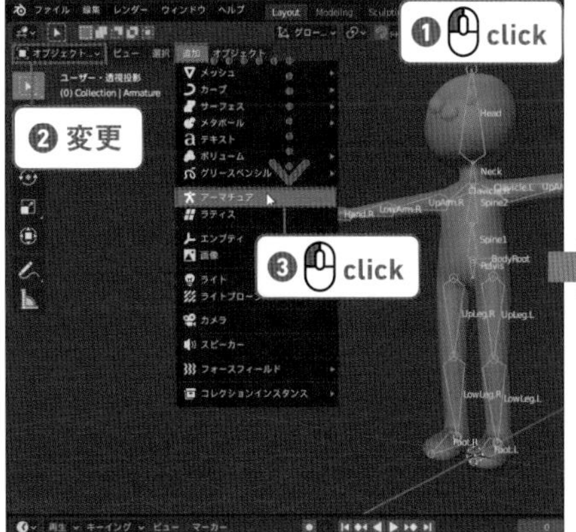

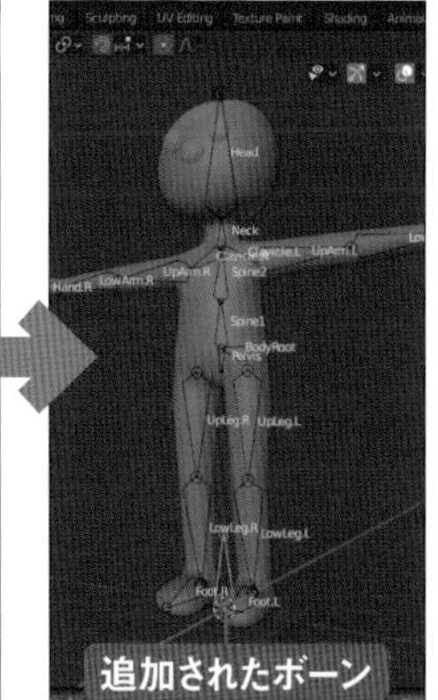

02

テンキー 3 キーで［ライト・平行投影］ビューにし、3Dビューポートの［ワイヤーフレームを表示］をクリックしてワイヤーフレーム表示にします（Z キーを押して［ワイヤーフレーム］を選択しても表示を切り替えられます）。 Alt （Option）+G キーでボーンの位置を原点に移動します。ボーンを「BodyRoot」と同じように R キーを押し、Ctrl （control）キーを押しながら 90 度回転しましょう。

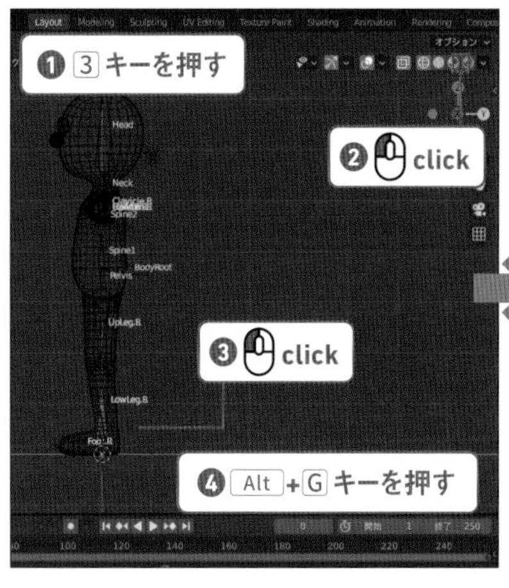

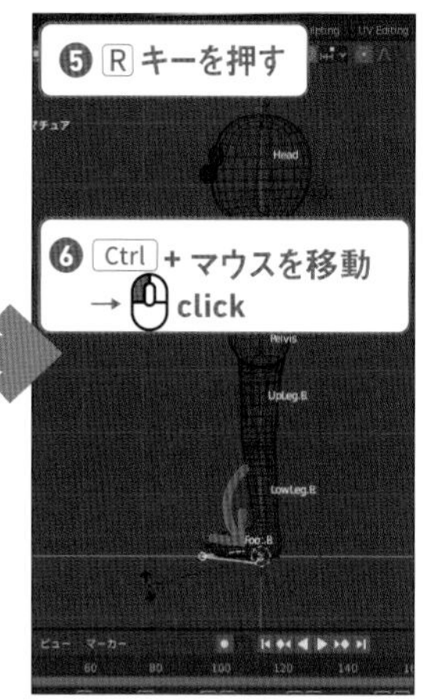

03

このボーンを選択したまま、体のアーマチュアを Shift キーを押しながらクリックして追加選択します。

ヘッダの［オブジェクト］→［統合］の順に選択し、新しいボーンを体のアーマチュアに統合します。

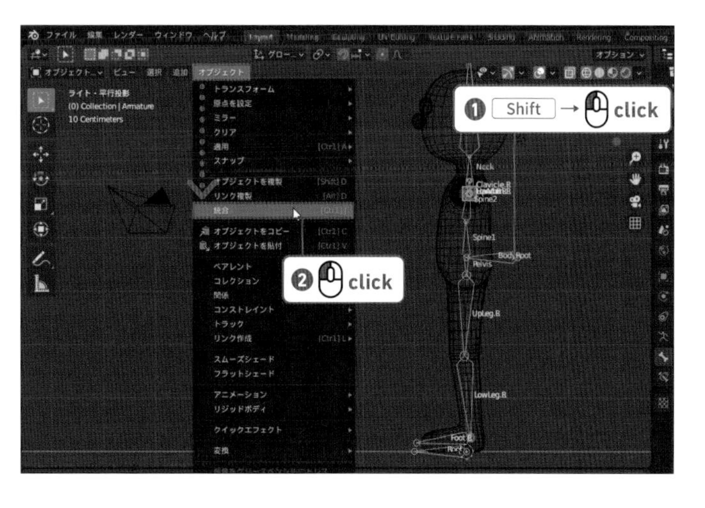

memo

ショートカット

統合するショートカットは、Ctrl （control）+J キーです。

04

［編集モード］に変更し、追加したボーンを選択します。
プロパティエディターを［ボーンプロパティ］にして、ボーンの名前を「Root」に変更します。

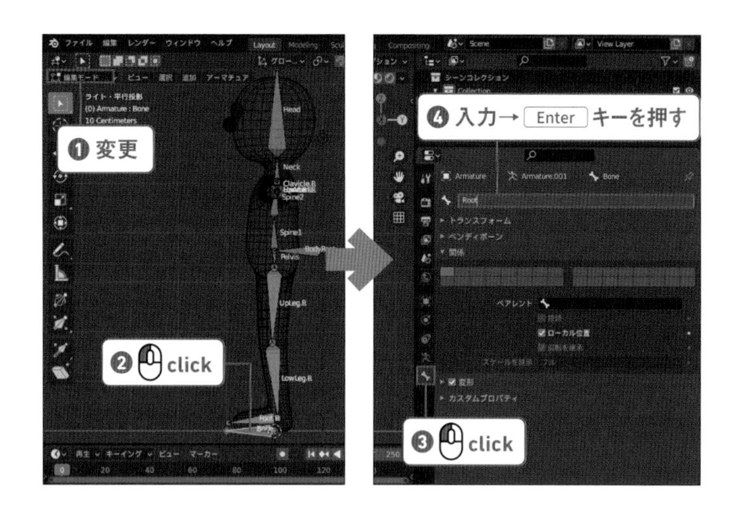

05

腰のルートボーン「BodyRoot」を選択し、プロパティエディターの［関係］タブの［ペアレント］に「Root」を設定します。

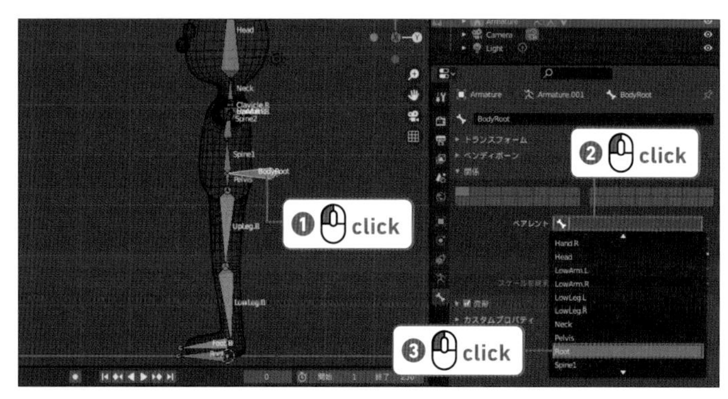

memo

サブメニューのスクロール

親オブジェクトのサブメニューは、マウスホイールでスクロールできます。

06

足先の「Foot.L」と「Foot.R」の［ペアレント］にも「Root」を設定してください。
人型モデル用のアーマチュアが完成しました。［オブジェクトモード］に戻し、データを保存しておきましょう。

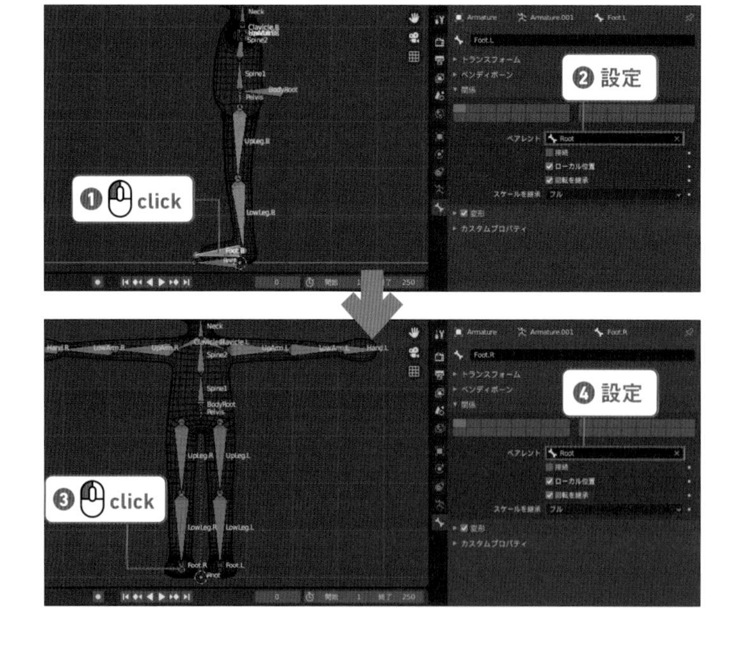

Step: 05 アーマチュアを動かす

01

アーマチュアを[ポーズモード]、3Dビューポートの表示を［ソリッド］に変更します。

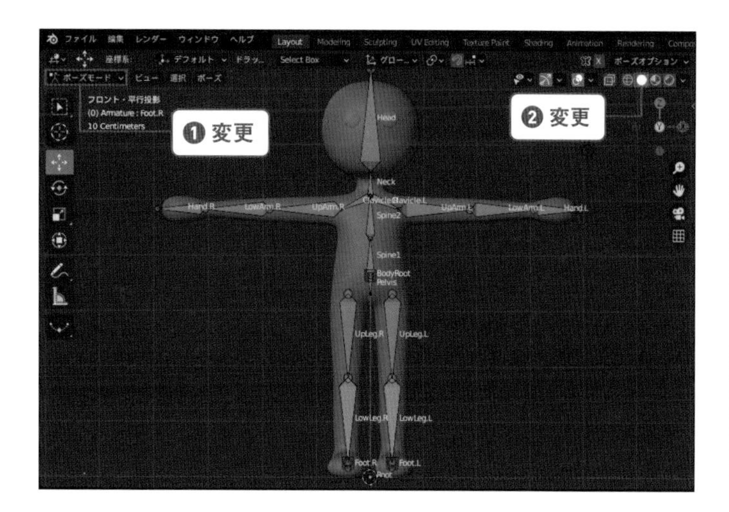

02

ツールバーの［トランスフォーム］ツールなどで「Root」ボーンを動かすと、全体が移動することを確認してください。
キャラクターが飛んだり泳いだり地上にいないような場合はこのボーンを使うとよいでしょう。
これで歩行やジャンプなどのアニメーションができるようになりました。
ポーズをつけたアニメーションの作り方は、Chapter4 で解説します。

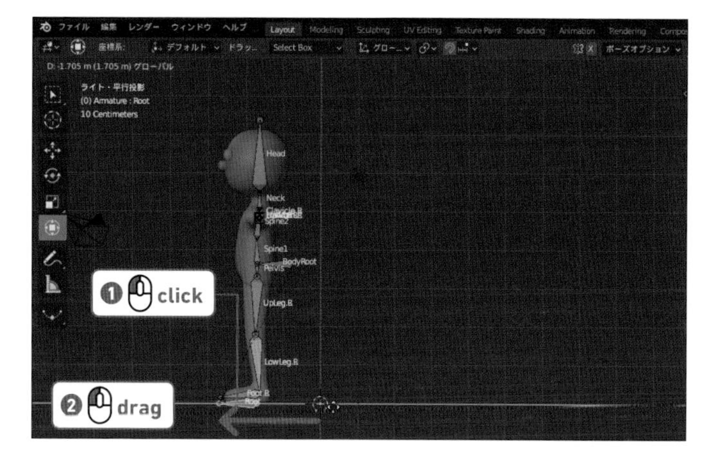

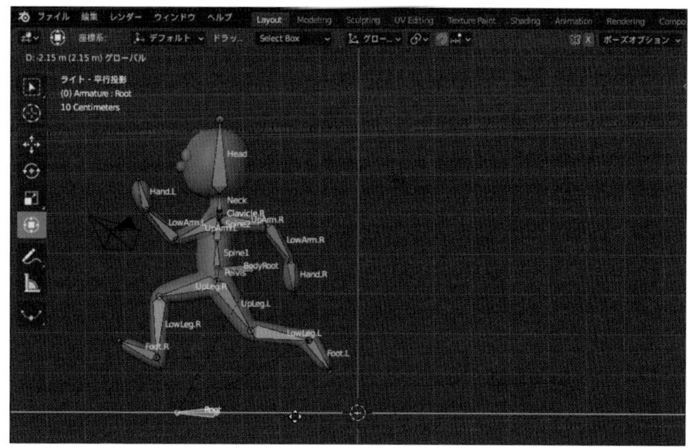

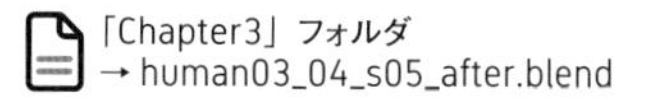
「Chapter3」フォルダ
→ human03_04_s05_after.blend

Chapter 3

05 ペアレントとコンストレイントを設定しよう

台車に荷物を載せたとき、台車を動かすと荷物も移動します。これをブレンダーで行う場合は、台車オブジェクトと荷物オブジェクトに「ペアレント(親)」の関係を設定します。
また、釣竿と糸、ジェットコースターとレール、ビーズと紐、リモコンとロボットのような複雑な関係も「コンストレイント」を使って設定することができます。

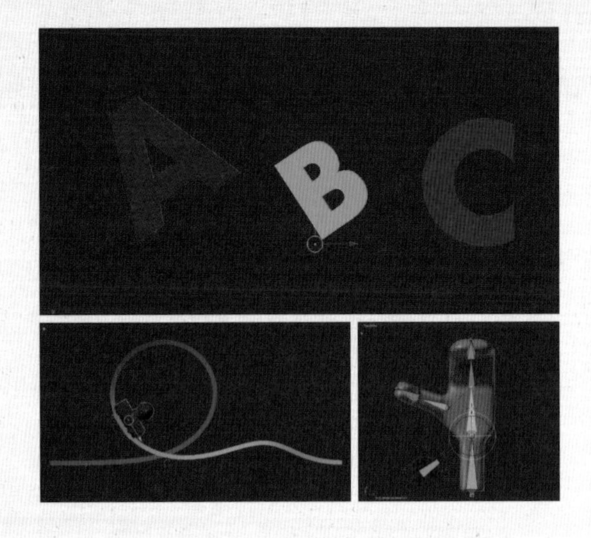

Step: 01 ペアレントを使用する

01

Bの親をAに設定することにします。
まず［オブジェクトモード］でBを選択し、Aを Shift キーを押しながらクリックで追加選択します。
Bの周囲のエッジは暗いオレンジ、Aの周囲は明るいオレンジになります。
Ctrl（control）＋ P キーを押し、表示された［ペアレント対象］メニューから［オブジェクト(トランスフォーム維持)］を選択すると、AとBの間が点線でつながります。

memo
確認用ファイル
この操作を確認する場合は、「Chapter3」フォルダ→「constraint」フォルダ→「const_parent01.blend」ファイルを使用してください。

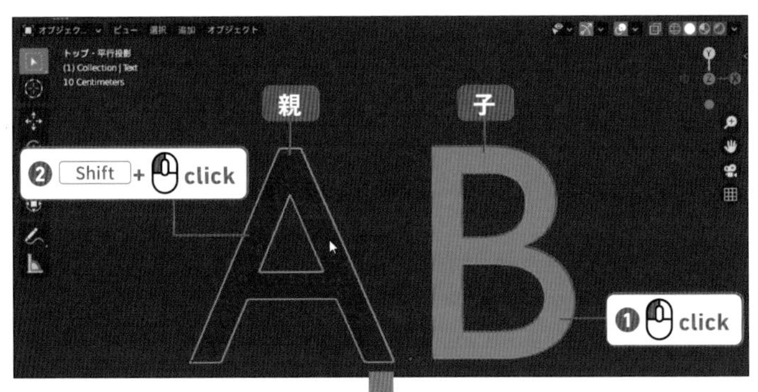

02

A を移動、回転すると B も一緒に移動、回転します。
B を移動、回転しても A は動きません。
B を A の上に配置すると、あたかも A の上に B が乗っかっているように制御できます。

03

ペアレントを解除するには、子のオブジェクトを選んで Alt （Option） + P キーを押し、表示される［ペアレントをクリア］メニューから［親子関係をクリア］を選択します。

memo メッシュとアーマチュアの関係

アーマチュアとメッシュを関連付けるときも Ctrl （control） + P キーを使いました。
これも特殊なペアレントでメッシュの親（制御元）としてアーマチュアを割り当てています。

Column 親子関係を利用したオブジェクト例

このような親子関係は身の回りにたくさんあります。車と運転手、時計と時針、顔とメガネなどです。
Ready で作った立方体のキャラクターは、「Join」（ショートカット Ctrl + Esc キー、macOS は control + Esc キー）を使って 1 つのオブジェクトにまとめましたが、1 つのオブジェクトにせず、顔と胴体に親子関係をつけることで、首を動かすアニメーションをつけたりすることができます。

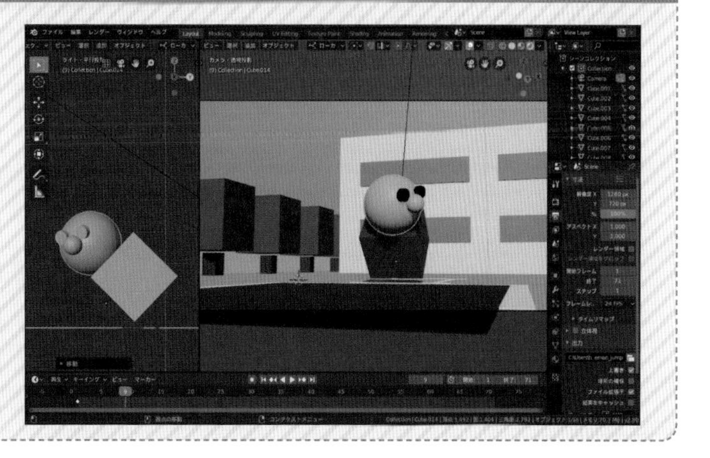

Step: 02 位置コンストレイントを使用する

01

ペアレントに似ていますが、より特殊な関係を作ることができます。
2 つのオブジェクトに「位置コピーコンストレイント」の関係を作ってみましょう。
たとえば、手でバケツを持っているとします。手を上げるとバケツの位置は手のひらについてきますが、バケツの底は下を向いています。
腕のオブジェクト (Arm) と手のひらのオブジェクト (Hand)、バケツのオブジェクト (Baketu) があるとします。
あらかじめ腕と手のひらを親子関係にしてあります。

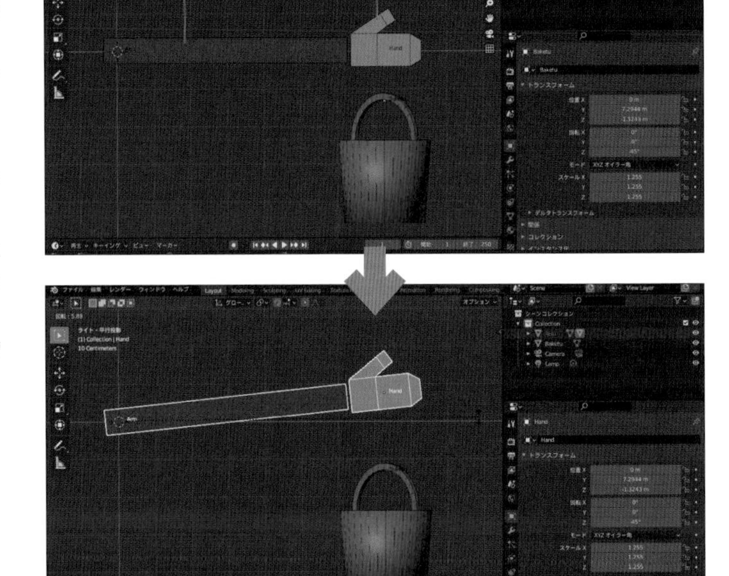

「Chapter3」フォルダ→「constraint」フォルダ→ const_location01.blend

02

［オブジェクトモード］でバケツを選択し、［オブジェクトコンテクストレイントプロパティ］ に切り替えます。
［オブジェクトコンストレイントを追加］をクリックして［位置コピー］を選択します。

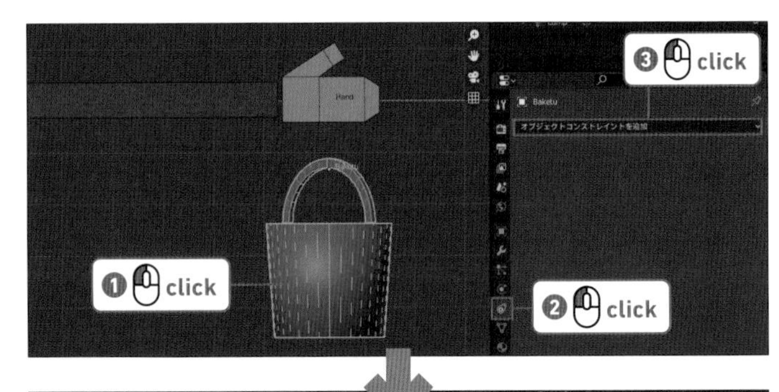

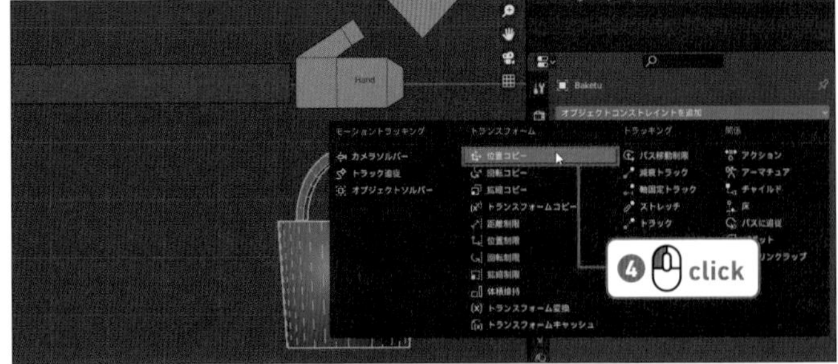

03

［ターゲット］の右側のボックスをクリックし、［Hand］（手のオブジェクト）を選択します。

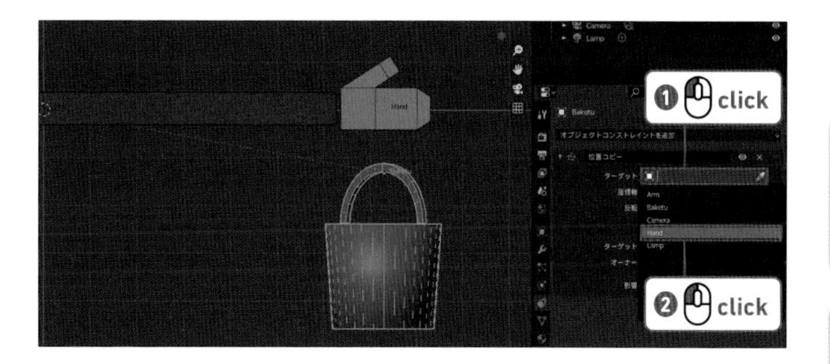

04

腕を回転させると手のひらとバケツがついてきます。
バケツは手のひらの位置だけコピーし、手の回転には影響しません。

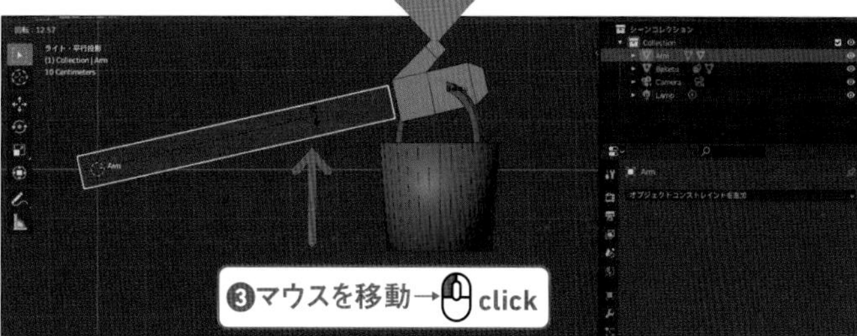

「Chapter3」フォルダ→「constraint」フォルダ→ const_location03.blend

Column オブジェクトコンストレイントの活用

回転コピー（Copy Rotation）・拡縮コピー（Copy Scale）

位置コピーと同じように、回転だけ、拡大縮小だけを参照します。

「Chapter3」フォルダ→「constraint」フォルダ→ const_copyRotScale01.blend

回転コピーでAを参照、CはスケールでAを参照

位置制限（Limit Location）

移動範囲に制限を与えます。
図では、B、C、Dのペアレントは A に設定してありますが、A が左に行っても B、C、D には「x≧0」の制限がかけてあるので、位置 x＝0 より左には移動しません。壁や床をつきぬけないように制御するような場合に使用します。

「Chapter3」フォルダ→「constraint」フォルダ→ const_limit01.blend

トランスフォームコピー（Copy Transform）

ペアレントとほぼ同じ機能です。
ペアレントと違い、影響度を設定できるので、図の B のように A、C から 50%ずつ影響を受ける動きを設定することができます。また、この影響の値はアニメーションすることができます。［影響］の数値を右クリックし、「Insert Keyframe」を選択することでキーを作成します。
運動会のリレーのバトンの受け渡しのときのバトンのアニメーションのような動きに使います。

「Chapter3」フォルダ→「constraint」フォルダ
→ const_copytransform01.blend

トラック（Track To）

オブジェクトをターゲットオブジェクトの方向に向けます。
ターゲットを追いかけるカメラやランプを作るのに使用します。

「Chapter3」フォルダ→「constraint」フォルダ
→ const_track01.blend

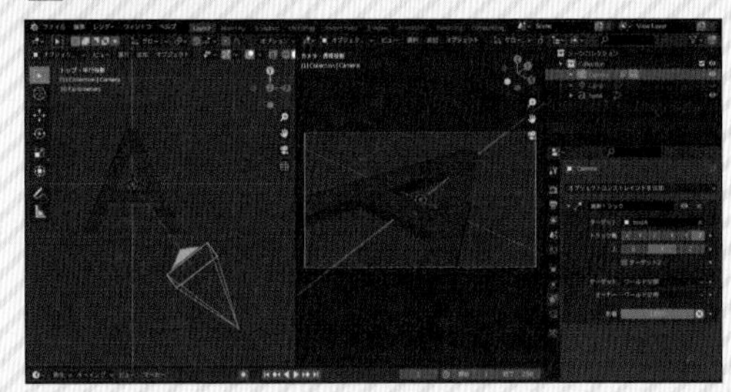

パスに追従（Follow Path）

パスに沿ってオブジェクトを動かします。
パスの追加は上の［追加］メニュー→［カーブ］→［パス］から行います。パスの先を押し出し（ショートカット E キー）することでポイントを増やすことができます。
ジェットコースターの位置アニメーションは、［オフセット］値でアニメーションさせます。タイムラインの［再生］ボタン▶をクリックするとアニメーションを確認できます。

「Chapter3」フォルダ→「constraint」フォルダ
→ const_pathanimation01.blend

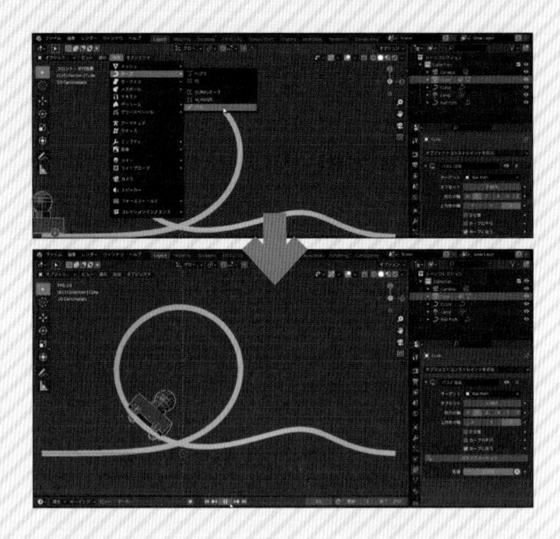

スプライン IK（Spline IK）

ボーンの動きをスプラインで制御します。
アーマチュアを［ポーズモード］にし、［ボーンコンストレイント］をクリックしてプロパティを表示します。「Spline IK」を割り当てます。［対象］で参照するスプライン（ここでは「BezierCurve」）を選択してください。

「Chapter3」フォルダ→「constraint」フォルダ
→ const_splineIK01.blend

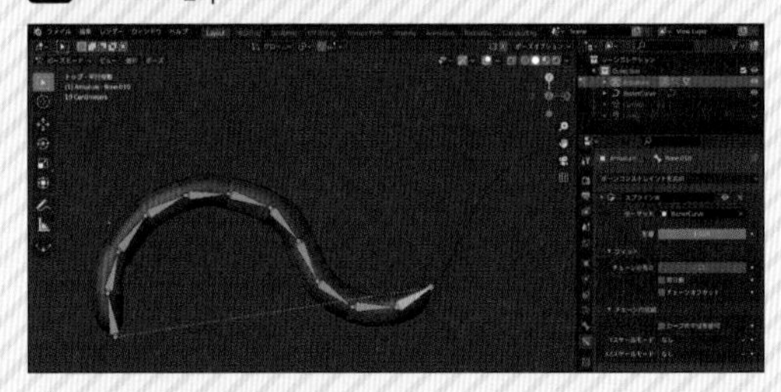

アクション（Action）

オブジェクトやボーンの動き（アクション）の量を、ほかのオブジェクトの移動や回転量で制御します。

「Chapter3」フォルダ→「constraint」フォルダ
→ const_action01.blend

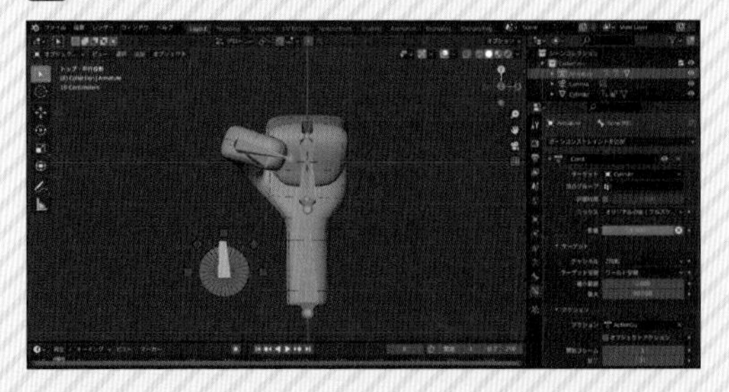

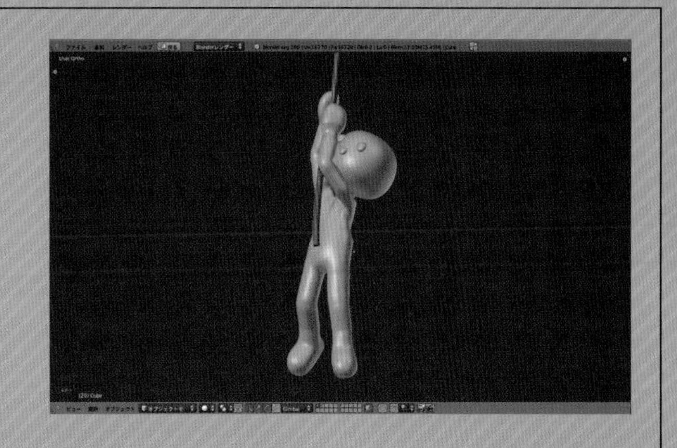

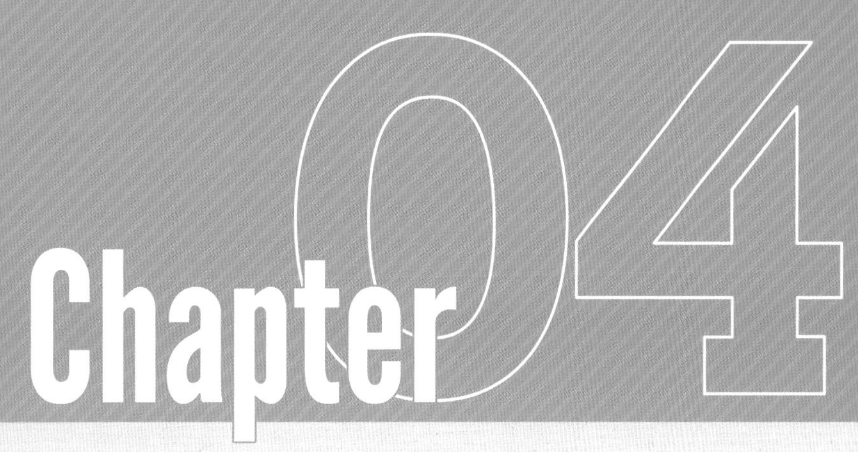

Chapter 04

キャラクターアニメーションを作ろう ～アニメーション中級編～

この章では、Chapter3でボーンを設定した人型モデルをアニメーションさせます。
手を振る動作から走るアニメーションまで作ります。

Chapter 4

01 手を振るアニメーションを作ろう

アーマチュアに手を振るアニメーションをつけてみましょう。
アニメーションのつける手順は、基本的には箱のキャラクターと同じです。

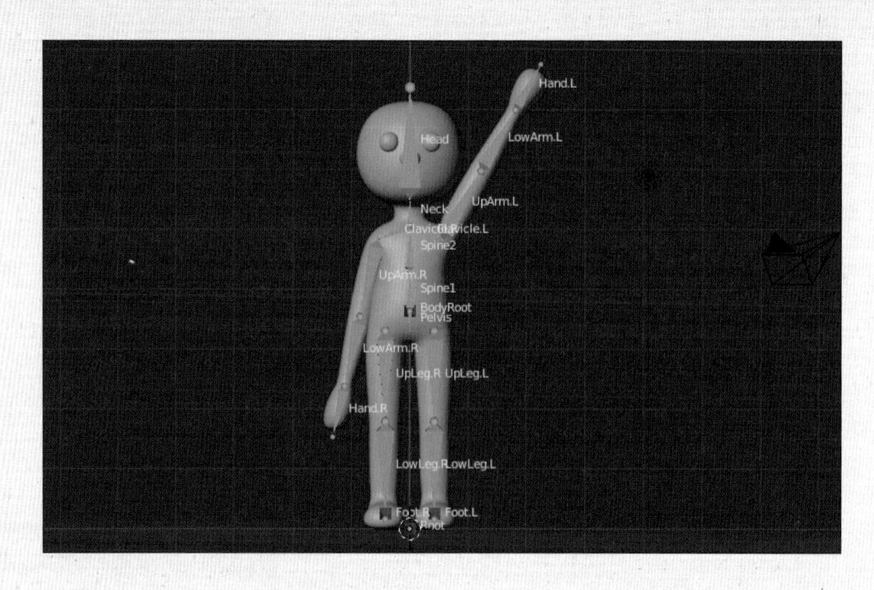

Step: 01 最初のポーズを作る

01

Chapter3で作成した足にIKを設定したポーズなしの「.blend」ファイルを開いてください。トップバーの［Animation］タブをクリックし、ワークスペースを［Animation］に切り替えてください。
中央の3Dビューポートでテンキー1を押して［フロント・平行投影］ビューにします。

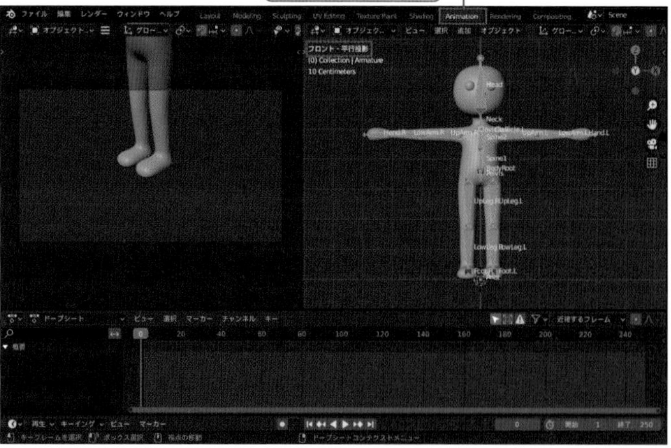

memo

ファイルがない場合は

「.blend」ファイルがない場合は「Chapter4」フォルダ→「human04_01_s01.blend」を使用してください。

02

左右の手を下ろしましょう。
時間を「1」フレームにし、ビューを［ポーズモード］に変更し、「UpArm.L」をクリックして選択します。

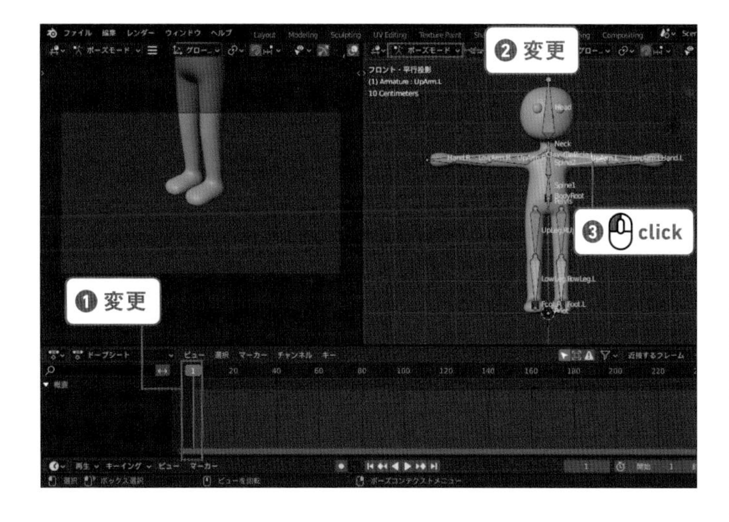

03

R キーを押して回転させ、腕を下げます。「UpArm.R」も同様に回転させて、反対側の腕を下げます。

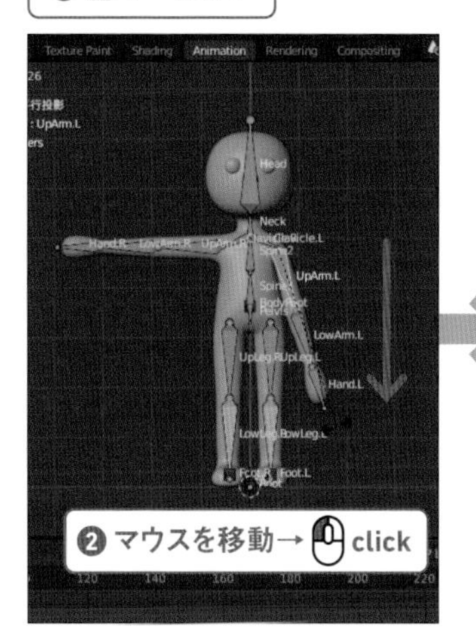

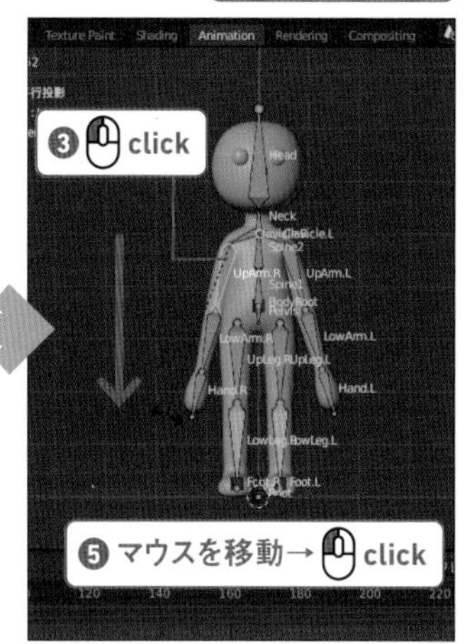

04

A キーですべてのボーンを選択し、I キーを押すと「キーフレーム挿入メニュー」が表示されるので、［位置・回転］を選択します。

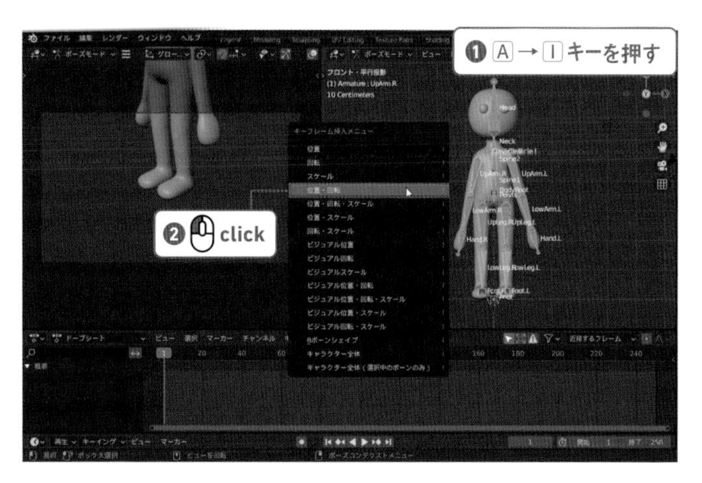

05

ドープシートを見ると、すべてのボーンのキーが作られています。

06

ドープシートの青背景の数字はカレントフレーム（現在の時間）を表しています。
この数字をドラッグして「11」フレームにしてください。
今度は I キーを使わず、「自動キー挿入」を使ってキーを作成してみましょう。ウィンドウの一番下にあるタイムラインの［自動キー挿入］ボタンをクリックして有効な状態にしてください。
この状態はのちほど使用するので、「.blendファイル」を別名で保存してください。

「Chapter4」フォルダ
→ human04_01_s01_after.blend

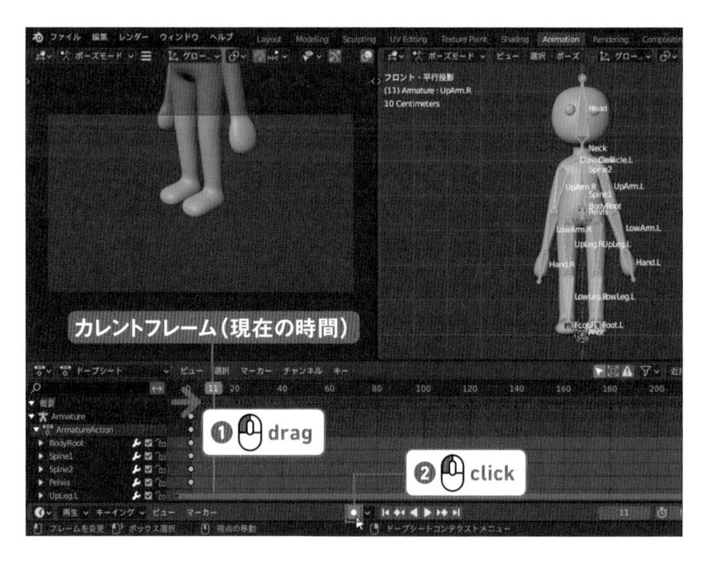

Step: 02 手を振るアニメーションを作成する

01

腕のアーマチュア「UpArm.L」を選択し、R キーを使って腕を顔につくくらい上げます。

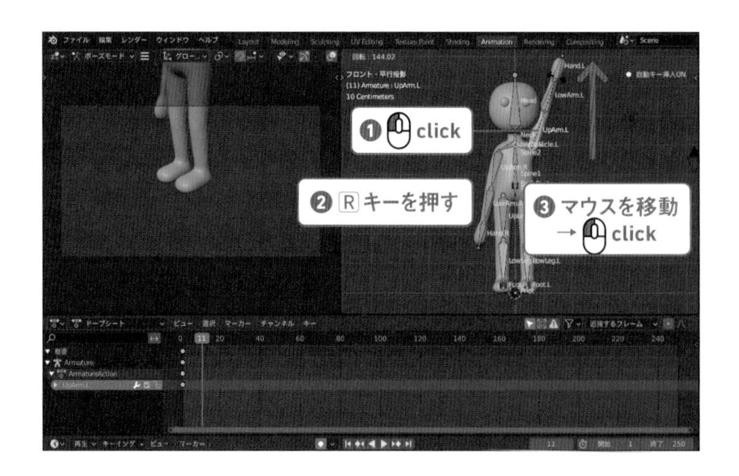

02

ドープシートを確認すると、「UpArm.L」の「11」フレームに、キーを表す黄色い円が表示されています。
ドープシートのカレントフレームを「1」から「11」フレームまでドラッグすると、腕にアニメーションがついていることを確認できます。

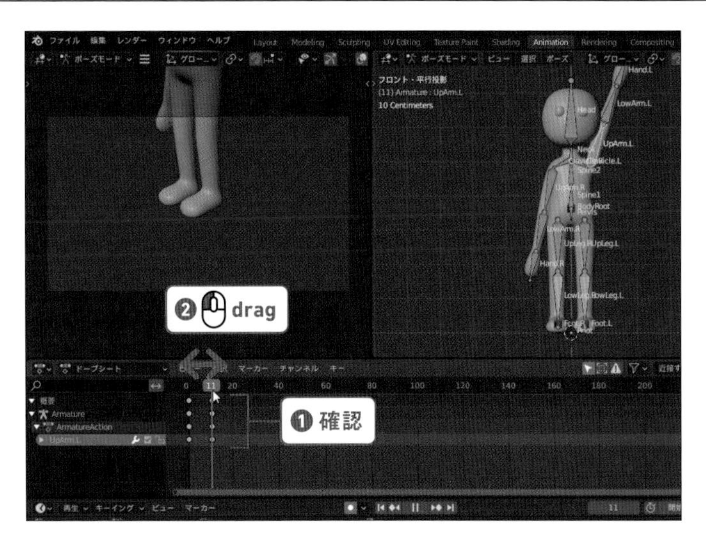

memo
フレームが表示されない場合

「11」フレームが確認できない場合はドープシートのヘッダーの［ビュー］→［全て表示］を選択しましょう（ショートカット：Homeキー）。

03

「21」フレームに移動し、「UpArm.L」の回転を少し戻します。

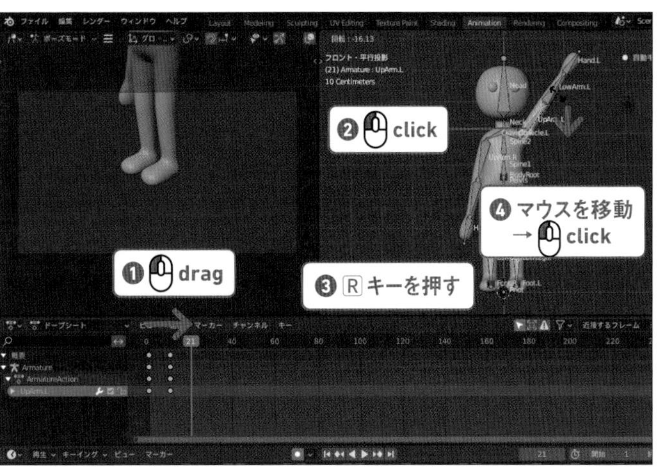

memo
自動キー挿入

自動キー挿入をオンにしている間は、オブジェクトを動かすだけでキーが打たれます。
便利なモードですが、ボタンを解除し忘れないように気をつけてください。

04

ドープシート上で、「0」から「80」フレームくらいが表示されるように、マウスホイールを回転やドラッグしてビューを操作します。
「UpArm.L」の「11」フレームと「21」フレームのキーをドラッグで囲んでボックス選択します。
Ctrl（Command）+C キーを押して、「11」と「21」フレームをコピーします。

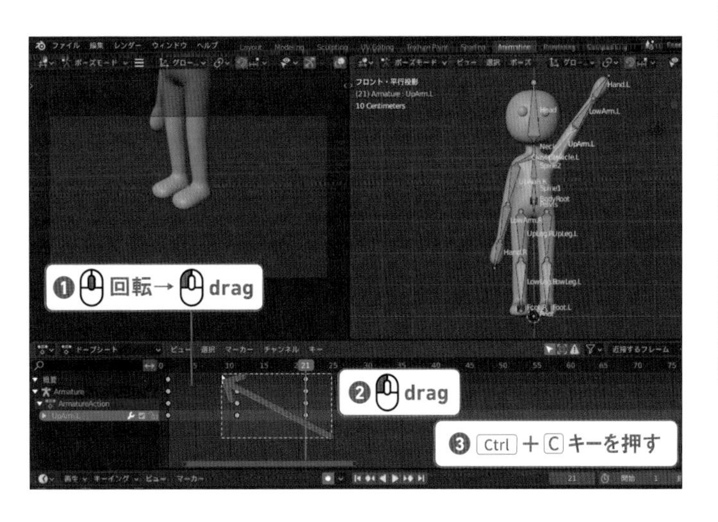

05

カレントフレームを「31」フレームにして、Ctrl（Command）＋V キーを押して、「31」、「41」フレームにコピーしたキーを貼り付けます。
「51」フレーム、「71」フレームでも Ctrl（Command）＋V キーで「貼り付け」を行ってください。

06

「51」フレーム、「71」フレームでも Ctrl（Command）＋V キーで「貼り付け」を行ってください。

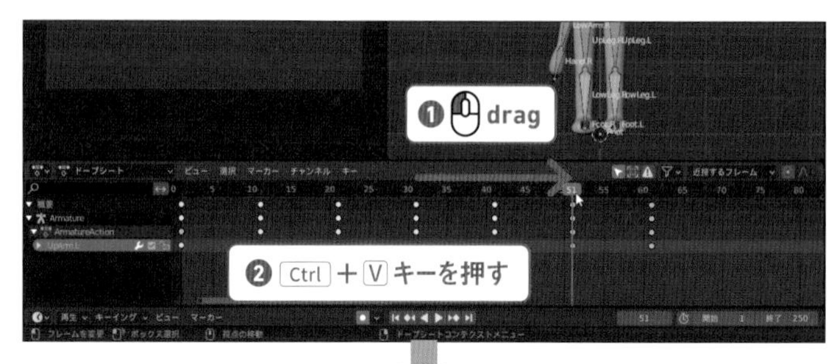

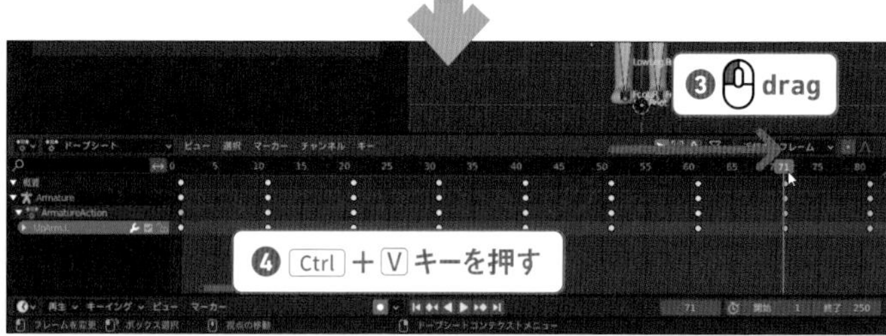

07

カレントフレームを「1」フレームに戻し、［再生］ボタン▶をクリックすると手を振るアニメーションができています。
以上がアーマチュアアニメーションの基本的な流れです。手を振るアニメーションはここで終了です。次の節からはアーマチュアに歩行アニメーションをつけていきます。

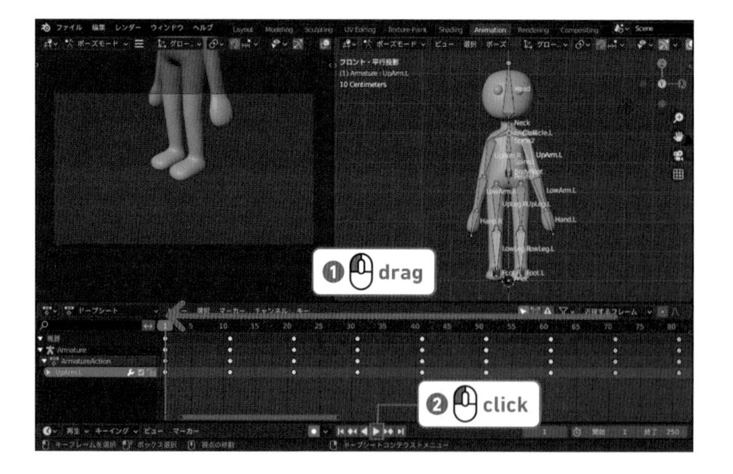

「Chapter4」フォルダ
→ human04_01_s02_after.blend

Chapter 4

02 歩くアニメーションを作ろう

IKを使って歩行のアニメーションを作りましょう。
歩行のアニメーションはアニメーションの基礎であり、できるようになれば大体のアニメーションを作ることができます。

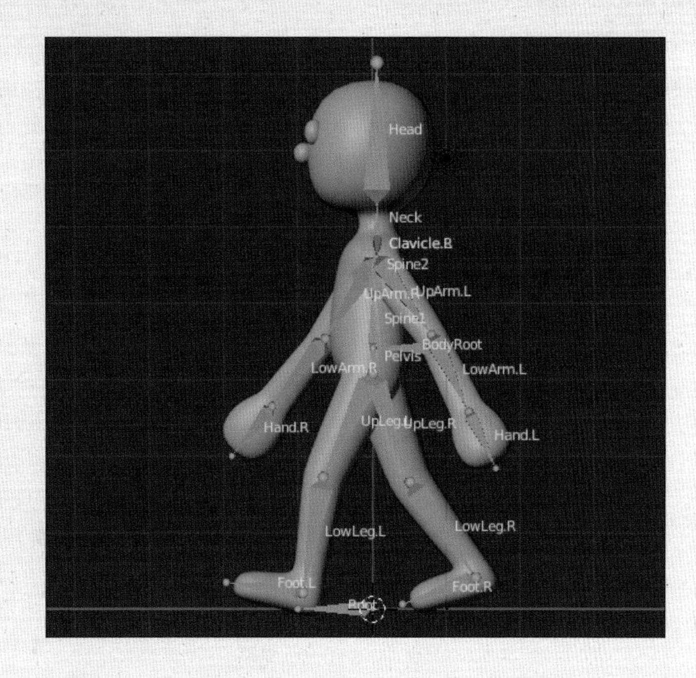

Step: 01 はじめの1歩を作る

01

腕を下げるポーズを作成します。
手を振るアニメーションの「Step01　最初のポーズを作る」の手順06（p.138）で保存したファイルを開いてください。

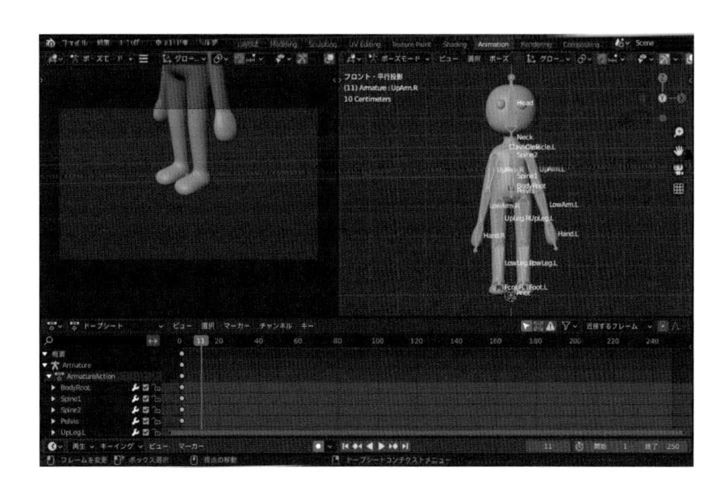

02

一歩目のポーズを作ります。
中央の3Dビューポートでテンキーの 3 キーを押して［ライト・平行投影］ビューにします。［ポーズモード］になっていることを確認してください。
カレントフレームが「11」フレームになっていて、タイムラインの［自動キー挿入］ボタンが有効な状態になっていることを確認してください。

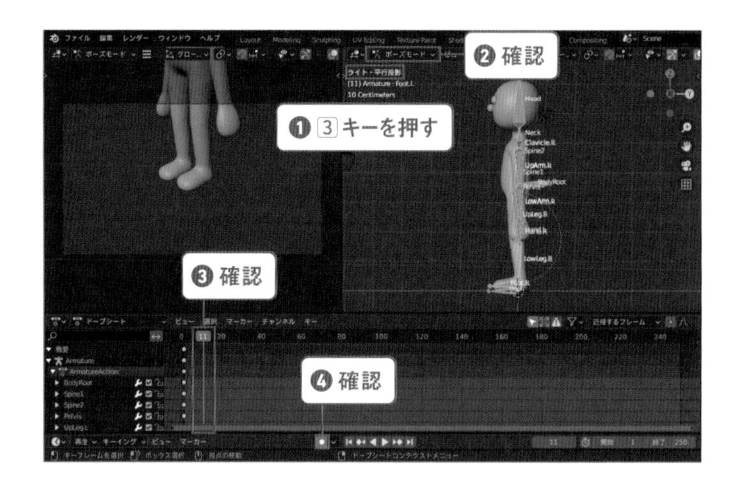

03

G キーや R キーを使って、左脚（Foot.L）を前に移動し、つま先を少し上げます。

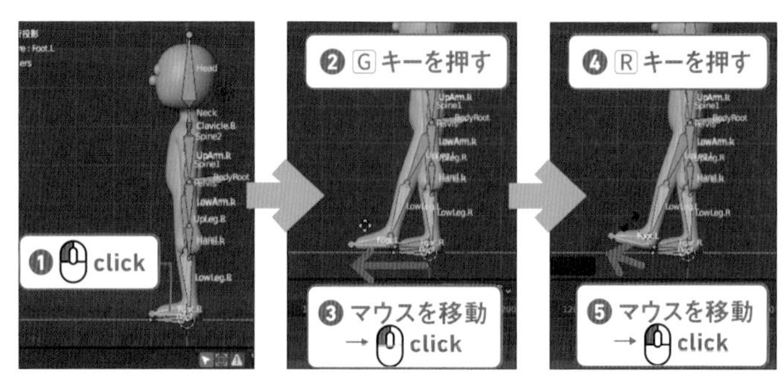

04

右足（Foot.R）は後ろに下げ、かかとを上げます。
両足が地面に接する位置に移動します。

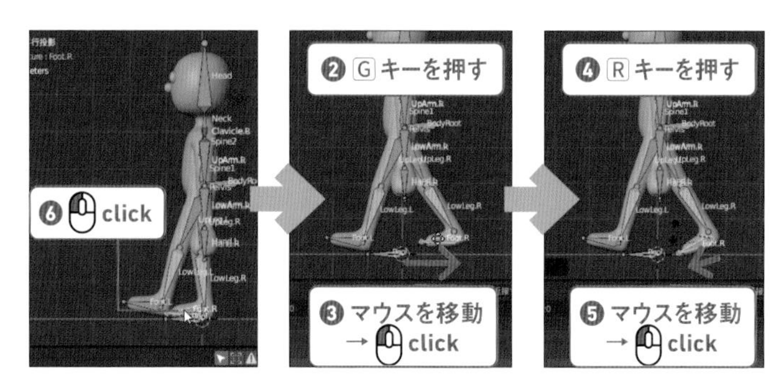

05

T キーを押してツールバーを表示し、［移動］ツールをクリックします。
腰のルート（BodyRoot）を青いギズモで真下に少し下げて膝がわずかに曲がるようにします。

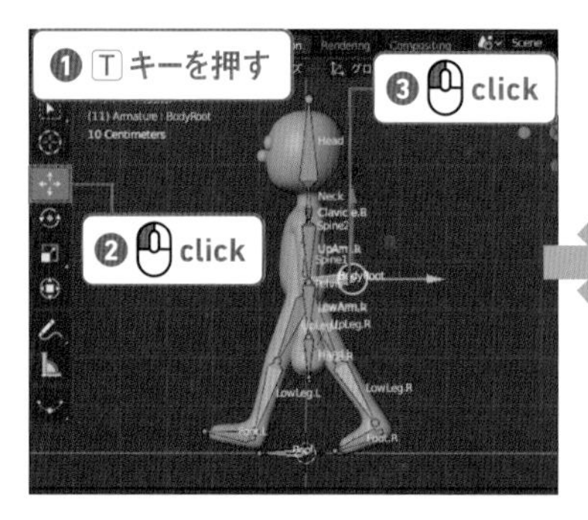

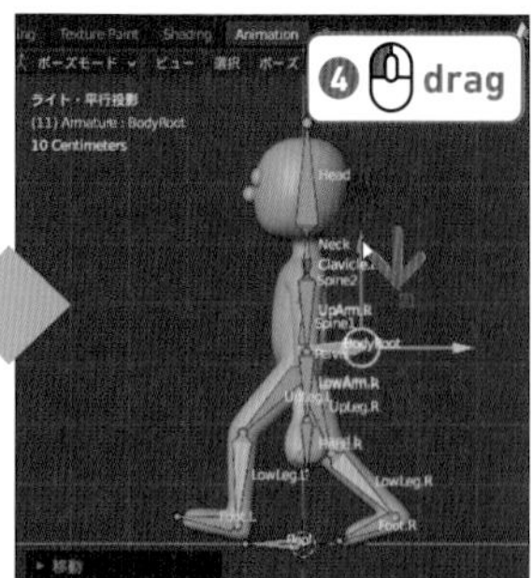

06

左腕（UpArm.L）を回転で後ろに下げ、右腕（UpArm.R）を回転して前に出します。
肘を曲げるなどして、歩いているポーズに仕上げましょう。
ボーン全体のルート（Root）は移動しないでください。

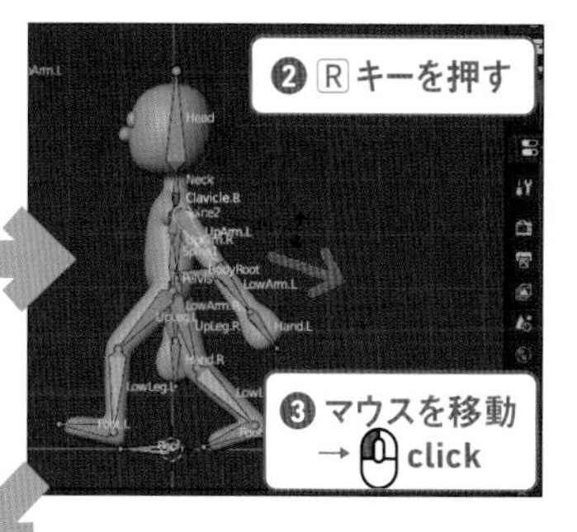

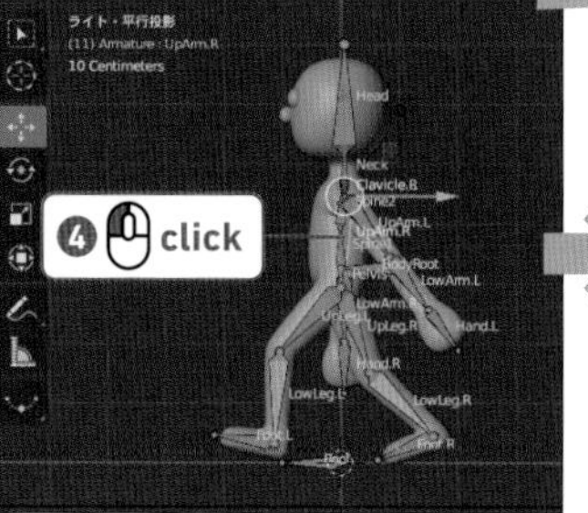

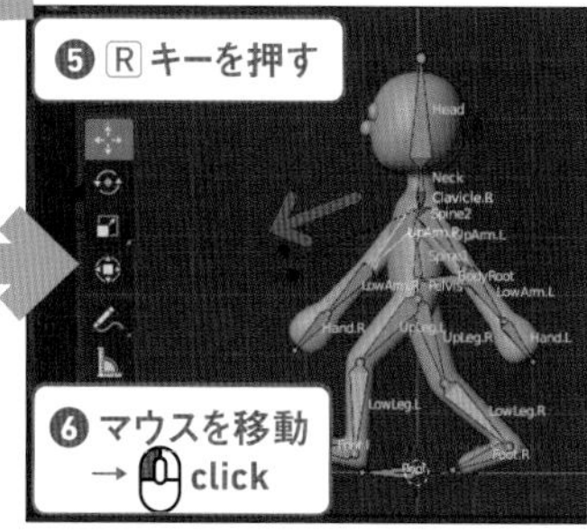

ギズモが邪魔でボーンが選択しにくい場合は、何も無いところをクリックして選択を解除してから選択してください。
または、テンキーの[1]キーで［フロント・平行投影］ビューにしてボーンを選択してから、テンキーの[3]キーを押して［ライト・平行投影］ビューに戻します。

07

ポーズができたら[A]キーですべてのボーンを選択し、[I]キーを押して［位置・回転］を選択してキーを作成してください。

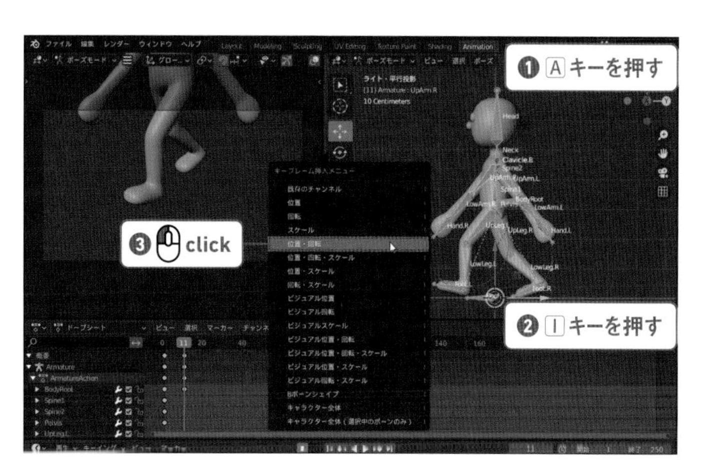

Column いろいろな選択方法

ボーンやオブジェクトの選択はよく行うので、選択方法について覚えておきましょう。

ショートカットキー／操作	機能
クリック	選択
[Shift] +クリック	追加選択
[Shift] + [Alt] （[option]） +クリック	選択解除
[[]	選択しているボーンの親を選択
[]]	選択しているボーンの子を選択
[Shift] + []]	子を追加選択
[L]	リンク選択（つながっているボーンをすべて選択）

Step: 02 2歩分のアニメーションを作る

01

「11」フレームですべてのボーンが選択された状態で、ヘッダの［ポーズ］→［現在のポーズをコピー］の順に選択します。

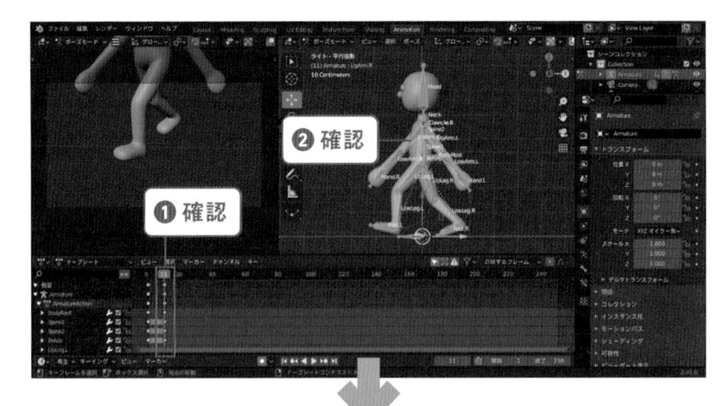

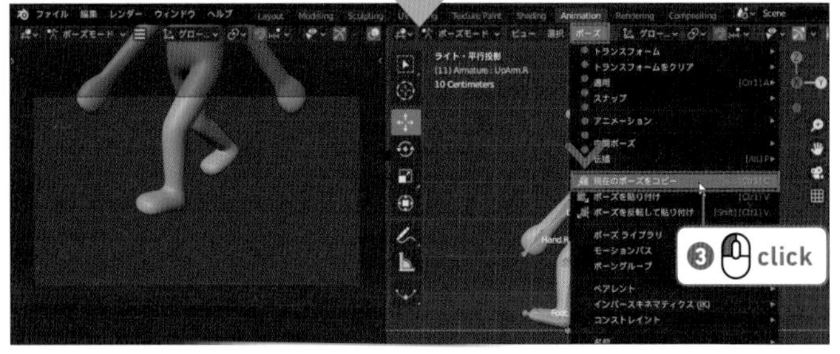

02

「31」フレームに移動し、ヘッダの［ポーズ］→［ポーズを反転して貼り付け］の順に選択してください。
ドープシートのカレントフレームをドラッグすると、「31」フレームに左右入れ替わったポーズが作られています。

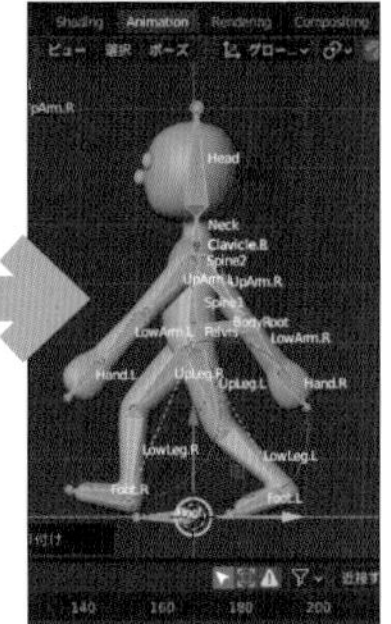

03

「51」フレームに移動し、ヘッダの［ポーズ］→［ポーズを貼り付け］の順に選択してください。
「11」フレームと同じポーズのキーが作成されます。
ドープシートのカレントフレームをドラッグすると、2 歩分のアニメーションが作られています。

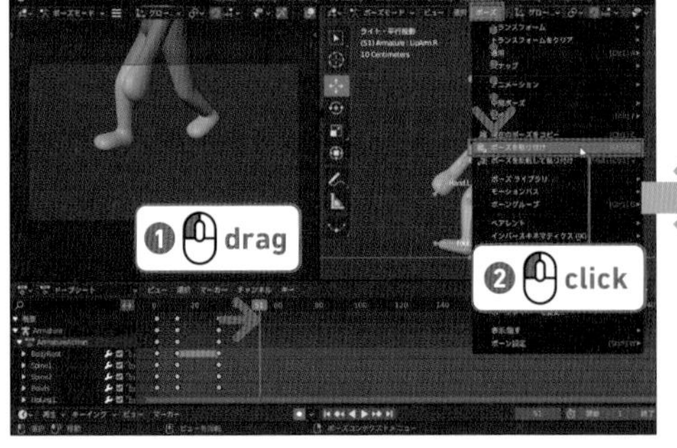

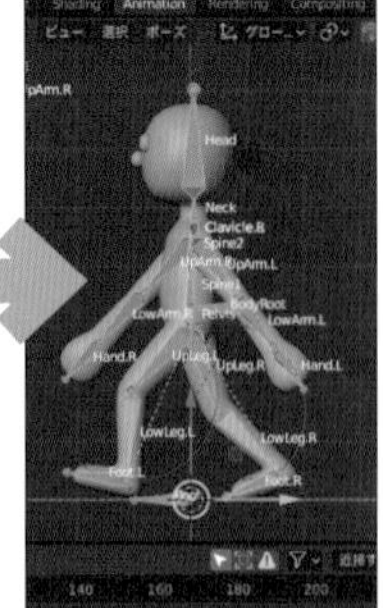

04

カレントフレームを「21」フレームに移動します。
「Foot.L」を平らに回転し、地面にほんの少しめり込むくらいまで下げます。
左脚が伸びきらない程度に「BodyRoot」をほんの少し真上に移動します。

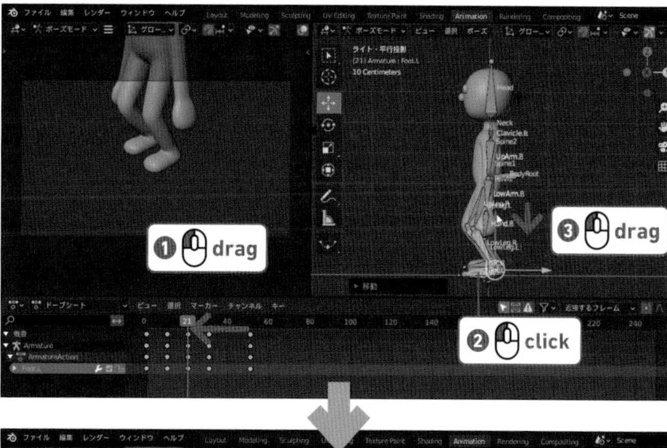

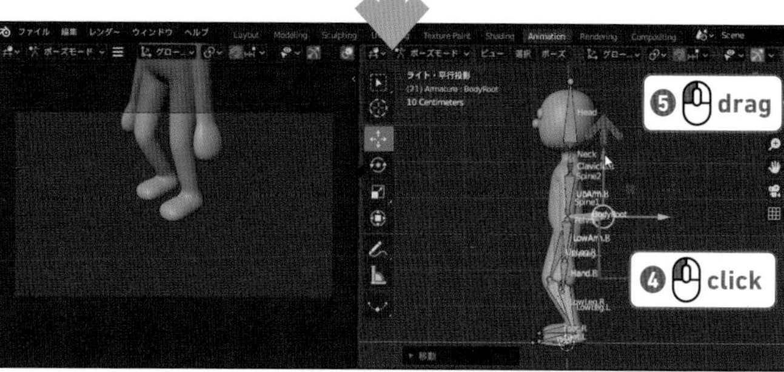

05

右脚（Foot.R）はかかとを浮かせ、膝を曲げます。

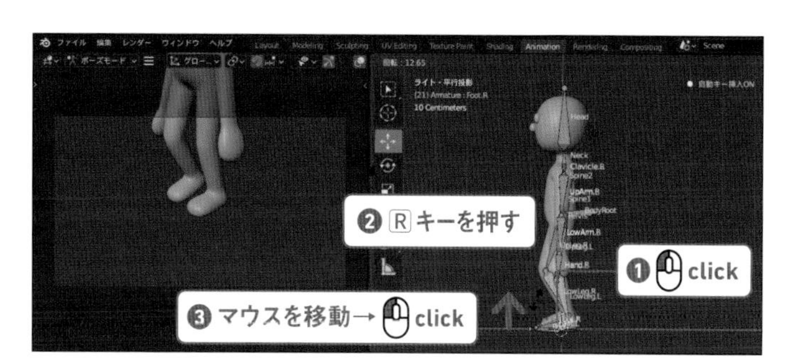

06

ポーズができたら A キーですべてのボーンを選択し、I キーを押して［位置・回転］を選択し、キーを作成します。

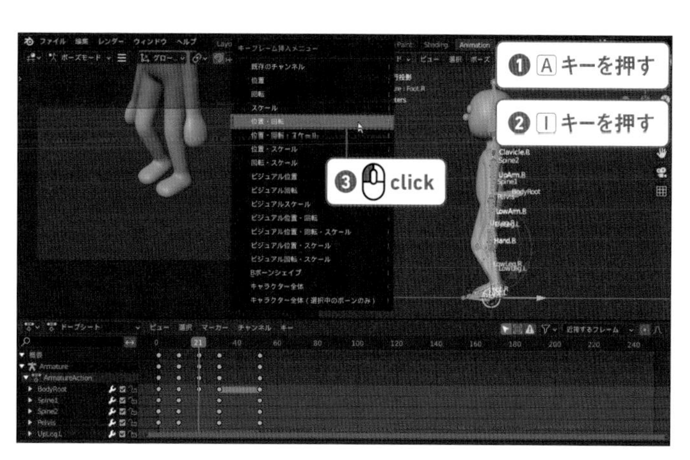

07

ヘッダの［ポーズ］→［現在のポーズをコピー］の順に選択します。
カレントフレームを「41」フレームに移動し、ヘッダの［ポーズ］→［ポーズを反転して貼り付け］を行います。

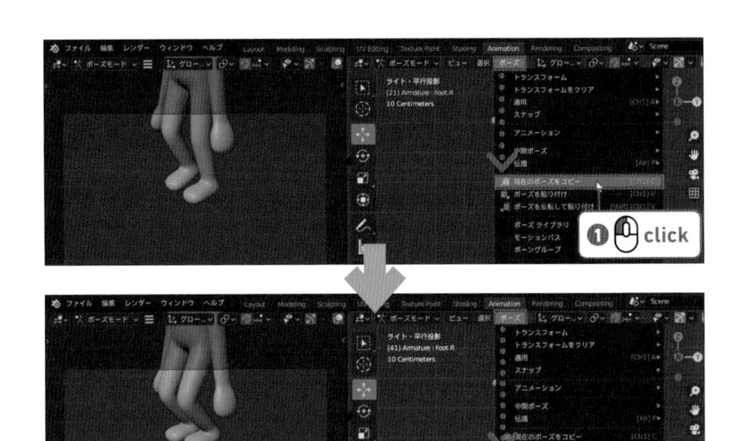

08

これで歩き出しの1歩と、その後の2歩分のアニメーションができました。
タイムラインを操作して歩行アニメーションを確認してください。

「Chapter4」フォルダ
→ human04_02_s02_after.blend

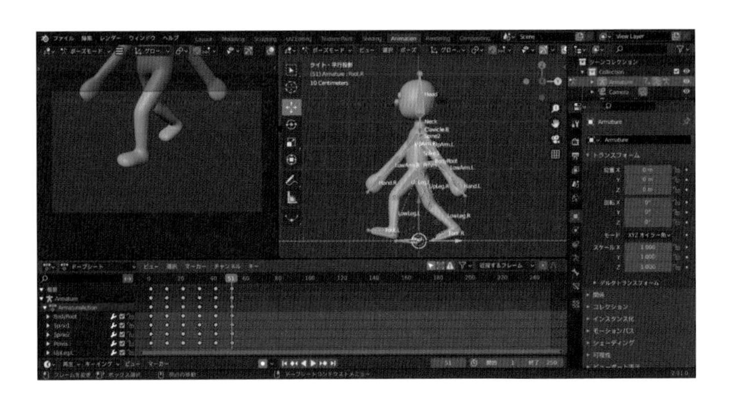

Column アクションについて

次節では、「アクション」を使って歩数を増やす方法について説明します。
アクションは難しく、また、キャラクターアニメーションに必須の項目ではありません。
ムービーをとりあえず完成させたい方は、次の方法でアニメーションを完成させ、Chapter4の残りを飛ばしてChapter5に進んでください。
キャラクターが前に進む7歩分のアニメーションを完成させることができます。

❶ドープシートで「21」から「51」フレームのすべてのボーンのキーを範囲選択します。
❷ドープシートで Ctrl （command）＋ C キーで選択したキーをコピーします。
❸「61」フレーム、「101」フレームに Ctrl （command）＋ V キーでキーを貼り付けます。
❹ドープシートで Root ボーンのキーを削除します。
❺3D ビューポートで Root ボーンに前進の移動アニメーションをつけなおします。

03 アクションを使おう

アニメーションの1つの動きをアクションとして登録し、複数のアクションを組み合わせることで、アニメーションを作成することができます。
歩くアクションと跳ねるアクションを作成して組み合わせます。

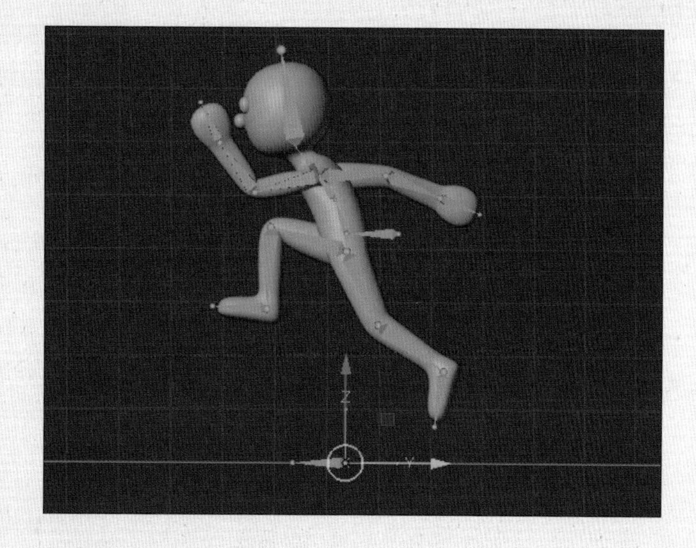

Step: 01 Walk・Startアクションを作る

01

人間は 2 歩歩くと同じ足が前に出て同じポーズになります。2 歩分を1つのアクションとして登録しましょう。
左側の 3D ビューポートのエディタータイプを［ドープシート］に変更します。
エディタータイプを変更後、［エディタータイプ］アイコンの右側の表示が［ドープシート］になっていたら、クリックして［アクション］に切り替えてください。
下のドープシートのエディタータイプは［ノンリニアアニメーション］に変更します。

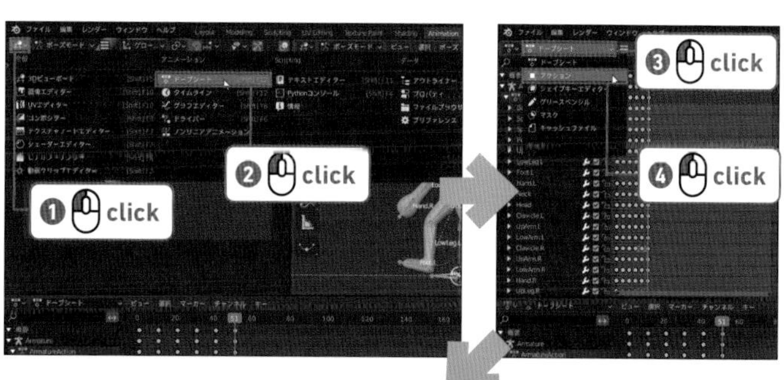

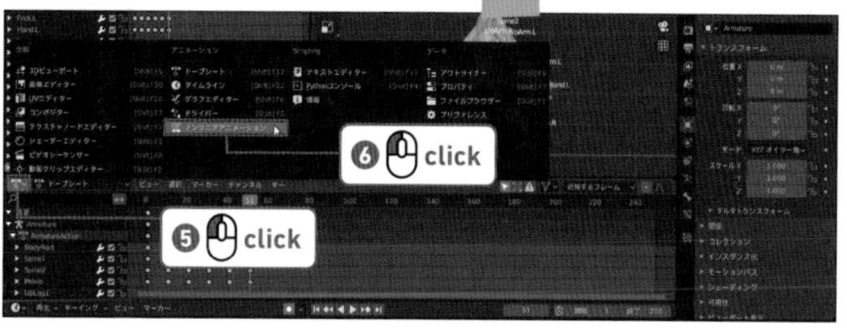

02

ドープシートのヘッダに「ArmatureAction」とあります。
これは今まで作った歩行アニメーションは「ArmatureAction」というアクション名が仮に付いているということです。
これを歩き出しの1歩のアクションと、歩行の2歩分のアクションに分けましょう。
ヘッダにある［フェイクユーザー］ボタンをクリックし、さらにすぐ右にある［新規アクション］ボタンをクリックしてください。
「ArmatureAction」が複製されて「ArmatureAction.001」が作られました。

03

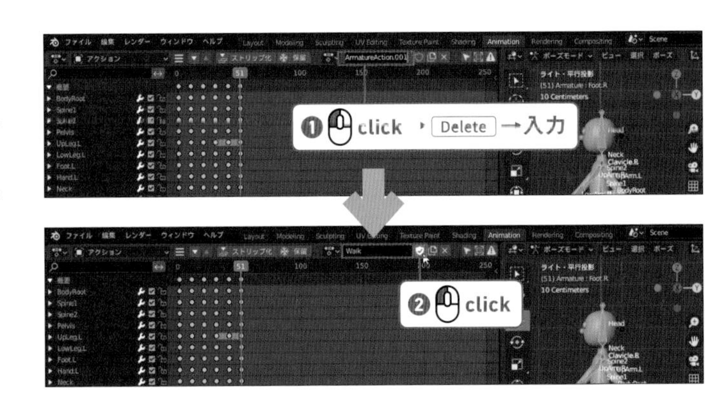

アクション名「ArmatureAction.001」をクリックし、「Walk」と入力します。
「Walk」の右の［フェイクユーザー］ボタンをクリックしてください。

04

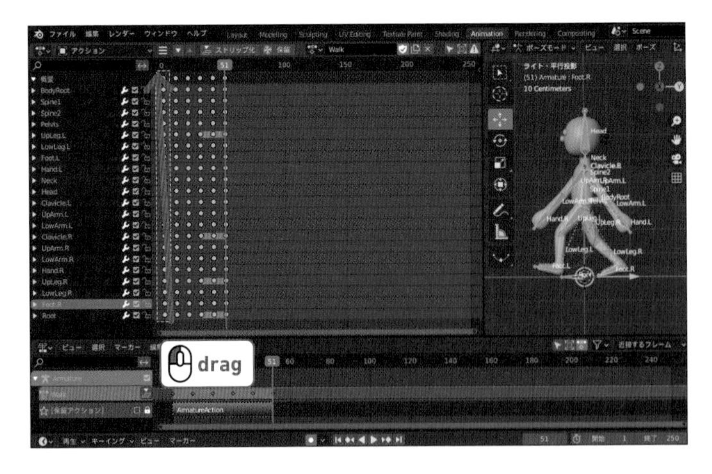

ドープシートに体の全ボーンのキーが表示されています。一番左側の「1」フレームのすべてのキーを右下から左上にドラッグしてボックス選択します（B キーを押す必要はありません。そのままドラッグします）。

05

選択したキーを X キーで削除します（表示された［削除］メニューから［キーフレーム削除］を選択します）。
直立のポーズが消えて「Walk」アクションが 2 歩分のアニメーションになりました。

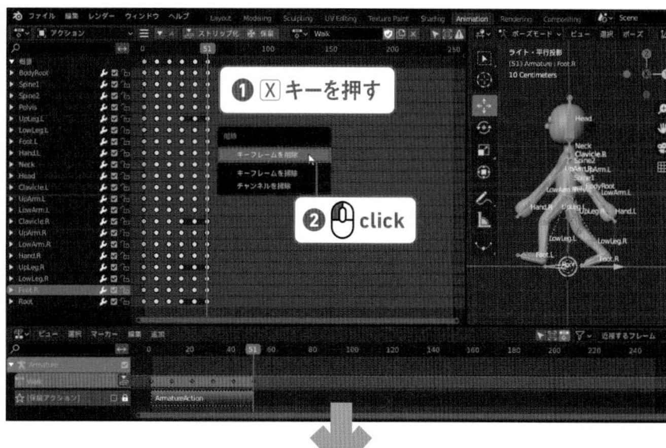

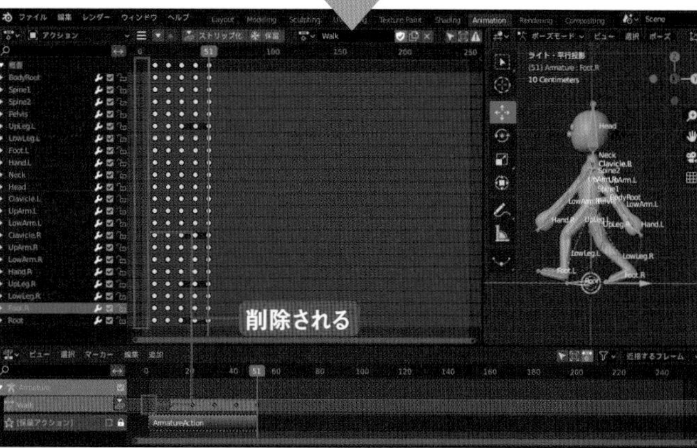

06

ドープシートのヘッダの［リンクするアクションを閲覧］ボタン をクリックし、「ArmatureAction」を選択します。
アクション名の「ArmatureAction」をクリックし、「Start」に変更します。

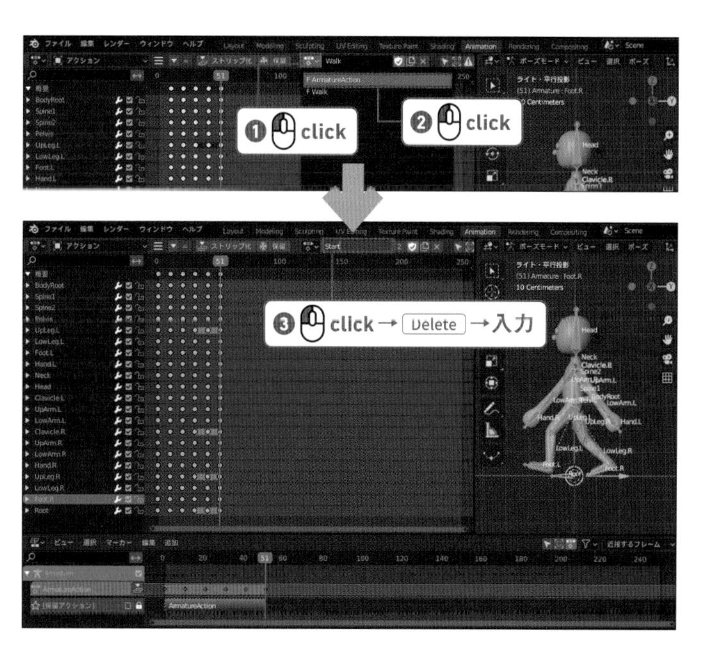

07

「21」フレーム以降の 4 列分のすべてのキーを範囲選択して X キーで削除します。
これで「Walk」アクションと「Start」アクションができました。

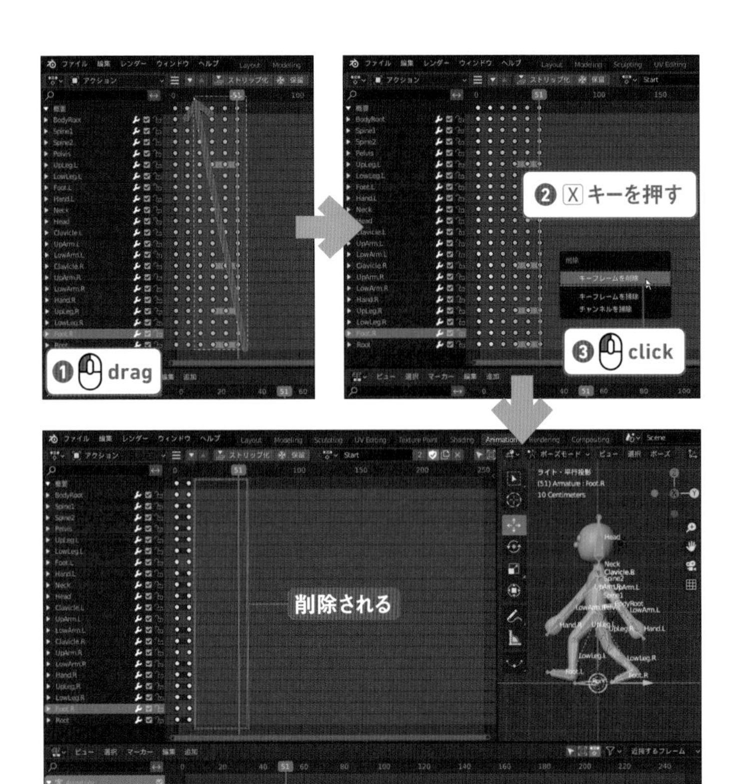

「Chapter4」フォルダ
→ human04_03_s01_after.blend

Column アクション名の「F」と「0」

アクションを選択するとき、アクション名の左に「F」という文字が表示されていました。
この「F」はフェイクユーザーを表し、そのアクションがシーンの中で使用されていなくても、ブレンダーファイル保存時にアクションが保存されます。
シーンで使われていないアクション名の左には、「0」が表記してあり、［フェイクユーザー］ボタンを押すと「F」の表記に変わります。
「0」の付いたアクションはファイルに保存されません。マテリアルやメッシュの一覧でも、この［F］と「0」の表記があります。マテリアルやアクションを数パターン作り、使ってはいないがあとで使う可能性がある場合は、［F］または［フェイクユーザー］ボタンをクリックしておく必要があります。

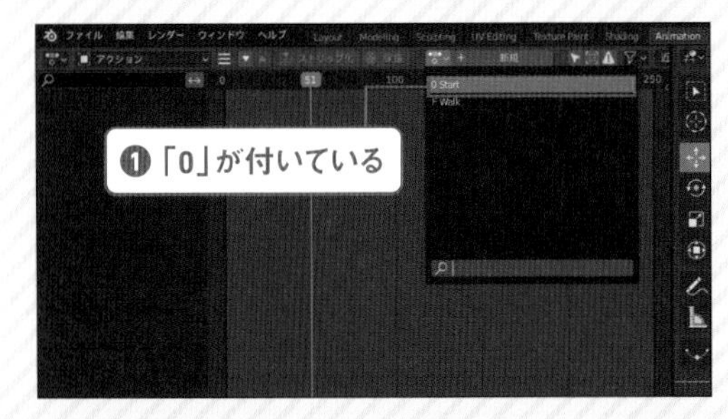

Step: 02 エディターでアクションを組み立てる

01

［ノンリニアアニメーション］エディターを見ると、左側にドープシートのアイコン と「Start」の文字があります。
すぐ右側の［アクションをストリップ化］ボタン をクリックしてください。
「NlaTrack」の行が追加され、「Start」の表示が「NlaTrack」に移動しました。
この黄色のバーを「ストリップ」といいます。

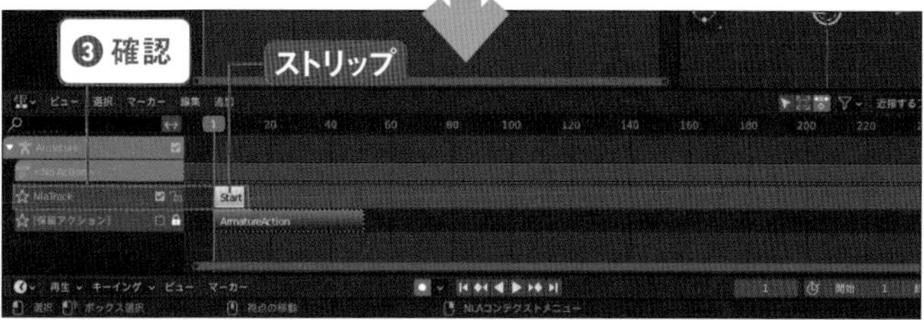

memo

「Action Stash」のトラック

「Action Stash」というトラックが2つありますがこれについてはp.157で説明します。
トラック名の右のチェックボックスがオンになっていないトラックは使用していないので気にしなくて大丈夫です。

02

カレントフレームを「11」フレーム目にして、［ノンリニアアニメーション］エディターのヘッダより［追加］→［ストリップを追加］を選択し、［Walk］をクリックして「Walk」ストリップを追加してください（ショートカット Shift ＋ A キー）。

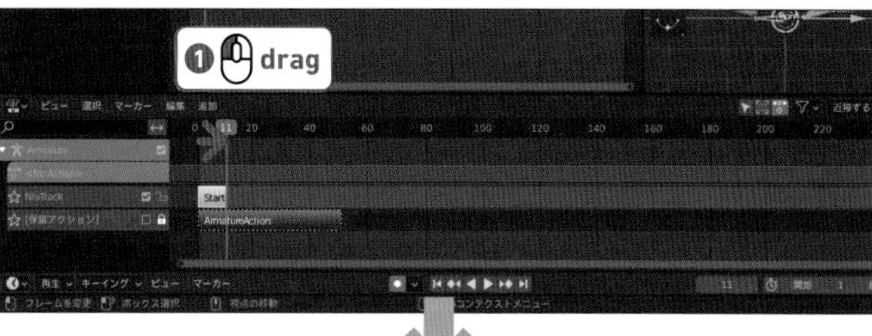

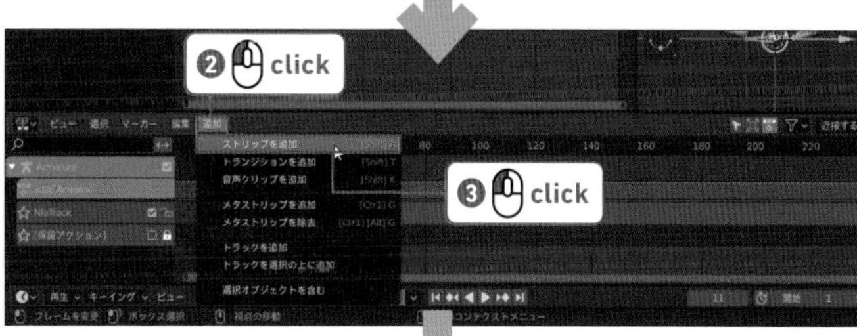

memo

検索ボックス

ダイアログの検索ボックス に文字が入っていると、その文字を含むアクションしか表示されません。
検索ボックスの内容は Delete キーを押して消去してください。

03

「Walk」ストリップをクリックして選択し、N キーを押してサイドバーを表示します（またはヘッダの［ビュー］→［サイドバー］）。
［ストリップ］タブをクリックし、サイドバーを下の方までスクロールして［アクションクリップ］タブを開きます。［リピート］が「1.0」になっているので、「3」に変更しましょう。
「1」フレームに戻し、再生すると7歩分のアニメーションになっています。

「Chapter4」フォルダ
→ human04_03_s02_after.blend

Step: 03 Hopアクションを作る

01

今度は跳ねながら歩くアクションを追加してみましょう。
ドープシートの［リンクするアクションを閲覧］ボタンをクリックして「Walk」アクションを表示します。

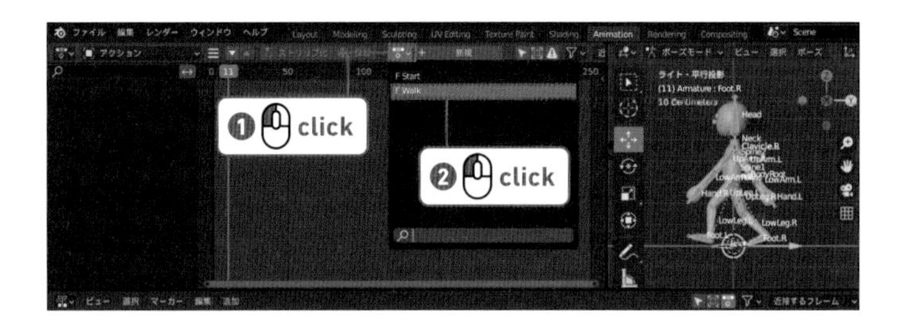

02

アクション名「Walk」の右側の［新規アクション］ボタンをクリックすると、Walk アクションを複製した「Walk.001」が作成されます。

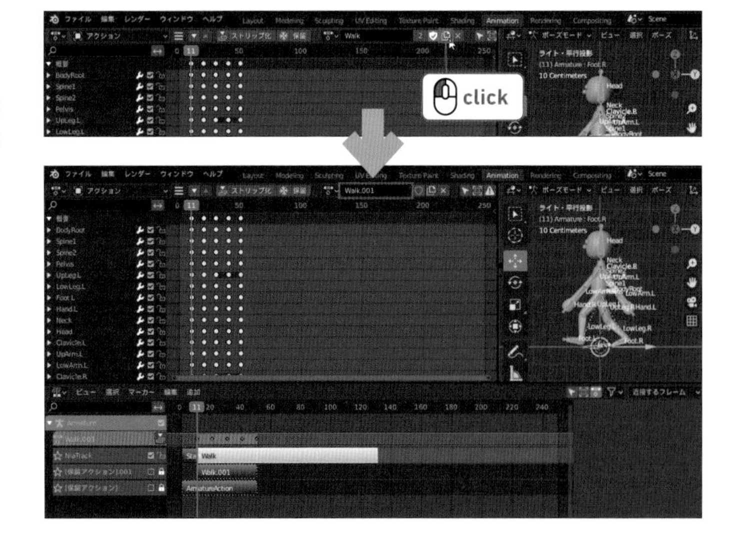

03

アクション名を「Walk.001」から「Hop」に変更します。
［フェイクユーザー］ボタンをクリックしてください。

04

「Hop」アクションを編集しましょう。
カレントフレームを「11」フレームに移動します。
タイムラインの［自動キー挿入］ボタンが有効になっていることを確認してください。
「BodyRoot」「Foot.L」「Foot.R」を上に移動し、手足を大きく振り、体を前傾姿勢にします。
「Root」は動かさないでください。

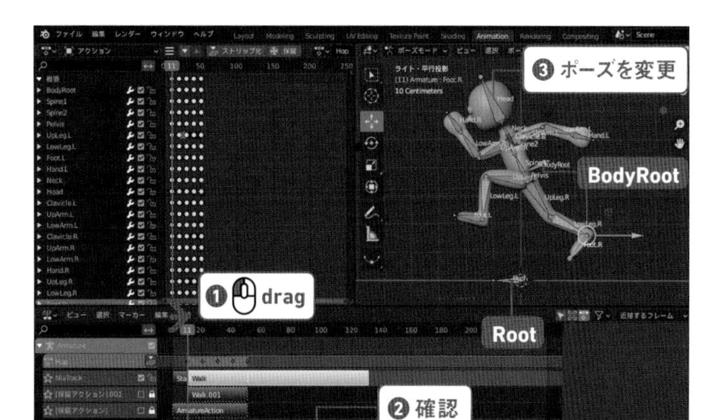

05

跳んでいるポーズができたら、「Walk」アクションのときと同様に他のフレームにポーズをコピーします。
右側の3Dビューポートで A キーを押してすべてのボーンを選択し、ヘッダの［ポーズ］→［現在のポーズをコピー］の順に選択し、「31」フレームに移動して［ポーズを反転して貼り付け］をします。

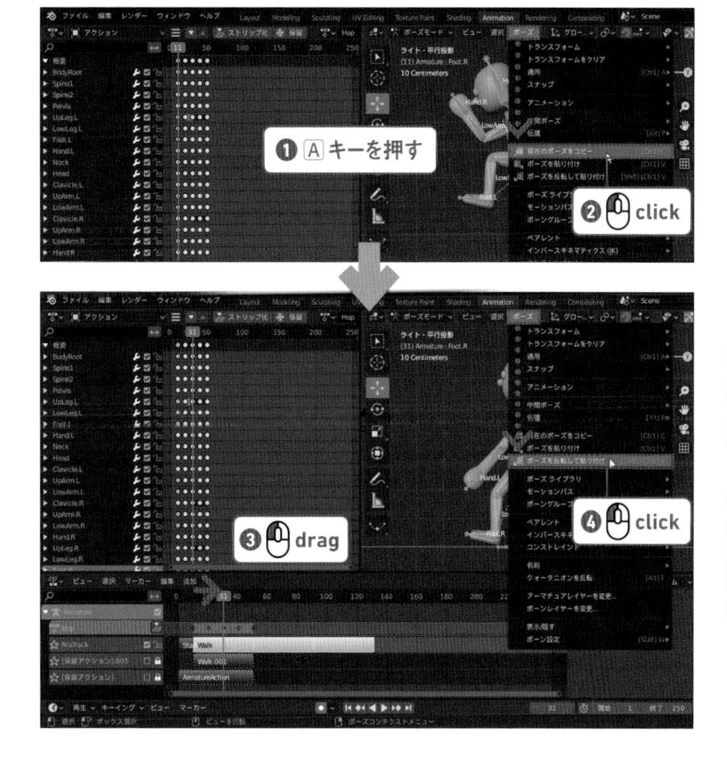

06

さらに、「51」フレームに移動して［ポーズを貼り付け］を行います。

07

カレントフレームを「21」フレームに移動し、ジャンプ前の踏ん張るポーズを作成します。「BodyRoot」を下げ、足は揃え気味にします。
ポーズができたら、A キーですべてのボーンを選択し、［現在のポーズをコピー］して「41」フレームで「ポーズを反転して貼り付け］を行ってください。
タイムラインのフレームを移動して「Hop」アクションの動きを確認しましょう。

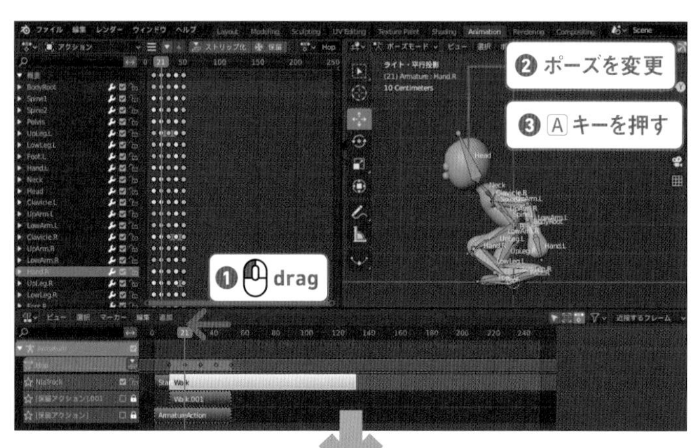

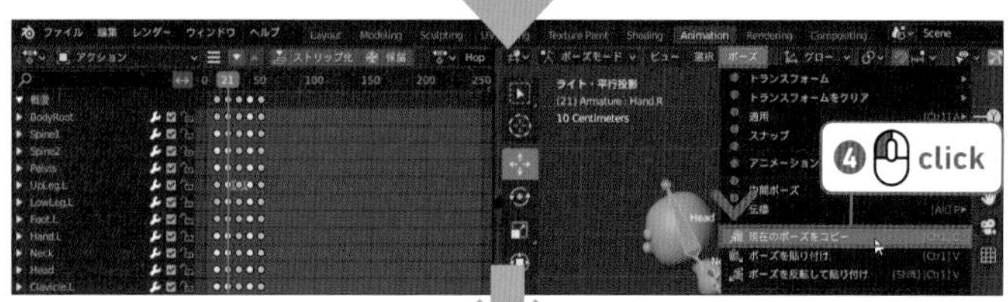

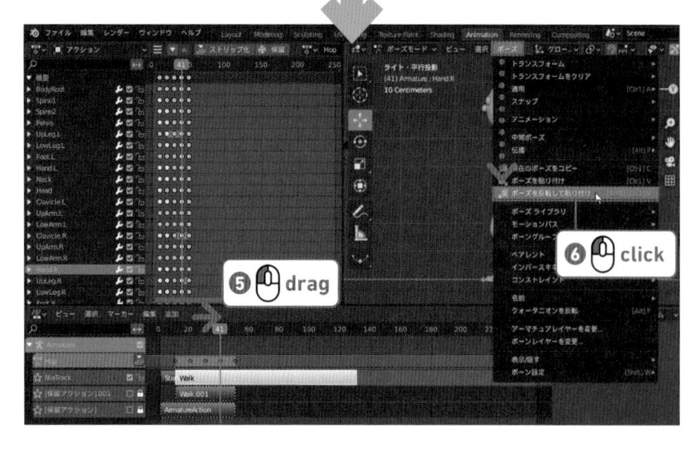

Step: 04 Hop アクションをアニメーションに追加する

01

［ノンリニアアニメーション］エディターの「Hop」トラックの［アクションをストリップ化］ボタン をクリックすると、トラック「NlaTrack.001」が作られます。

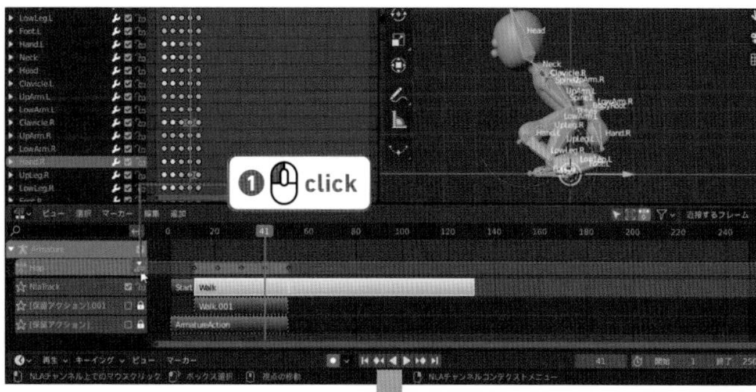

memo

トラックの追加

トラックの追加は、［ノンリニアアニメーション］エディターのヘッダの［追加］メニューからも行えます。

02

トラック内の「Hop」ストリップをクリックして選択し、右にドラッグして「51」フレームから開始するようにします。

03

［ノンリニアアニメーション］エディターで N キーを押し、サイドバーを表示して［ストリップ］タブをクリックすると、「Hop」アクションのアニメーションプロパティが表示されます。

［アクティブストリップ］タブの［自動ブレンド In ／ Out］のチェックボックスをクリックしてオンにしてください。

プロパティを下の方にスクロールして［アクションクリップ］タブの［リピート］を「2.25」に変更します。

しゃがんだところで一旦止めたいので「2.25」という回数を指定しました。

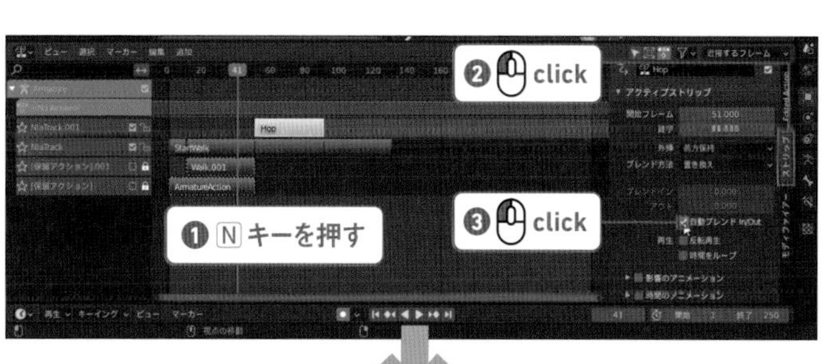

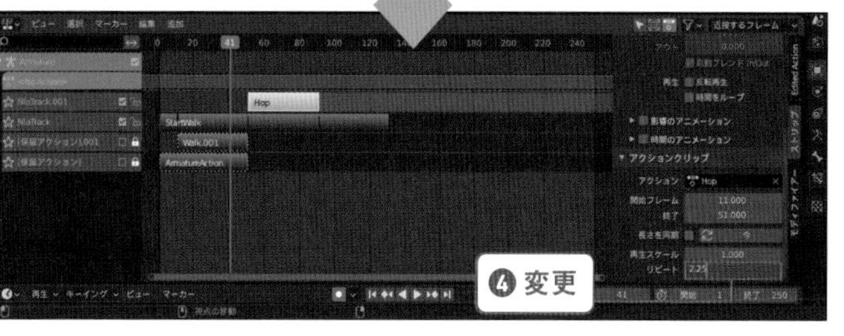

04

タイムラインの［アニメーションを再生］ボタン▶をクリックして再生してみましょう。
自動ブレンドしたので、Walk から Hop へとだんだんと動きが変わるようになりました。
「Hop」ストリップに現れた斜めの線はだんだん変わるということを表しています。

05

トラック「NlaTrack.001」を選択していることを確認し、「Hop」アクションの終わりの「141」フレームにカレントフレームを移動します。
ヘッダの［追加］→［ストリップを追加］→［Hop］を選択します。「Hop.001」というストリップができるので、これをクリックして選択します。

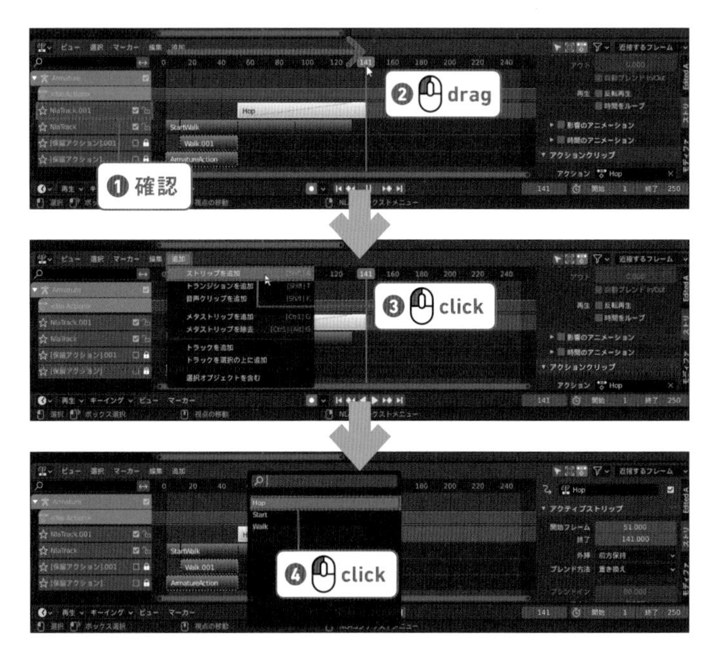

memo

トラックの選択と名前の変更

［ノンリニアアニメーション］エディターの左側のトラック名をクリックすると、編集するトラックを変更できます。選択しているトラック名はわかりにくいので注意してください。
トラック名はダブルクリックしてトラック名を変更することが可能です。

06

サイドバーの［ストリップ］タブをクリックし、［アクションクリップ］タブの設定を以下のように変更してください。

項目	数値
開始フレーム	21
終了フレーム	61
再生スケール	2.5
リピート	0.5

再生すると最後にゆっくりジャンプするようになりました。

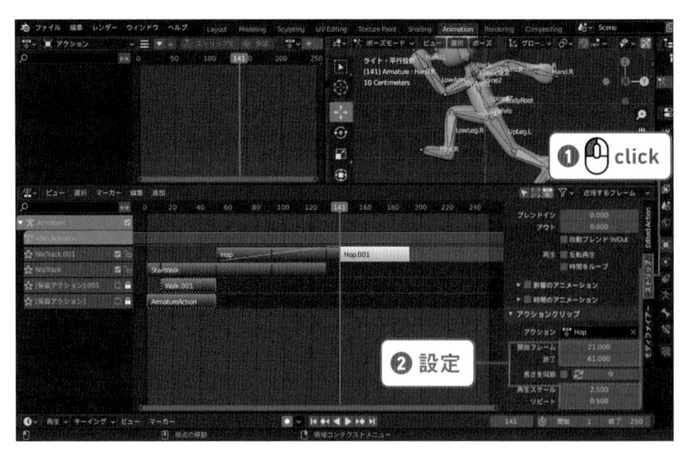

07

作業を進めていくと「保留アクション」というトラックが増えていきます。これはブレンダーがバックアップ用に作ったトラックであり、使用していないので捨ててかまいません。
2つの「保留アクション」の［ロック］アイコンをクリックして外します。
トラック名をクリックして選択し、それぞれ X キーを押して削除してください。

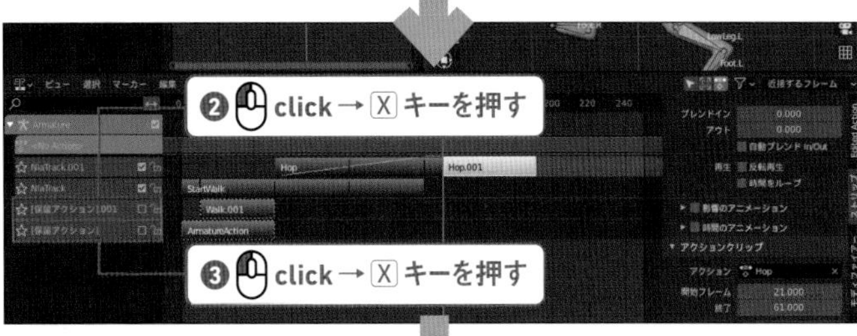

「Chapter4」フォルダ
→ human04_03_s04_after.blend

Keyword: トランジション

2つのストリップが時間的に重なっている部分がある場合は［自動ブレンド In ／ Out］を使用しますが、ストリップからストリップへの間が空いている場合は「トランジション」を使用します。

2 つのストリップを選択し、［ノンリニアアニメーション］エディターのヘッダの［追加］→［トランジションを追加］でトランジションを設定することができます。

Column トラックの各アイコン

［ノンリニアアニメーション］エディターの各トラック名の左右にはアイコンがあります。
それぞれのアイコンの機能は次のようになります。

：これをクリックすると、そのトラックだけが再生されます。トラックの動作確認用。
：チェックの入ったトラックだけが有効になります。
：トラックの編集ができないようにロックします。

Step: 05 キャラクターをエンプティで前進させる

01

3D ビューポートでアーマチュアを選択し、[オブジェクトモード] にします。
ボーン名の表示を消しましょう。
プロパティエディターを[コンテクスト.オブジェクトデータ] に切り替えて、[ビューポート表示] の [名前] のチェックを外します。

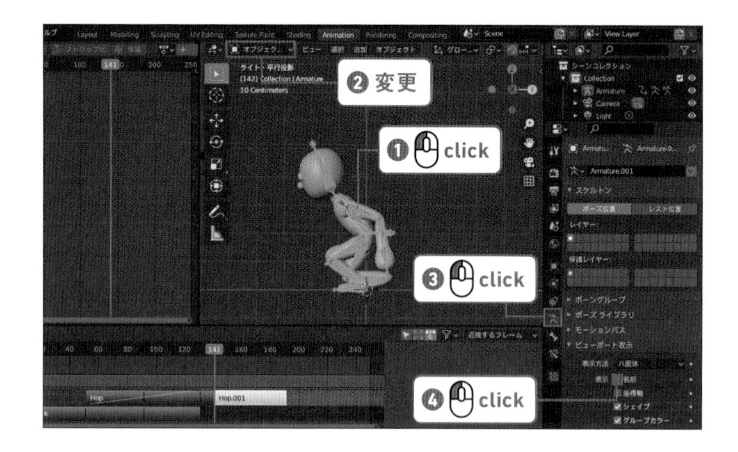

02

3D ビューポートのヘッダの [追加] → [エンプティ] → [座標軸] の順に選択してエンプティオブジェクトを作成します。
Alt (option) + G キーで、エンプティオブジェクトを原点に移動します。

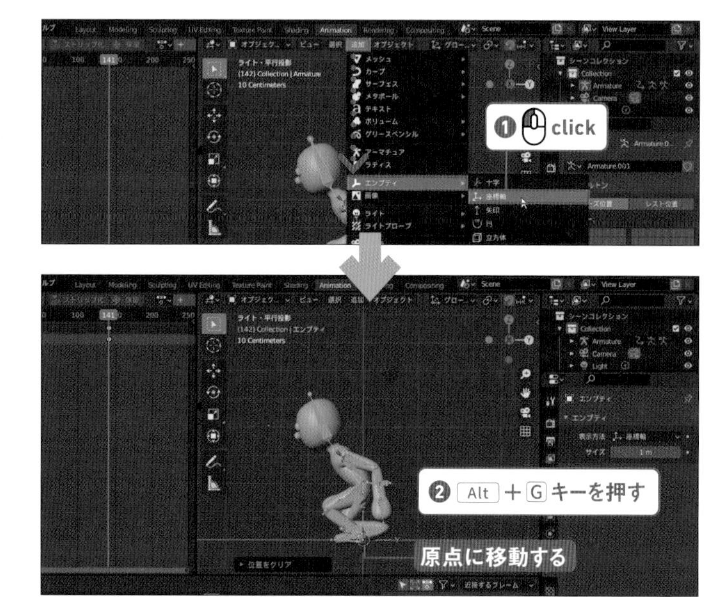

03

アーマチュアオブジェクトを選択し、エンプティオブジェクトを Shift キーを押しながらクリックして追加選択します。

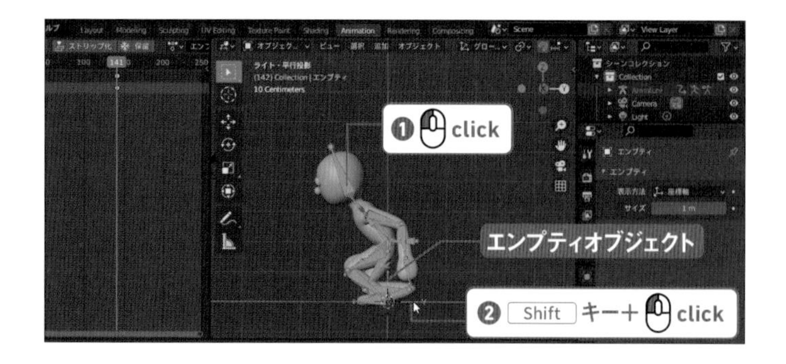

04

ヘッダの［オブジェクト］→［ペアレント］→［オブジェクト］の順に選択します。
エンプティオブジェクトがアーマチュアの「親」になり、エンプティでキャラクター全体を移動できるようになりました。

05

左側の［ドープシート］エディターの［エディタータイプ］ボタンをクリックし、［ドープシート］から［グラフエディター］に変更してください。

06

エンプティオブジェクトを動かして前進アニメーションを作成します。
［自動キー挿入］ボタンが有効になっていることを確認します。
カレントフレームを1フレームにして、エンプティオブジェクトをツールバーの［移動］ツールでギズモを使って動かし、キャラクターを後退させてください。

memo

ツールバーが表示されてない場合は、Tキーを押して表示します。

07

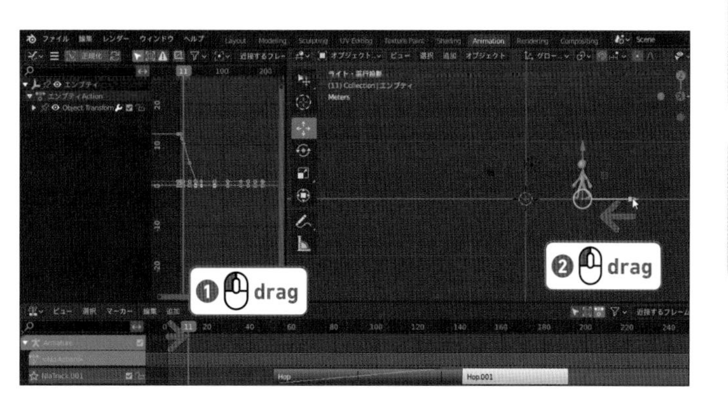

カレントフレームを「11」フレームにしてエンプティオブジェクトを動かし、キャラクターを一歩分、前進させてください。

memo

グラフディターの拡縮

グラフの拡大縮小を縦横にそれぞれ行いたい場合は、Ctrl（command）キーを押しながらマウスの中ボタンでドラッグしてください。

08

同様に「51」、「141」、「191」フレームでもそれぞれ前進させてください。
移動量はあとで調整するのでだいたいで大丈夫です。

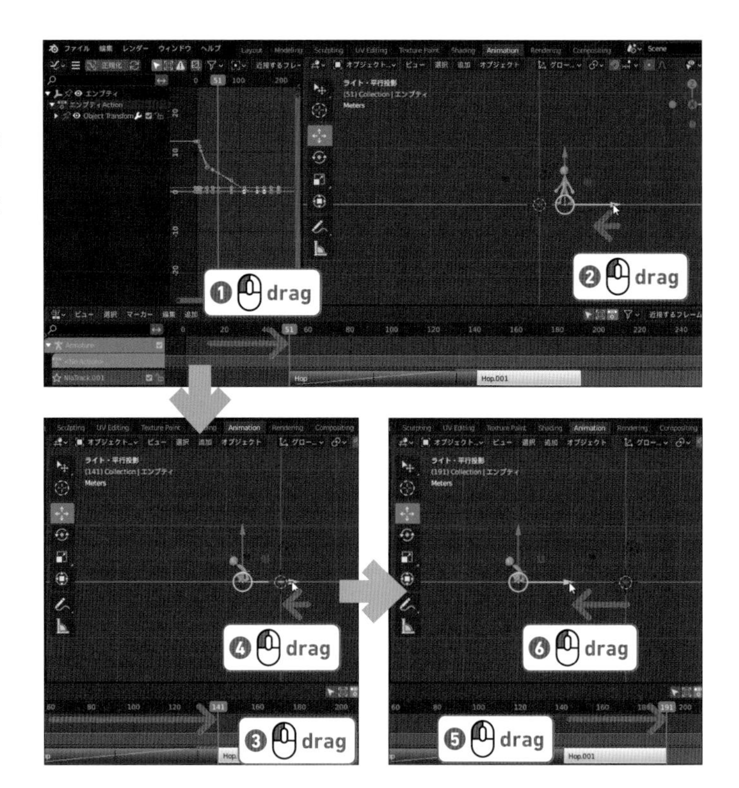

09

グラフエディターの左側の［Object Transforms］の▶をクリックしてツリーを開き、［Y 位置］の文字をクリックします。
ヘッダの☰→［ビュー］→［選択中のカーブのキーフレームのみ表示］の順にクリックしてチェックを入れます。
グラフエディターには、Y 位置のカーブだけが表示されるようになります。

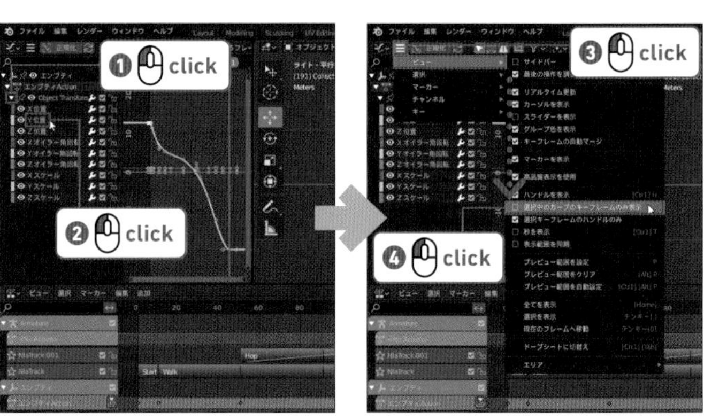

10

グラフエディターで「11」フレームのキーを選択し、右クリックして表示されたメニューから［補間モード］→［リニア］の順に選択して直線にしてください。
「141」から「191」フレームも飛んでいるので、「141」フレームのキーを選択して「リニア」にします。

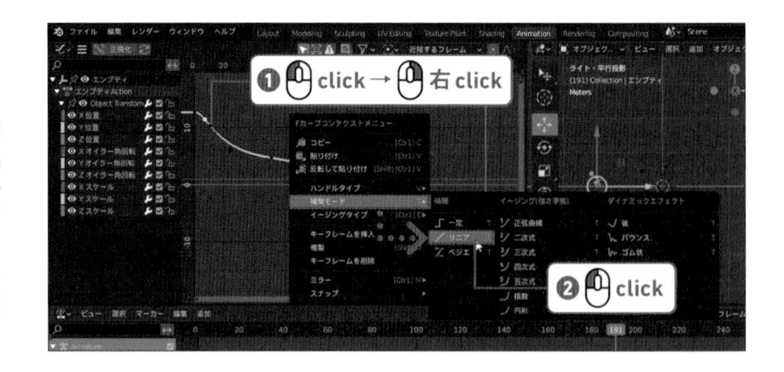

11

「1」から「11」フレームまでカレントフレームをドラッグして足の滑り具合を確認します。
カレントフレームを「11」フレームに変更して、エンプティオブジェクトを前後に動かし、足が滑らないように調整してください。
グラフエディターでも位置やハンドルを調整しましょう。キーを選択して G → Y キーで移動すれば縦方向にのみ移動できます。複数のキーを範囲選択すれば、まとめて移動することもできます。3D ビューポートの操作と似ていますね。

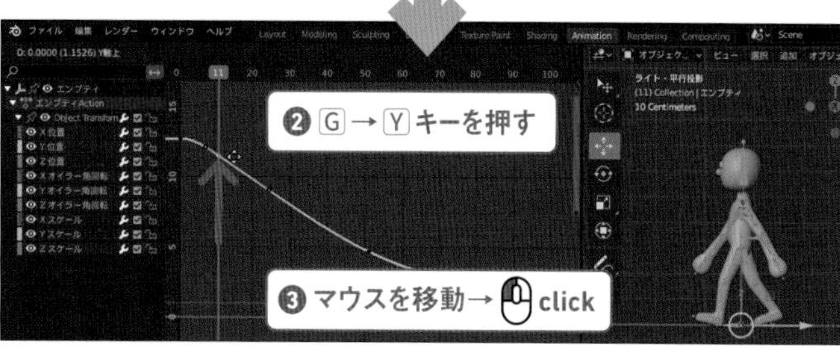

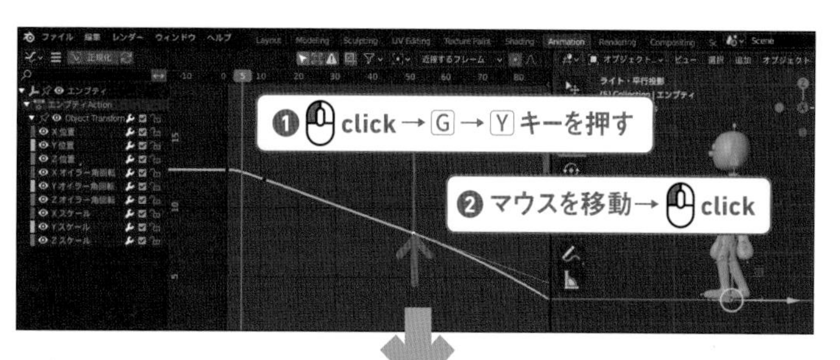

12

次に「51」フレームも同じように調整しましょう。
このエンプティを使う方法では完全に足が滑らなくすることは不可能ですが、できる限り違和感がないように調整してください。
同じように「141」、「191」フレームの位置も調整します。「141」フレームまでは加速し、「191」フレームまでは大ジャンプします。

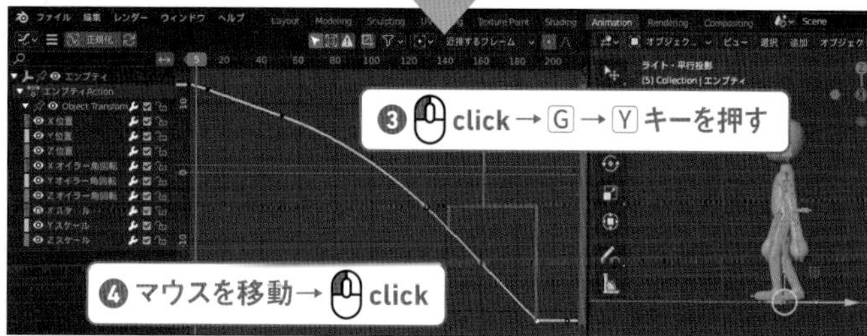

13

大ジャンプに高さを追加してあげましょう。グラフエディターの［Z 位置］をクリックしてください。
カレントフレームを「166」フレームにし、グラフエディターで I キーを押して表示されたメニューから［選択したチャンネルのみ］を選択すると、［Z 位置］にだけキーが作られます。

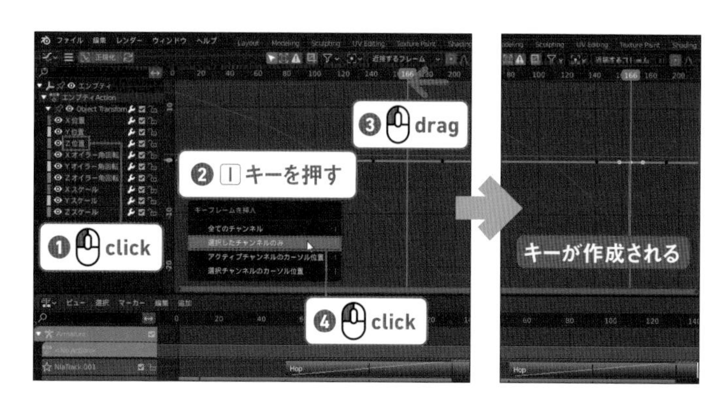

14

166 フレームのキーを G → Y キーで上に移動します。前後のキーは右クリックして表示されたメニューから［ハンドルタイプ］を［フリー］にしてハンドルを調整します。
図のように放物線状にしてください。

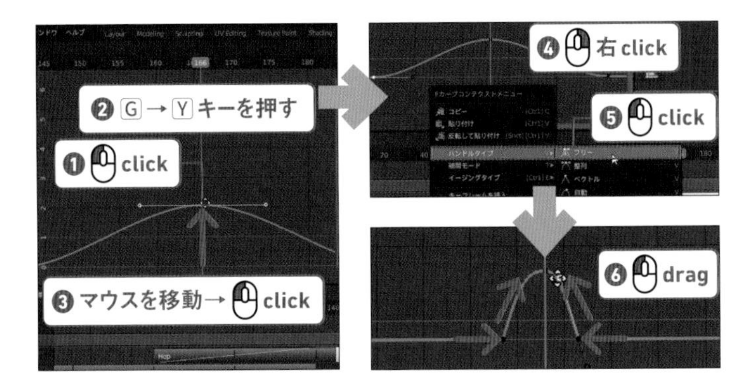

15

タイムラインの［再生］ボタン▶をクリックしてください。アニメーションが完成しました。さらに着地後に少し滑るようにエンプティで調整するのもよいでしょう。
アニメーションの編集が終わったらタイムラインの［自動キー挿入］ボタン●をクリックして押されていない状態に戻します。「.blend」ファイルを保存してください。
ずっとキャラクターが灰色のままだったので次の章では色をつけていきます。

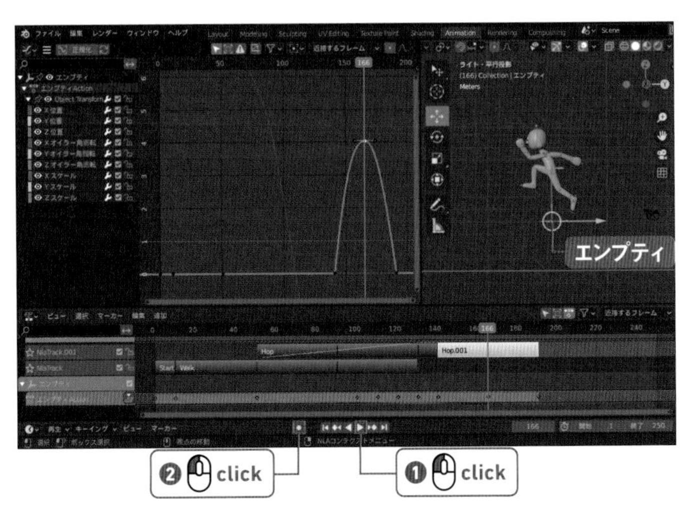

「Chapter4」フォルダ
→ human04_03_s05_after.blend

Column 歩行させるいろいろな方法

今回は歩行にアクションを使用しましたが、他にも歩行のアニメーションを作る方法はいろいろあります。
それぞれ「.blend」ファイルを作成したので参考にしてください。

❶ アクションとエンプティを使う方法（今回の方法）

歩数を変えたり、他のモーションとブレンドしたりすることが簡単にできるが、地面と足がずれやすい。

❷「BodyRoot」、「Foot.L」、「Foot.R」を選択し、キーフレームごとに前に移動する方法

歩接地の滑りを無くすことができるが、歩数分の手間が増える。
繰り返しの回数が少ないなら、アクションを使わないこの方法が一般的。

❸ Rootの移動とエンプティの移動を使う方法

「BodyRoot」、「Foot.L」、「Foot.R」をキーフレームごとに前に移動し、2 歩分（1 周分）のアニメーションを作成する。移動した分、「Root」を移動してキャラクターを原点に戻す。
足が滑りにくく、今回のデータから「Walk」アクションを編集して作ることができる。
「Root」の Y 位置は 11、「51」フレーム以外のキーは消し、グラフは［リニア］にする。

❹ アニメーションのモディファイアー［反復］を使う方法

足が滑らず、歩き続けることもできる。歩行に使うにはあまり使い勝手が良くないので今回はお勧めしない。
2歩分（1 周分）のアニメーション（「BodyRoot」、「Foot.L」、「Foot.R」が前進方向に移動する）を作成し、グラフエディターで各値のプロパティーを N キーで表示し、［反復］（Cycles）モディファイアーを［オフセットで繰り返し］で追加する。

Chapter 05 質感をつけよう ～マテリアル・レンダリング編～

この章ではキャラクターの見た目を良くしていきましょう。
まず、マテリアルとテクスチャーを使って
キャラクターに服を着せ、表情をつけます。
さらにライティング、カメラを調整しキャラクターが
魅力的に見えるように調整します。

Chapter 5

01 服と肌にマテリアルを割り当てよう

色や艶感、透明感などの質感のことを「マテリアル」といいます。
マテリアルを使って服を着せましょう。
ここまで、1つのオブジェクトには1つのマテリアルがつけられていましたが、1つのオブジェクトに複数のマテリアルを割り当てることもできます。

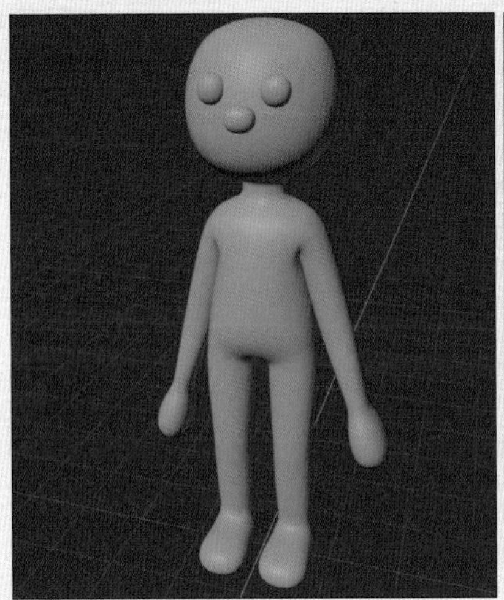

Step: 01 シャツのマテリアルを作る

01

Chapter4 でキャラクターの歩行アニメーションを作成した最後のファイルを開きます。
トップバーのワークスペースを［Layout］タブに切り替えます。タイムラインでカレントフレームを「1」フレームにし、3D ビューポートでテンキーの 1 キーを押して［フロント・平行投影］ビューにし、［マテリアルプレビュー］ボタンをクリックします（Z キーを押しても切り替えられます）。

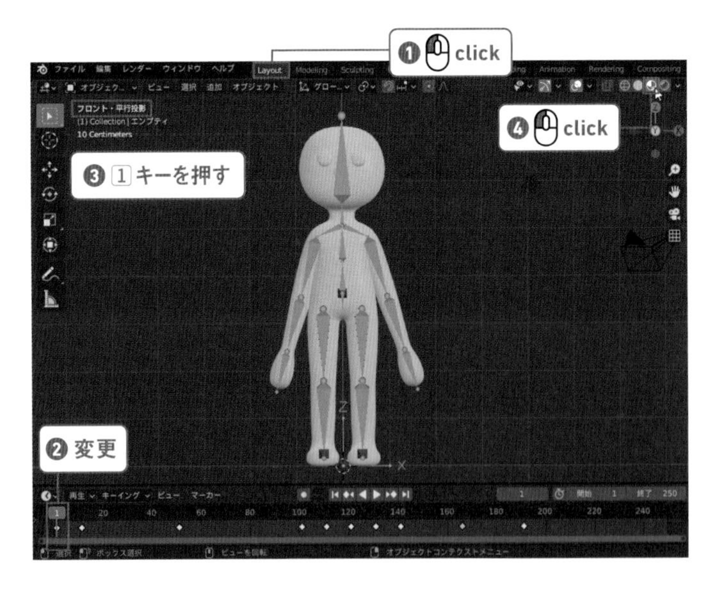

memo

ファイルがない場合は

保存したファイルがない場合は、「Chapter5」フォルダ→「human05_01_s01.blend」を使用してください。

02

アーマチュアを選択して［オブジェクトモード］に切り替えます。
H キーを押すと、選択中のオブジェクト（アーマチュア）が 3D ビューポートに表示されなくなります（Hide の「H」）。

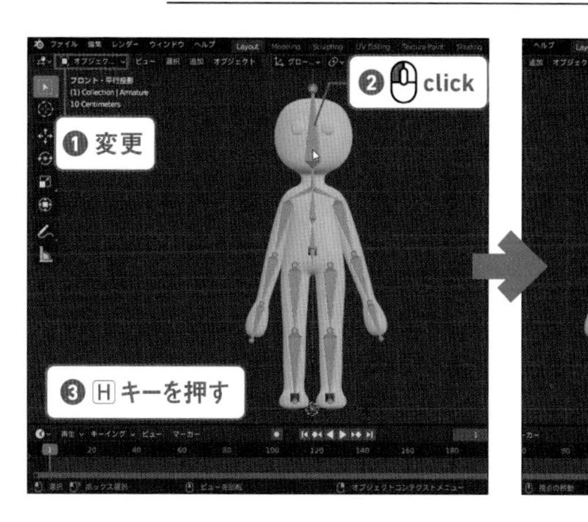

memo
非表示オブジェクトの表示
Alt（Option）+ Hキーで非表示のオブジェクトが表示されます。

03

シャツのマテリアルを作ります。キャラクターのオブジェクトを選択して、プロパティエディターを［マテリアルプロパティ］に切り替えます。
［ノードを使用］ボタンが押されていることを確認してください。
［ベースカラー］のボックスをクリックして好きな色を選択してください。この色がシャツの色になります。

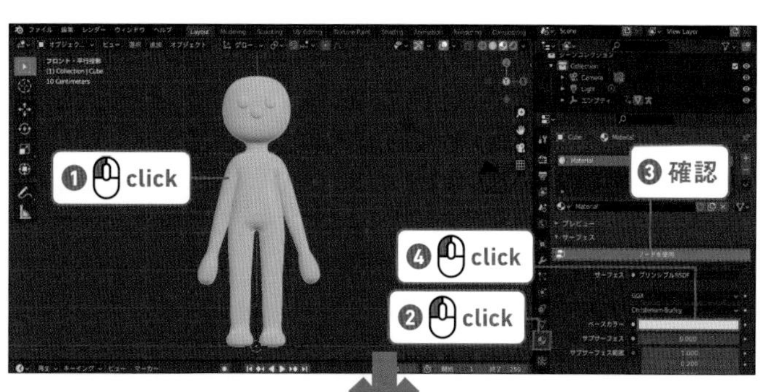

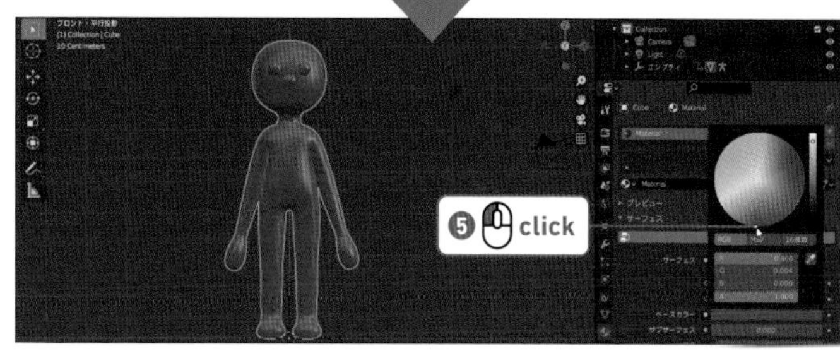

memo
マテリアルがない場合
あらかじめ作成したマテリアルがない場合は、プロパティエディターに［新規］ボタンが表示されます。［新規］ボタンをクリックしてください。

04

ゴムのような質感になっているのでテカリを抑えます。［スペキュラ］の値をクリックして「0.1」に下げてください。値部分を左右にドラッグしても値を変えることができます。

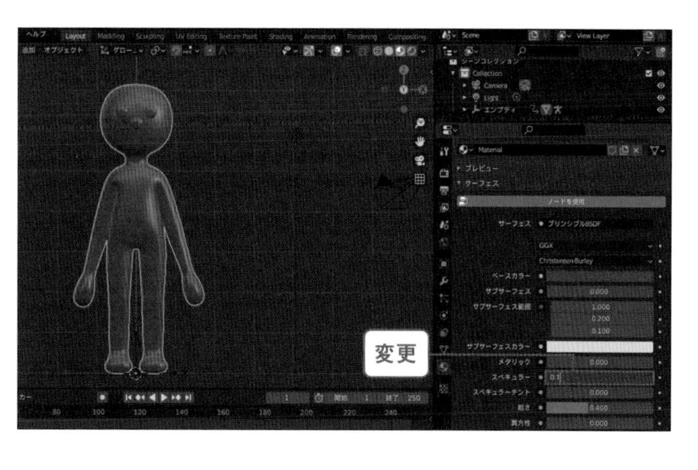

memo
他のマテリアルのパラメータ
他のパラメータについては、p.170のColumnで解説します。

Step: 02 肌のマテリアルを作る

01

今度は肌のマテリアルを作成しましょう。
プロパティエディターの右側にある［マテリアルスロットを追加］ボタン をクリックしてください。リストに、リストに２つ目のマテリアルのアイコンが追加されます。
［新規］ボタンをクリックして肌のマテリアルを作ってもよいのですが、シャツのマテリアルを複製して肌のマテリアルを作成してみましょう。
［リンクするマテリアルを閲覧］ボタン を クリックし、リストから服のマテリアルを選択してください。

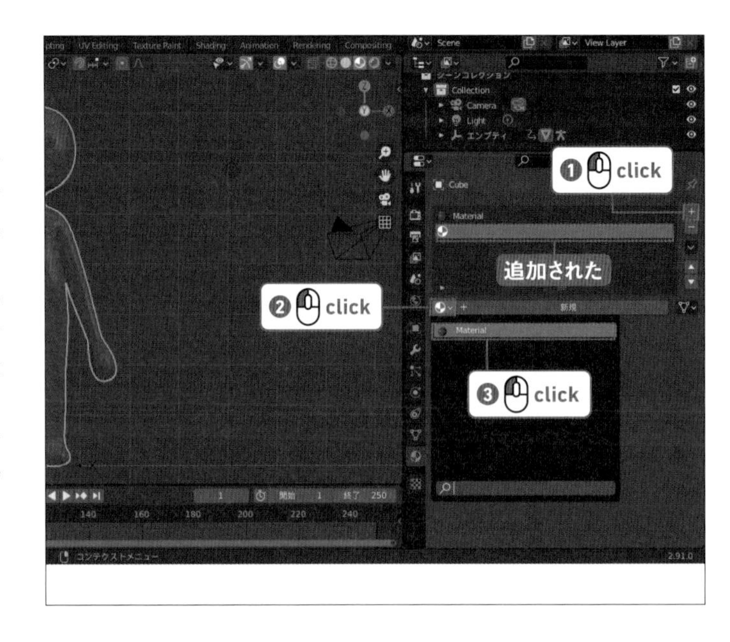

02

ここでマテリアル名の右側の「2」と表示されているボタンをクリックしてください。
「2」の表示がなくなり、マテリアル名が「Material.001」になります。

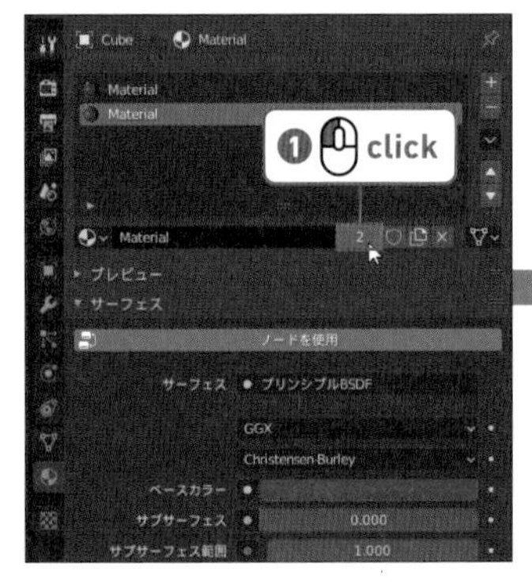

03

［ベースカラー］の色を肌色に変更してください。

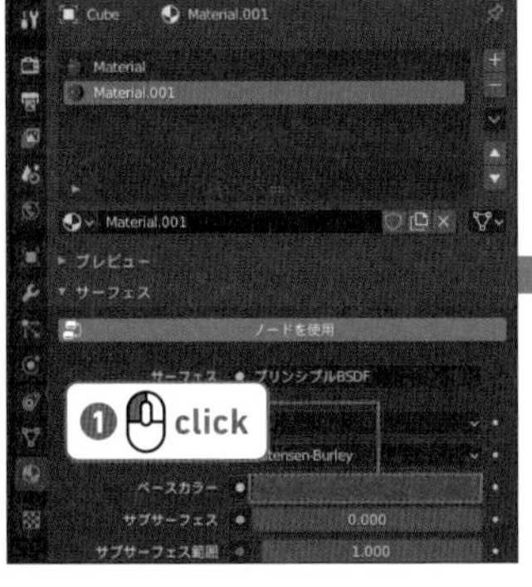

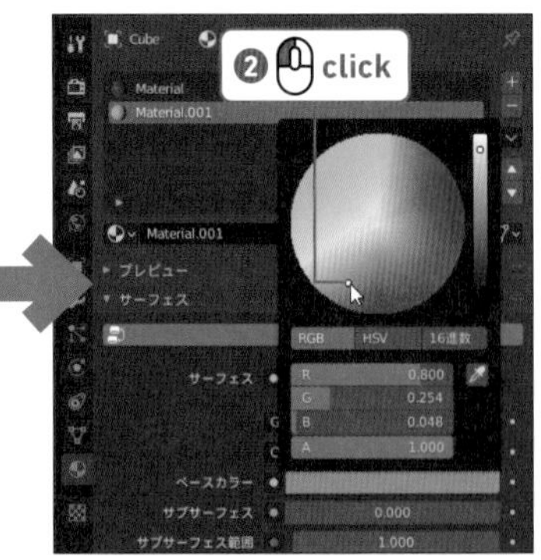

04

頭部のメッシュオブジェクトに肌色のマテリアルを割り当てます。
[編集モード]に変更し、3Dビューポートのヘッダの[面選択]ボタンをクリックしてください。ヘッダの右の方にある［透過表示］ボタンは押されている状態にしてください。3Dビューポートの何もないところをクリックして面が選択されていない状態にし、範囲選択（B キー）で首から上の面を選択します。

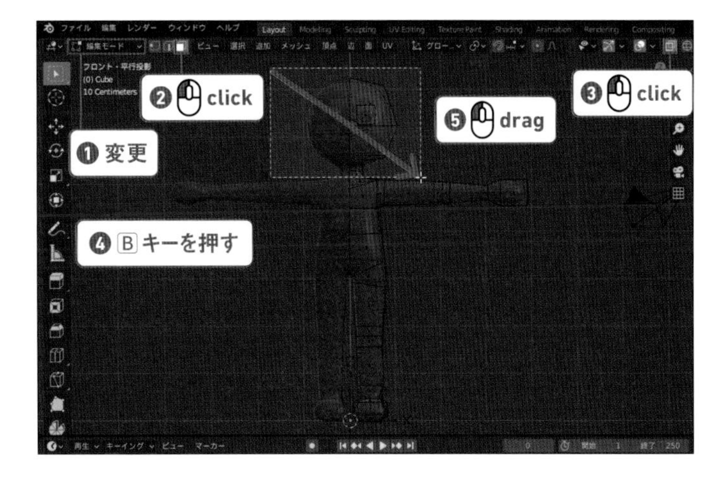

05

腕も肌色にするので、腕の面も範囲選択（B キー）してください。
プロパティエディターの［割り当て］ボタンをクリックすると、選択面に肌のマテリアルが割り当てられます。

2種類の範囲選択

ツールバーの選択コマンド（[ボックス選択]ボタン）とBキーからの[範囲選択]は挙動が違います。[ボックス選択]ボタンは「新規範囲選択」、Bキーは「追加範囲選択」なので注意してください。

Column [2]ボタン

手順 02 でマテリアル名の隣りに「2」と表示されていました。これは「このマテリアルは 2 箇所で使われてる」ということを表しています。
たとえば、帽子オブジェクトを作った場合に、帽子に服と同じマテリアルを使い、「2」のままにしておけば、あとで服の色を変えたときに帽子の色も一緒に変わります。
[2] ボタンをクリックすると、元のマテリアルの内容を引き継いだ、独立した新しいマテリアルができます。
肌のマテリアルは服のマテリアルの値を引き継いでいるので、[スペキュラー]（鏡面反射光）の値が「0.1」になっています。
このような数字のボタンはライト、メッシュ、アクション、テクスチャ等でも出てきますが、マテリアルと同様に「複数個所で同じ内容が使われる」という意味です。

Step: 03 ズボンと靴のマテリアルを作る

01

ズボンのマテリアルを作成します。
Step:02 の頭部のマテリアルの作成、割り当てと同じです。
一旦 3D ビューポートを［オブジェクトモード］にします（ショートカット：Tab キー）。
プロパティエディターの右側にある［マテリアルスロットを追加］ボタン＋をクリックし、新規マテリアルをリストに追加します。
［リンクするマテリアルを閲覧］ボタンをクリックし、リストから肌のマテリアルを選択してください。マテリアルの［2］ボタンをクリックして「Material.002」を作ります。

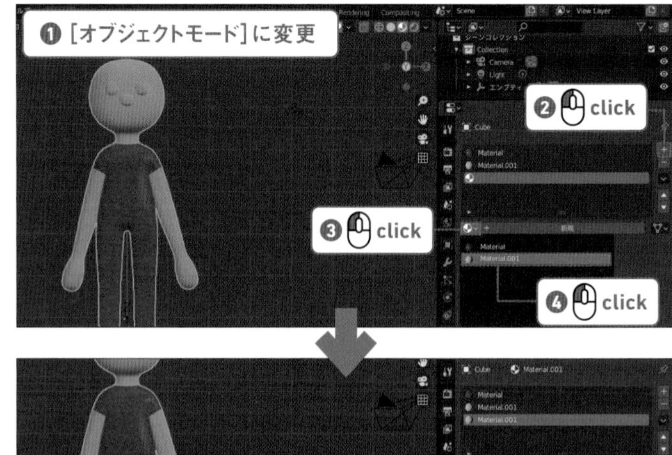

02

3D ビューポートを［編集モード］に戻します（ショートカット：Tab キー）。
［ベースカラー］の色をズボンに割り当てたい色に変更しましょう。

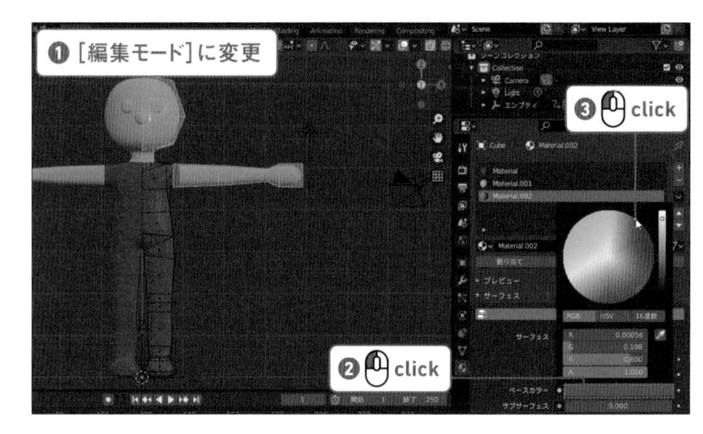

03

3D ビューポートの何もないところをクリックして面が選択されていない状態にします。
範囲選択（B キー）で下半身の面を選択します。
［割り当て］ボタンをクリックして選択面にズボンのマテリアルを割り当てます。

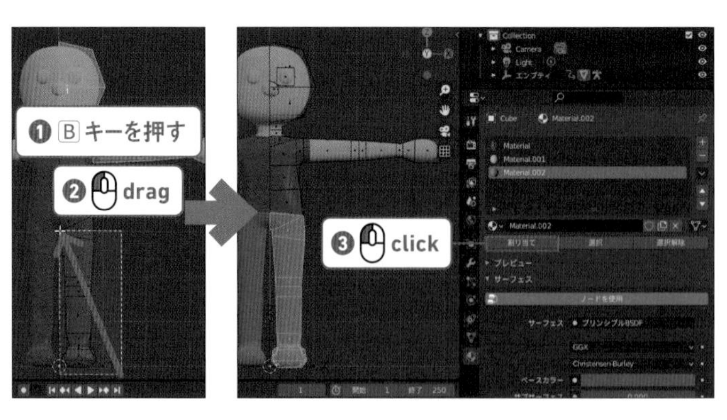

04

同じように［オブジェクトモード］で靴のマテリアルを作ります。

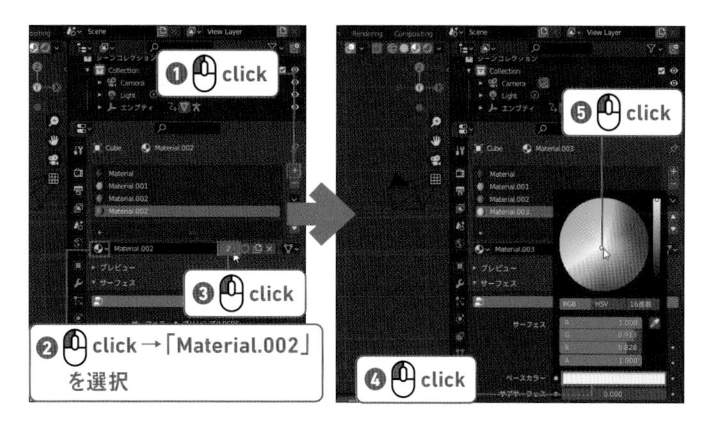

05

［編集モード］で足首から先の面に靴のマテリアルを割り当ててください。

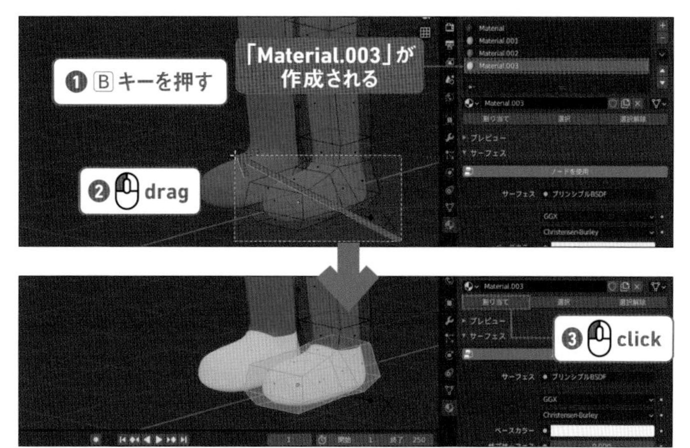

memo

選択部分にビューを合わせる

マウス中ボタンでドラッグして少しビューを回転させ、テンキーの.キーで選択部分にビューを合わせると作業しやすいです。

06

目のメッシュは一旦削除することにします。目は6つの面でできています。
クリックして面を1つ選択し、Lキーを押してください。Lキーは隣接した面を追加選択するショートカットです。
Xキーを押して表示されたメニューから［面］を選択して削除しましょう。

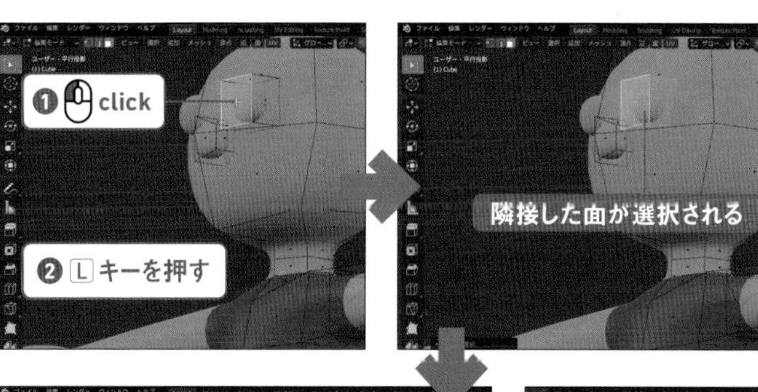

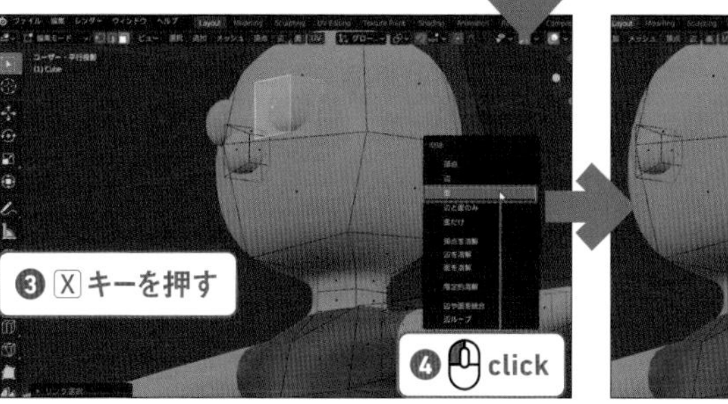

「Chapter5」フォルダ
→ human05_01_s03_after.blend

Column マテリアルのプロパティ

Step:01 ～ 03 で解説しきれなかった、マテリアルのパラメータについて説明します。

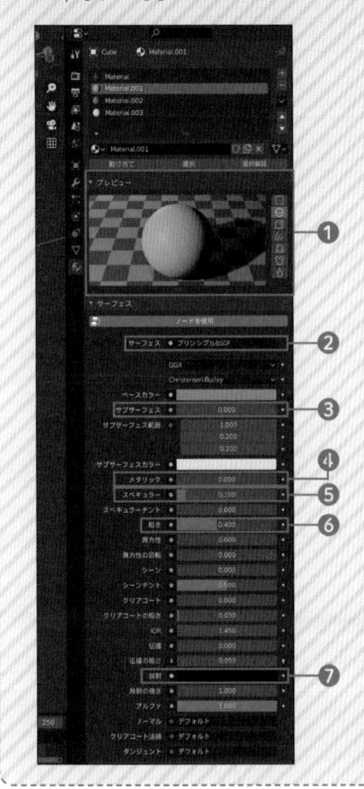

❶プレビュー

▶マテリアルの状態を球や立方体で確認することができます。

❷サーフェス

▶マテリアルの種類を表しています。[プリンシプル BSDF］は簡単なマテリアルから鏡のようなマテリアルまで表現することができます。

▶ガラスのマテリアルにしたい場合は［グラス BSDF］に切り替えてください。

▶ 3D ビューポートを［シェーダーエディター］に切り替えると、マテリアルノードを編集画面になり、より高度なマテリアルを作ることができます。

❸サブサーフェス

▶ゼリーや牛乳など光を通すマテリアルの場合はこの値を上げます。

▶人の肌のマテリアルはサブサーフェスの値を「0.3」、サブサーフェス色を赤にすると肌に透明感が出てリアルになります。

❹メタリック

▶この値を上げると鏡や金属のように周りの景色が映り込みます（レンダーコンテクストが Eevee の場合、スクリーンスペース反射にチェックを入れる必要があります)。

❺スペキュラー

▶太陽や光源が反射して映る白い反射です。

❻粗さ

▶表面のツルツル度です。

❼放射

▶反射板やテレビやモニターなど光を放つマテリアルです（レンダーコンテクストが Eevee の場合、ブルームをオンにすると、周囲の空気も発光の影響を受けて明るくなります)。

Step: 04 レンダープレビューを使う

01

3D ビューポートを［オブジェクトモード］に戻します。

テンキーの 1 キーで［フロント・平行投影］ビューにし、テンキーの . キーを押すとキャラクターがビューに納まります。

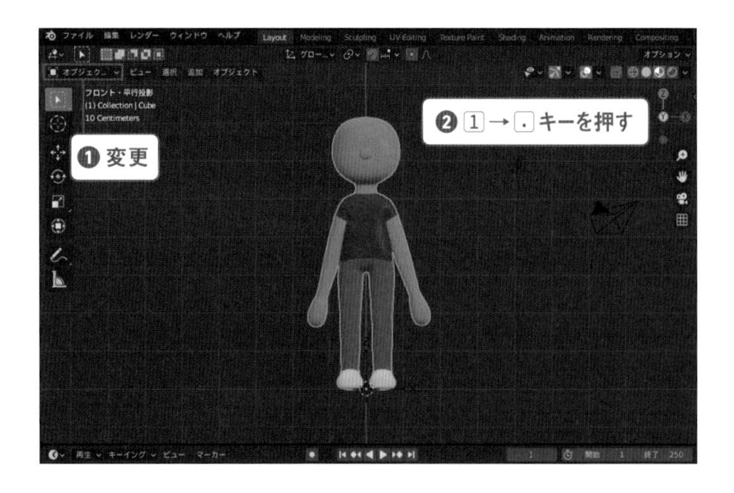

02

キャラクターを少し斜めから見るように、中ボタンでのドラックや Shift キーを押しながら中ボタンをドラッグしてビューを移動します。マウスホイールでキャラクターがビューの 4 分の 1 くらいの大きさに見えるくらいにしてください。

03

3D ビューポートのヘッダの［ビュー］→［視点を揃える］→［現在の視点にカメラを合わせる］の順に選択します。
カメラが視点の位置に移動し、カメラビューになりました。

カメラ位置をビューに合わせる memo

カメラ位置をビューに合わせるショートカットは、Ctrl + Alt（command + option）+テンキー 0 です。

04

3D ビューポートとタイムラインの間にマウスを移動してマウスカーソルが↕になったら、右クリックして表示された［エリア設定］メニューから［垂直に分割］をクリックしてビューを 2 つに分けます。

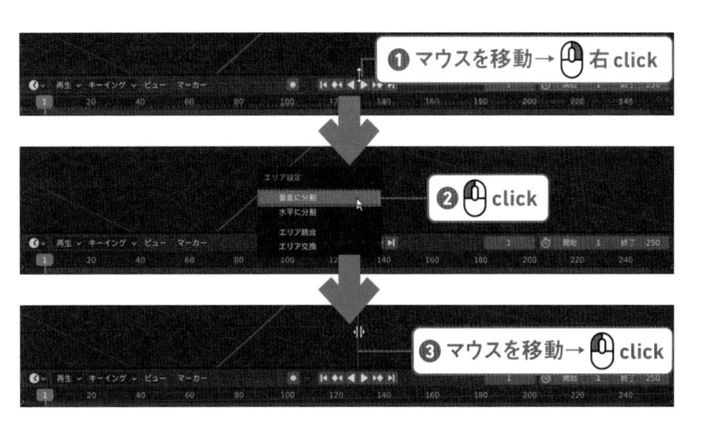

05

右側のカメラビューで Z キーを押して［レンダー］を選択してください。

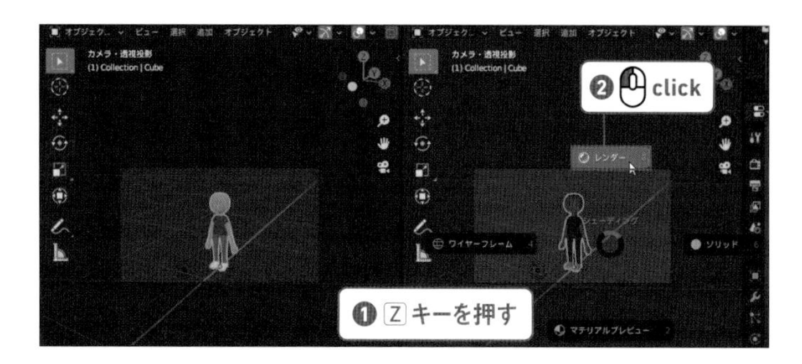

06

左側の 3D ビューポートでテンキー 7 を押して［トップ・平行投影］ビューにします。
T キーを押してツールバーを表示し、［移動］ツールをクリックします。
ヘッダの［トランスフォーム座標系］を［ローカル］に切り替えます。

07

Camera オブジェクトを選択し、ギズモで移動して右側のカメラビューの見栄えを良くしてください。
プレビューを「レンダー」に変えたら、キャラクターが薄暗くなってしまいました。
次の節で明るさを調整します。

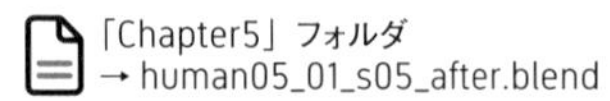

カメラビューにする memo

3Dビューポートをカメラビューにするには、テンキーの 0 キーを押します。

「Chapter5」フォルダ
→ human05_01_s05_after.blend

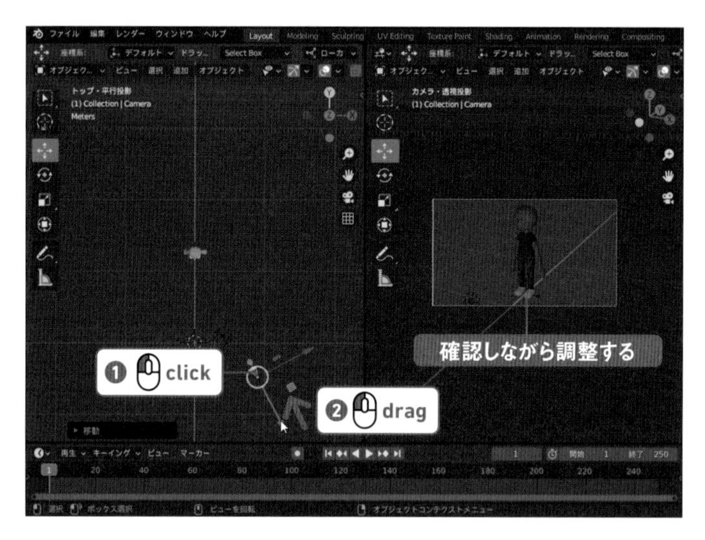

Keyword: Eevee

Eevee は Blender 2.8 から搭載されたレンダラーです。
CG をきれいな画像ファイルやムービーファイルに変換することを「レンダリング」といいます。レンダリングは静止画を 1 枚作るのに数十秒から数十分かかるため、リアルタイムでの画像を確認することは不可能でした。
Eevee は重い計算処理を簡略化し、レンダリングの計算結果を 3D ビューポートにリアルタイムで表示することができます。
このようなことができる CG ソフトはまだ少なく、当時 Blender が注目されるきっかけになりました。

Chapter 1

02 環境光を追加しよう

カメラビューでのキャラクターが薄暗くなってしまったのは、光源が電球なのと遠くにあることが原因です。
光源の設定を太陽に変えましょう。太陽光を使うとシーン全体が同じ明るさになります。

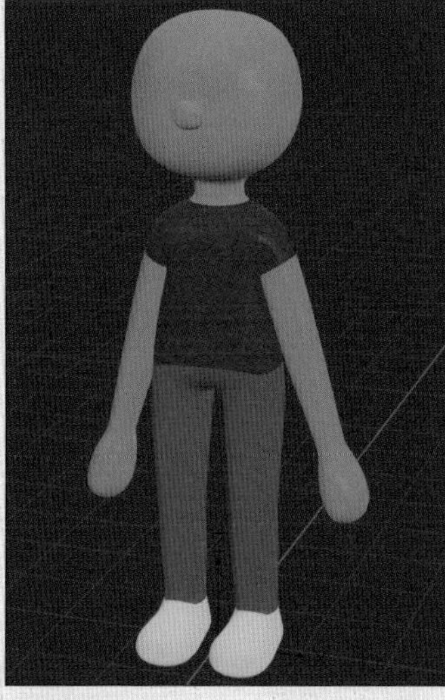

Step: 01 太陽光(サン)に変更する

01

光源の設定を変更します。
左側の 3D ビューポートで Light オブジェクトを選択します。

memo

ファイルがない場合は

保存したファイルがない場合は、「Chapter5」フォルダ→「human05_02_s01.blend」を使用してください。
また、右側のビューでZキーを押し、〔レンダー〕を選択します。

02

プロパティエディターを［オブジェクトデータプロパティ］ に切り替え、［ライト］の［サン］ボタンをクリックします。
明るすぎるので［強さ］の数値を「10」にしてください。

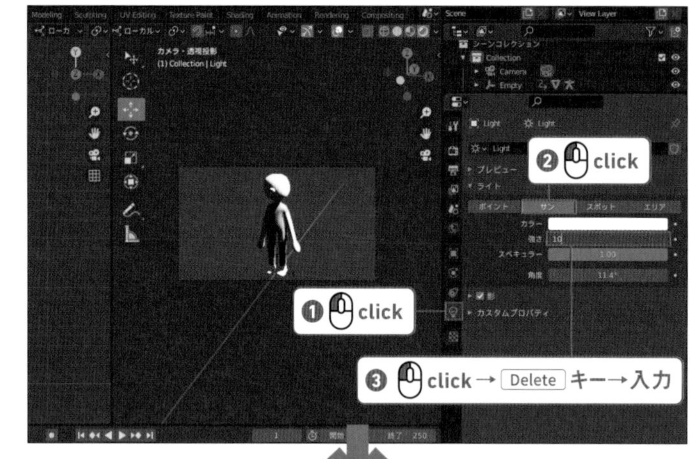

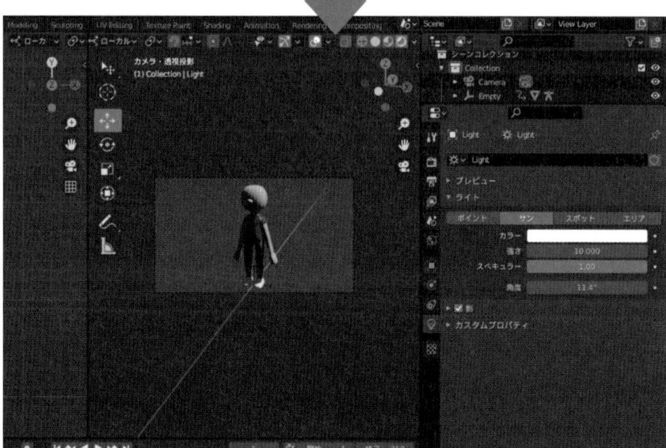

memo

ポイントとサン

「ポイント」は電球やロウソクのような光なので遠くなるほど暗くなります。「サン」はどこに配置してもシーン内のどこでも光量は一定です。

03

ツールバーの［回転］ツール をクリックします。
左側の 3D ビューポートで Light オブジェクトを回転させて、右側の 3D ビューポートで顔に光が少し当たるように調整してください。
Light オブジェクトから出ている点線が光の向きなので、左上に点線が出るように Light オブジェクトを回転するとよいでしょう。

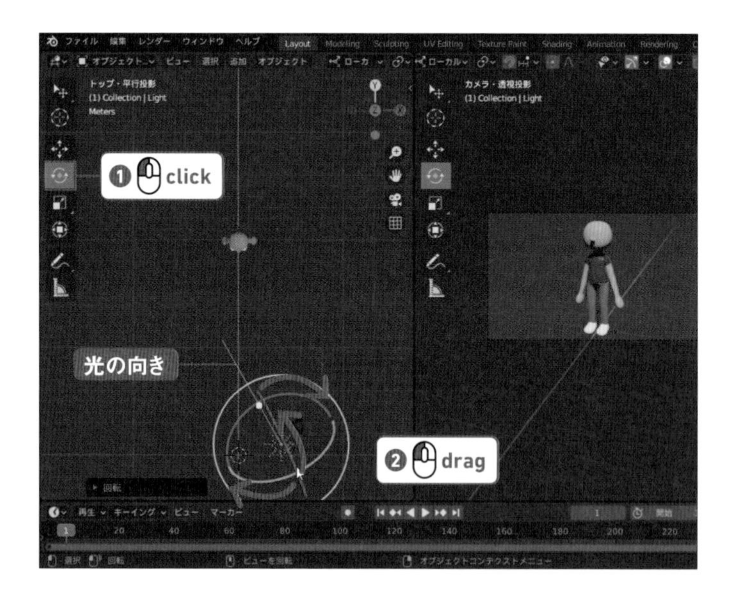

「Chapter5」フォルダ
→ human05_02_s01_after.blend

Step: 02 環境光を追加する

01

広場の真ん中に人が立っていたとして、背中に陽が当たっていなかったとしても真っ暗にはなりません。
これは太陽光が空や地面に当たって反射し、背中に当たっているからです。

memo
背景の設定
背景は、次ページの手順03で解説しています。

02

プロパティエディターを［ワールドプロパティ］に切り替え、［ノードを使用］が有効になっていることを確認してください。
［カラー］の右側のボタンをクリックして［環境テクスチャ］を選択します。
背景が紫色になってしまいました。

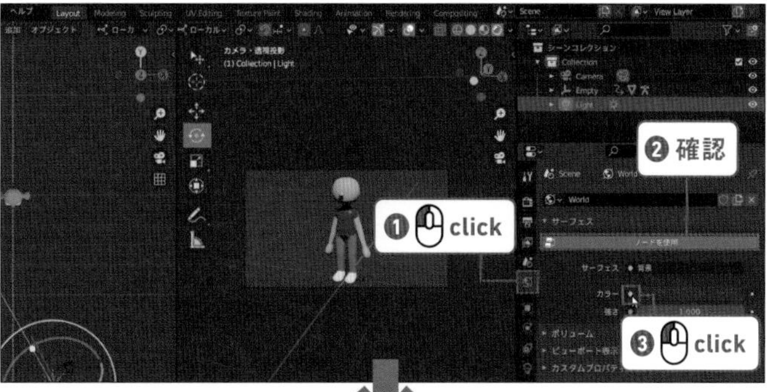

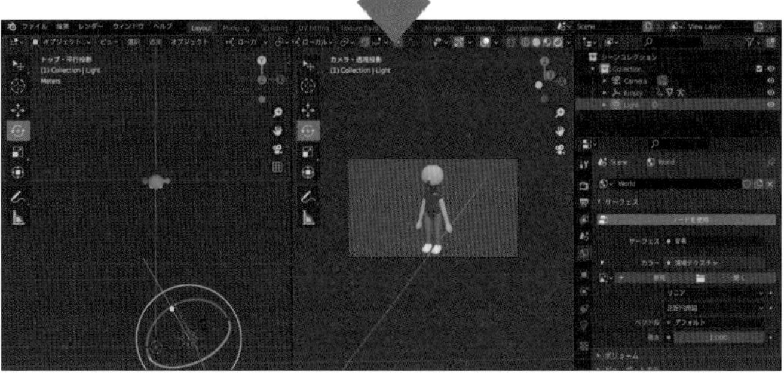

Ready
Chapter 1
Chapter 2
Chapter 3
Chapter 4
Chapter 5
Chapter 6
Appendix

03

光源用の画像を用意します。
「HDRI」という画像データで、光の強さの情報を持った画像ファイルです。
Webで検索するとさまざまな人が無償で配布しているので、好きなものを使用してください。
本書では使用許諾を得た公園のHDRIデータを使用します。「HDRI_001_hdr.exr」ファイルを、開いている「.blend」ファイルと同じフォルダにコピーします。

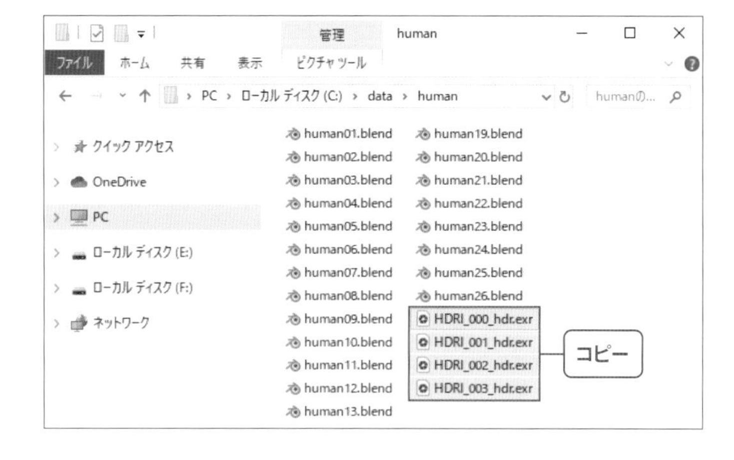

04

[カラー]の[開く]ボタンをクリックするとファイルブラウザが開くので、コピーした画像を選択して[画像を開く]ボタンをクリックします。

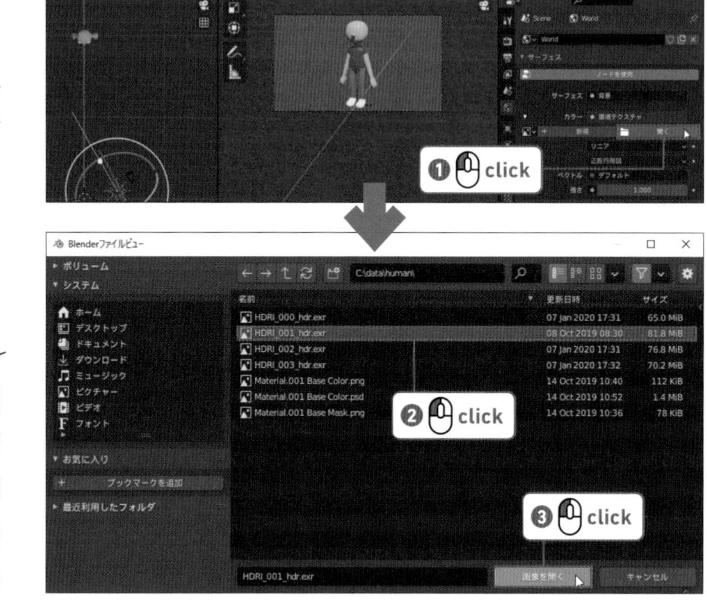

> **memo**
> ### HDRIデータ
> 「Chapter5」フォルダ→「textures」フォルダに「HDRI_001_hdr.exr」を含め4つのHDRIのデータがあります。
> HDRIは、以下のサイトのデータを使用しています。
>
> CGSLAB LLC.
> http://site.cgslab.info/

05

プロパティエディターの[強さ]は「0.08」にします。キャラクターに環境光が当たり、実写の背景がついたので一気にリアルさが増しました。

「Chapter5」フォルダ
→ human05_02_s02_after.blend

Column EasyHDRI アドオンのインストールと使い方

このアドオンをインストールするとHDRIをワンクリックで切り替えることができます。
昼、夜、夕方、室内など、さまざまなライティングでキャラクターの質感を確認することができます。

【アドオンインストール手順】

1-❶ 「.hdr」ファイルを1つのフォルダに複数入れておく（「.exr」は使用できない）。

1-❷ Webで検索し、アドオンをダウンロードする（ここでは【EasyHDRI】http://codeofart.com/easy-hdri-2-8/）。

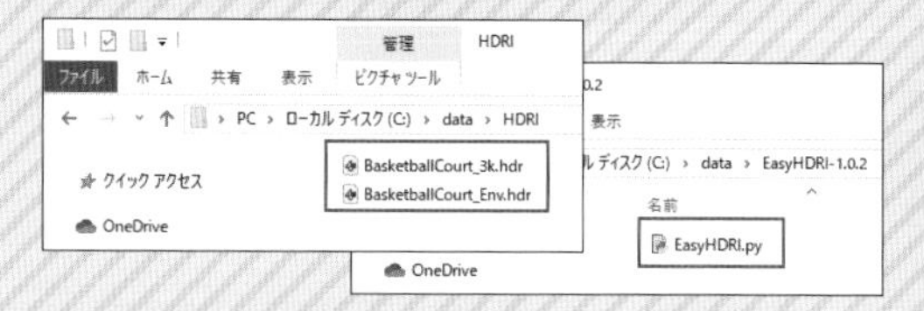

1-❸ 「トップバーの［編集］メニュー→［プリファレンス］の順にクリックして［Blender プリファレンス］ウィンドウを開く。［アドオン］タブをクリックして［インストール］をクリックしする。

1-❹ ダウンロードした「EasyHDRI.py」を選択して［アドオンをインストール］をクリックし、インストールする。

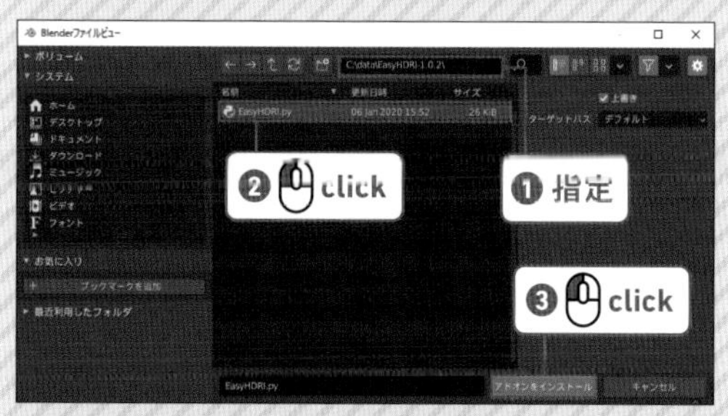

1-❺ アドオンに追加された「3D View:EasyHDRI」にチェックを入れ、有効にする。

【アドオンの使い方】

2-❶ サイドバー（N キーを押して表示）に「EasyHDRI」が追加される。サイドバーの［EasyHDRI］タブを開き、［ディレクトリブラウザーを開く］ボタンをクリックする。

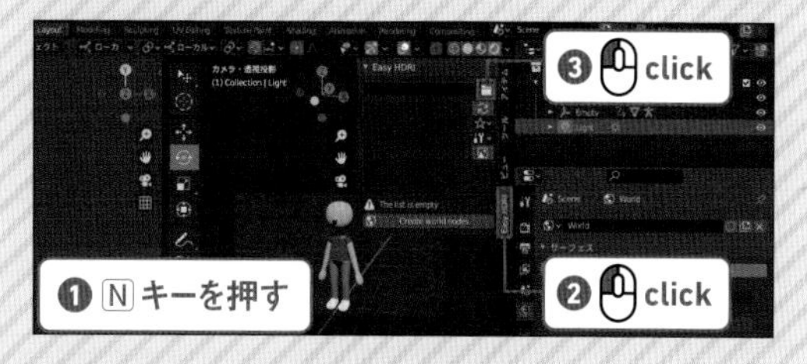

2-❷ ファイルブラウザーで1-❶でまとめておいた「.hdr」ファイルのフォルダを指定する。

2-❸ ［EasyHDRI］タブの［Create world nodes］ボタンをクリックする。

2-❹ ［Load Image］の左右のボタンをクリックすると、HDRIデータが切り替わる。

Chapter 5

03 テクスチャで表情を作ろう

マテリアルの設定作業に戻りましょう。
「テクスチャ」を使って表情を作ります。
テクスチャは立体に貼り付ける画像のことです。
画像(テクスチャ)を顔に貼り付けることにより、簡単に表情を作ることができます。

Step: 01 UV編集の準備をする

01

テクスチャを作る前に、テクスチャをどう立体に貼るのかを指定する必要があります。
正面から貼る方法や筒状に貼る方法などいろいろあり、この平面を立体に貼る工程を「マッピング」といいます。
まずはトップバーの[UV Editing]タブをクリックし、ワークスペースを変更してください。

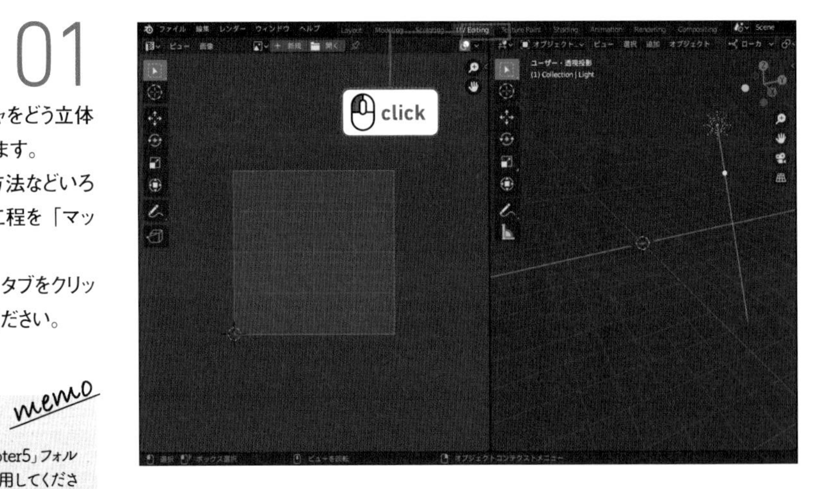

memo

ファイルがない場合は

保存したファイルがない場合は、「Chapter5」フォルダ→「human05_03_s01.blend」を使用してください。

02

右側は 3D ビューポートですがキャラクターが画面の中央にいません。ビューを移動してキャラクターを探すこともできますが、今回はアウトライナーを使用してみましょう。
右上のエディターがアウトライナーです。アウトライナーのヘッダの［Filter］ボタンをクリックし、［オブジェクトの子］のチェックを外します。

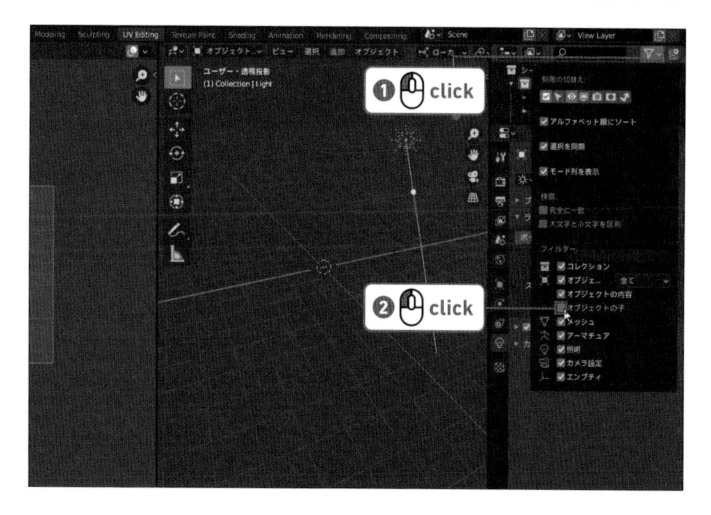

03

キャラクターのメッシュオブジェクト名「Cube」をクリックすると 3D ビューポートでも選択されます。
中央の 3D ビューポートでテンキー . を押すと、選択オブジェクトが見えるようにビューが移動します。

Keyword: アウトライナー

アウトライナーはシーンのオブジェクトの一覧を表示したり管理したりするためのエディターです。
右側の［ビューポートで隠す］アイコンをクリックすると、オブジェクトを一時的に非表示にすることができます。
ペアレントの関係をツリー形式で表示しているので、オブジェクトの子は親のアイコンをクリックしないと見えません。

04

右側の 3D ビューポートでテンキーの 1 キーを押して［フロント・平行投影］ビューにしましょう。ヘッダの［ビュー］ボタンをクリックして［ツールの設定］を選択してチェックを入れてください。ヘッダ部が 2 行になり、操作しやすくなりました。

05

プロパティエディターを［モディファイアープロパティ］に切り替えます。
一番上の［ミラー］モディファイアーのボタンをクリックして［適用］を選択してください。ミラーモディファイアーが消え、オブジェクトのメッシュ自体が左右のメッシュを持つようになりました。

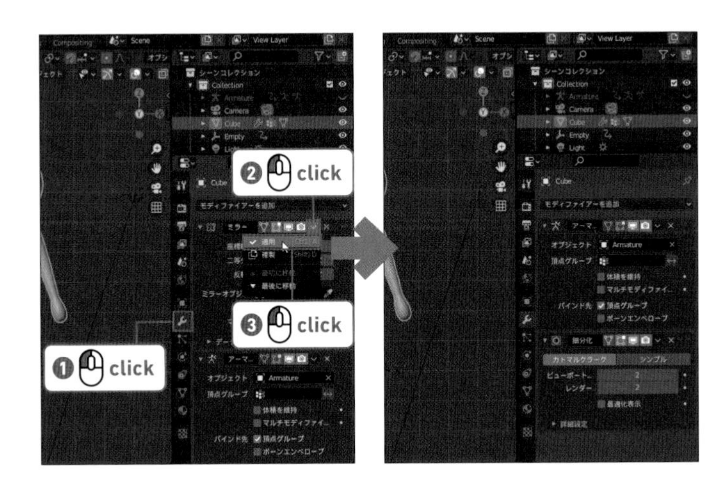

06

3D ビューポートを［編集モード］にします。ヘッダの［透過表示］ボタンをクリックし、裏側の面も選択できるようにしておきます。ヘッダの［面選択］ボタンをクリックします。

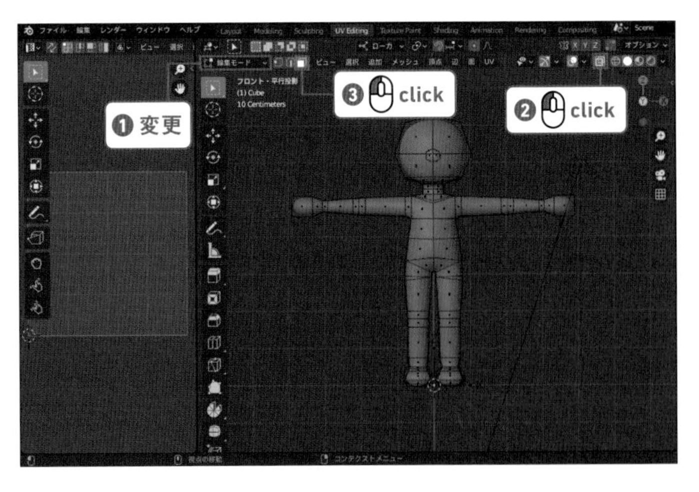

memo

アイコンが表示されない場合

アイコンが隠れて見えないときはヘッダでマウスホイールを回してください。

「Chapter5」フォルダ
→ human05_03_s01_after.blend

Step: 02 UVを必要としないメッシュはよけておく

01

3Dビューポートで A キーを押してすべてのメッシュオブジェクトを選択します。
U キーを押して［ビューから投影］を選んでください（UVの「U」）。
左側のUVエディターにも人の形ができました。

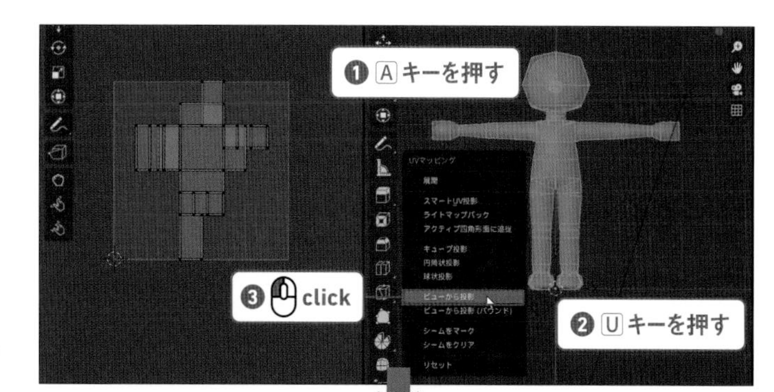

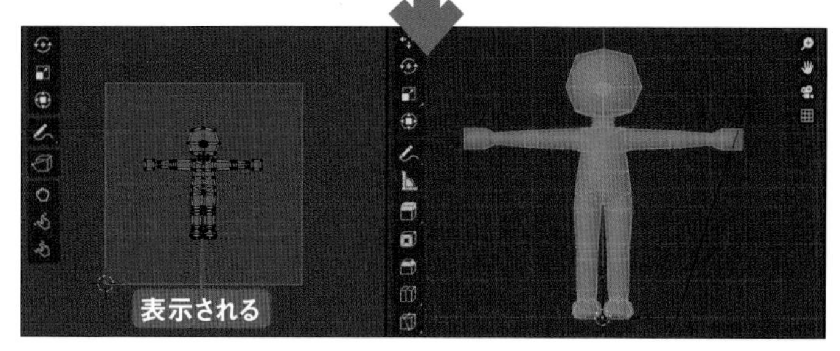

memo

UVマッピング

UVマッピングは画像をメッシュオブジェクトに貼り付ける際、画像とメッシュの頂点の位置関係を指定するマッピングです。
紙工作の展開図や、型紙から服を作るのと同じ方法で平面を立体にします。

02

左側のUVエディターで A キーを押してすべてのオブジェクトを選択します。
S キーで小さくし、G キーで右下の端に移動してください。

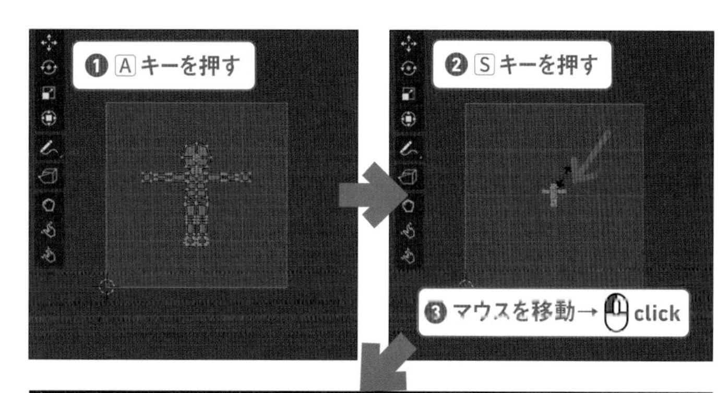

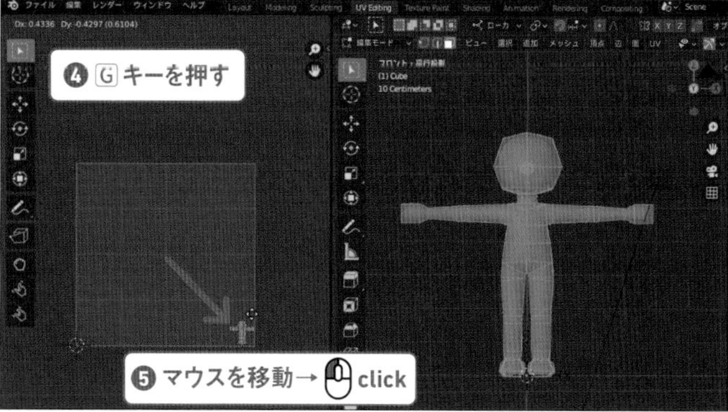

「Chapter5」フォルダ
→ human05_03_s02_after.blend

Step: 03 UVの縫い目(シーム)を設定する

01

顔の部分に画像を割り当てる準備をします。顔の画像が描かれた布を正面から頭部を包むように貼り付けて、後ろで合わせるイメージです。
後ろで合わせた部分や体との継ぎ目のことを「縫い目（シーム）」といいます。
3D ビューポートのヘッダで［辺選択］ボタン をクリックします。

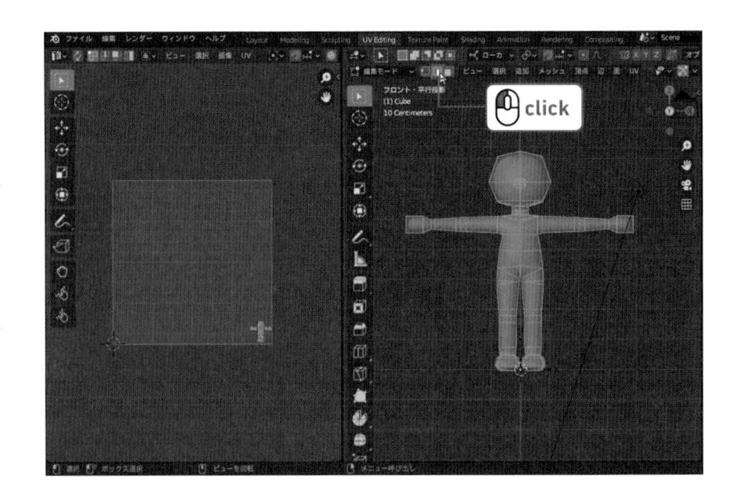

02

3D ビューポートを少し斜めにし、首のあたりを拡大表示します。
首と顔の継ぎ目の部分の辺を Alt（option）キーを押しながらクリックすると、ぐるっと一周、辺が選択されます。

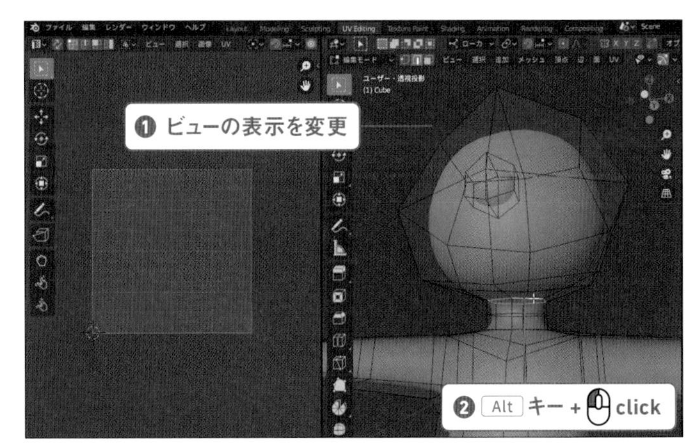

03

U キーを押して［シームをマーク］を選択します。選択した辺が赤くなりました。
これで UV が顔の部分と体の部分に分かれました。

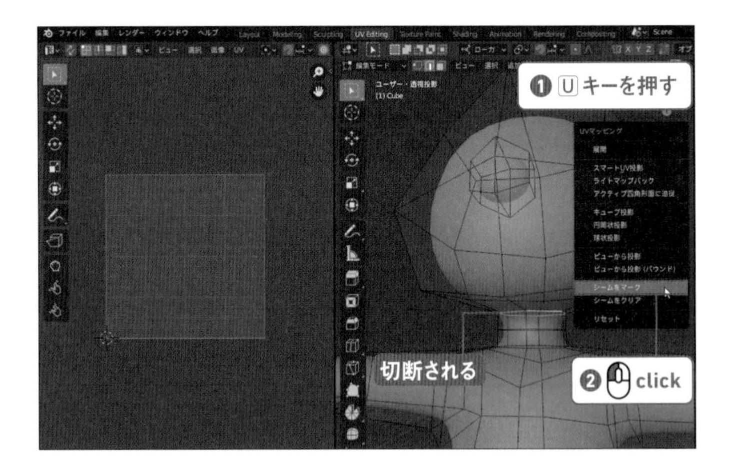

04

後頭部の中心を下から上へと Shift キーを押しながらクリックして追加選択し、先ほど作った首のシームから額までの辺を図のように選択します。
U キーを押して［シームをマーク］を選択してください。

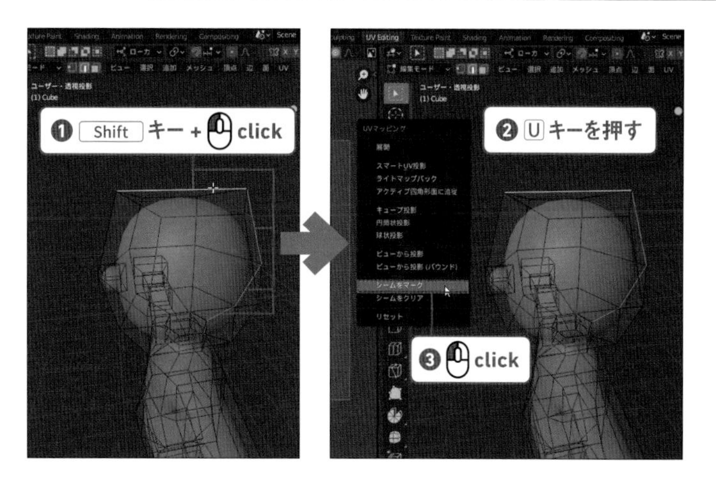

「Chapter5」フォルダ
→ human05_03_s03_after.blend

Column シーム編集

シームの作成は右クリックして表示されるメニューや、ヘッダの［UV］から行うこともできます。

シームを消したい場合は辺を選択し、U キーを押して［シームをクリア］を選択してください。

Step: 04 頭部のUVを編集する

01

3D ビューポートのヘッダの［面選択］ボタンをクリックします。
頭部のどこでもよいので、鼻以外をクリックして選択します。
L キーを押すとシームまでの面がすべて選択されます。

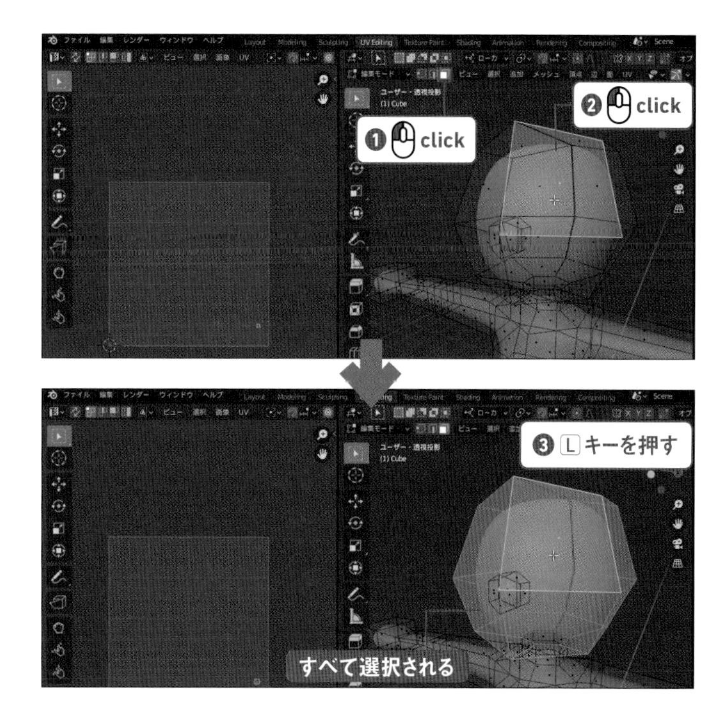

02

3D ビューポートで U キーを押して［展開］を選択してください。
左側の UV エディターに顔の展開図が作成されました。

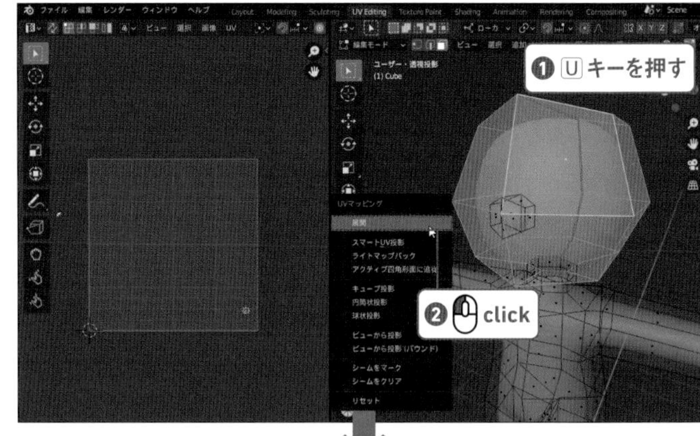

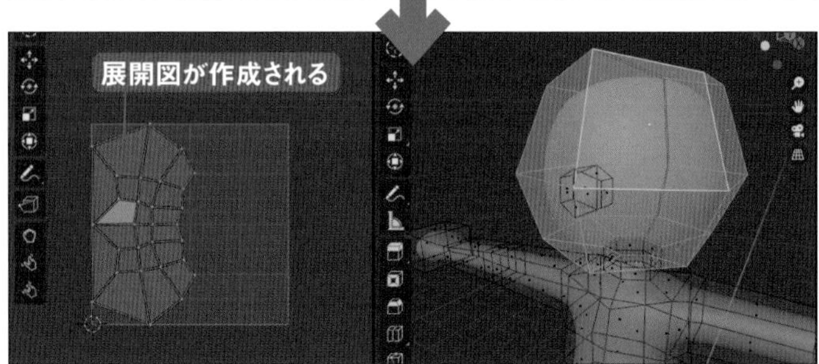

memo UVエディタで表示される面

3Dビューポートで選択されている面だけがUVエディターに表示されます。
3Dビューポートで選択されていないUVも編集したい場合は、UVエディターのヘッダの左端の［UVの選択を同期］ボタンをクリックしてください。

03

左側の UV エディターで A キーを押してすべて選択します。
R キーを押し、 Ctrl キーを押しながら、全体を左に 90 度回転します。

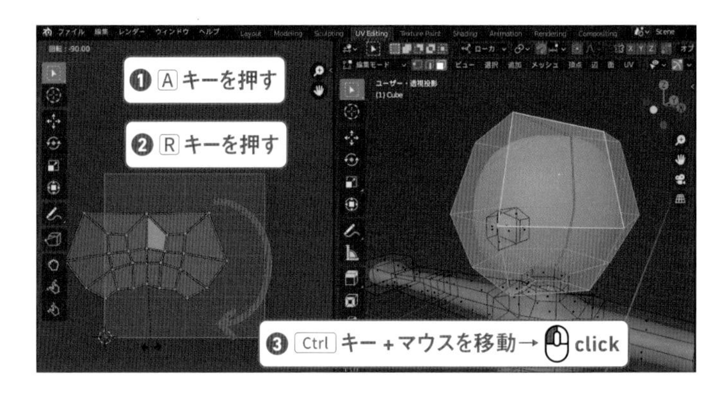

04

G キーで移動、 S キーでほんの少し縮小し、UV を図のように編集してください。

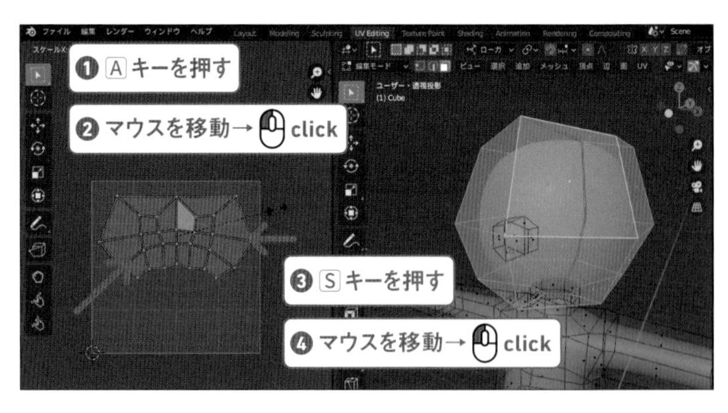

05

左側の UV エディターのヘッダの［オーバーレイを表示］の右側のボタンをクリックします。
［ストレッチを表示］にチェックを入れ、右側のボックスをクリックして「エリア」を選択します。
オレンジや緑に面が塗られています。
3D での表示よりも UV エディターで面積が小さくなっている面が緑、UV エディターで大きくなっている面がオレンジで表示されています。

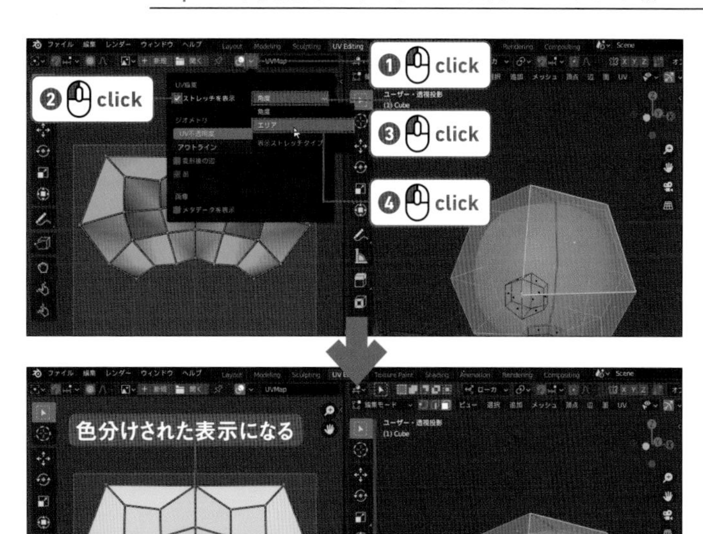

memo アイコンが表示されない場合

アイコンが隠れて見えないときはヘッダでマウスホイールを左右に回転してください。

06

中央の 8 面を範囲選択で選択し、全体の色の差が少なくなるように拡大します。
中央の 4 つの面に表情が入るので、ここは広めにしてください。
この 4 つの面は、右側の 3D ビューポートで正面から見た形に近づけてください。
ぴったり左右対称にする必要はありません。

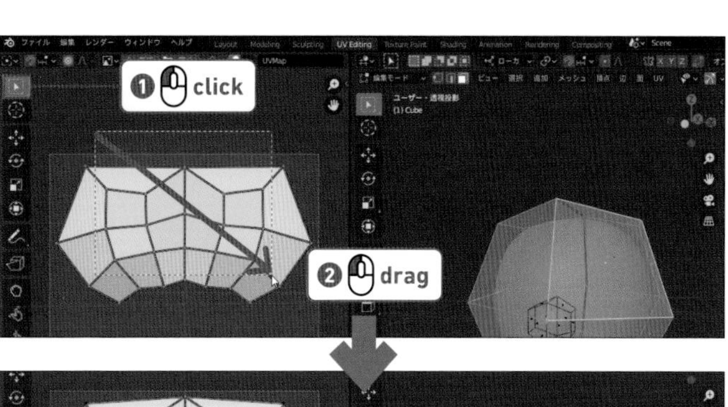

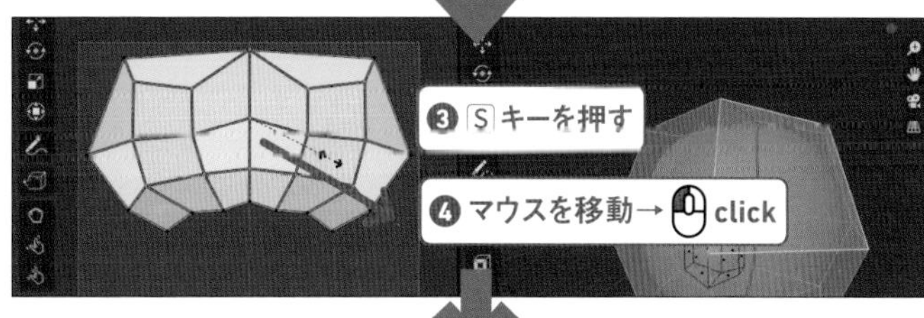

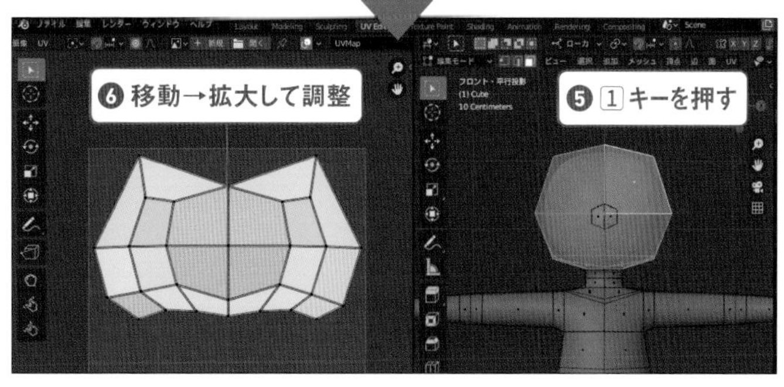

memo UV編集のコツ

立体を無理やり平面にしているので、まったく歪みのない完全なUVを作ることはできません。
シームをどんどん増やせば歪みが無くなりますがテクスチャの作成が難しくなります。
重要な面を集中的に歪みを少なく、広くしてください。
ショートカットはメッシュの編集と同じです。

G → Y:縦方向に移動
S → Y → 0 → Enter:複数の選択点を横一列に並べる

「Chapter5」フォルダ
→ human05_03_s04_after.blend

Step: 05 顔の画像を作る

01

トップバーの［Texture Paint］タブをクリックしてワークスペースを切り替えます。
左側が「画像エディター」、右側が「3D ビューポート」です。
3D ビューポートでテンキー . を押して選択オブジェクトをビューに表示し、ヘッダの［マテリアルプレビュー］ボタン をクリックします（Z キーを押しても切り替えられます）。

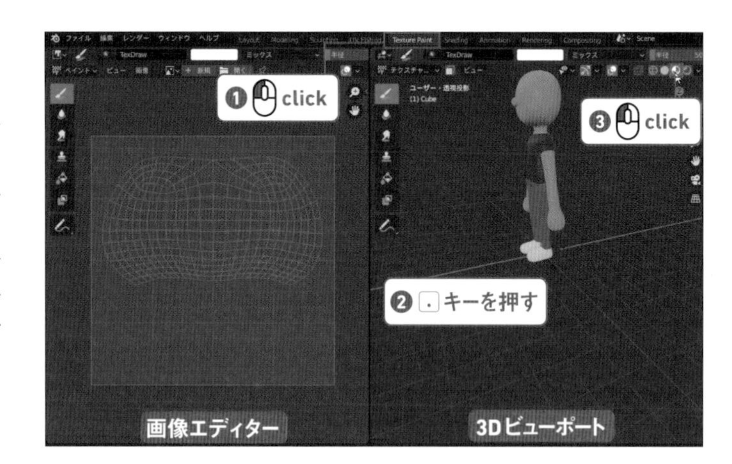

02

プロパティエディターを［アクティブツールとワークスペースの設定プロパティ］ に切り替えます。
肌のマテリアル「Material.001」をクリックして選択します。
［テクスチャなし］の右側の［テクスチャペイントスロットを追加］ボタン をクリックし、［ベースカラー］を選択してください。

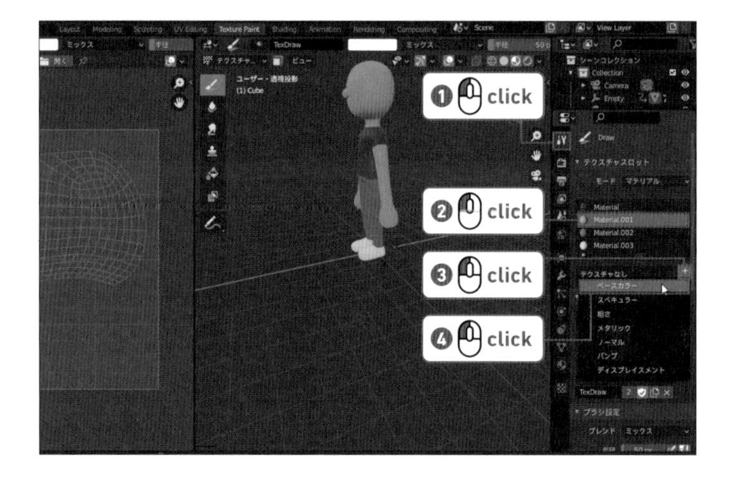

03

［テクスチャペイントスロットを追加］ダイアログが表示されるので、［カラー］を肌色に変更して［OK］ボタンをクリックします。肌色はあとで調整します。
これが肌色部分のテクスチャになります。

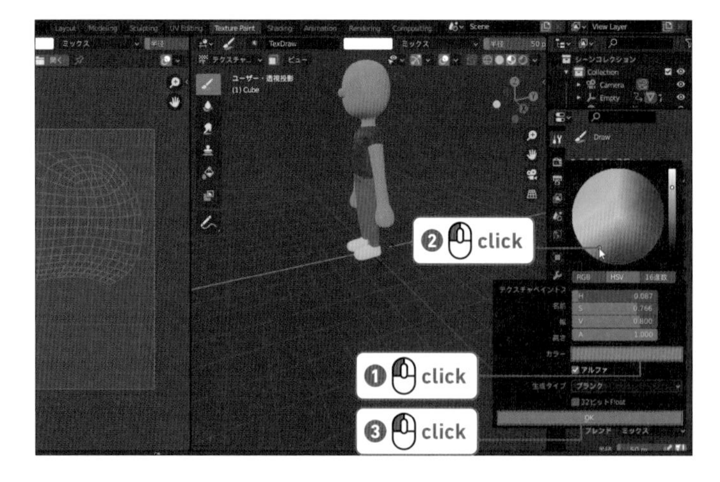

04

左側の画像エディターのヘッダの［リンクする画像を閲覧］ボタン をクリックして「Material.001 Base Color」を選択してください。

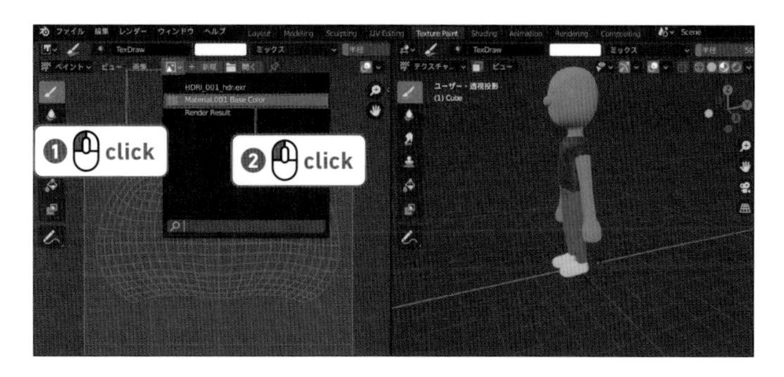

05

左側のツールバーで［フィル］ボタン をクリックして画像をクリックすると、白が塗られ、肌色が薄くなります。

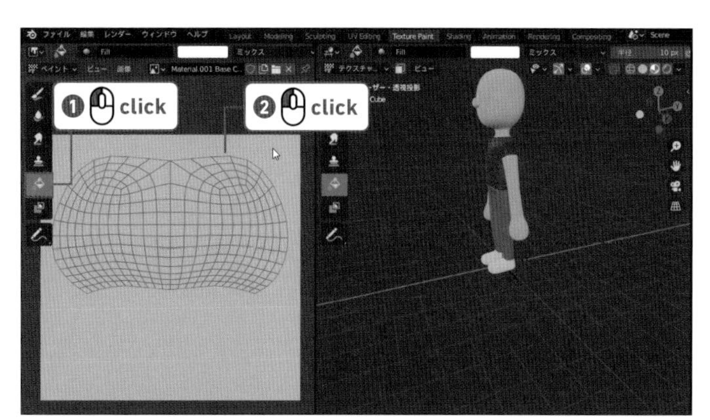

06

プロパティエディターの［カラーピッカー］で肌色を選び、画像エディターで再び塗ってください。
好きな肌色になるまで繰り返し調整します。

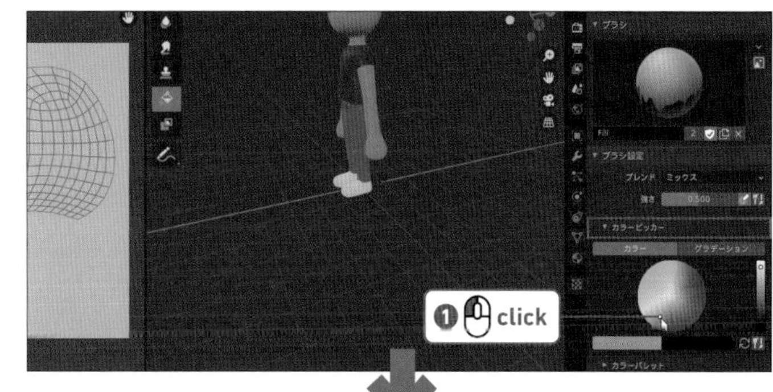

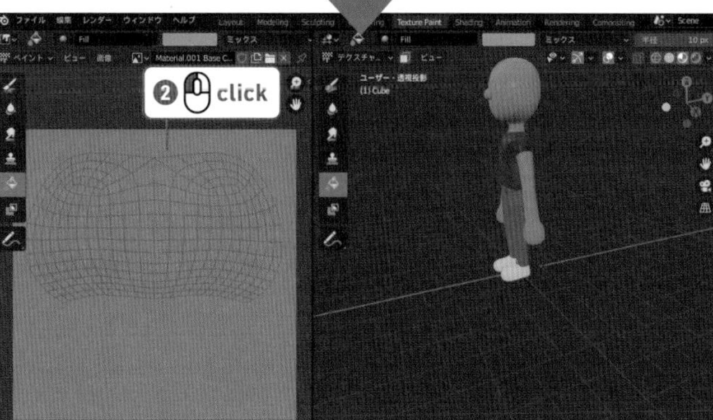

memo

プロパティタブが表示されない場合

プロパティタブが隠れて見えないときはマウスホイールを回転して下にスクロールしてください。

07

今度は 3D ビューポートのツールバーで［ドロー］ツール をクリックしてください。
プロパティエディターのブラシの［半径］を「10」、［強さ］を「1」に変更し、［カラーピッカー］の右下の［カラーを交換］ボタン をクリックして色を黒にします。
これでテクスチャを描く準備ができました。

08

目と口を描きましょう。3D ビューポートで顔の部分をマウスのホイールボタンでスクロールして拡大表示してください。
3D ビューポートのオブジェクトにドラッグして直接描くことができます。

memo

描画をやり直したい場合

うまく描けない場合は、Ctrl（command）＋Zキーで戻すことができます。
消しゴムツールはありませんが、画像エディターの肌色の部分にマウスカーソルを移動し、Sキー（スポイトの「S」）を押すとペンの色が肌色になるので、塗りつぶして修正できます。

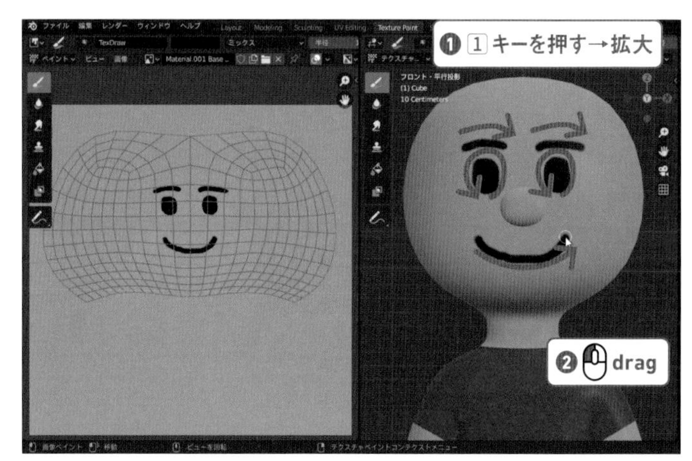

09

左側の画像エディターでも同様に描くことができます。
髪の毛も描きましょう。

memo

描画に便利なショートカット

Sキー：スポイト
Xキー：使用する色（2択）を切り替える
Fキー：ペンの太さを変更する
Shift＋Fキー：塗る濃さを変更する

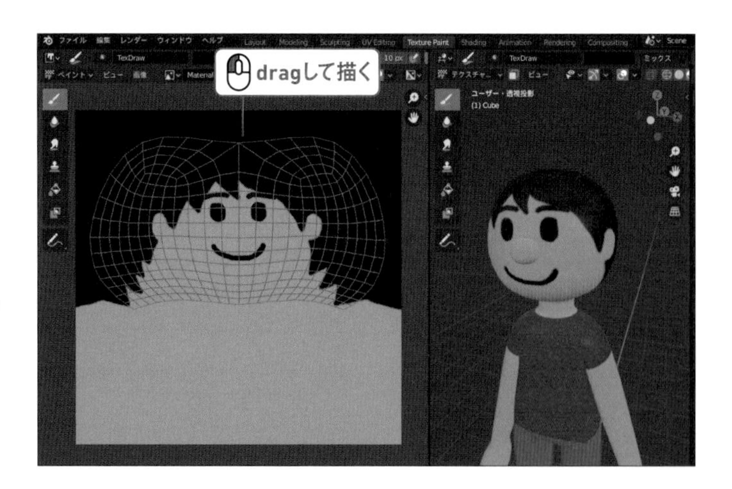

10

画像エディターのヘッダの［画像］ボタンをクリックし、［名前をつけて保存］を選択します。保存先を指定し、ファイル名はそのままで［画像を別名保存］ボタンをクリックして画像を保存してください。

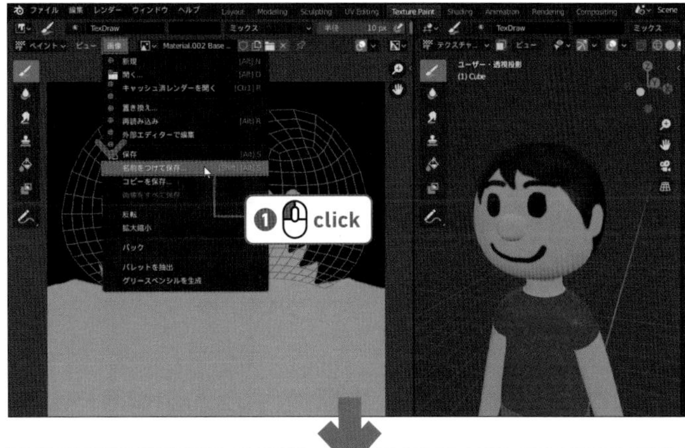

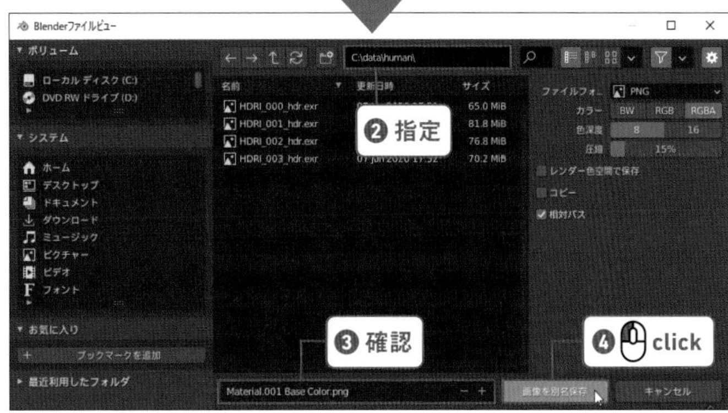

「Chapter5」フォルダ
→ human05_03_s05_09_after.blend

Column ペンの色を保存する

ペンの色は、2つの色を用意して［ブラシカラーを切替え］ボタンで切り替えることができます。
もっとたくさんの色をとっておきたい場合は、その下の［カラーパレット］を使用してください。

【カラーパレットの色の追加手順】

❶ アクティブツールとワークスペースの設定プロパティ］の「カラーパレット］を開く
❷［Palette］の下の［新規パレットカラー］ボタンをクリックすると、現在の描画色が追加される（［パレットカラーを削除］ボタンで削除できる）
❸ 別のカラーを追加する場合は、［カラーピッカー］で色を選択し、［新規パレットカラー］ボタンをクリックする

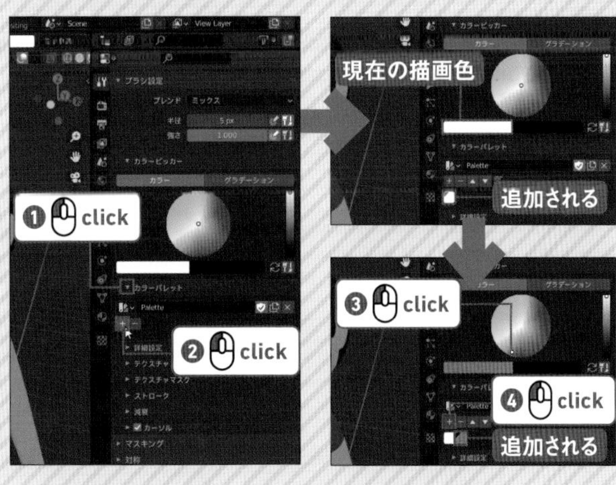

Step: 06 他のソフトで画像を編集する

01

Adobe Photoshop など、他の画像ソフトでテクスチャを編集することができます。
トップバーの［編集］メニューをクリックし、［プリファレンス］を選択します。

02

［Blender プリファレンス］ダイアログが開くので、［ファイルパス］→［アプリケーション］の順に開きます。
［画像エディター］の［ファイルブラウザを開く］ボタン をクリックします。

03

画像編集ソフトの「.exe」ファイルを選択してください（ここでは Windows のペイント「mspaint.exe」）。
指定できたら、［Blender プリファレンス］ダイアログの［閉じる］ボタン をクリックして閉じます。

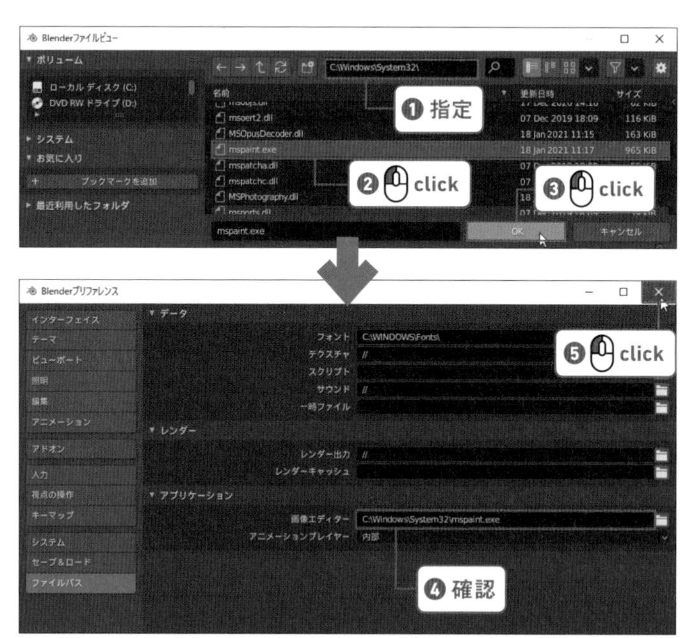

macOSのプレビューを使う場合 memo

macOS標準の「プレビュー」を指定する場合は、［画像エディター］に、
/Applications/preview.app/
を指定します。

画像エディター　/Applications/Preview.app/

04

画像エディターのヘッダの［画像］ボタンをクリックして［外部エディターで編集］を選択すると、編集中の画像が、ブレンダー外部の画像編集ソフトで開きます。
画像編集ソフトでの編集が終わったら上書き保存します。

memo

各ソフトの使い方

それぞれのソフトの詳しい使い方については、各ソフトの解説書をお読みください。

05

ブレンダーの画像エディターのヘッダの［画像］ボタンをクリックして［再読み込み］を選択すると、テクスチャが編集した画像に置き換わります。

memo

3Dビューポートの表示が切り替わらない場合

［再読み込み］をしても右側の3Dビューポートの表示が切り替わらない場合は、一度ファイルを閉じてから、開き直してみてください。

「Chapter5」フォルダ
→ human05_03_s06_after.blend

Chapter 5

04 カメラを配置しよう

映画の撮影にカメラが必要なように、ブレンダーでの撮影（レンダリング）にもカメラが必要です。
ここでは、ムービー作成のために2台のカメラを用意します。

Step: 01 ムービー後半を写すカメラを作る

01

トップバーのワークスペースを［Layout］タブに戻します。
キャラクターのオブジェクトを選択し、タイムラインのカレントフレームを着地した時間（「191」フレーム）に変更します。
左側の3Dビューポートでテンキーの 3 キーを押し、右側のカメラビューでテンキーの . キーを押してキャラクターが見えるようにビューを移動します。

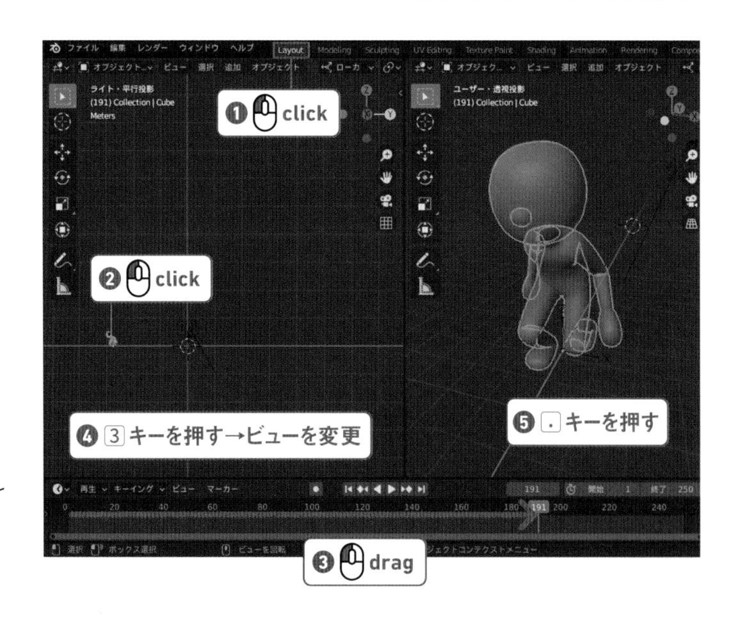

memo

ファイルがない場合

保存したファイルがない場合は、「Chapter5」フォルダ→「human05_04_s01.blend」を開いてください。

02

右側のカメラビューで Z キーを押して［レンダー］を選択し、着地がカッコよく見えるように、マウスの中ボタンでドラッグするなどしてビューを操作してください。
［再生］ボタン をクリックし、アニメーションでも確認しておきましょう。

背景が表示されない場合　memo

ファイルを開き直した場合、背景が表示されないことがあります。［ワールドプロパティ］ の［カラー］タブの［画像を開く］ボタン から設定しなおすことで、表示されるようになります。

03

ヘッダの［ビュー］ボタン→［視点を揃える］→［現在の視点にカメラを合わせる］の順に選択します。
カメラが視点の位置に移動し、カメラビューになりました。

ショートカットキー　memo

［現在の視点にカメラを合わせる］のショートカットキーは、Ctrl + Alt（command + option）+テンキー 0 です。

04

左側の 3D ビューポートでツールバーを表示し（T キー）、［移動］ツール をクリックします。
ヘッダの座標系を［ローカル］に切り替えます。
カメラオブジェクトを選択し、ギズモでカメラを移動、回転して右側のカメラビューの見栄えをよくしてください。

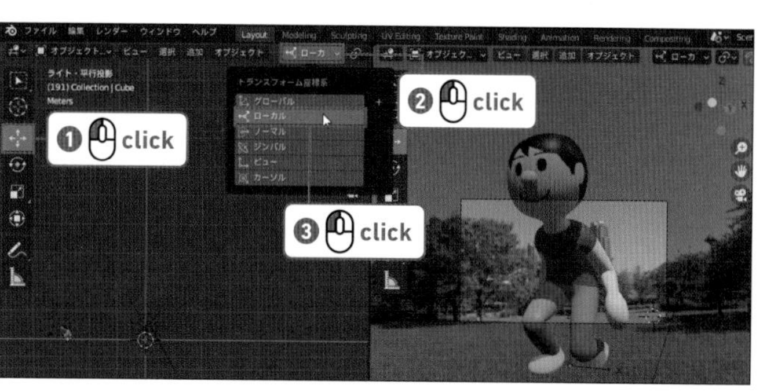

05

プロパティエディターを［オブジェクトデータプロパティ］に切り替えます。
［レンズ］の［終了］の値を「1000」に変更します。1000 メートルの距離までカメラで映すことができるようになりました。
着地撮影用のカメラの準備ができました。

「Chapter5」フォルダ
→ human05_04_s01_after.blend

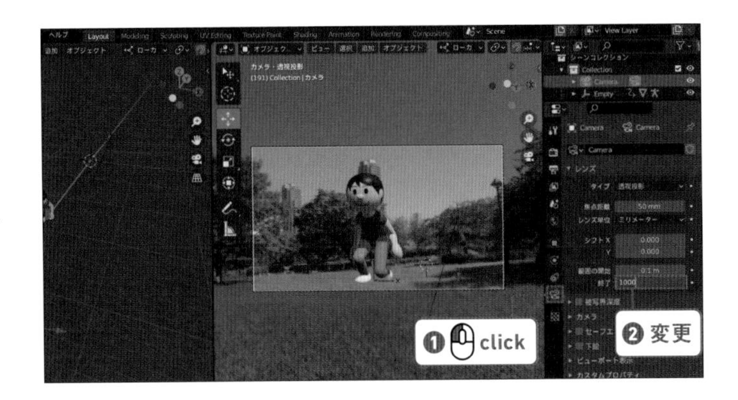

Step: 02 前半を写すカメラを作る

01

左側の 3D ビューポートのヘッダの［追加］ボタンをクリックし、［カメラ］を選択します。
2 つ目のカメラ「カメラ .001」ができました。

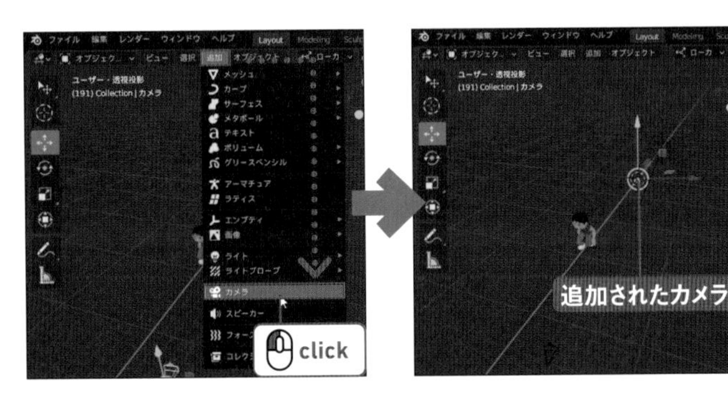

02

右側の 3D ビューポートのヘッダから［ビュー］ボタン→［カメラ設定］→［アクティブオブジェクトをカメラに設定］を選択してください（ショートカット：Ctrl（command）＋テンキー 0）。

Column アクティブなカメラ

3D ビューポートではカメラの上に三角がついています。カメラが複数ある場合、三角が塗りつぶされているカメラが 1 つだけあります。
これがアクティブ（現在選択されている）なカメラです。レンダリングはアクティブなカメラで行われます。

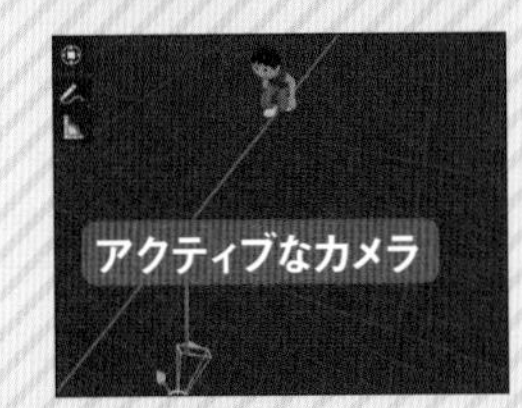

03

キャラクターのメッシュオブジェクトを選択し、タイムラインでカレントフレームを「1」フレームにします。
右側の 3D ビューポートでテンキーの 3 キーを押して［ライト・平行投影］ビューに変更し、テンキーの . キーを押してキャラクターが見えるようにします。

04

右側の 3D ビューポートでのヘッダの［ビュー］→［視点を揃える］→［現在の視点にカメラを合わせる］を選択します。カメラが視点の位置に移動し、カメラビューになりました。

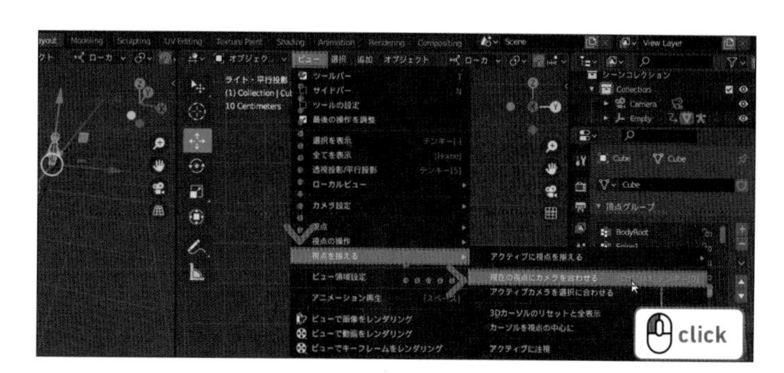

「Chapter5」フォルダ
→ human05_04_s02_after.blend

Step: 03 前半のカメラの位置を決める

01

カメラの設定を「望遠」にしてみましょう。
アウトライナーで「カメラ .001」を選択してください。
プロパティエディターを［オブジェクトデータプロパティ］に切り替え、［焦点距離］を「135」に変更します。

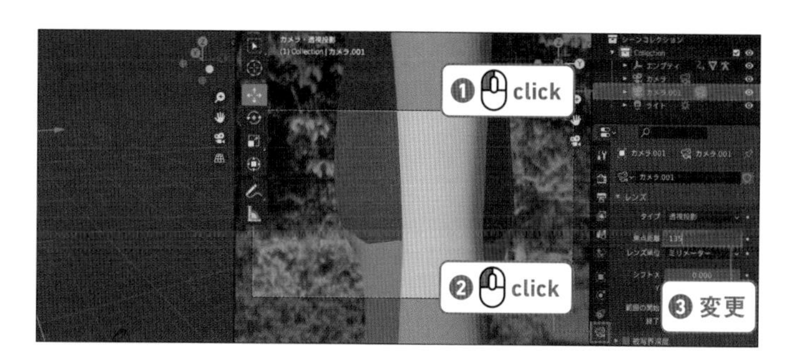

02

カメラの位置を後ろに下げましょう。
左側の 3D ビューポートでカメラを後ろに移動して、キャラクター全体がカメラに収まるようにしてください。

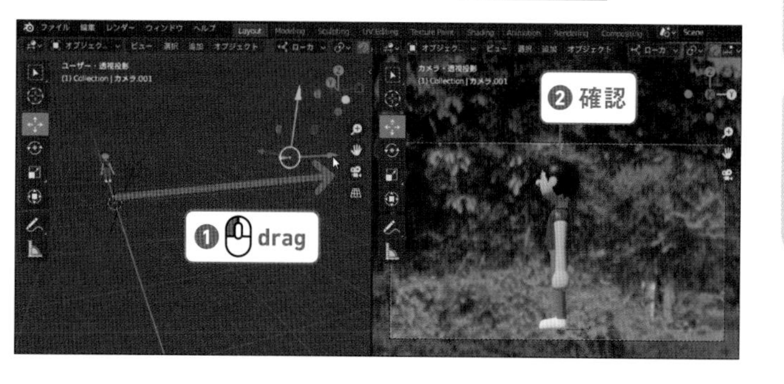

03

プロパティエディターを［オブジェクトコンストレイントプロパティ］🔘に切り替えます。
［オブジェクトコンストレイントを追加］をクリックし、［位置コピー］を選択します。

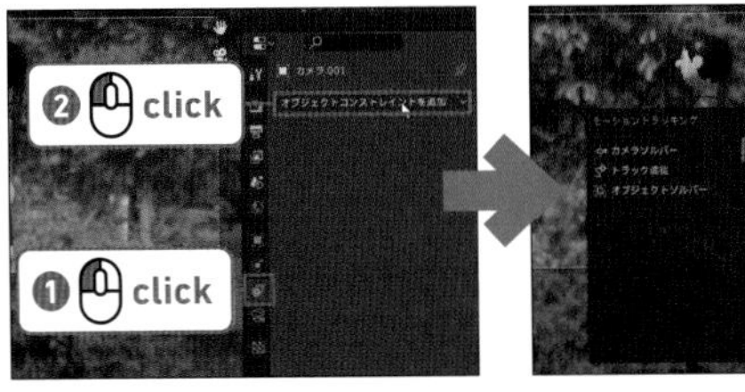

04

プロパティエディターの［ターゲット］の横のボックスをクリックして［エンプティ］を選択します。［X］と［Z］のチェックボックスを外して［Y］だけがチェックが入っている状態にしてください。
［再生］ボタン▶をクリックすると、キャラクターにカメラが付いて行っています。

「Chapter5」フォルダ
→ human05_04_s03_after.blend

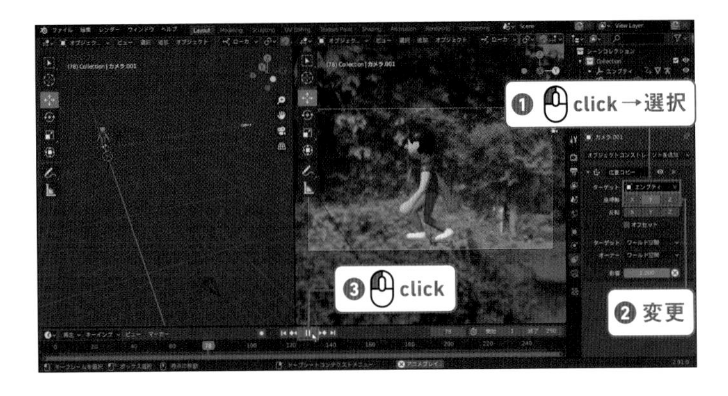

Column 焦点距離と画角

「焦点距離」の値はカメラのレンズからフィルムまでの距離（焦点距離）を表しています。
単位はミリメートルです。一般的に 50mm が標準とされていて、これより少ないものを「広角」と呼び、大きいものを望遠と呼んでいます。望遠は客観的で静かな雰囲気になり、広角はダイナミックな表現で使用します。
値を小さくすると広い範囲を写す「広角」になり、大きくすると望遠になります。
焦点距離の値にアニメーションキーを作るときは、値の上で I キーを押してください。

［レンズ単位］を［ミリメーター］から［視野角］に切り替えると、値が画角表示になります。
画角と焦点距離の関係は図のようになっています。

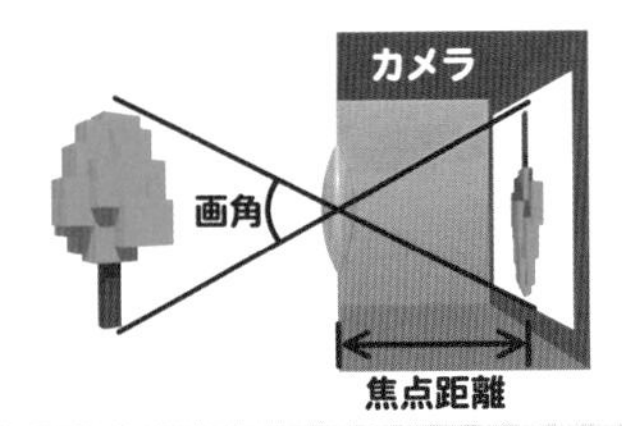

Keyword: 被写界深度

被写界深度を使うとピントがあっているところ以外をぼかすことができます。
カメラの［オブジェクトデータ］プロパティの［被写界深度］にチェックを入れると使用できます。
［ピントの位置］でピントを合わせる被写体までの距離を指定し、絞りの［F 値］でぼかし具合を指定します。

映像を編集しよう ～シーケンサー編～

複数のカメラ、複数のシーンを組み合わせて映像を作りましょう。
この章ではキャラクターがひたすら歩くだけの簡単なアニメーションを作ります。
シーンの組み立て方法を覚えれば、ストーリー、演出、アイデアしだいで、
ドラマチックな作品を作ることができます。

Chapter 6

01 背景を作成しよう

まずは背景を作りましょう。天気がよい日の平原を作ります。Readyでキャラクターを作ったときのように、プリミティブを組み合わせて作ります。

Step: 01 地面を追加する

01

Chapter5 で保存したキャラクターのファイルを使用します。
カレントフレームを「1」フレームにし、左側の3D ビューポート上でテンキーの 7 キーを押して［トップ・平行投影］ビューにします。ヘッダの［追加］ボタンをクリックし、［グリッド］を選択します。
Alt（Option）+G キーで平面を原点に移動します。

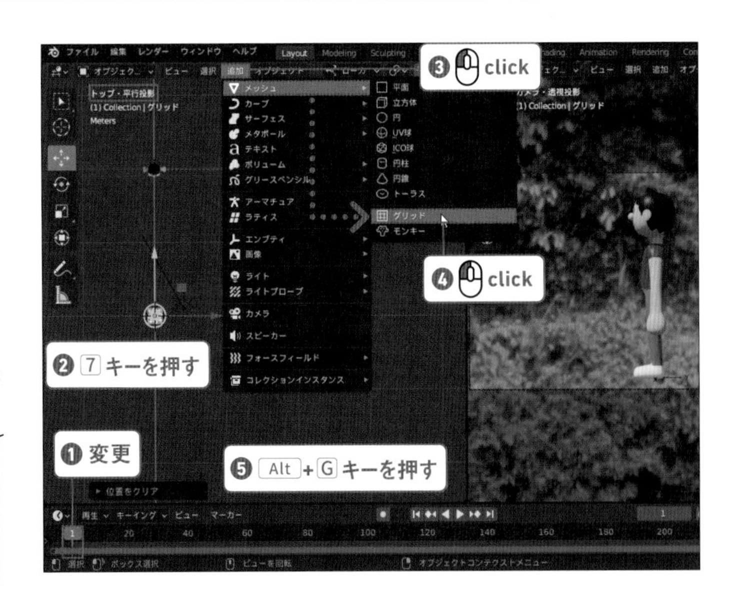

memo

ファイルがない場合は

保存したファイルがない場合は、「Chapter6」フォルダ→「human06_01_s01.blend」を使用してください（背景が表示されない場合はp.193のmemo参照）。

02

S キーを押したあとに、2 → 0 → 0 → Enter キーの順に押してください。平面が 200 倍に拡大されます。
数値入力中は3D ビューポート左上に数値が表示されています。
右側のカメラビューを見ると地面に影が落ちています。

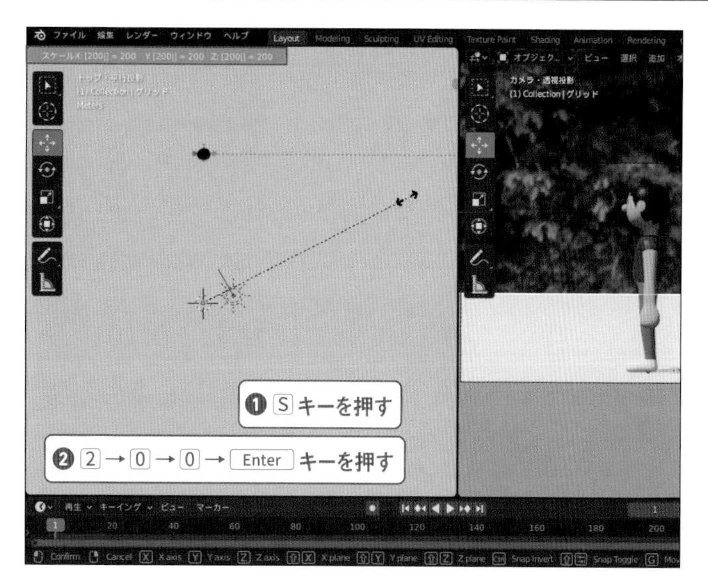

影が表示されない場合は　*memo*

影が現れない場合は、カメラビューでZキーを押し、シェーディングが［レンダー］になっているかを確認してください。

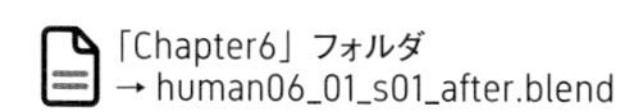
「Chapter6」フォルダ
→ human06_01_s01_after.blend

Step: 02 地面のマテリアルを作る

01

移動していることがわかるように、地面に模様（テクスチャ）をつけます。テクスチャは画像ファイルを使用しなくても、ノイズや市松模様などいくつかのパターンが用意されています。
地面用のマテリアルを作成します。プロパティエディターを［マテリアルプロパティ］に切り替えます。
地面オブジェクトを選択している状態で、［新規］ボタンをクリックしてください。

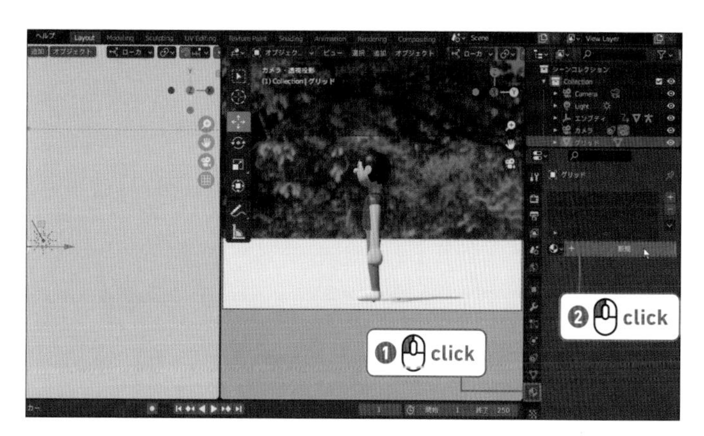

02

［ベースカラー］の右側の ボタンをクリックして［レンガテクスチャ］を選択します。

03

プロパティエディターで、[ベースカラー]タブの数値を次のように設定してください。

色 1	緑
色 2	深緑
スケール	30
モルタルサイズ	0

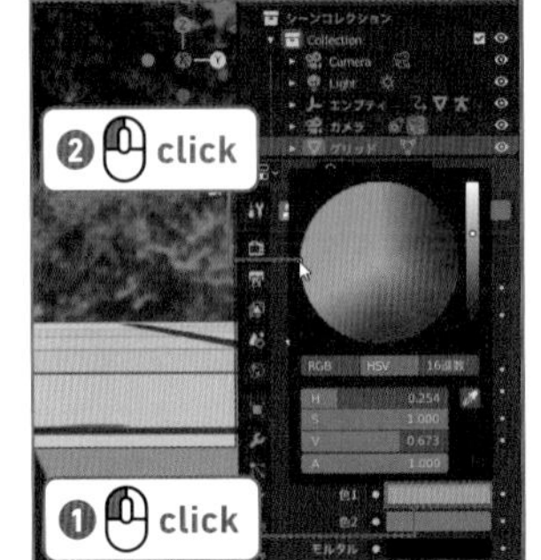

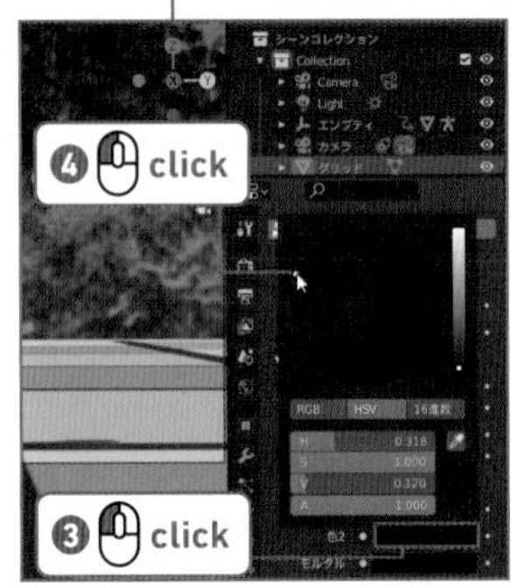

❺ 設定

memo

タブが表示されない場合

タブが隠れて見えないときは、プロパティエディターでマウスホイールを上下に回転してください。

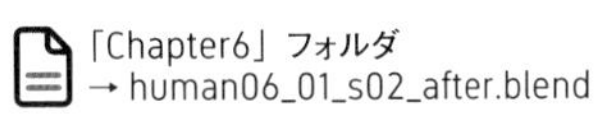

「Chapter6」フォルダ
→ human06_01_s02_after.blend

Step: 03 空の色を変える

01

左側の3Dビューポートのヘッダの[追加]ボタンをクリックし、[UV球]を選択します。

02

3Dビューポート上で S キーを押したあとに、5→0→0→Enter キーの順に押して500倍に拡大します。

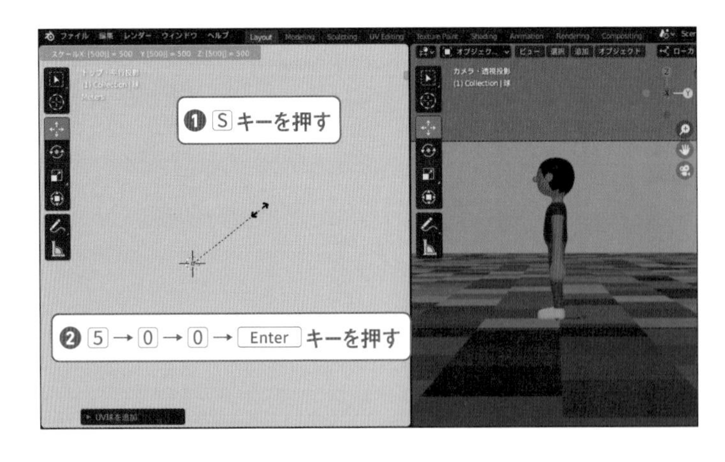

03

3D ビューポートのヘッダで［オブジェクト］ボタンをクリックし、［スムースシェード］を選択してください。
背景のグレーの部分の境目が見えなくなりました。

04

［マテリアルプロパティ］のプロパティエディターで新規にマテリアルを作成します。
［新規］ボタンをクリックします。
［ベースカラー］をクリックして空色を指定してください。

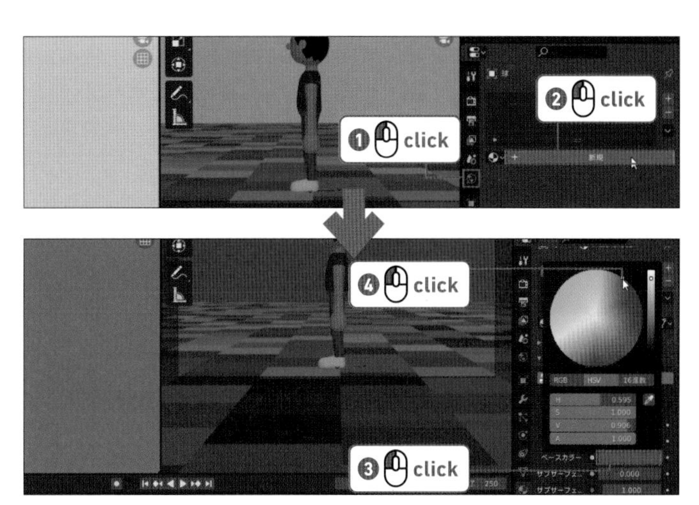

05

空の球体を作ると太陽光が球の中に入りません。
［マテリアルプロパティ］を下にスクロールし、［設定］タブを開き、［影のモード］を「不透明」から「なし」に変更します。
プロパティエディターを［オブジェクトプロパティ］に切り替え、［ビューポート表示］の［影］のチェックボックスをクリックしてチェックを外し、太陽光が球の中に届くようにしてください。

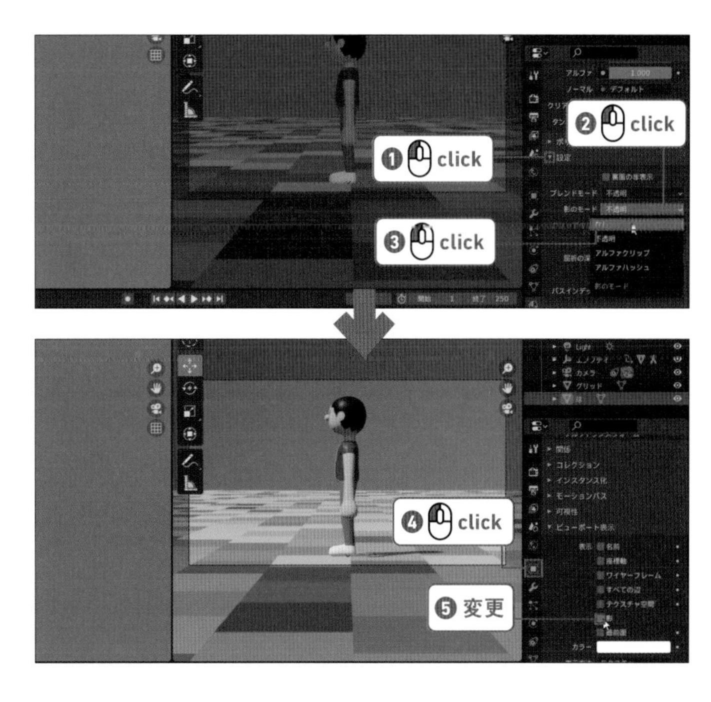

memo

空の影

Eeveeは太陽光といえども光源の近くだけ計算処理しているので影をオフにしなくても光は届いていますが、他のレンダラー（Cyclesなど）では真っ暗になってしまうので、一応空の影はオフにしておきましょう。

「Chapter6」フォルダ
→ human06_01_s03_after.blend

Step: 04 遠くの山を作る

01

左側の3Dビューポートで Z キーを押し、[ワイヤーフレーム] 表示にします。

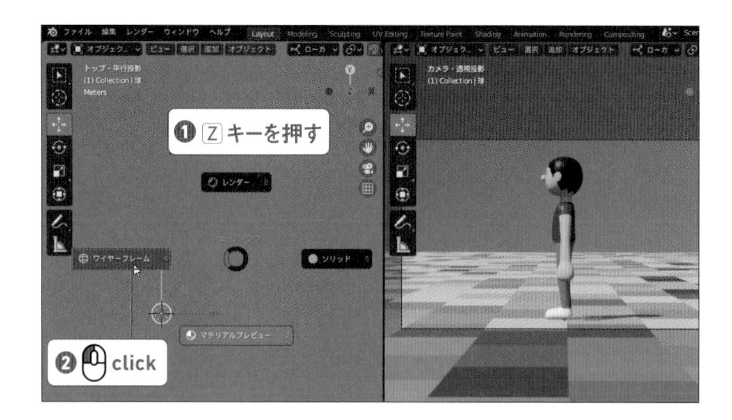

02

ヘッダの [追加] をクリックし、[円錐] を選択します。
50倍に拡大し、(S → 5 → 0 → Enter キー) 地面の左端より外に移動します。

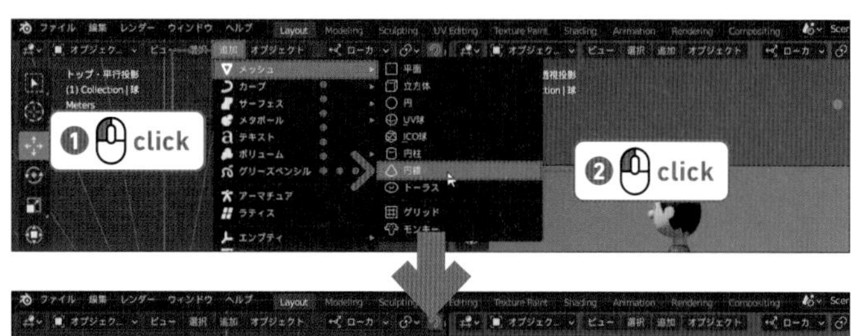

03

右側のカメラビューで S → Z キーを押して、円錐の高さを低くします。
位置と大きさを修正してください。

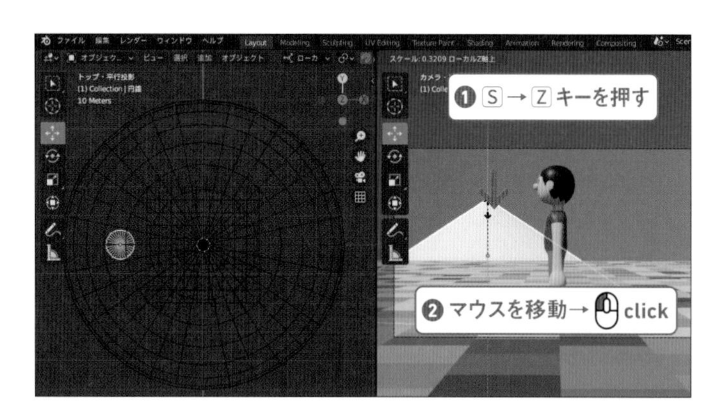

04

山のマテリアルは、新規にマテリアルを作り、[ベースカラー]を「深緑」に、[スペキュラ]を「0」に変更します。

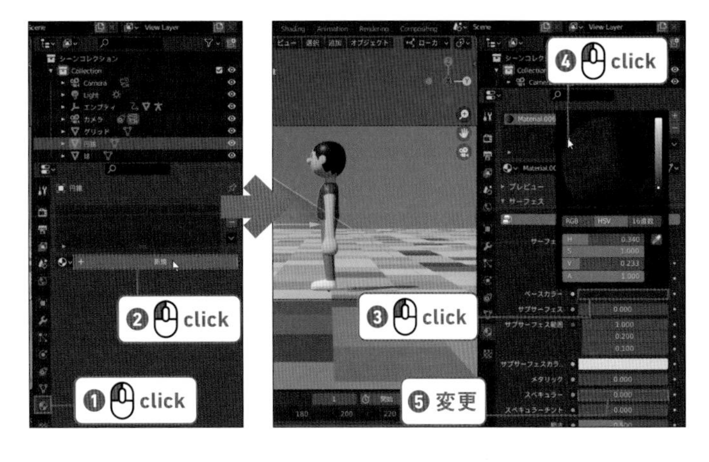

05

Alt（Option）＋Dキーを押しながらマウスを移動し、山を複製して増やします。
カメラから見た絵のバランスが良くなるように、大きさや位置を修正してください。

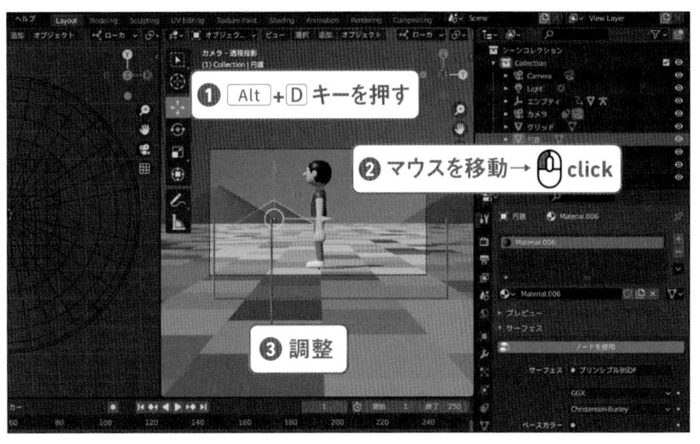

> **memo**
> **2種類の複製**
> Alt（Option）＋Dキーで複製すると、複製元とメッシュ形状などのデータがリンクされます。
> Shift ＋Dキーで複製すると、メッシュの編集はコピー元に影響しません。

06

背景オブジェクトをいろいろ追加してみましょう。
雲は、UV球のメッシュの組み合わせで作成してみました。

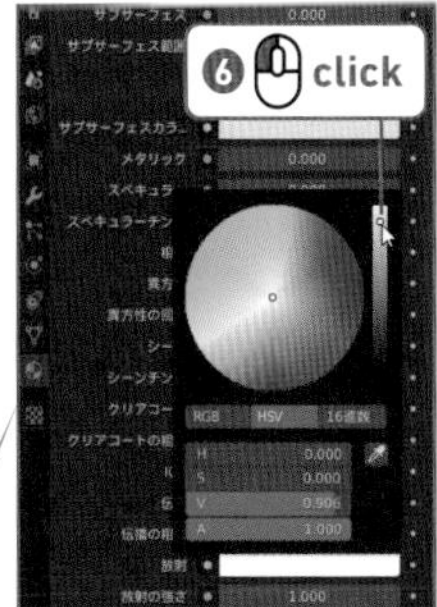

> **memo**
> **雲のオブジェクト**
> 雲にはあまり陰影をつけたくありません。
> [マテリアルプロパティ] の[スペキュラー]を「0」にし、[放射]の色を白にしてください。
> 雲のオブジェクトの作成方法は以下の通りです。
>
> - [追加]→[メッシュ]→[UV球]で球を作成
> - Alt（option）＋Dキーで球を複製する
> - Shift キーを押しながら選択
> - Ctrl（command）＋Jキーで1つのオブジェクトにまとめる

「Chapter6」フォルダ
→ human06_01_s04_after.blend

Chapter 6

02 コレクションを使おう

アニメーションの作業時には背景を非表示にしたいのですが、オブジェクトが多すぎて選択するだけでも大変です。
オブジェクトをグループ(コレクション)に分けて、グループごとに選択や非表示ができるようにしておきましょう。

Step: 01 ライトのコレクションを作る

01

右上のアウトライナーで作業をするので、他のエディターとの境界をドラッグして広げておきましょう。
右上の［Filter］ボタン をクリックして［オブジェクトの子］のチェックを外してください。

memo

ファイルがない場合は

前の節で作成したファイルを使用します。
保存したファイルがない場合は、「Chapter6」フォルダ→「human06_02_s01.blend」を使用してください。

02

右上の［新規コレクション］ボタン をクリックしてください。
「Collection2」が作られました。

03

アウトライナー内の「Light」の文字をクリックして選択し、「Collection2」にドラッグしてください。
「Light」が「Collection2」の下に移動しました。

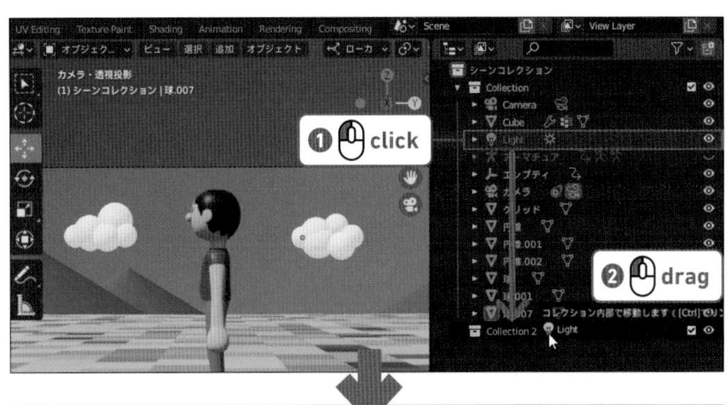

04

「Collection2」の文字をダブルクリックして「Light」に変更します。
これでライト用のコレクションができました。

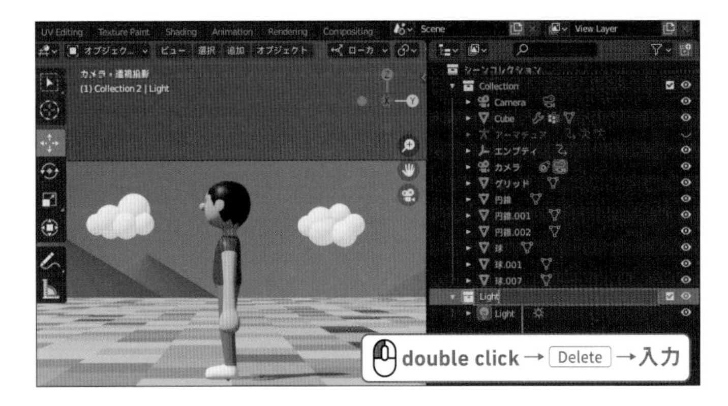

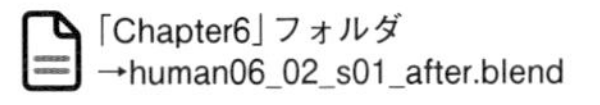
「Chapter6」フォルダ
→human06_02_s01_after.blend

Step: 02 カメラ・キャラクター・背景のコレクションを作る

01

同じようにカメラのコレクションを作りましょう。
アウトライナーのリストの一番上の［シーンコレクション］をクリックして選択してください。
新規にコレクションを作成し、「Camera」とChapter5で追加した「カメラ」（環境によっては、「Camera.001」になっている場合があります）を移動します。
コレクション名は「Camera」にしてください。

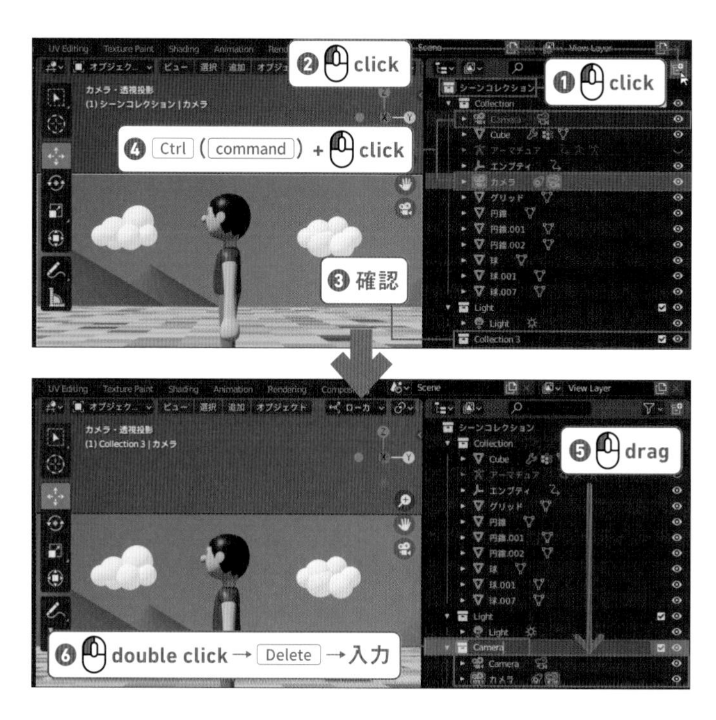

選択中のコレクション memo

新規にコレクションを作る場合に別のコレクションを選択していると、新規コレクションはそのコレクションの中に作られます。

02

キャラクターのコレクションも作りましょう。
「シーンコレクション」を選択して新規にコレクションを作成します。
「Cube」「アーマチュア」「エンプティ」を新しいコレクションに移動します。
コレクション名は「CH_Human」にしてください。

03

「Collection」内に残ったオブジェクトが背景用のオブジェクトです。
「Collecion」をダブルクリックして「BG_Fine」に変更しましょう。
「BG_Fine」コレクションの左側の▼アイコンをクリックし、「BG_Fine」のツリー表示を閉じておきます。

❷ click

> **memo**
> **省略名**
> 映像業界では背景(Back Ground)を「BG」、キャラクター(Charactor)を「CH」、道具や武器(Prop)を「PP」のように省略することが多くあります。

04

「シーンコレクション」を選択して新規にコレクションを作成します。
新しく作成したコレクションを選択しておいてください。
新規にオブジェクトを作ったときには、このコレクションの中に作られます。

「Chapter6」フォルダ
→human06_02_s02_after.blend

Column コレクションの表示

各コレクションの右にある［ビューポートで隠す］アイコンをクリックすると各コレクションの表示、非表示を切り替えることができます。
コレクション名を右クリックして［可視性］のメニューよりレンダリングをしないようにしたり、ビューにだけ表示しないように設定することができます。
リグ用のコレクションをレンダリングオフにしたり、背景のコレクションだけビュー表示をオフにしたりします。
チェックボックスでも表示、非表示を切り替えられますが、チェックボックスはあとで説明するビューレイヤーと一緒に使いたいので、オフにしないようにしておいてください。

Chapter 6

03 シーケンス編集をしよう

ムービーの後半を別のカメラからの映像にしましょう。
Chapter5で作った2台のカメラを使います。
カメラで撮影した一続きの映像を「シーケンス」、複数の映像を組み合わせて1つの映像にすることを「シーケンス編集」といいます。

Step: 01 2つのシーンを作る

01

レンダリングを軽くするために、レンダリング設定を変更します。
プロパティエディターを［出力プロパティ］に切り替えます。
［解像度］の［%］を「50」にしてください。
レンダリングの画像サイズが「1920×1080」の半分の「960×540」になります。

memo

ファイルがない場合は

保存したファイルがない場合は、「Chapter6」フォルダ→「human06_03_s01.blend」を使用してください。

02

右側のカメラビューが、キャラクターを横から映すカメラの3Dビューポートになっていることを確認してください。
なっていない場合はアウトライナーの「カメラ」コレクションの「カメラ.001」を選択し、右側の3Dビューポートで Ctrl（command）＋テンキーの 0 を押します。
トップバーの右側の［シーンデータブロック］（「Scene」と表示されているボックス）をクリックして「s001_001」に変更してください。

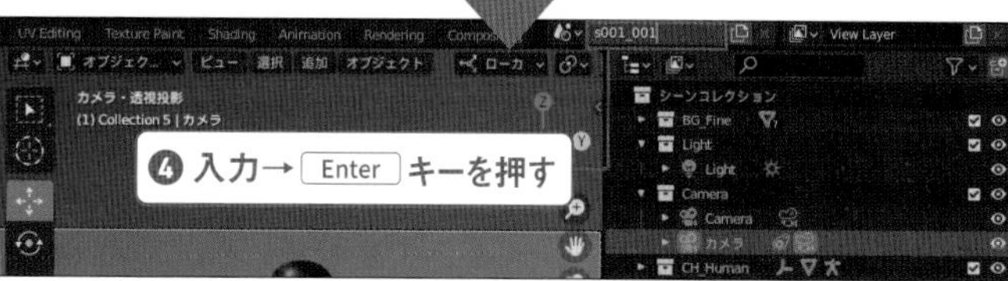

03

新しいシーンを作ります。
文字入力したすぐ右側の［新規シーン］ボタンをクリックして［リンクコピー］を選びます。
左側の文字が「s001_001.001」に変わりました。文字をクリックして「s001_002」に変更してください。

04

「s001_002」では使用するカメラを着地用のカメラにします。
アウトライナーの「カメラ」コレクションの「カメラ」を選択し、右側の3Dビューポートで Ctrl（command）＋テンキー 0 を押してください。
空が青いUV球ではなくHDRの画像になっています。

05

「カメラ」オブジェクトを選択した状態で、プロパティエディターを［オブジェクトデータプロパティ］ に切り替えます。
［レンズ］タブの［終了］の距離を「1000」に変更すると、カメラから1000mまでがカメラでの撮影範囲になり、天球がカメラに映るようになります。

06

「シーン1」の「カット2」ができました。
ついでに遠くの山や雲も複製して「カット2」でも映るように配置してください。

memo

山と雲オブジェクトの複製

山と雲のオブジェクトの複製方法は以下の通りです。

- 山と雲のオブジェクトを Shift キーを押しながらクリックして選択
- Alt（option）＋Dキーで複製する
- Sキーで拡大縮小、Gキーで移動して調整する

「Chapter6」フォルダ→「human」フォルダ→human06-08.blend

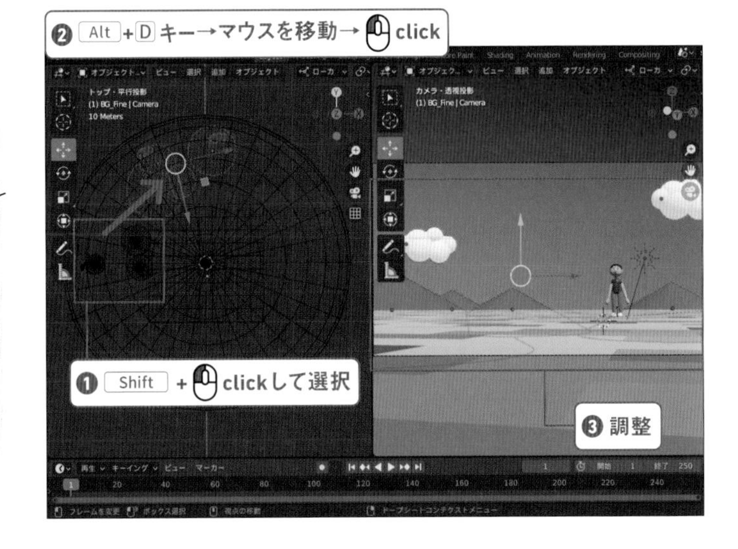

Column

シーンとカット

カメラで録画ボタンを押して停止を押すまでのような、時間的に切れ目のないひと続きの映像を「カット」または「ショット」といいます。
場所や時間が大きく変わるまでの「カット」の集まりを「シーン」または「シーケンス」といいます。
例えば学生の一日という作品があるとして朝ご飯を食べているシーン、通学のシーン、授業のシーンという風にシーンが分かれます。
朝ご飯を食べているシーンではリビングに入ってくるカット、座る椅子を引く手元のカット、食事を始めるカット、口元のカットというようにカットが分かれます。
この本では「シーン1のカット2」のことを「s001_002」のように記述しています。
また、ブレンダーでの「Scene」はこのシーンとは少し意味が違い、使用するオブジェクトのセットを切り替える機能です。使用する背景オブジェクト等を切り替えるような「シーン切り替え」だけではなく、新規カットを作る場合も「Scene」を複製して別の「Scene」を作る必要があります。

Step: 02 ビデオシーケンサーエディターを設定する

01

カットやシーンをつないで１つのムービーにする作業を「シーケンス編集」といいます。
シーン全体を１つにまとめるための「Scene（シーン）」を作成します。
［新規シーン］ボタン をクリックして［設定をコピー］を選びます。
左側の文字が「s001_002.001」に変わりました。文字をクリックして「all」に変更してください。

02

シーケンス編集用のワークスペースを作成しましょう。
トップバーの一番右側のタブの［ワークスペースを追加］ボタン をクリックし、［VideoEditing］→［VideoEditing］を選択してください。

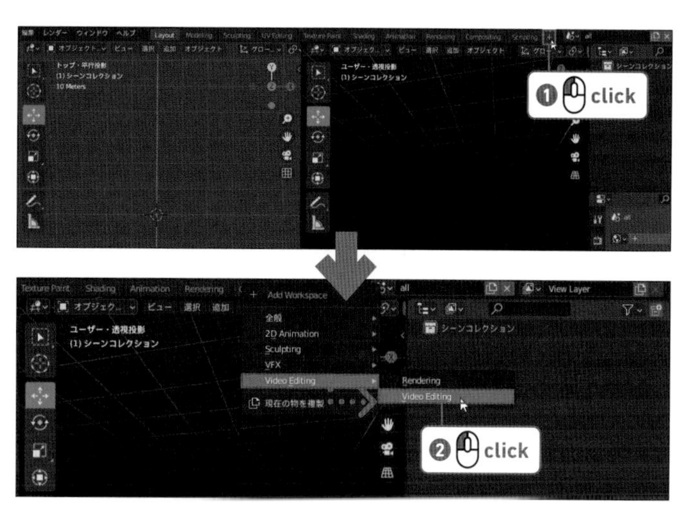

memo

［ワークスペースを追加］ボタン が表示されない

［ワークスペースを追加］ボタン が見つからない場合は、トップバーでマウスホイールを回してスクロールしてください。

03

下にある横長のエディターが「ビデオシーケンサー」です。
ヘッダの［追加］をクリックし、［シーン］→［s001_001］を選択してください（ショートカット Shift ＋ A キー）。

04

追加された緑のバーをドラッグして上下に移動し、一番下の左側に「1」と表示されている行に移動します。
左右方向にも移動し、移動中に左に現れる数字が「1」になるような位置に移動します。「s001_001」が「1」フレームから始まるようになりました。

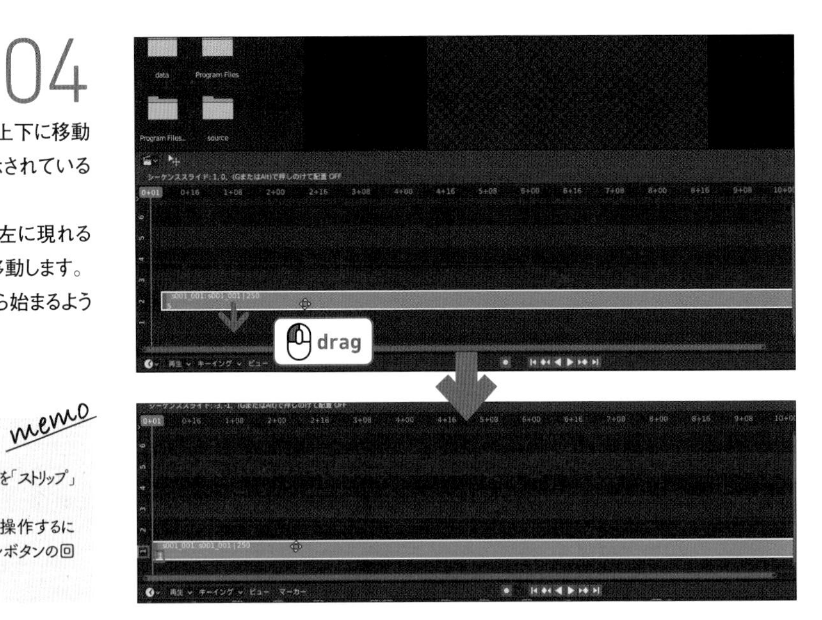

シーケンサーの操作

memo

アニメーションのときと同様に、このバーのことを「ストリップ」といいます。
ビデオシーケンサーエディターのビューを操作するには、3Dビューポートと同じように、ホイールボタンの回転やドラッグを使用してください。

05

シーケンサーエディターのカレントフレームをドラッグすると、右上の［プレビュー］にその時間の映像を表示します。
プレビューで N キーを押してプロパティを開き、［ビュー］タブをクリックし、［シーンストリップ表示］の［シェーディング］を［ソリッド］から［マテリアルプレビュー］に切り替えます。
N キーを押してプレビューのプロパティを閉じてください。

動作が重い場合

memo

［マテリアルプレビュー］モードでは表示が重い場合は、［ソリッド］モードのままでシーケンス編集をしてください。

Step: 03 ジャンプのカットをシーケンスに追加する

01

ビデオシーケンサーエディターに、着地のカットを追加します。
ヘッダの［追加］→［シーン］→［s001_002］の順に選択します。「s001_002」ストリップが追加されます。
先程のストリップ「s001_001」のすぐ上に、左端を「1」フレームに揃えて配置します。

02

新しく追加したストリップ「s001_002」の左端をクリックすると、左端の三角が白くなって選択された状態になります。
G キーを押し、数字が「91」になるまでマウスを右に移動し、クリックします。

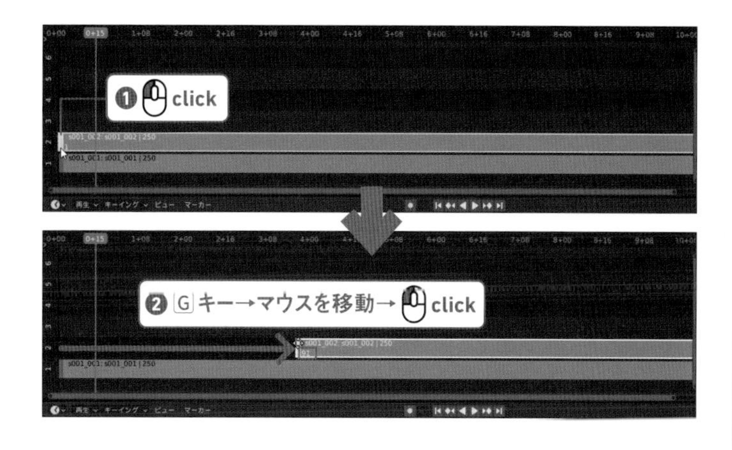

Keyword: 秒とフレーム

シーケンサーエディターの時間の表記が「2+16」のようになっています。これは 2 秒と 16 フレームを表しています。
今回 1 秒が 24 フレームなので 2 × 24+16=64 フレームと同じ意味です。

1 秒間が何フレームかはプロパティエディターの［出力プロパティ］ の「フレームレート（frame per second,, fps）」で指定します。24fps は映画やアニメ用のフレームレートで、テレビは 29.97fps か 59.94fps です。

03

ストリップ「s001_001」の右端を選択し、G キーを押し、「90」フレームに移動します。

フレーム全体が見えるようにする memo

シーケンサーエディター内でマウスホイールを回すかキーボードのHomeキーを押すと、最後のフレームまで表示できます。

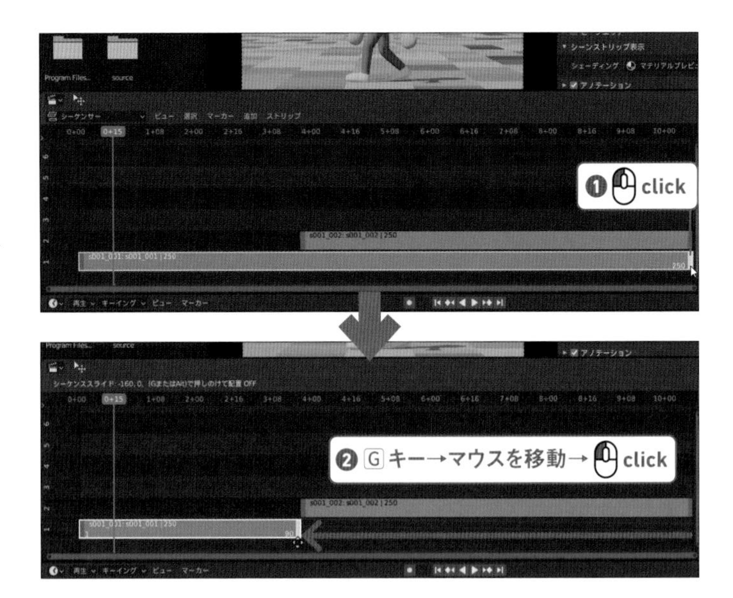

04

タイムラインの［終了］のフレーム数を「200」にします。
左端の［再生］ボタンをクリックし、［同期しない］をクリックして［AV同期］を選択してください。

AV同期 memo

シーケンサーエディターでの「Scene」の再生は処理が重いため、本来の再生速度よりゆっくりになってしまう場合があります。10秒の映像は10秒で再生して欲しいのでこのような場合は［AV同期］に切り替えます。再生速度が追い付かない場合はフレームをいくつかとばして再生します。

「Chapter6」フォルダ
→human06_03_s03_after.blend

column 画像はキャッシュに保存される

シーケンス編集時、一度表示した画像はメモリー（キャッシュ）に一時保存されています。
もう一度表示する時にはキャッシュの画像を表示するので、スムーズに再生を行うことができます。
たまにキャッシュの画像が更新されず、古いままになっていることがあります。
その場合はビデオシーケンサーのヘッダの［ビュー］→［すべて更新］を選択してキャッシュを消してください。

Step: 04 シーケンスをレンダリングする

01

動画ファイルを作成しましょう。
プロパティエディターの［出力プロパティ］を開いてください。
［出力］タブの［ファイルフォーマット］の［PNG］をクリックして動画の［AVI JPEG］を選択します。

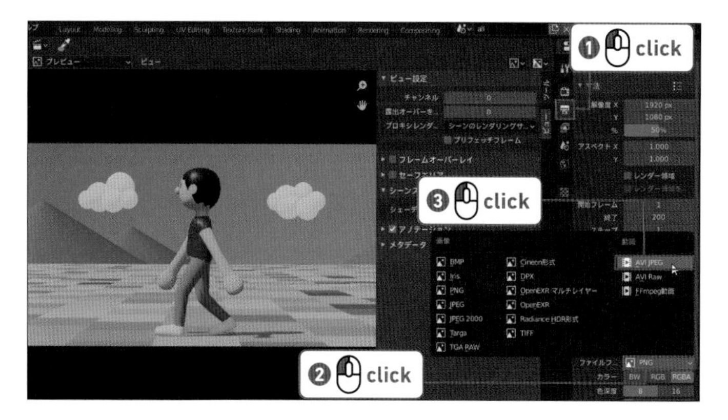

02

プロパティエディターの［出力パス］のムービーのファイル名を変更します。
［ファイルブラウザを開く］ボタンをクリックします。
［ファイルブラウザ］ウィンドウで保存場所を指定して「human_jump_01_」に変更し、［OK］ボタンをクリックします。

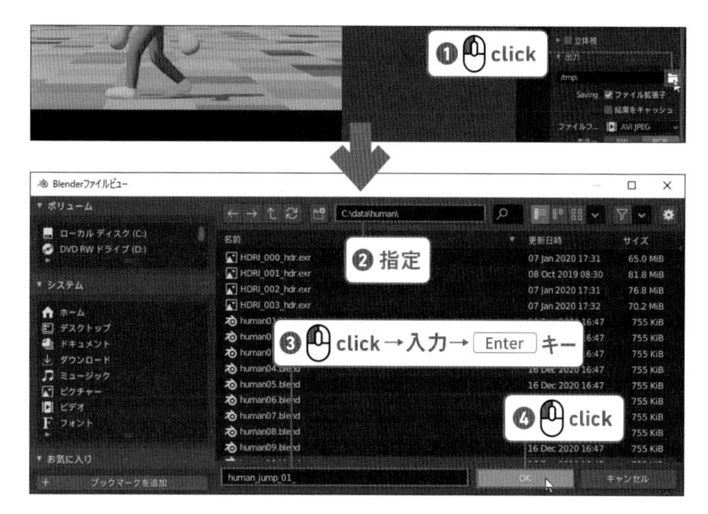

03

ブレンダーファイルを保存します。
レンダリングをする前は必ずブレンダーファイルを保存するようにしましょう。

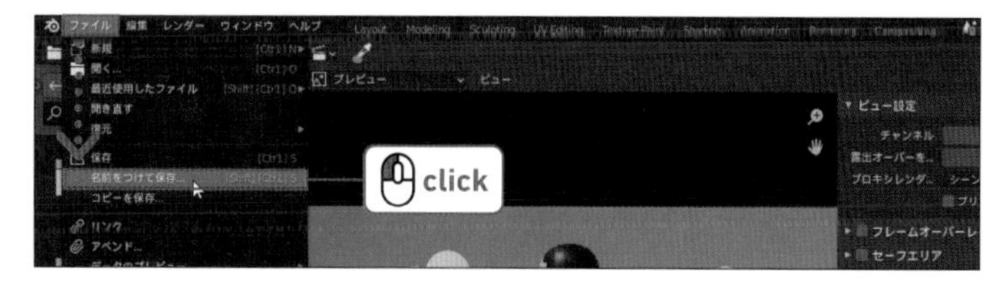

Column シーンストリップのレンダリング設定

シーケンスのレンダリングにおいて、各シーンストリップのレンダリングには各シーンのレンダリング設定が使われます。
シーケンスのレンダリングでレンダリングサイズを「25%」にしても、レンダリングするスプリットのシーンのレンダリングサイズが「100%」ならレンダリングに時間がかかってしまいます。各シーンのレンダリング設定に注意してください。

04

トップバーの［レンダー］→［アニメーションレンダリング］を選択してください。
［Blender レンダー］ウィンドウが表示され、アニメーションのレンダリングが始まります。レンダリングが終わるまで時間がかかるのでゆっくり待ちましょう。

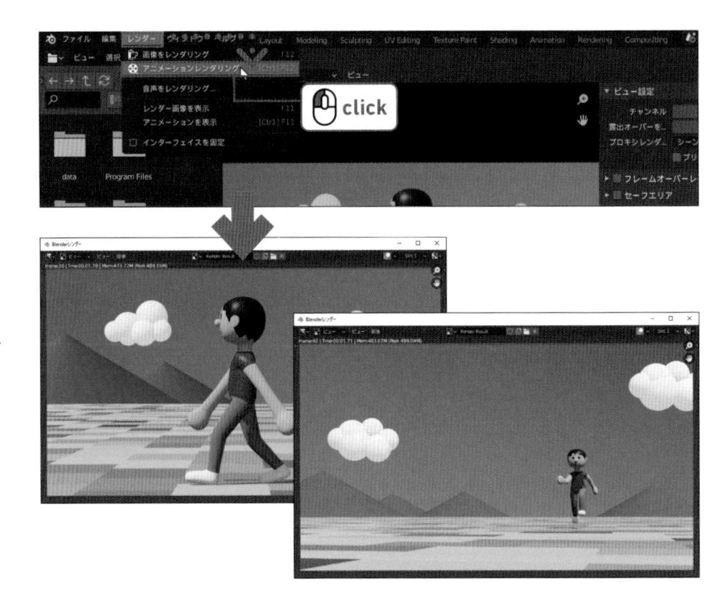

memo
レンダリングがうまくできない
レンダリングができずにブレンダーが終了してしまう場合は、レンダーをCyclesに変更してください。
トップバーの［リンクするシーンを閲覧］ボタン をクリックし、「all」「s001_001」「s001_002」でシーンを切り替えながら、［レンダープロパティ］ の［レンダーエンジン］を［Eevee］から［Cycles］に変更してみてください。

05

レンダリングが終わったら出力した「.avi」ファイルをエクスプローラー（macOS の場合は Finder）からダブルクリックして開いてください。
走るアニメーションができました。カメラが切り替わるとかっこよくなりますね。

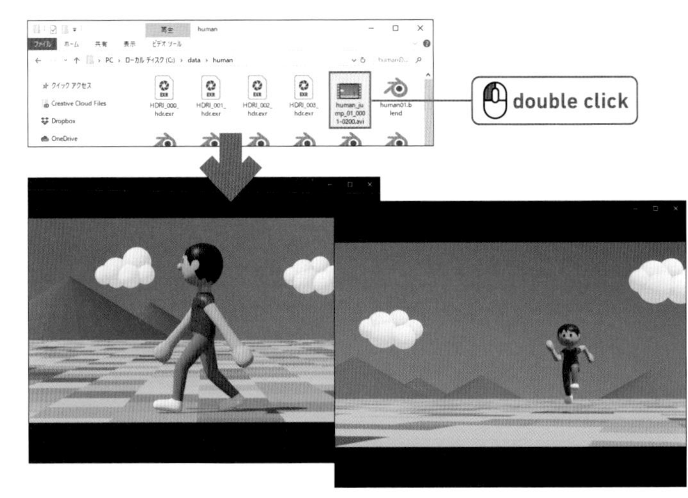

「Chapter6」フォルダ
→human06_03_s04_after.blend

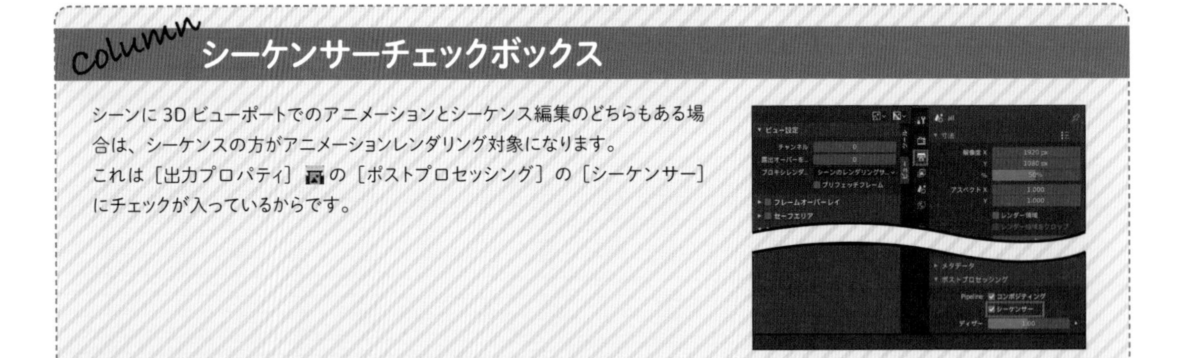

Column **シーケンサーチェックボックス**

シーンに 3D ビューポートでのアニメーションとシーケンス編集のどちらもある場合は、シーケンスの方がアニメーションレンダリング対象になります。
これは［出力プロパティ］ の［ポストプロセッシング］の［シーケンサー］にチェックが入っているからです。

Chapter 6

04 夜のシーンを作成しよう

ここでは複数のシーンを組み合わせてムービーを作る方法について説明します。
キャラクターはどんどん歩いています。
歩いているうちに夜になり、森を歩き、そして歩き続ける……
そんなムービーを作成します。

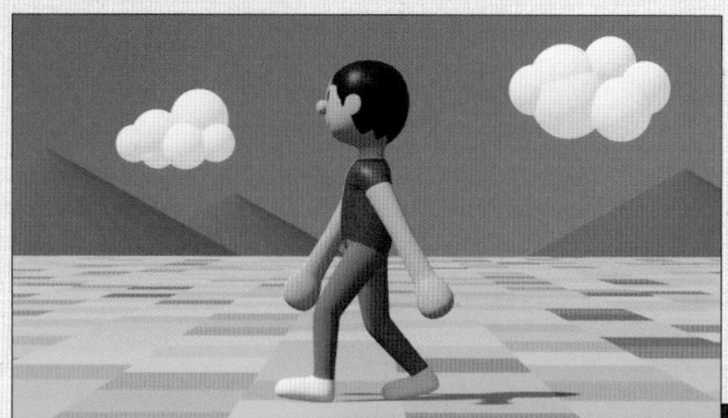

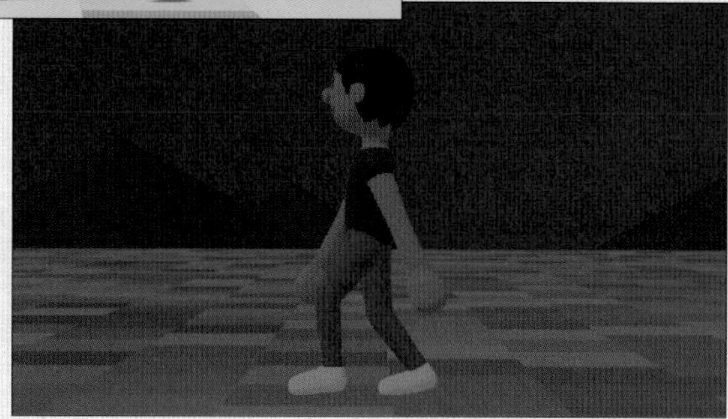

Step: 01 アニメーションの時間を延ばす

01

アニメーションを編集するので、トップバーのシーン名の左側の［リンクするシーンを閲覧］ボタンをクリックし、Sceneを「s001_001」にします。

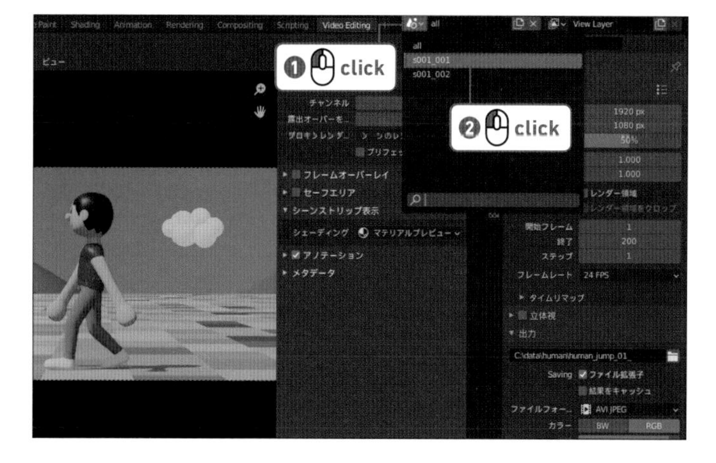

memo

ファイルがない場合は

保存したファイルがない場合は、「Chapter6」フォルダ→「human06_04_s01.blend」を使用してください。

02

トップバーの［Animation］タブをクリックしてワークスペースを切り替えます。
タイムラインの［終了］をクリックして「370」フレームにしてください。

> **memo**
> ### 3Dビューポートの表示
> 「.blend」ファイルを開きなおすと、3Dビューポートの表示が初期設定に戻ってしまっていることがあります。
> 右側の3Dビューポートでテンキー0を押してカメラビューに、Zキーを押して［シェーディング］を［レンダー］にしてください。

03

アウトライナーの「BG_Fine」の［ビューポートで隠す］アイコンをクリックして非表示にし、［CH_Human］コレクションの中にある［アーマチュア］の［ビューポートで隠す］アイコンをクリックして表示します。［アーマチュア］の文字をクリックして選択してください。
［ワールドプロパティ］の［ノードを使用］ボタンをクリックしてHDRをオフにしておきます。

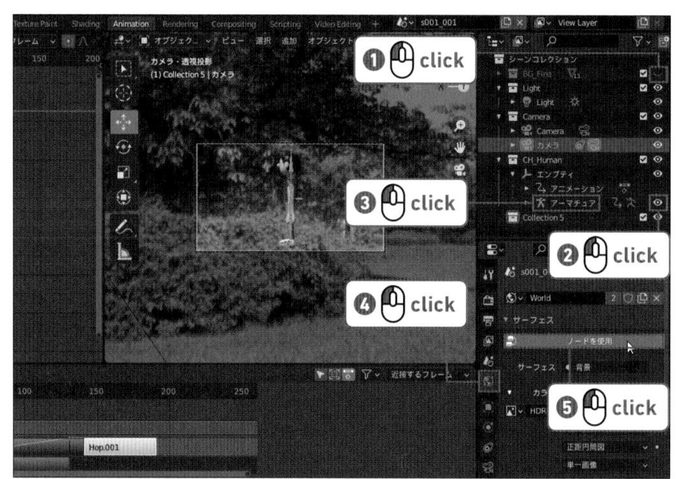

04

左下の［ノンリニアアニメーション］エディターの「Walk」ストリップをクリックして選択し、Nキーを押してプロパティを開きます。
［ストリップ］タブをクリックし、［アクションクリップ］の［リピート］の回数を「7」にしてください。
［ノンリニアアニメーション］エディターのビュー上にマウスカーソルを移動し、マウスホイールの回転やドラッグで「1」～「370」フレームまで表示します。

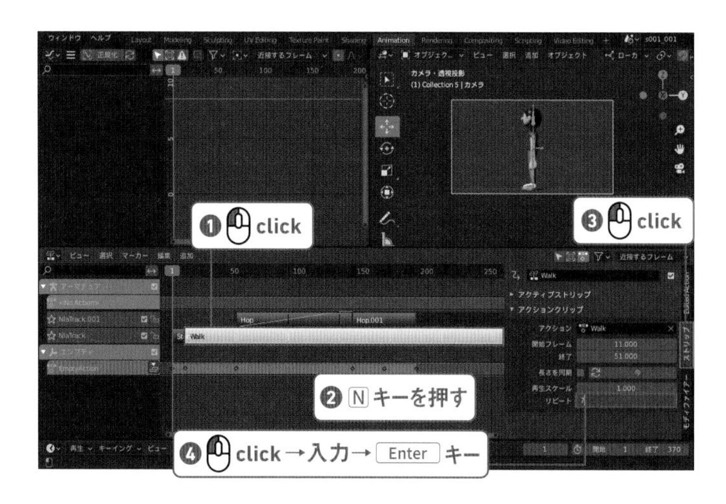

05

ジャンプのタイミングを後ろに移動します。「Hop」ストリップをクリックし、「Hop.001」ストリップを Shift キーを押しながらクリックして 2 つのストリップを選択します。

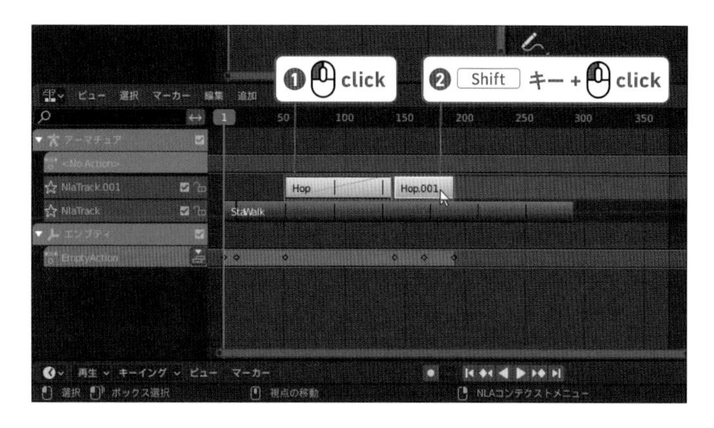

06

G キーを押して右に動かし、「Hop」ストリップの開始が「211」フレームになるように移動します。
これで歩数が 8 歩（4 ループ）増えました。カレントフレームを移動すると、キャラクターが途中で前進せずに足踏みしています。これはキャラクター全体を動かすエンプティオブジェクトのアニメーションが 8 歩分足りないせいです。

07

アウトライナーで「エンプティ」を選択します。左上のグラフエディターの［Z 位置］をクリックしてエンプティの高さ方向のグラフを表示します。
ジャンプ開始から着地までの 3 つのキーを選択します。

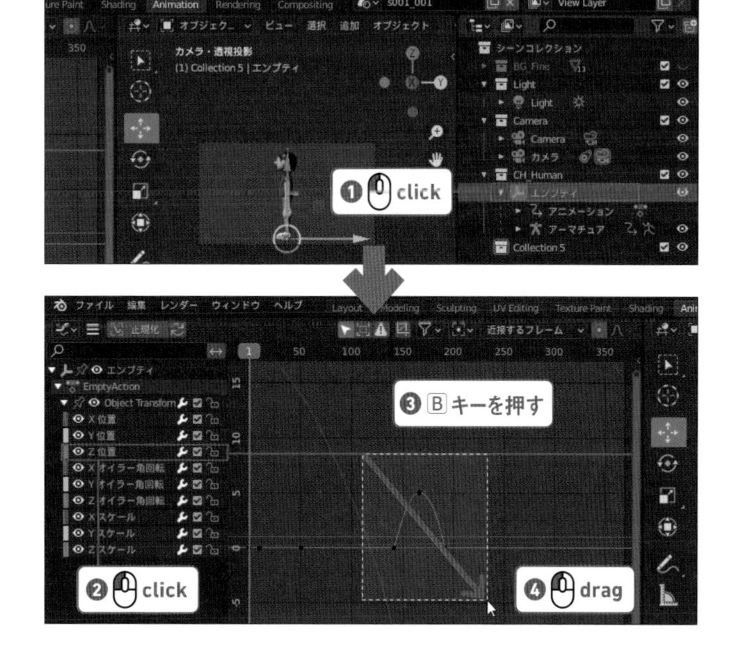

08

G → X → 1 → 6 → 0 → Enter キーの順にキーを押すと、選択したキーが「160」フレーム右に移動します。
カレントフレームを移動して「320」フレームあたりで高く飛んでいることを確認してください。

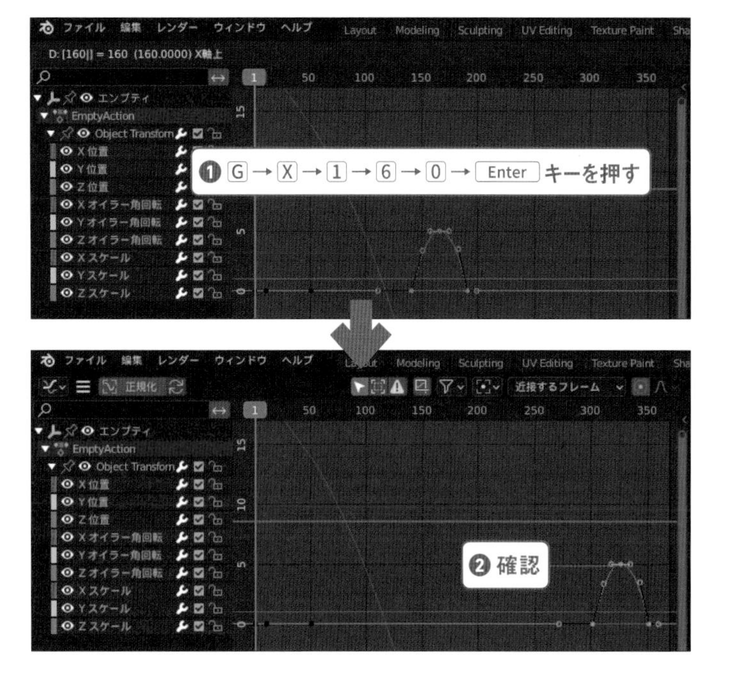

09

今度は［Y 位置］をクリックしてグラフ上で Home キーを押します。「11」～「51」フレームが歩行の部分なので、「51」、「141」、「191」フレームの 3 つのキーを選択します。
Z 位置と同じように G → X → 1 → 6 → 0 → Enter キーの順にキーを押し、選択したキーを「160」フレーム右に移動します。
Home キーを押してグラフ全体を表示します。

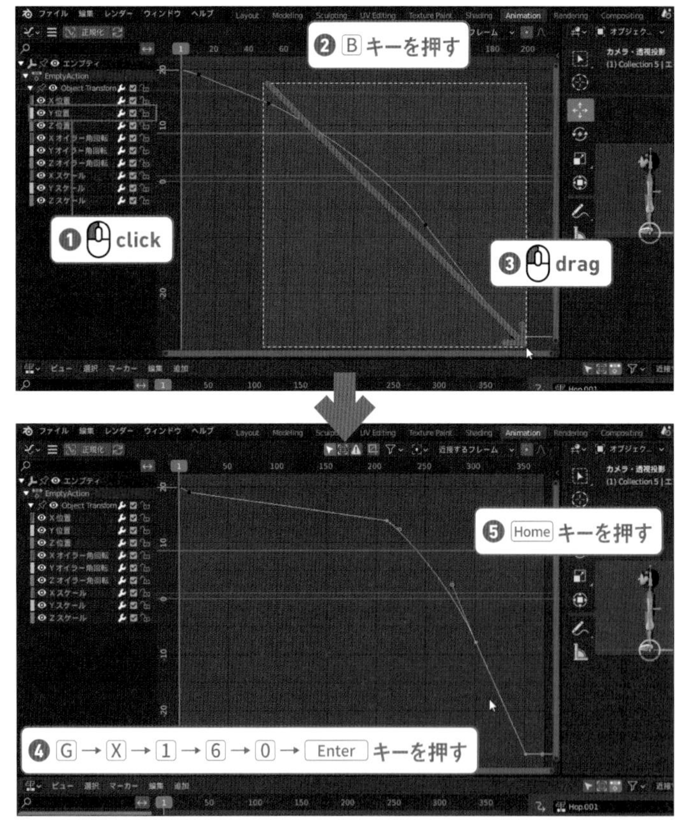

10

3つのキーを選択したまま G → Y → − → 2 → 0 → Enter キーの順にキーを押し、選択したキーを20下に移動します。
カレントフレームを移動して「11」～「211」フレームまでの歩行部分の足の滑りを確認してください。
キャラクターが進みすぎるようなら3つのキーを上に、進んでいないようなら下に G → Y キーマウス移動 Enter キーで移動してください。
歩く時間を増やすことができました。

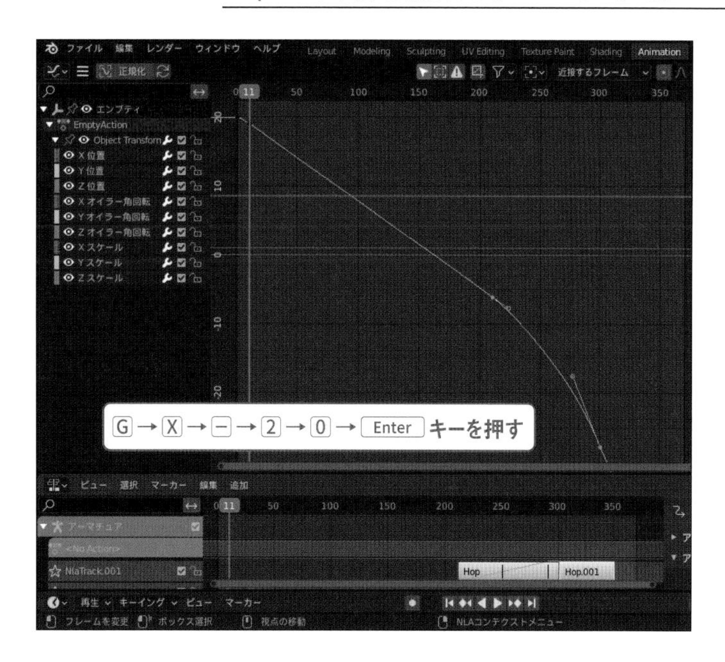

「Chapter6」フォルダ
→human06_04_s01_after.blend

Step: 02 夜のシーンを作成する

01

夜のシーンを作ります。
トップバーの［Layout］タブをクリックしてワークスペースを切り替えてください。
アウトライナーで「BG_Fine」の［ビューポートで隠す］アイコンをクリックして背景を表示します。
右側の3Dビューポートでテンキー 0 を押してカメラビューにします。Z キーを押して［レンダー］を選択して表示を切り替えます。

02

ヘッダの右側の［新規シーン］ボタン をクリックして［リンクコピー］を選び、新しいシーンを作成します。
コピーされたシーン名「s001_001.001」をクリックし、「s002_001」に変更します。

03

アウトライナーで「Light」コレクションの［ビューポートで隠す］アイコン をクリックして非表示にします。
「サン」ライトが非表示になり、カメラビューが暗くなりました。
オブジェクトを削除してしまうと他のシーンの「サン」ライトも消えてしまうので注意してください。

「Chapter6」フォルダ
→human06_04_s02_after.blend

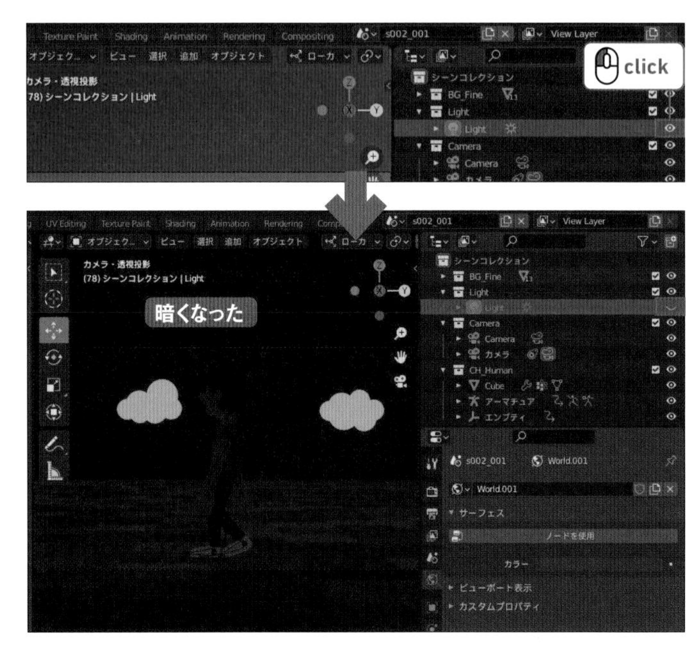

Column 新規シーンの設定

シーンを作成する際、現在作業しているシーンから新しいシーンに何をコピーするか、以下の 4 つから選択します。

新規	新規に何もないシーンが作れる。特に理由がない限りは、以下の［設定をコピー］を使う
設定をコピー	何もないシーンが作れる。レンダリング設定等はコピー元のシーンの値が引き継がれる
リンクコピー	現在開いているシーンを複製したシーンが作れる。シーン間のすべてのデータがリンクしているので、片方のシーンでオブジェクトを移動させるともう片方のシーンでも移動する。オブジェクトやコレクションの表示、非表示は、それぞれのシーンで別々に行われる
フルコピー	複製したシーンが作れる。シーン間でのデータのリンクは行われないので、一方のシーンの変更がもう一方に影響しない

Step: 03 環境光を暗くする

01

ライトを消しただけでは、まだシーンが明るいままです。これはHDR画像によるライティングが残っているからです。
プロパティエディターを［ワールドプロパティ］に切り替えます。
プロパティエディターの上部にあるワールドデータブロック名［World］の右側に［3］というボタンがあります。
［3］ボタンをクリックするとシングルユーザーとなり、名前は「World.001」に変わります。
これでワールドを変更しても他のシーンへの影響がなくなりました。

memo

データリンクのユーザー数

［3］ボタンは、データにリンクしているユーザー数で、このワールドの設定が3つのSceneで使用されていることを表しています。

02

夜用のHDR画像を割り当てると本当に真っ暗になってしまうので、ここでは単色の暗い青を割り当てます。
「ノードを使用］ボタンが押されていない状態になっているか確認します。
［カラー］を暗い水色に変更してください。空の色は後ほど別の工程で調整するので、キャラクターが表示される明るさ（ライティング）だけを見て［ワールドプロパティ］の［カラー］を調整してください。
夜のライティングができました。

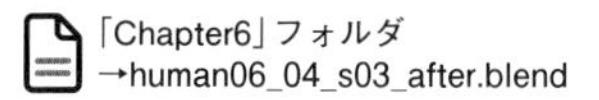
「Chapter6」フォルダ
→human06_04_s03_after.blend

Step: 04 背景のマテリアルを夜用に変える

01

空の球のオブジェクトの色を変えて空を暗くします。
新しい Scene を「リンクコピー」で作ると、コレクション内のオブジェクトは Scene 間で共通になり、片方の Scene で形状を編集するとコピー元の Scene のオブジェクトも変わります。
このようにならないようにするには、オブジェクトの入ったコレクションを複製して元のコレクションは使用しないようにします。
アウトライナーで「BG_Fine」を右クリックし、[コレクションを複製] を選択します。
「BG_File.001」ができました。
名前をダブルクリックして「BG_Night」に変更しましょう。

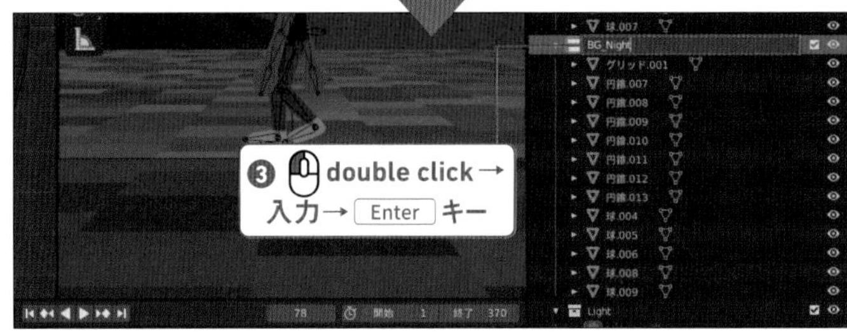

memo

コレクションの複製

コレクションの複製は2通りあります。
「リンク複製」はコレクション内のオブジェクトは複製元とリンクしているので、元のシーンと部分的にオブジェクトを共有するシーンを作る場合に向いています。
「コレクションを複製」は複製元とリンクしていないので、元のシーンを気にすることなくオブジェクトを編集できます。

Column リンクとオブジェクトデータ

ブレンダーでは「リンク」という言葉がよく出てきます。
例えば 2 つのオブジェクトに同じマテリアルが割り当てられている場合「2 つのオブジェクトのマテリアルはリンクしている」といいます。
複数のオブジェクトの [オブジェクトデータ] がリンクしていると、1 つのオブジェクトを編集モードで編集すると他のリンクしているオブジェクトも同じ形になります。
リンクはコンテクストの [マテリアル] [オブジェクトデータ] 以外にも [アクション] や [コレクション] にもあり、外部の「.blend」ファイルのデータとリンクすることもできます。
データ名の右側の数字をクリックするとリンクは切れます。
使用するデータを選びなおすとリンクの関係になります。

02

アウトライナーで再び「BG_Fine」を右クリックし、［リンク切断］を選択します。
「BG_Fine」がこのシーン「s002_001」からなくなりました。
「BG_Fine」は他の Scene にはちゃんと残っています。

03

左側の 3D ビューポートで空の球オブジェクトを選択し、プロパティエディターを［マテリアルプロパティ］に切り替えます。
マテリアルデータブロック名の右側にも［2］ボタンがあるので、クリックしてリンクを切ります。
やっと空のマテリアルが個別に編集できるようになりました。
［ベースカラー］を紺色に変更してください。

memo 他のシーンのオブジェクトを使用する

あるシーンで作ったオブジェクトを他のシーンに追加したい場合は、オブジェクトを選択し、Ctrl＋Lキー（control＋L）を押し、［オブジェクトをシーンへ］を選択します。

04

空と同じように地面のマテリアルも暗くしましょう。
地面オブジェクト（「グリッド .001」）をカメラビューでクリックして選択します。
プロパティエディターのマテリアルデータブロック名の右側の数字をクリックしてリンクを切ります。
［色 1］を暗い緑、［色 2］をほぼ黒にしてください。

05

雲は非表示にしてしておきましょう。
アウトライナーの「BG_Night」コレクションの雲オブジェクト（「球 .005」「球 .006」）を［ビューポートで隠す］アイコン◎をクリックして非表示にします。
オブジェクトの表示、非表示は他のシーンに影響しません。
夜のシーンの完成です。

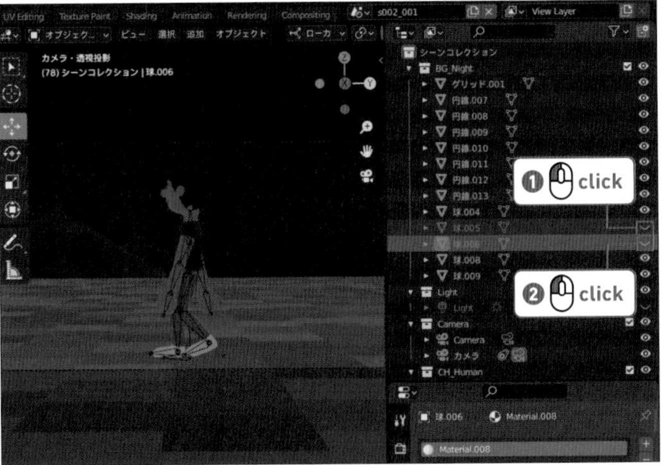

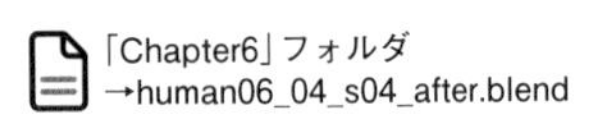
「Chapter6」フォルダ
→human06_04_s04_after.blend

Step: 05 夜のシーンをシーケンスに追加する

01

夜のシーン「s002_001」をシーケンスに追加しましょう。
トップバーの［Video Editing］タブをクリックしてワークスペースを切り替えます。
トップバーのシーン名「s002_001」の左側の［リンクするシーンを閲覧］ボタンをクリックしてSceneを「all」にします。

02

タイムラインの終了の値を「370」フレームに変更し、シーケンサーエディターのビューでHomeキーを押して全体を表示します。
着地のシーンを一旦削除しましょう。
「s001_002」のストリップをクリックして選択します。Xキーを押して削除してください。

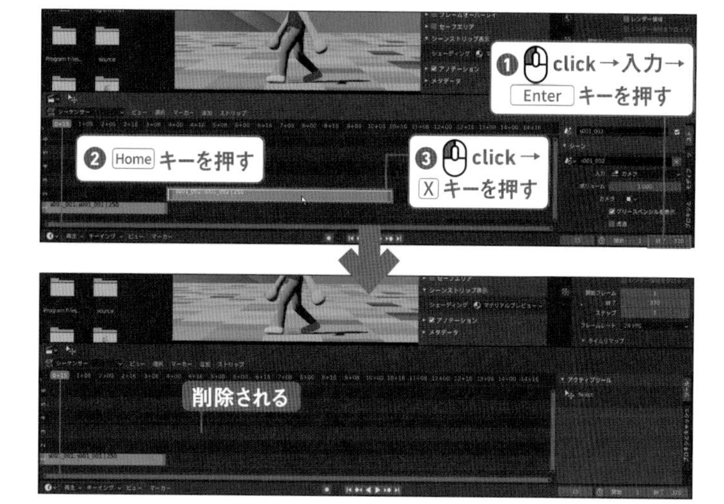

03

夜のシーンを追加します。
タイムラインの［末端へジャンプ］ボタンをクリックしてカレントフレームを「1」フレームに移動します。
シーケンサーエディターのヘッダの［追加］→［シーン］→「s002_001」の順に選択してストリップを追加します（ショートカットShift＋Aキー）。

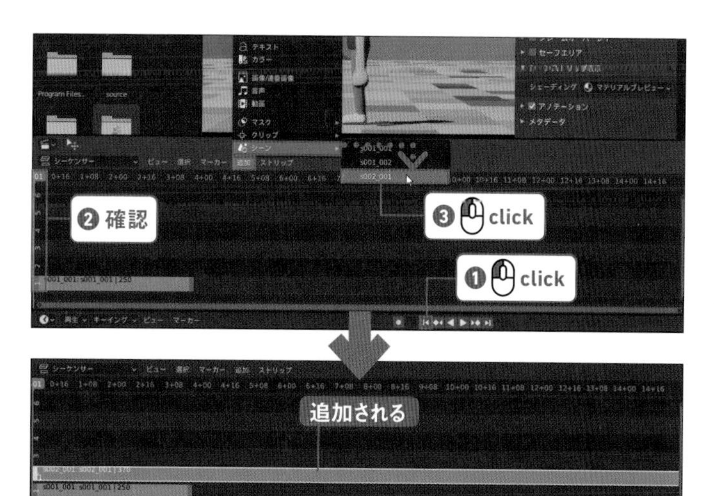

04

追加したストリップの左端をクリックして選択し、G キーを押し、「71」フレームまで移動します。
カレントフレームを移動すると昼から夜になる6秒のシーケンスができています。

05

下のストリップ「s001_001」をクリックして選択し、上のストリップ「s002_001」を Shift キーを押しながらクリックして追加選択します。
ヘッダから［追加］→［トランジション］→［クロス］の順に選択してください。
タイムラインにクロスストリップが追加されます。
カレントフレームを移動すると、クロスストリップで昼から夜にだんだん変わるようになりました。

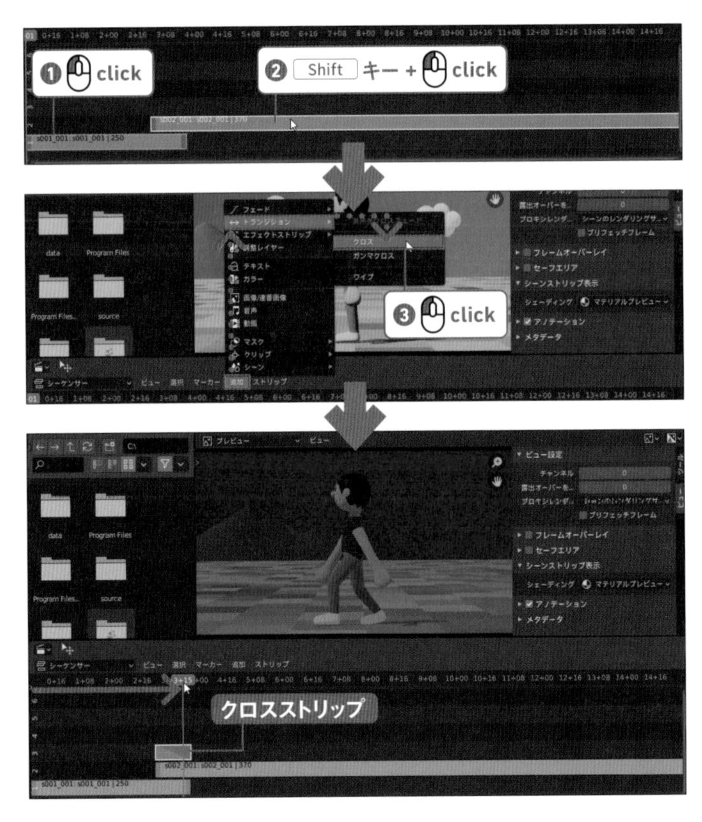

「Chapter6」フォルダ
→human06_04_s05_after.blend

Column さまざまなストリップ

シーケンサーの［追加］メニューから、いろいろなストリップを追加できます。

動画 サウンド 画像／連番画像	レンダリング済の動画ファイルや実写ムービー、BGMや効果音を読み込みストリップにする	エフェクトストリップ	画像の質感を変更するストリップ。２つのレイヤーの色を混ぜたり、画像をぼかしたりする
カラー テキスト	素材系のストリップ。カラーは１色のベタ塗り画像		
調整レイヤー	全体を調整するストリップ。上下左右への移動や明るさの調整ができる。これらの調整は素材のストリップでも可能	トランジション	2つのストリップを時間的になめらかにつなぐストリップ。ワイプはマスクアニメーションで2つのストリップを切り替える

Chapter 6

05 ブレンダーファイルをシーンに読み込もう

森のシーンを追加しましょう。
DVDに森のブレンダーファイルが入っているので、今回はこのデータを読み込んで使います。

Step: 01 森の背景ファイルを読み込む

01

トップバーでワークスペースを［Layout］に切り替え、シーンを「s001_001」に切り替えます。

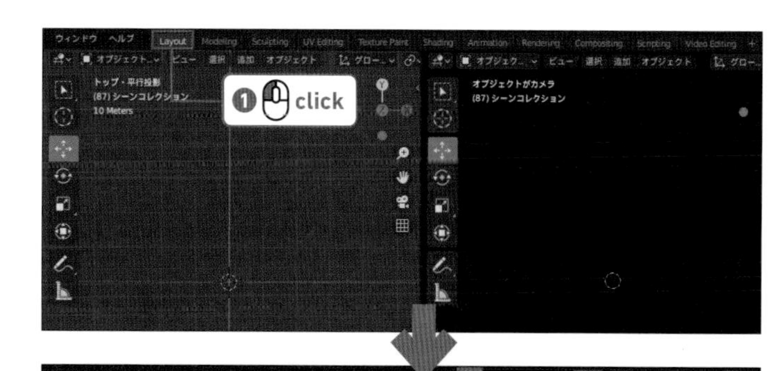

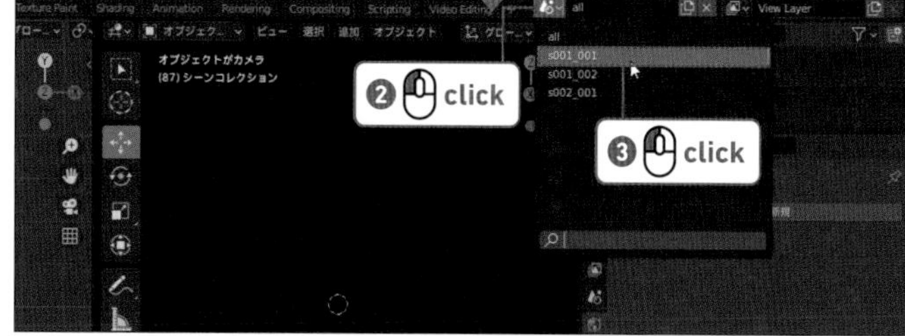

memo

ファイルがない場合は

保存したファイルがない場合は、「Chapter6」フォルダ→「human06_05_s01.blend」を使用してください。

02

[新規シーン] ボタン をクリックし、[リンクコピー] を選択します。
新しいシーン名を「s001_001.001」から「s003_001」に変更してください。

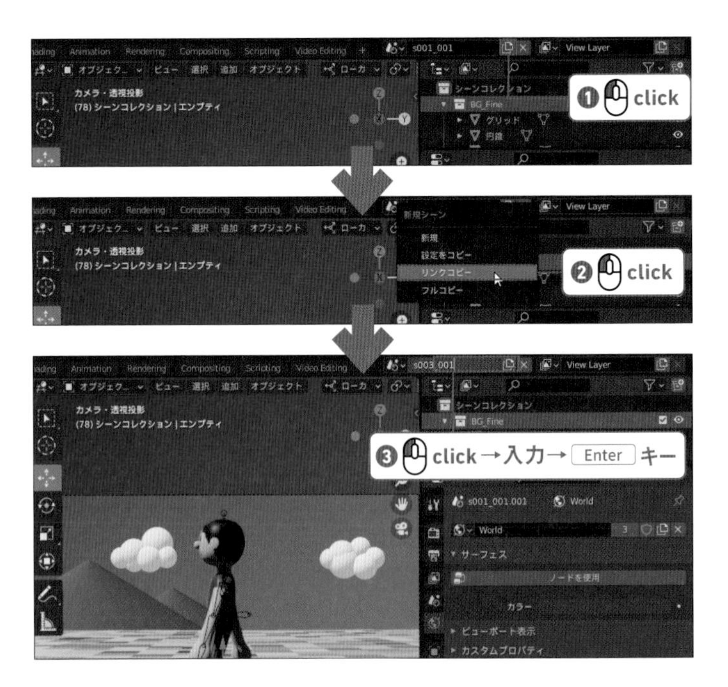

03

現在設定されている背景を消して森の BG を追加します。
アウトライナーで「BG_Fine」コレクションを[ビューポートで隠す] アイコン をクリックして非表示にし、「シーンコレクション」を選択しておきます。

04

トップバーの [ファイル] メニュー→ [アペンド] の順に選択します。
[アペンド] は作業中のシーンに他の「.blend」ファイルのデータを読み込みます。

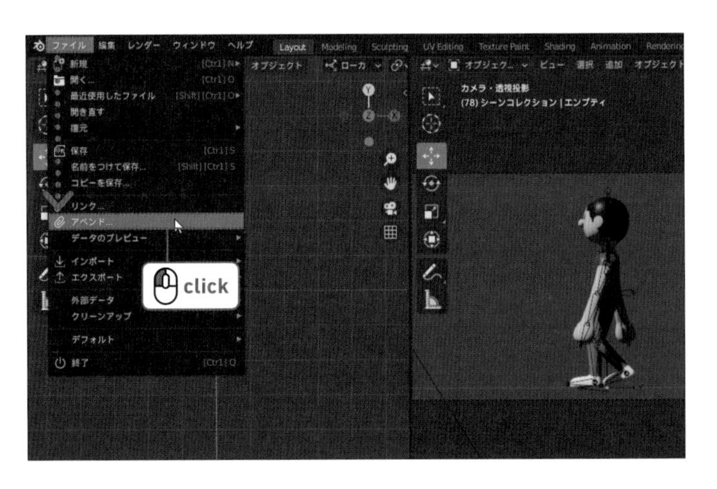

memo

アペンドでの読み込み

アペンドで[Collection]の代わりに[Object]や[Material]を選択すると、オブジェクトだけ、マテリアルだけが読み込まれます。

05

［ファイルブラウザ］ ウィンドウが表示されるので、p.5 でコピーしたデータ「C:\data\Chapter6\forest」を指定します。
「bg_mori01.blend」を選択し、［アペンド］ボタンクリックすると、ファイル内の内容が表示されます。
「Collection」フォルダをダブルクリックします。
「BG_Forest」を選択して［アペンド］ボタンをクリックすると、森の背景オブジェクトがシーン内に読み込まれます。

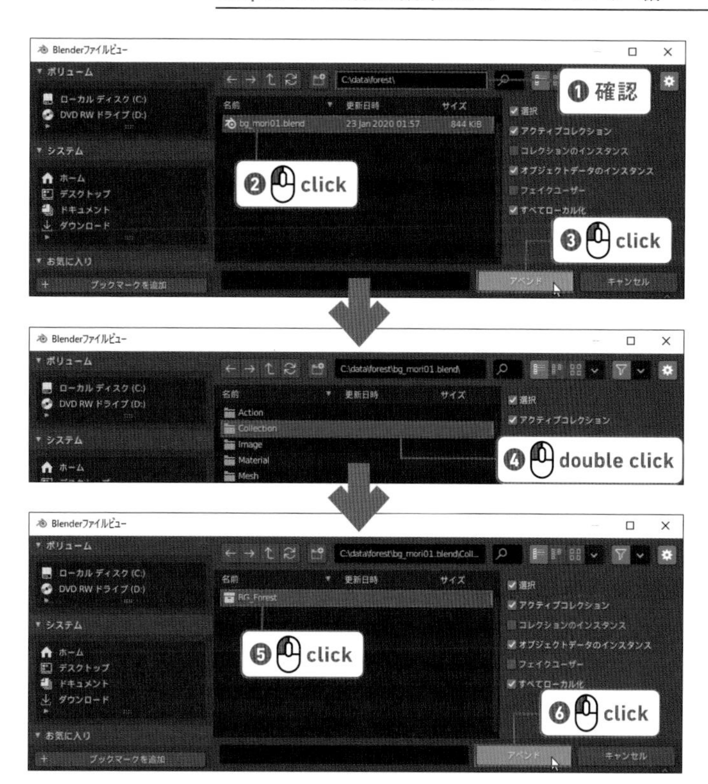

06

HDR のライティングの影響が強く、全体が水色っぽいのでいので HDR の影響を切りましょう。プロパティエディターを［ワールドプロパティ］に切り替え、ワールドデータブロック名［World］の右側の［3］ボタンをクリックしてリンクを切ります。［ノードを使用］がオフになっているか確認します。
森のシーンでは HDR のライティングを使用しないようにします。

memo

リンクとアペンド

トップバーの［ファイル］メニュー→［リンク］も［アペンド］のように他のファイルのオブジェクトを読み込むことができます。
「リンク」の場合は読み込み元の「.blend」ファイルを編集すると読み込み先のオブジェクトにも修正が反映されます。「アペンド」は読み込み元のファイルをあとから編集しても影響されません。

「Chapter6」フォルダ
→human06_05_s01_after.blend

Step: 02 森のシーンをシーケンスに追加する

01

森のシーン「s003_001」をシーケンスに追加しましょう。
トップバーの［Video Editing］タブをクリックしてワークスペースを切り替えます。
トップバーのシーン名「s003_001」の左側の［リンクするシーンを閲覧］ボタンをクリックしてSceneを「all」にします。

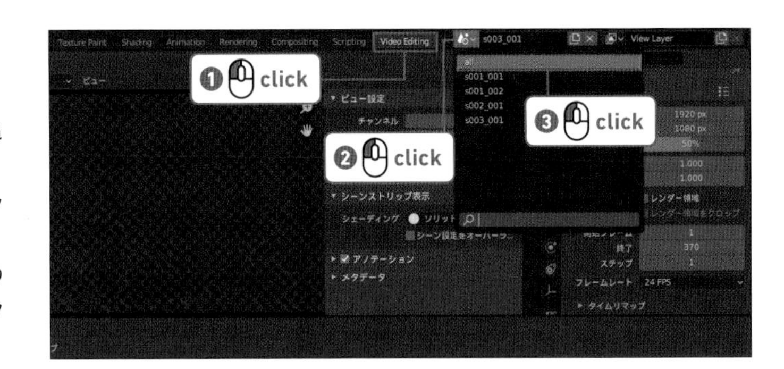

02

タイムラインの［末端へジャンプ］ボタンをクリックしてカレントフレームを「1」フレームに移動します。
シーケンサーエディターのヘッダの［追加］をクリックし、［シーン］→「s003_001」を選択してストリップを追加します（ショートカット Shift ＋ A キー）。

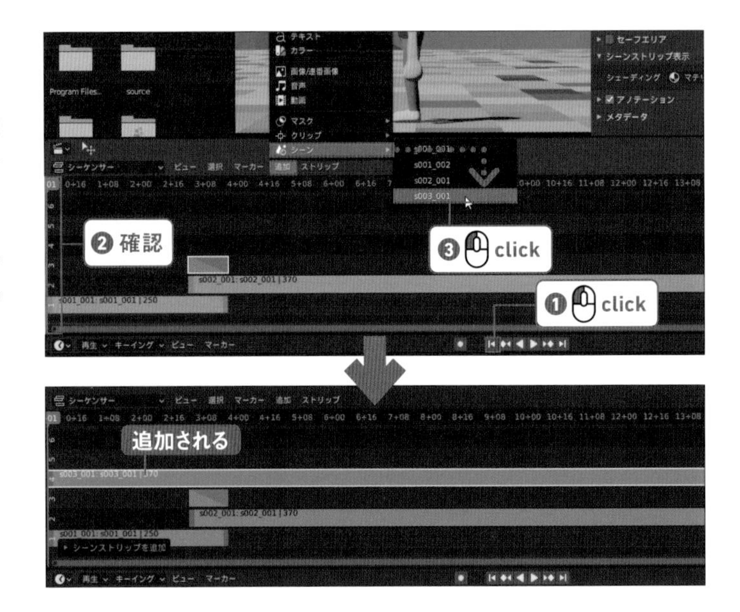

03

追加した「s003_001」ストリップの左端をクリックして選択し、G キーを押して「151」フレームまで移動します。

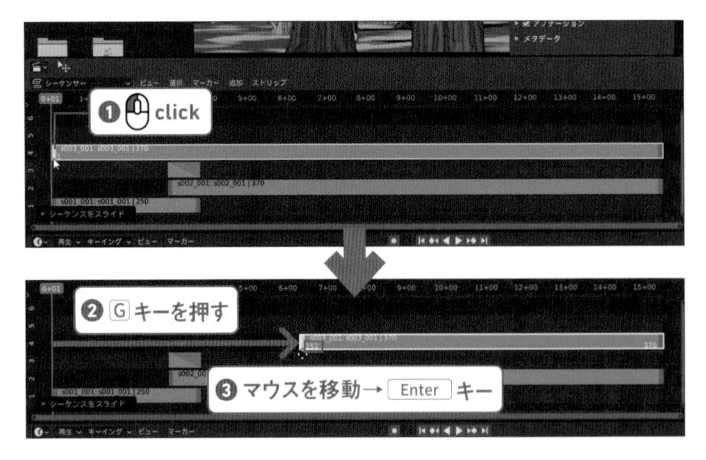

04

同じように「s002_001」ストリップの右端は「170」フレームに移動します。

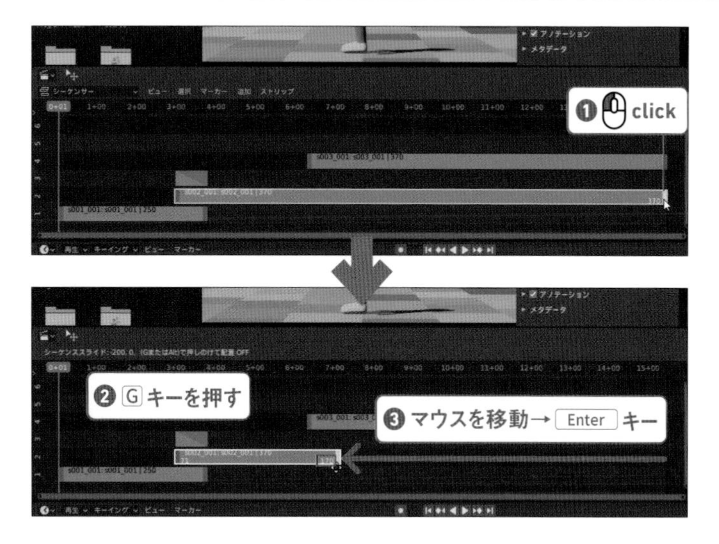

05

下のストリップ「s002_001」をクリックして選択し、上のストリップ「s003_001」をShiftを押しながらクリックして追加選択します。
ヘッダの［追加］→［トランジション］→［クロス］の順に選択してください。

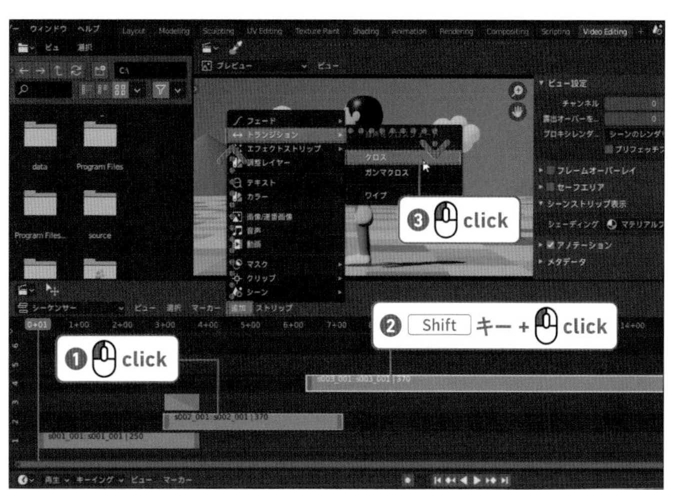

06

カレントフレームを移動すると夜から森にだんだん変わるようになりました。

「Chapter6」フォルダ
→human06_05_s02_after.blend

Step: 03 ジャンプのカットをシーケンスに追加する

01

先に作ったジャンプして着地するカット「s001_002」をシーケンスに追加します。ストリップを追加する前に以下の2点を修正する必要があります。

- 「s001_002」は終了フレームを変更する前の「250」のままになっている
- 新しい着地位置にカメラを移動する必要がある

02

トップバーの［Layout］タブをクリックしてワークスペースを切り替え、［リンクするシーンを閲覧］ボタンをクリックしてSceneを「s001_002」にします。

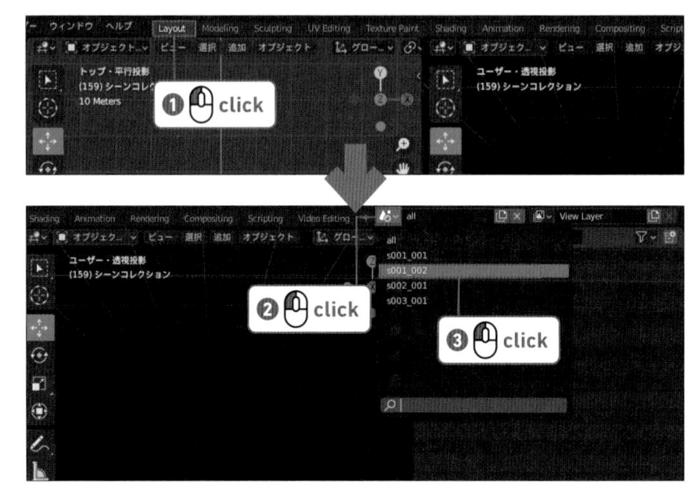

03

3Dビューポートの右側をテンキーの 0 キーでカメラビューに、左側をテンキーの 7 キーで［トップ・平行投影］ビューにします。
タイムラインの［終了］フレームを「370」に変更し、［末端へジャンプ］ボタンをクリックしてカレントフレームを「370」フレームに移動します。

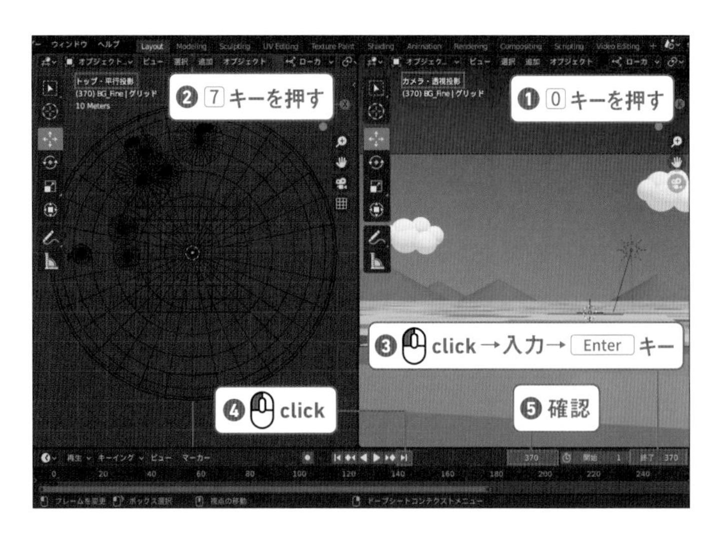

04

アウトライナーで「カメラ」コレクションの「カメラ」オブジェクトを選択します。
左側と右側の 3D ビューポートの［トランスフォーム座標系］を［グローバル］に変更します（ショートカット < キー）。

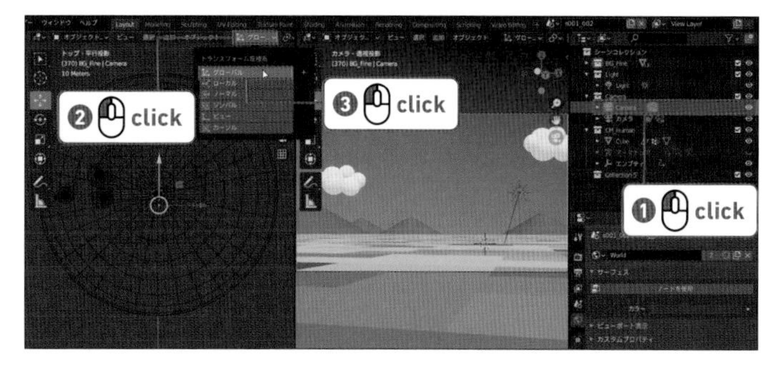

05

ツールバーの［移動］ツールをクリックします。ギズモの緑のハンドルで下に移動してカメラにキャラクターが収まるようにします（ショートカット G → Y キー）。
夜のシーンを作成したときに切っていた HDR をオンにします。
［ワールドプロパティ］の［ノードを使用］ボタンをクリックしてオンにします。

06

トップバーの［Video Editing］タブをクリックしてワークスペースを切り替えます。
［リンクするシーンを閲覧］ボタンをクリックして Scene を「all」に戻します。

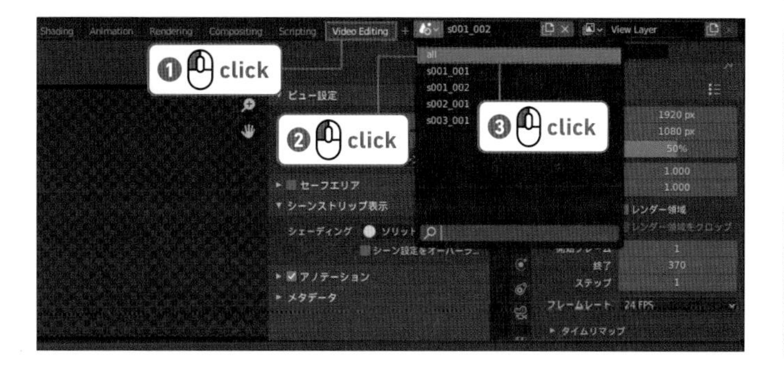

07

タイムラインの［末端へジャンプ］ボタンをクリックしてカレントフレームを「1」フレームに移動します。
シーケンサーエディターのヘッダの［追加］→［シーン］→「s001_002」の順に選択してストリップを追加します（ショートカット Shift + A キー）。

Ready Chapter 1 Chapter 2 Chapter 3 Chapter 4 Chapter 5 Chapter 6 Appendix

08

追加した「s001_002」ストリップの左端のをクリックして選択し、G キーを押して「251」フレームまで移動します。

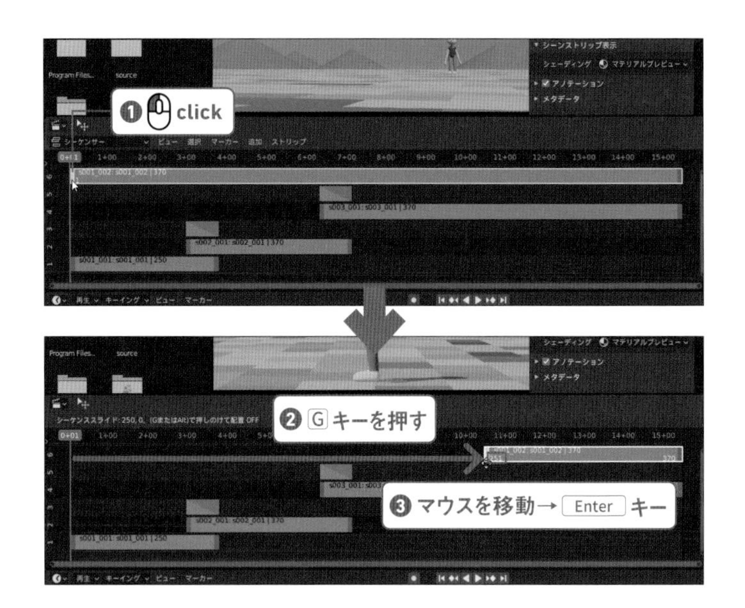

09

「s003_001」ストリップの右端は「250」フレームに移動します。
ここではクロストランジションは使いません。

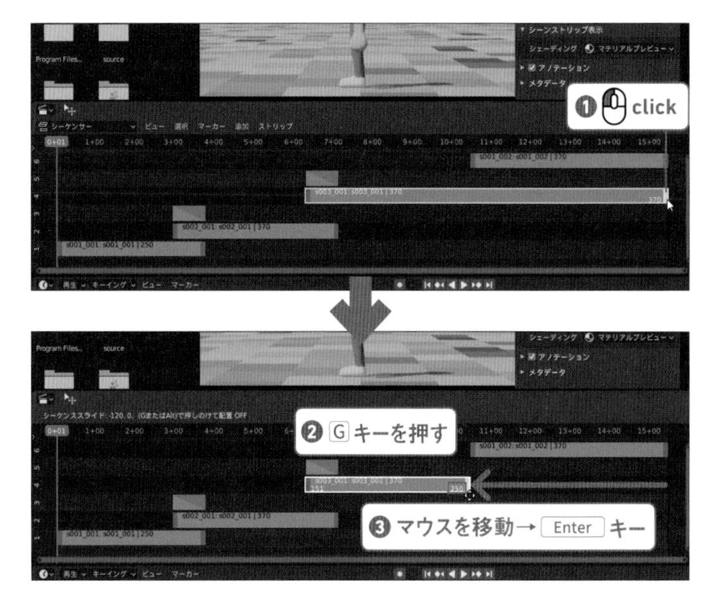

「Chapter6」フォルダ
→human06_05_s03_after.blend

Keyword: メタストリップ

ストリップが増えてくると見にくくなってきます。
複数のストリップを選択して Ctrl （command）＋ G キーを押すと、表示が１つのストリップにまとまります。これを「メタストリップ」といいます。
メタストリップの内部を編集するには、メタストリップを選択して Tab キーを押します。もう一度 Tab キーを押すと、元の状態に戻ります。
メタストリップをバラバラな状態に戻すにはヘッダの［ストリップ］→［メタストリップ解除］を選択します（ショートカット Ctrl ＋ Alt （option）＋ G キー）。

Step: 04 シーケンスをレンダリングする

01

シーケンスをレンダリングしましょう。
プロパティーエディターを［出力プロパティ］にして以下の項目を確認してください。

- 解像度が「1920px」、「1080px」、「50％」になっている
- ［ポストプロセッシング］タブ→［Pipeline］の［コンポジティング］にチェックが入っている
- タイムラインの開始フレームが「1」、終了フレームが「370」になっている

02

AVI JPEG形式でレンダリングしてもよいのですが、今回は［静止画連番］でレンダリングしましょう。370枚分（「370」フレーム）のPNGファイルでレンダリングし、あとでAVIファイルにします。
［出力］の［ファイルフォーマット］を［PNG］に変更してください。［出力］の［ファイルブラウザを開く］ボタンをクリックし、［ファイルブラウザ］ウィンドウを開きます。

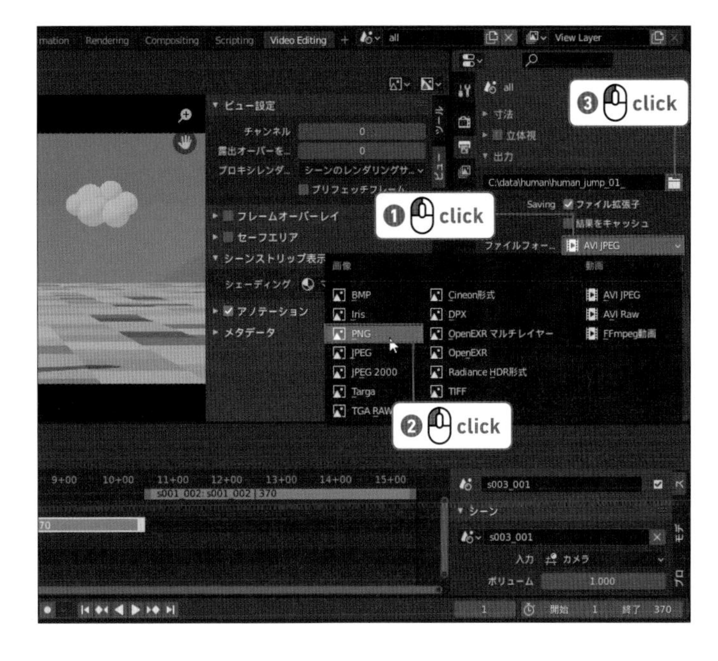

memo

PNGファイルでレンダリングする理由

AVIなどの動画形式でレンダリングすると、何かしら修正が発生したときにすべてレンダリングし直さなければなりません。
静止画連番なら、修正カットだけレンダリングしてファイルを上書きすることができます。

03

レンダリング画像を出力するフォルダまで移動してください。
ヘッダの［新しいディレクトリを作成］ボタン をクリックすると「New Folder」というフォルダができ、文字列の入力待ちになります。「human_travel」と入力して Enter キーを押してください。
「human_travel」フォルダが作成されます。

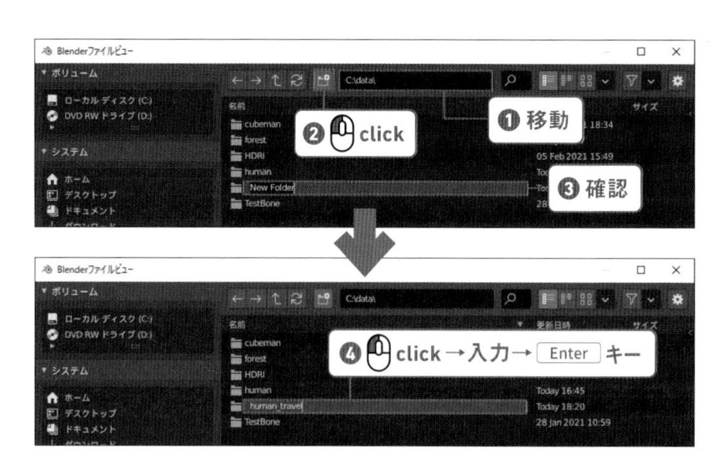

04

「human_travel」フォルダをダブルクリックしてフォルダ内に移動し、ファイル名の入力部に「human_travel_」と入力して［OK］ボタンをクリックしてください。

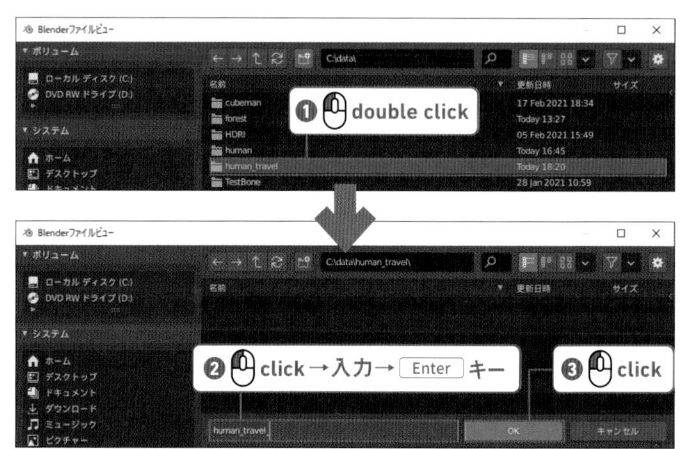

memo フォルダ名の変更

間違ったフォルダ名を付けてしまった場合は、フォルダ名を Ctrl（command）キーを押しながらクリックして名前を付けなおすことができます。

05

レンダリング前に「.blend」ファイルを別名で保存しておいてください。
トップバーの［レンダー］メニュー→［アニメーションをレンダリング］を選択してください。レンダリングが始まります。
［Blender レンダー］ウィンドウが表示され、アニメーションのレンダリングが始まります。レンダリングが終わるまで数分待ちます。

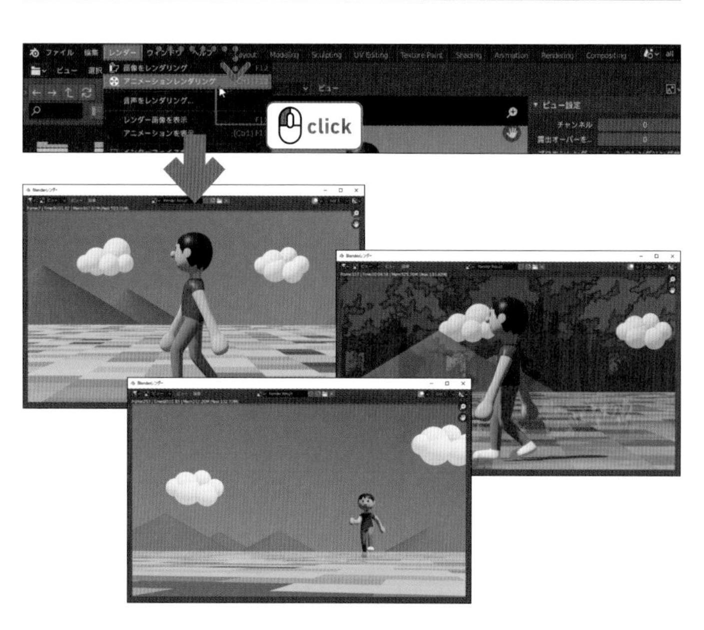

memo レンダリングを中断したい場合

途中でレンダリングを止めたい場合は Esc キーを押すか、［Blenderレンダリング］ウィンドウの［閉じる］ボタン ✕ をクリックして閉じてください。

「Chapter6」フォルダ
→human06_05_s04_after.blend

Column レンダリング時間がかかる場合

1 枚のレンダリングに 3 秒以上かかる場合はレンダリングサイズを小さくしましょう。
トップバーの［リンクするシーンを閲覧］ボタンで Scene を切り替えながら、すべての Scene の［出力プロパティ］の［解像度］を「25%」にします。
または、［レンダープロパティ］の［レンダーエンジン］を「Cycles」から「Eevee」に変更してみてください。

▶解像度の変更

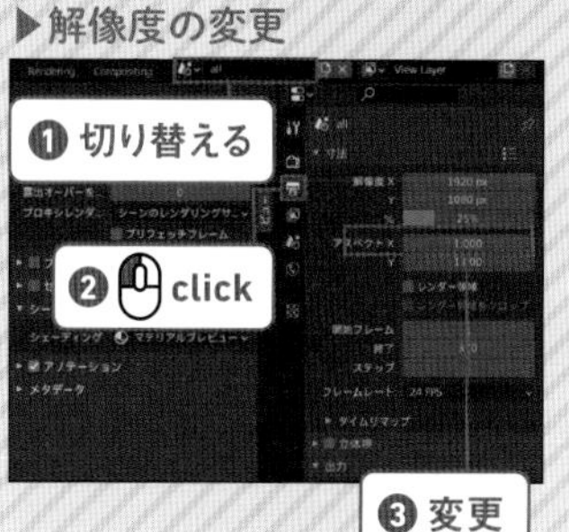

▶レンダーエンジンの変更

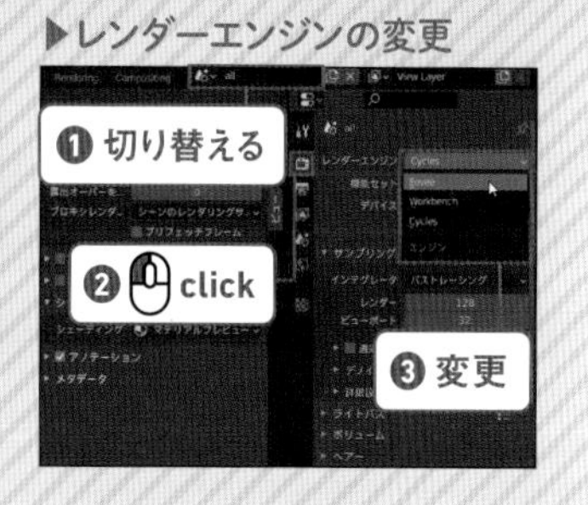

Step: 05 静止画連番を動画フォーマットに変換する

01

レンダリングが終わると、出力先に「human_travel_0001.png」～「human_travel_0360.png」という、フレーム数分の連番の PNG 形式のファイルが作られています。
連番ファイルを動画フォーマット「AVI JPEG」に変換します。

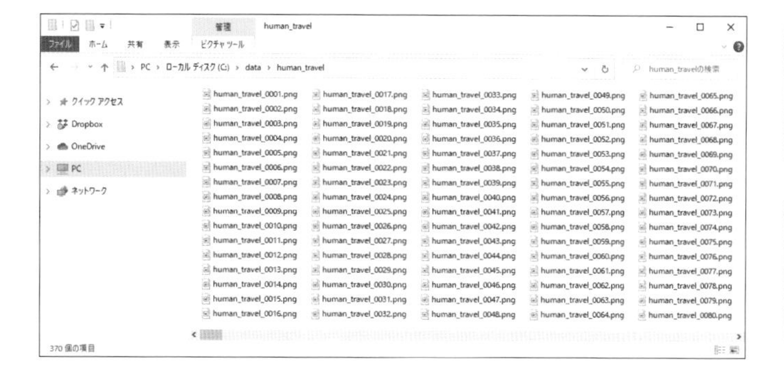

02

変換用のシーンを作成します。
トップバーの［新規シーン］ボタンをクリックして［設定をコピー］を選択してください。
シーン名を「all.001」から「convert」に変更しましょう。

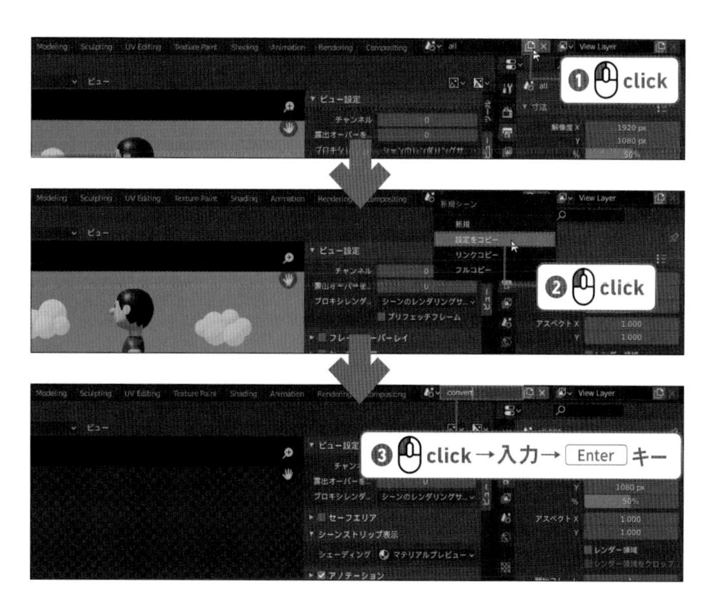

03

タイムラインの［末端へジャンプ］ボタンをクリックしてカレントフレームを「1」フレームに移動します。
ビデオシーケンサーエディターのヘッダの［追加］→［画像／連番画像］を選択します。

04

［ファイルブラウザ］ウィンドウが開きます。PNGファイルが保存されているフォルダを指定し、A キーを押してすべてのファイルを選択して［画像ストリップを追加］ボタンをクリックします。

05

［出力プロパティ］のプロパティエディターの出力パス文字列の最後の「＼human_travel_」の文字列を削除してください。
［ファイルフォーマット］を「PNG」から「AVI JPEG」に変更します。

memo

出力パスの設定

［ファイルブラウザ］ウィンドウでPNGファイルを指定すると、ファイル名のパスが追加されてしまいます。出力パスを［～＼human_travel＼human_travel_］から［～＼human_travel］に変更します。

06

トップバーの［レンダー］メニュー→［アニメーションをレンダリング］の順に選択してください。レンダリングがはじまります。

07

レンダリングが終わると出力先に「human_travel0001-0370.avi」という動画ファイルが作られるはずです。再生して確認してみましょう。なんとかやっと作品らしいものができました。
映像作品を作るひと通りの手順を覚えたところで、ぜひ、オリジナル作品にチャレンジしてみましょう。
工夫しだいで、プロ顔負けのハイクオリティーな作品も作れることができます。
ぜひぜひオリジナルの作品を作る楽しさを味わってください!!

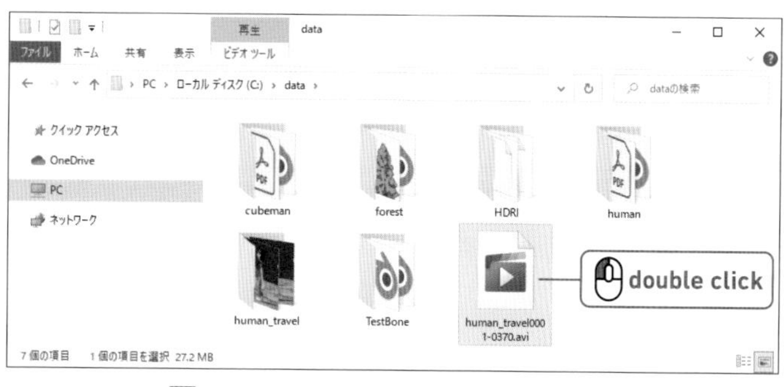

「Chapter6」フォルダ
→human_travel0001-0370.avi

Column 長編のムービーを作る場合

カットごとに画像連番でレンダリングしておきます。
シーンストリップの代わりに連番をストリップとしてシーケンサーエディターに読み込みます。
このようにすることで、あとからカット間のタイミングを調整することができます。
また複数のメンバーでムービーを作る場合は、カットごとに作業を分けることができます。

Column オリジナル作品を作る

今回は手順通りにやってもらいましたが、個人で作品を作るときはきちんとデザインしてから3D作業を始めましょう。
いきなり難しいものを作ると挫折しやすいので、シンプルで短いムービーを作ってみると良いでしょう。

・アイデアを紙に書く

ストーリー、キャラクターデザイン、世界観など、思いつくことを紙に書いていきましょう。

・絵コンテを描く

ムービーを作るときは必ず「絵コンテ」を書いてから作品を作ります。
絵コンテは漫画のようなものです。
1枚の絵が1カットを表していて、この絵を書くときにカメラやキャラクターの位置が決まります。
左側にカメラから見た絵、動きを描き、右側にはセリフ、説明、効果音などを書きます。

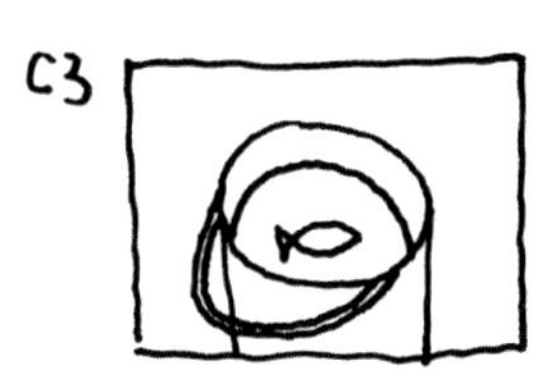

Appendix

付録

01 エフェクト（効果）

1-1 物理演算

クイックエフェクト／流体シミュレーション／リジッドボディ／ソフトボディ／煙／布

1-2 パーティクル

ヘアー

02 レンダー

Eevee レンダーエンジン／金属の表現／ガラスの質感／肌の質感（SSS）／Cycles レンダーエンジン

03 アドオン

3-1 インストール済みのおすすめアドオン

Rigify

3-2 公開されているおすすめアドオン

04 その他機能

4-1 コンポジットノード

4-2 スカルプトモデリング

4-3 カメラトラッキングによる実写合成

4-4 モディファイア

本書で解説した以外にもブレンダーにはたくさんの機能があります。
ここでは、本書で紹介しきれなかった機能をご紹介します

01 エフェクト(効果)

1-1 物理演算

流れる水や、燃える炎、跳ねるボール、風になびくカーテンなどを物理演算を使って作成することができます。

▶クイックエフェクト

「クイックエフェクト」を使うと簡単に水や煙を追加できます。ブレンダーを起動し、3D ビューポートで立方体オブジェクトを選択します。
ヘッダの［オブジェクト］→［クイックエフェクト］から［クイック液体］を選択し、開始フレームから再生すると液体が流れ出します。
［クイック毛皮］を選ぶと立方体に短い毛が生え、［クイック爆発］で立方体が砕け、［クイック煙］で立方体から煙が出ます。

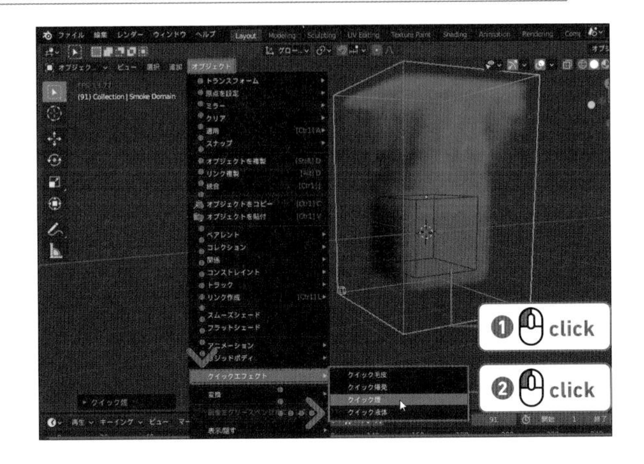

▶液体シミュレーション(Fluid)

01 まず、立方体オブジェクトを水に変えます。新規シーンの立方体オブジェクトを選択し、プロパティエディターを［物理演算プロパティ］に切り替えます。［流体］ボタンをクリックし、［タイプ］を「フロー」に、［設定］タブの［フロータイプ］を「液体」に切り替えます。

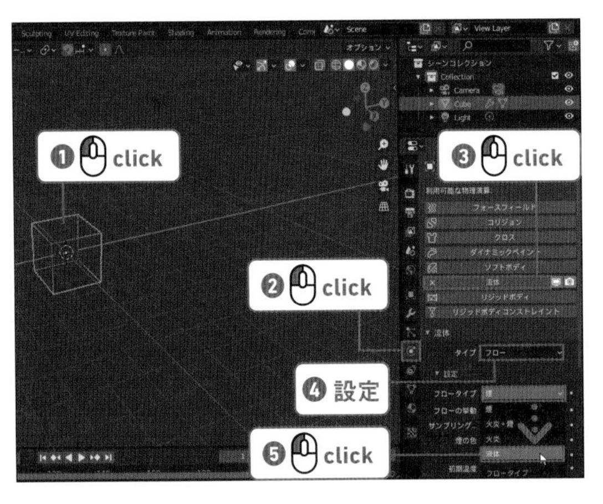

02 今度は水槽を作ります。Shift ＋ D キー→クリックで立方体オブジェクトを複製し、S → 4 → Enter キーで 4 倍にします。流体の［タイプ］を「ドメイン」に変更します。［流体］タブの［タイプ］を「ドメイン」、［設定］タブの［ドメインタイプ］を「液体」にし、［適応タイムステップを使用］のチェックボックスを一度オフにし、再びオンにします。

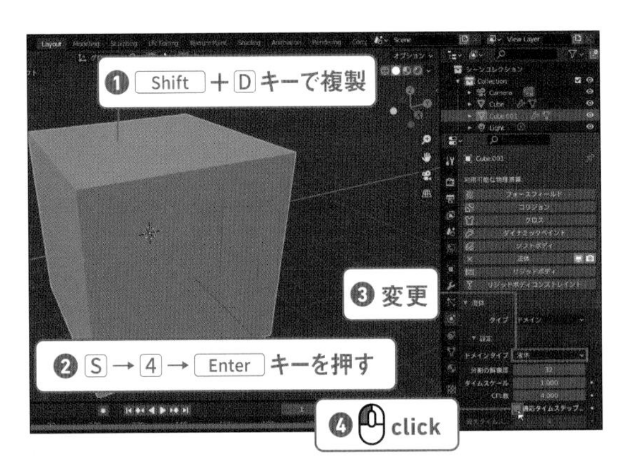

03 ワイヤーフレーム表示に切り替えます。
再生すると小さい立方体が液体になり、大きな立方体の中を流れます。[液体]タブの[メッシュ]のチェックボックスにチェックを入れるとメッシュになります。

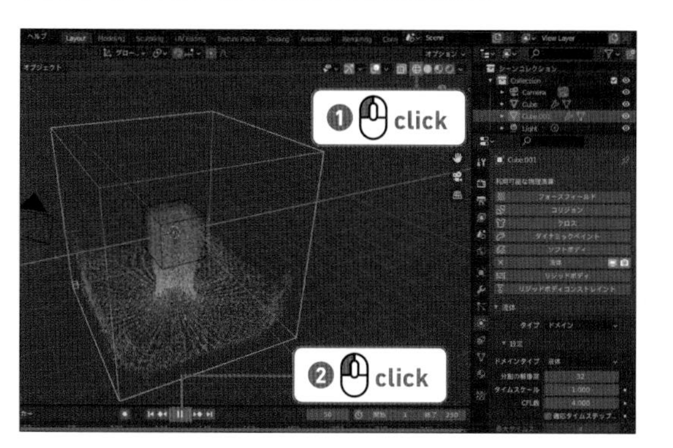

04 流体の箱（フロー）を選択し、[設定]タブのフローの挙動を「流入口」にします。水槽の箱の［適応タイムステップを使用］をオフ→オンし、再生すれば水道のような表現ができます。オイルや蜂蜜の質感を使用する場合は［拡散］タブで設定します。

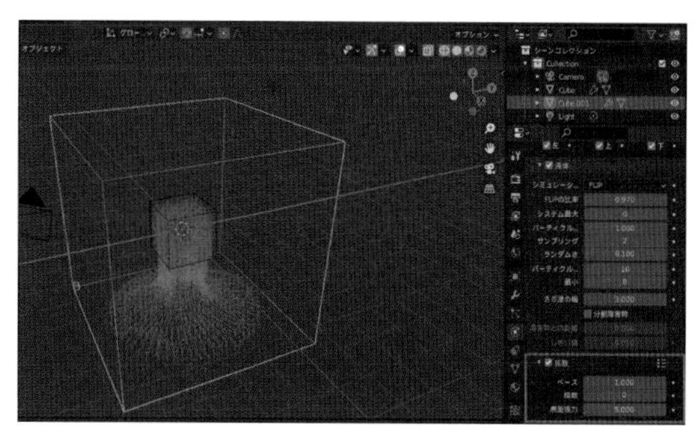

▶リジットボディ

01 リジットボディはオブジェクト同士の衝突や落下を作成します。
新規シーンで立方体オブジェクトを選択して［物理演算プロパティ］に切り替え、[リジットボディ］ボタンをクリックします。［タイプ］を［アクティブ］から［パッシブ］に切り替えます。

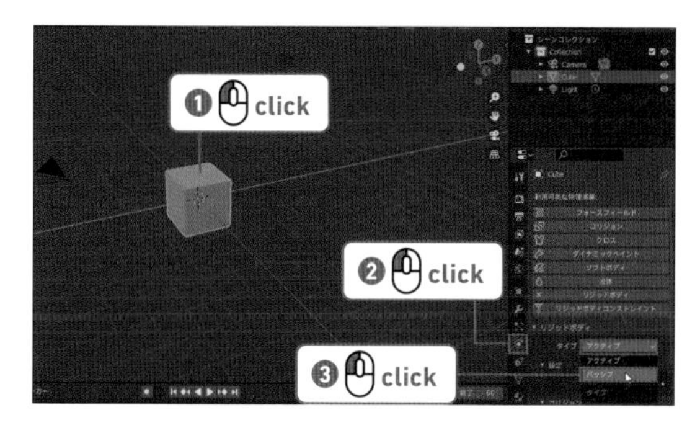

02 Shift＋Dキーを押したあとマウスカーソルを移動してクリックし、立方体のオブジェクトを複製します。中央の箱の斜め上に移動します。こっちはリジットボディの［タイプ］が［アクティブ］になっていることを確認します。[再生］ボタンをクリックすると、上の立方体オブジェクトが落ちて下の立方体オブジェクトにぶつかって、さらに落下します。

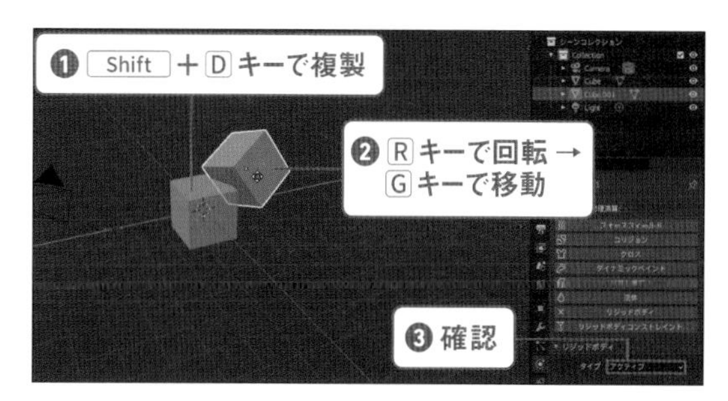

▶ソフトボディ

01 リジットボディと似ていますが、やわらかいものを表現します。
新規シーンで立方体オブジェクトを選択し、[物理演算プロパティ］に切り替えます。［ソフトボディ］ボタンをクリックして［ゴール］のチェックを外し、3D ビューポートで原点が見える程度に上に移動します。

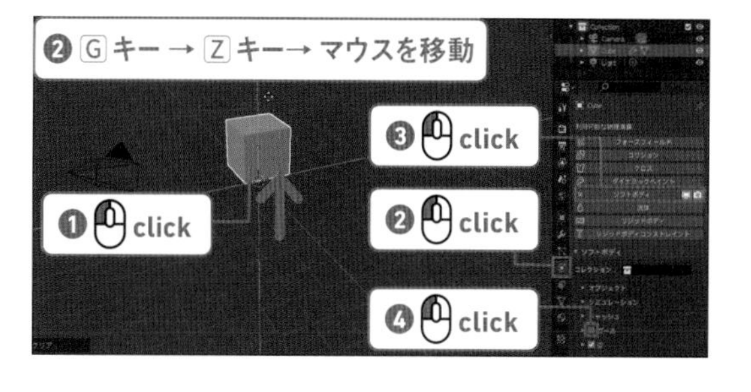

02 ［追加］→［メッシュ］→［グリッド］でメッシュオブジェクトを追加して S キーで少し大きくし、［物理演算プロパティ］で［コリジョン］を選択してください。［再生］ボタンをクリックすると、立方体オブジェクトがゼリーのように動きます。

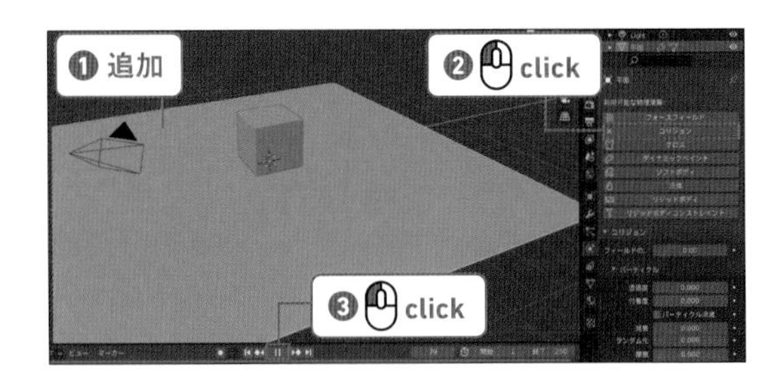

▶煙

01 新規シーンで立方体オブジェクトを選択した状態で［物理演算プロパティ］に切り替えます。［流体］ボタンをクリックし、［タイプ］を［フロー］にします。

02 Shift ＋ D キーを押したあとクリックして立方体オブジェクトを複製し、S → 4 → Enter キーで立方体オブジェクトを大きくします。こちらの立方体オブジェクトは［タイプ］を［ドメイン］に変更します。［再生］ボタンをクリックすると、フローを設定した立方体オブジェクトから煙が出ます。［設定］タブの［障害物内で削除］にチェックを入れると、ドメインを設定したオブジェクトの外に煙が出てゆきません。境界は［ボーダーコリジョン］タブで設定できます。

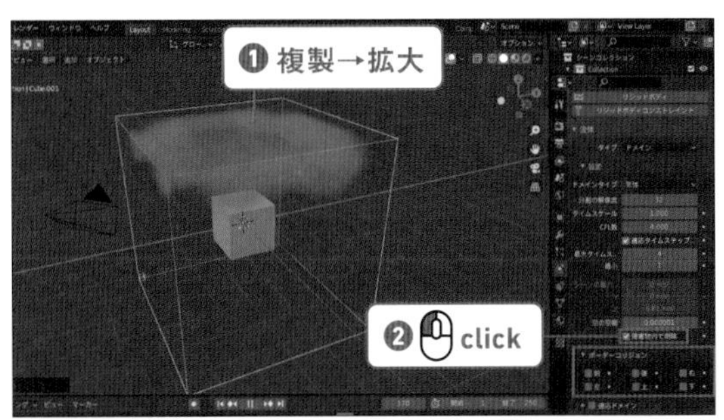

▶布

01 新規シーンで立方体オブジェクトを選択した状態で［物理演算プロパティ］に切り替え、［コリジョン］ボタンをクリックします。

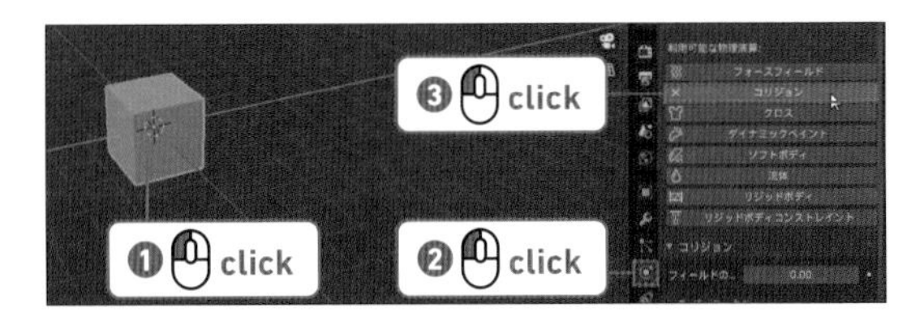

02 ［追加］→［メッシュ］→［グリッド］を選択し、左下の［グリッドを追加］タブを開き、X 軸方向、Y 軸方向の分割数をどちらも「50」に変更してください。このオブジェクトを S キーで拡大し、G キーで上に移動します。

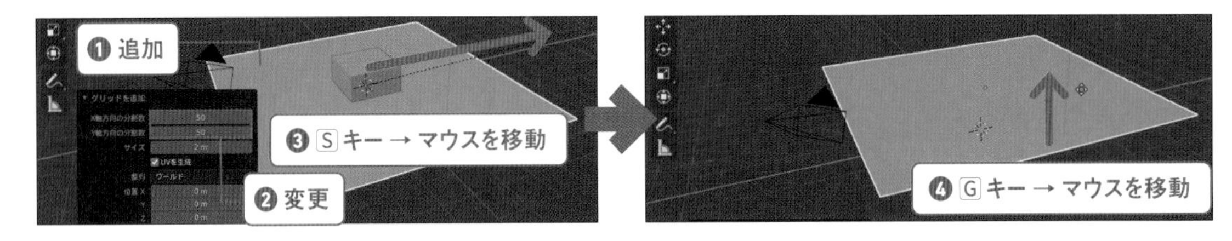

03 ［物理演算プロパティ］で［クロス］を選択し、［再生］ボタンをクリックします。
［クロス］タブの右側の［Fluid Presets］アイコンをクリックすると、質感を「Cotton（綿）」、「Denim（デニム）」、「Leather（皮）」、「Rubber（ラバー）」、「Silk（シルク）」に切り替えることができます。

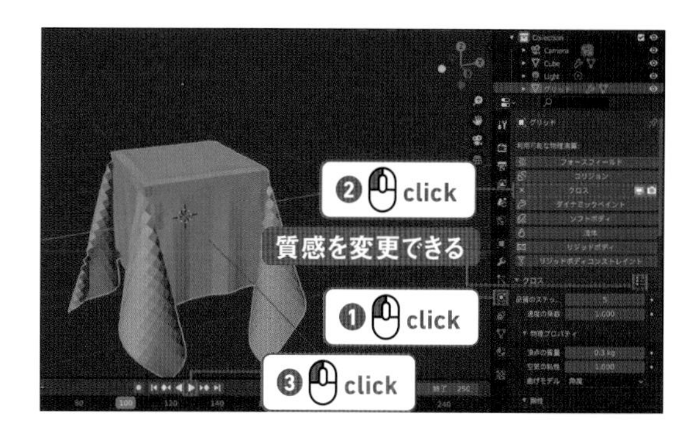

1-2 パーティクル

パーティクルは3D空間にたくさんの点を作成する機能です。
パーティクルを使うと、水しぶきや雪や落ち葉、煙、火、群集などさまざまな効果を作ることができます。

▶パーティクルの基本操作

新規シーンの立方体オブジェクトを移動して中心からよけておきます。［追加］→［メッシュ］→［UV 球］でオブジェクトを追加します。
プロパティエディターを［パーティクルプロパティ］に切り替え、［+］ボタンをクリックしてパーティクルを追加します。［レンダー］タブ内の［レンダリング方法］を［オブジェクト］に、その下の［オブジェクト］タブの［インスタンスオブジェクト］によけて置いておいた立方体オブジェクト（Cube）を指定してください。再生すると、球から粒（パーティクル）が飛び出します。

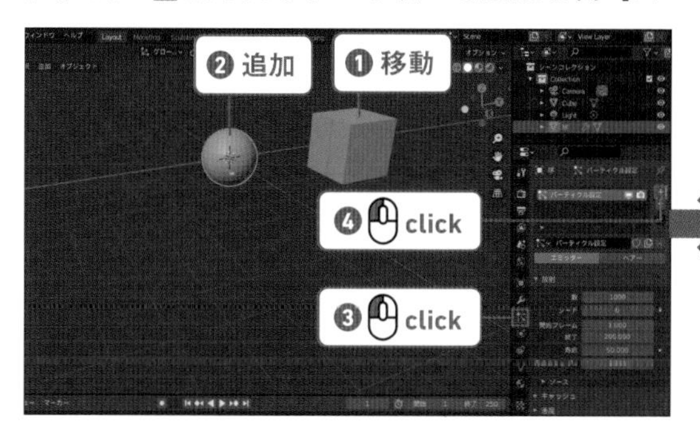

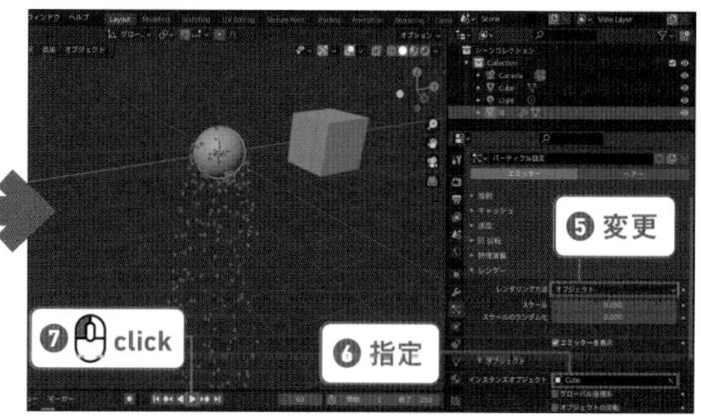

▶パーティクルの各設定

［放射］タブはパーティクルの発生について設定します。
パーティクルの数、発生開始時間、発生終了時間、パーティクルが消えるまでの寿命、寿命のばらつきなどです。
シードを変えると乱数のパターンが切り替わります。

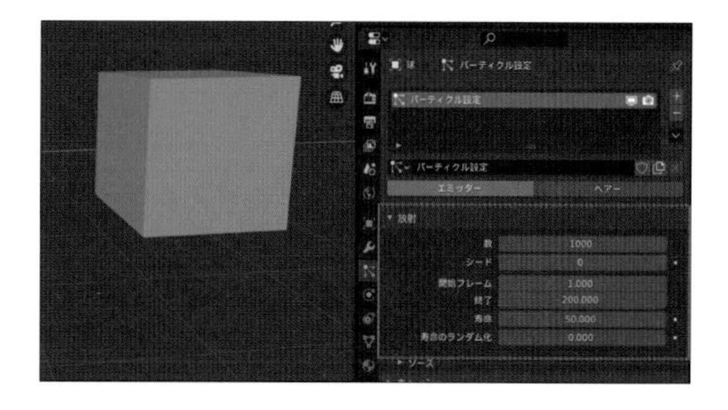

01 パーティクルの動きは［速度］タブ、［回転］タブ、［物理演算］タブ、［フィールドの重み］タブで設定します。［速度］タブの［ノーマル］は、パーティクルの初速度を設定します。落下速度を変更するには［フィールドの重み］タブの重力の値を変更します。

02 シーンに風や渦のフォースオブジェクトを追加すれば、パーティクルはフォースに影響されます。他のオブジェクトに［物理演算プロパティ］のプロパティでコリジョンを割り当てれば、パーティクルはそのオブジェクトに当たったときに跳ね返ります。

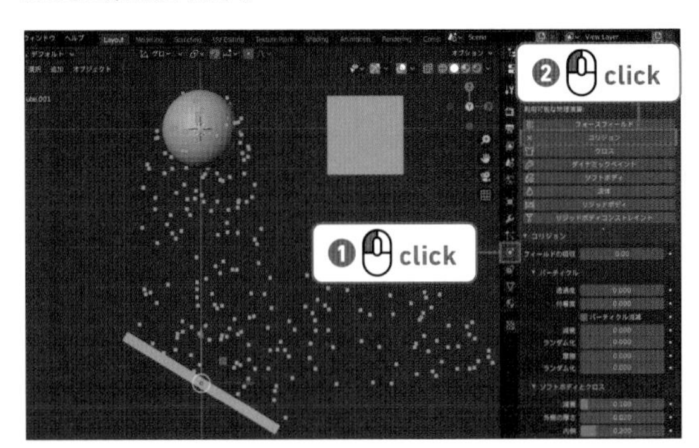

▶ヘアー

01 パーティクルで髪の毛や芝生のような毛を作成することができます。
立方体オブジェクトを削除し、［追加］→［メッシュ］→［UV 球］でオブジェクトを作ります。
プロパティエディターを［パーティクルプロパティ］に切り替え、［+］ボタンをクリックしてパーティクルを発生させ、［ヘアー］ボタンをクリックします。
［レンダー］タブの［レンダリング方法］が［パス］になっているか確認します。3D ビューポートにウニのようなヘアーが表示されました。

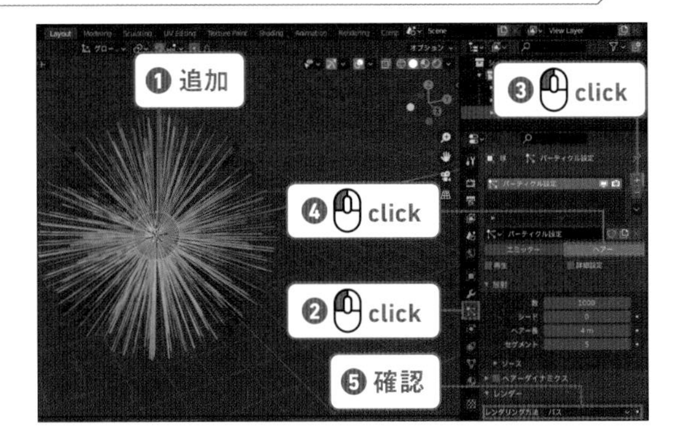

02 ［ヘアーダイナミクス］にチェックを入れます。［ヘアーダイナミクス］タブ内の［構造］タブの［剛性］の値を「0.3」にします。タイムラインを「1」フレームにし、［再生］ボタンをクリックします。「150」フレームあたりで髪型が落ち着くので再生を停止してください。

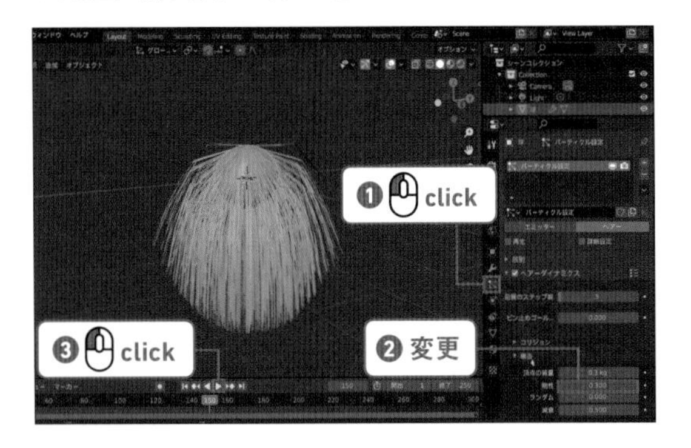

03 Eevee レンダーで髪の曲がり方を滑らかにするには［ビューポート表示］タブの［ストランドステップ］の値を「6」にします。Cycles レンダーの場合は［レンダー］タブの［パス］の［ステップ数］の値を「6」にします。どちらの場合も［レンダー］タブの［パス］の［B スプライン］にチェックを入れてください。

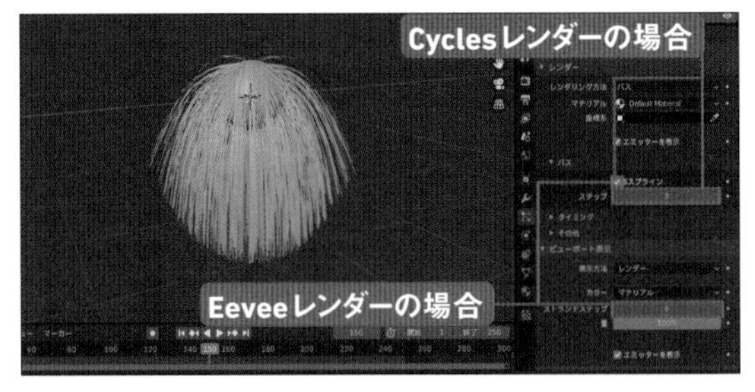

04

下の方の［ヘアー形状］タブで［ストランド形状］を「− 0.5」、［根元の半径］を「5」にしてください。［マテリアルプロパティ］でマテリアルを割り当て、［ベースカラー］を黒にします。

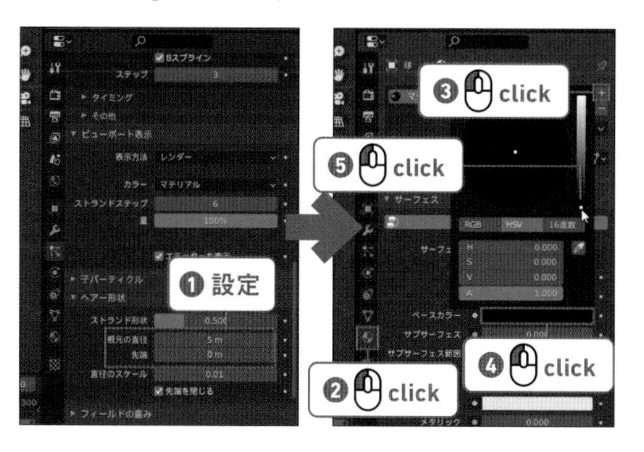

05

［レンダープロパティ］に切り替え、［ヘアー］タブの［ヘアーの形状タイプ］を「ストリップ」にすると髪が太くなっています。3Dビューポートの表示を［レンダー］にすると、髪の毛ができています。

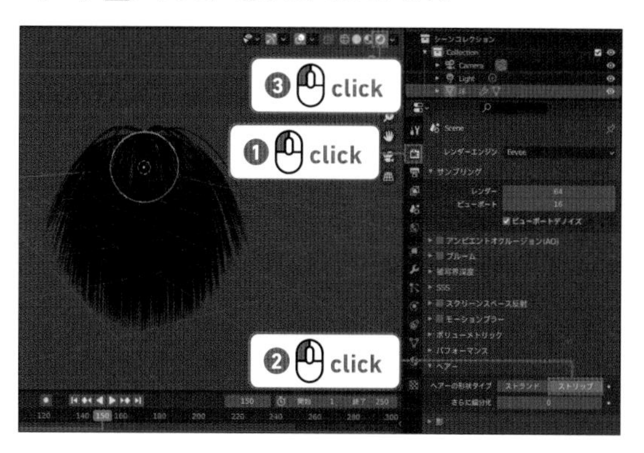

A1

髪のスタイリングをするには、［追加］→［フォースフィールド］→［カーブガイド］の順に選択してオブジェクトを追加します。カーブガイドオブジェクトに［物理演算プロパティ］の［設定］タブで［減衰のべき乗］［最大距離］などプロパティの値を指定します。

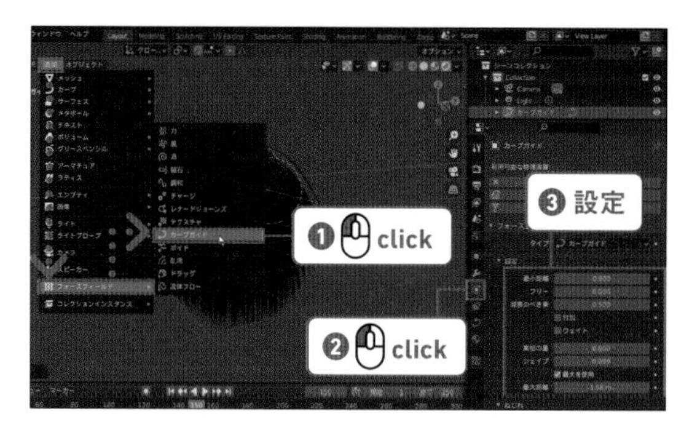

B1

毛を生やす場所を限定するには、オブジェクトモードで毛を生やすオブジェクトを選択し、編集モードで頂点を選択します。［オブジェクトデータプロパティ］に切り替え、頂点グループををクリックして作成します。［割り当て］ボタンをクリックし、選択した頂点を頂点グループに割り当てます。

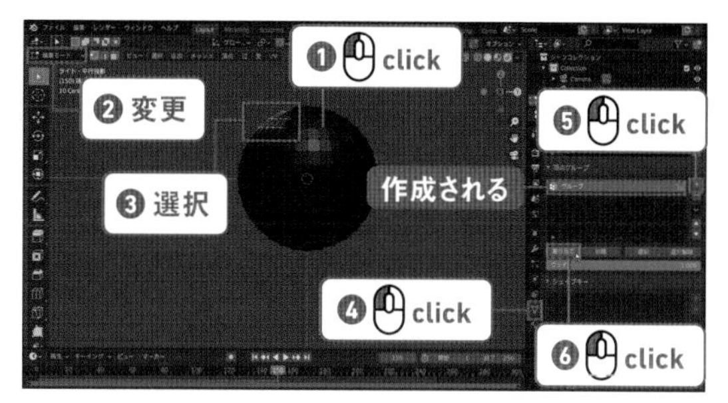

B2

オブジェクトモードに切り替え、［追加］→［フォースフィールド］→［カーブガイド］でオブジェクトを追加します。アウトライナーで球オブジェクトを選択し、［パーティクルプロパティ］の［頂点グループ］タブで、作成した頂点グループを指定します。

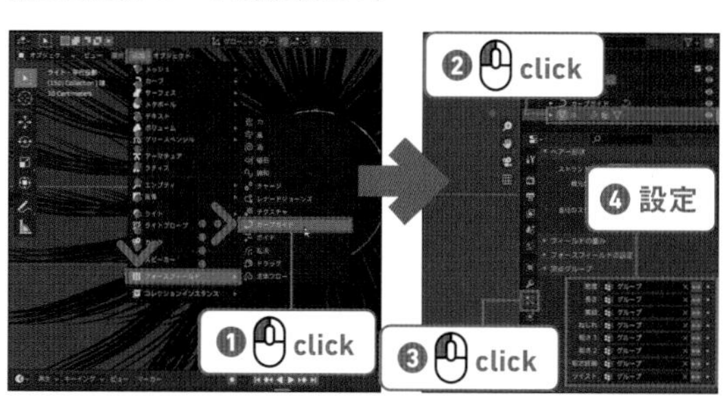

B3

オブジェクトモードでアウトライナーのカーブガイドを選択し、編集モードでビューを回転しながら、カーブガイドの頂点をクリックして選択し、［移動］ツールや G キーで移動して形を整えます。

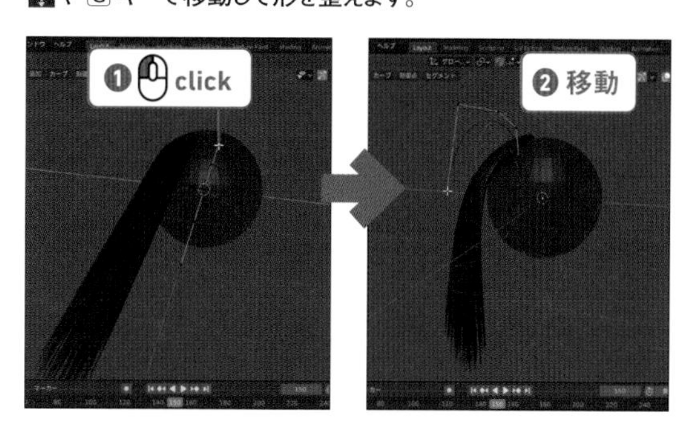

02 レンダー

より綺麗な画像に仕上げるためにはレンダラーについて知っておきましょう。
ブレンダーにはEeveeやCyclesなどのレンダーエンジンが用意されています。

▶Eeveeレンダーエンジン

本書ではEeveeというレンダラーを使用してレンダリング、3Dビューポートの表示をしていました。
Eeveeを使用するとレンダリングをしなくてもビューポート上で金属やゼリーのようなクオリティの高い質感をつけることができます。

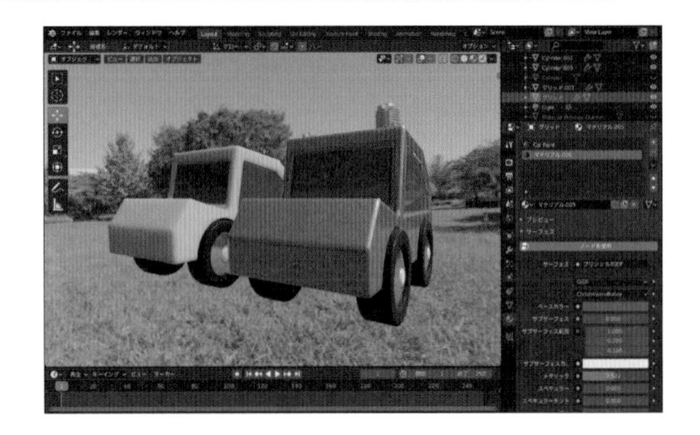

▶金属の表現

01 立方体オブジェクトでは質感がわかりにくいので、X キーで削除して［追加］→［メッシュ］→［UV球］でオブジェクトを追加します。［レンダープロパティ］に切り替え、［スクリーンスペース反射］タブにチェックを入れます。オブジェクトを右クリックして表示されるメニューから［スムーズシェード］を選択しておきます。

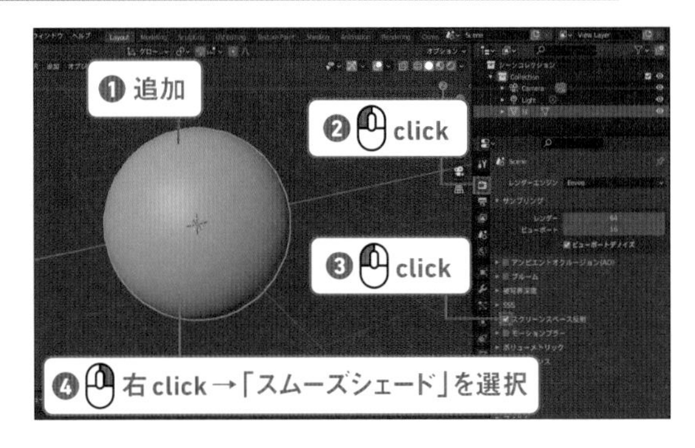

02 ［マテリアルプロパティ］に切り替え、［新規］ボタンをクリックします。［ノードを使用］が適用されているか確認し、［サーフェス］に「プリンシプルBSDF」が選択されているか確認します。［メタリック］の値を「1」に、［粗さ］の値を「0」にすると金属の質感になります。

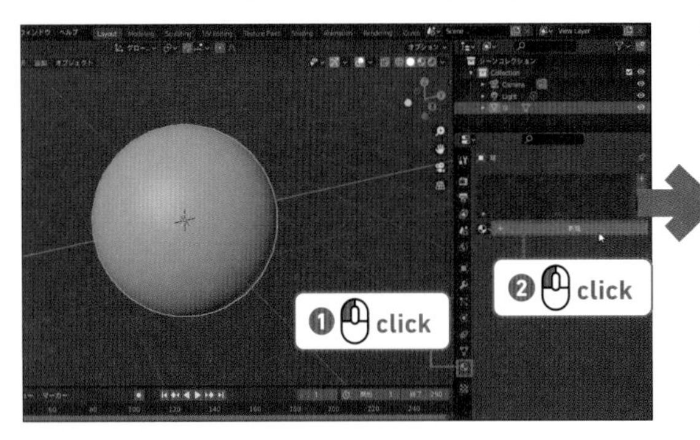

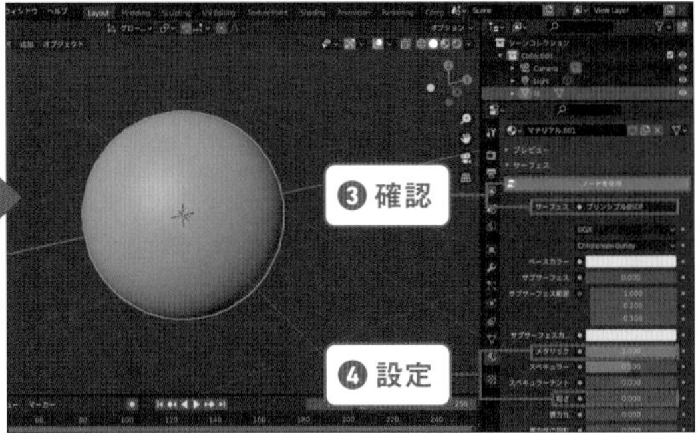

03 3Dビューポート右上の［マテリアルプレビュー］をクリックしてください。Eeveeの質感は「手抜き」であるため画面の外やカメラの後ろにあるものは反射に映りこむことはありません。
ただし環境テクスチャ（p.175参照）は映り込むので、環境テクスチャを使用すると簡単にリアルな質感を作り出せます。

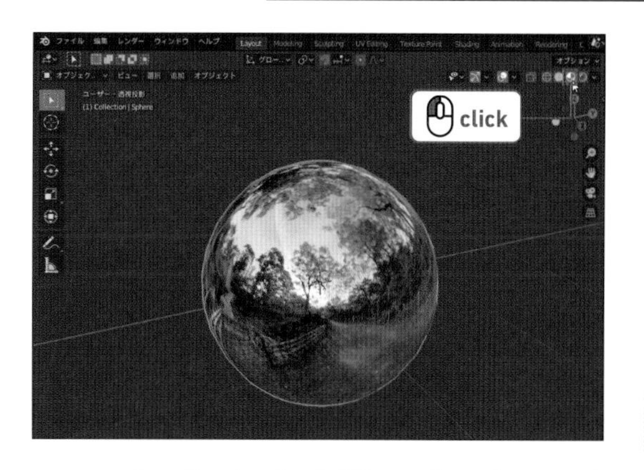

04 画面の外のオブジェクトも反射に映す方法として「反射キューブマップ」があります。［追加］→［ライトプローブ］→［反射キューブマップ］で作成し、金属質感のオブジェクトの位置に置きます。3Dビューポートを［レンダー］に切り替え、［オブジェクトデータプロパティ］の［ビューポート表示］タブの［クリッピング］をクリックしてオンにし、［クリッピング開始位置］の数値はオブジェクトの外に出るように増やしてしてください。

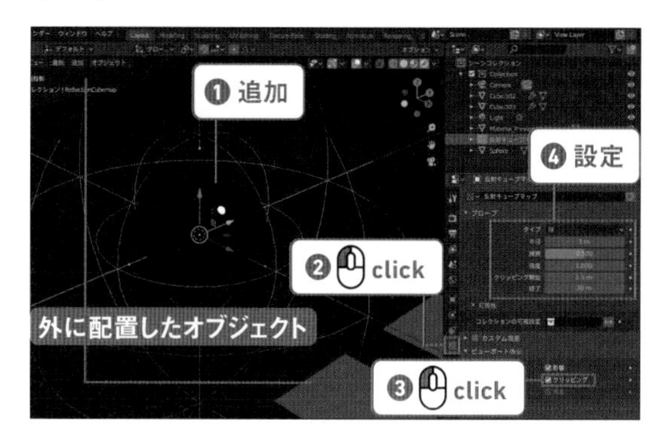

05 ［レンダープロパティ］に切り替え、［間接照明］タブの［間接照明をベイク］ボタンをクリックすると、反射キューブマップから見た周囲の画像が作られて、これが反射の画像として使用されます（確認用に赤と緑の立方体オブジェクトを配置しています）。

▶ガラスの質感

01 ［レンダープロパティ］に切り替えます。［スクリーンスペース反射］タブにチェックを入れ、タブ内の［屈折］にもチェックを入れます。

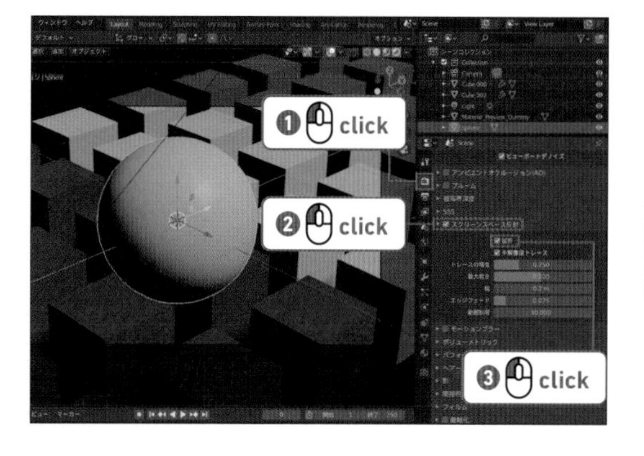

02 ［マテリアルプロパティ］に切り替え、オブジェクトを選択します。［ノードを使用］が有効になっているか確認し、［サーフェス］が「プリンシプルBSDF」、［ベースカラー］が白になっていることを確認します。

［粗さ］を「0」、［伝播（透過）］の値を「1」にし、［設定（オプション）］タブの［スクリーンスペース屈折］にチェックを入れます。ガラスのように透過する質感ができました。

03 透過の質感は［サーフェス］タブの［粗さ］［IOR］の項目で調整します。金属やガラスは環境テクスチャを指定すると質感がリアルになります（p.175 参照）。

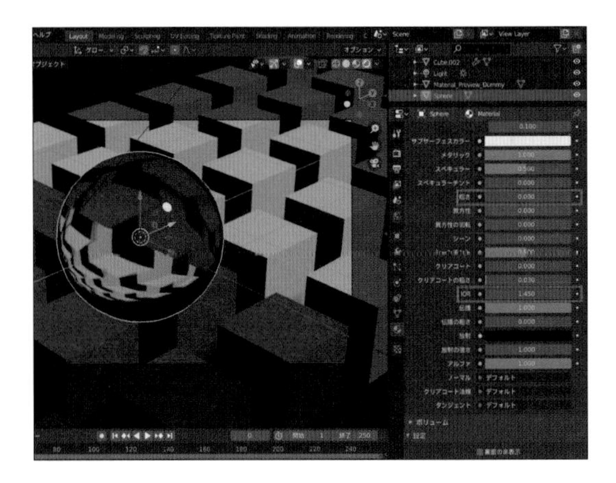

▶肌の質感(SSS)

人間の耳たぶや牛乳のように透明ではないけど、光をわずかに通す現象を「サブサーフェーススキャッタリング（SSS）」といいます。
［マテリアルプロパティ］の［サブサーフェス］の値を上げるだけで、SSS の質感を作れます。
人間の肌の場合は、［ベースカラー］を肌色、［サブサーフェス］を「0.3」、［サブサーフェス色］を「赤」にします。

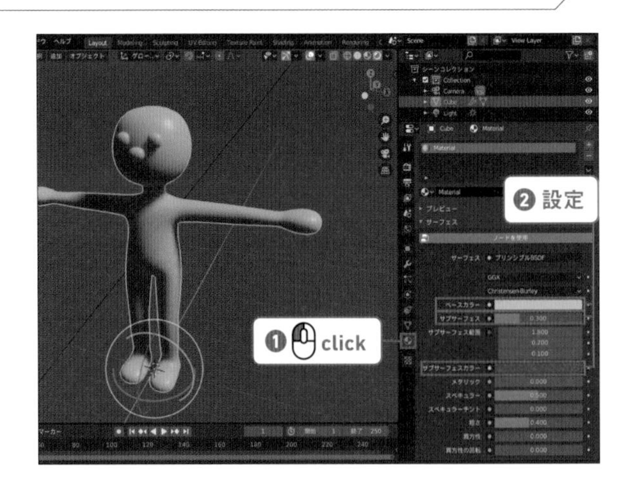

▶ Cyclesレンダーエンジン

Cycles は光の挙動を正しく計算して絵を作るレンダラーです。このように絵を計算することを物理ベースのレンダリング（PBR、Physical Based Rendering）といいます。それに対してEevee はとにかく早く絵を作るために見えないところで手を抜いています。ほとんどの場合 Eevee で十分ですが、実写と合成したり、写真と区別がつかないような絵を作る場合は物理ベースのレンダリングが必要になります。

Eevee から Cycles への変更は簡単です。[レンダープロパティ]で［レンダーエンジン］をクリックして「Cycles」にするだけです。マテリアルは Eevee と同じものが使えます。3Dビューポートを［レンダー］にすると、ビューポート表示も Cycles を使用した表示になります。ザラザラ感を消すには［レンダープロパティ］の［サンプリング］タブの［デノイズ］の［レンダー］をオンにします。［ビューポート］もデノイズを使用できますが、動作が重いためおすすめはしません。

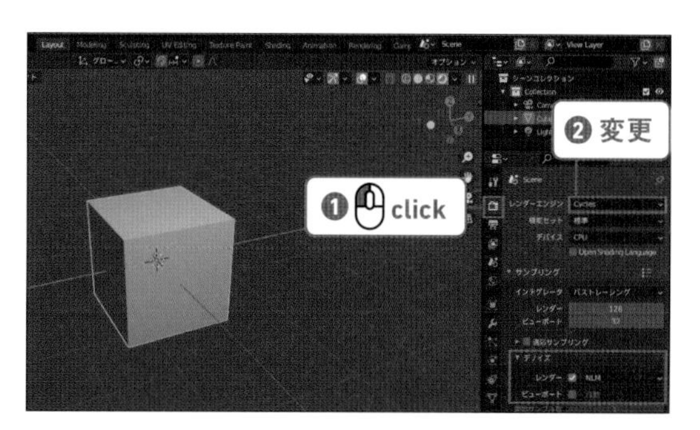

01 レンダリングを高速化するには、トップバーの［編集］→［プリファレンス］の順にクリックして［プリファレンス］ウィンドウを開きます。
［システム］ボタンをクリックし、［Cycles レンダーデバイス］タブの［CUDA］ボタンをクリックします。2 つのチェックボックスをオンにし、［Save & Load］ボタンをクリックして［プリファレンスを保存］を選択して［プリファレンス］ウィンドウを閉じます。［レンダープロパティ］の［デバイス］の項目を［GPU 演算］にしてみましょう。個人のマシンの性能にもよりますが、ほとんどの場合、レンダリングが高速化します。

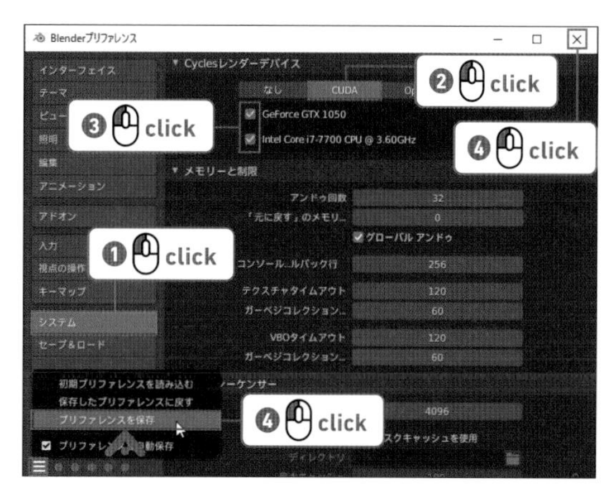

02 Cycles でのレンダリングは［レンダープロパティ］のサンプリングのレンダー、ビューポートの値を 2 倍ずつ増やしていけば、きれいになります。ただ、サンプリングの数だけ計算が増えるので、レンダリングにどんどん時間がかかるようになります。また、ザラザラ感はなかなか消せません。［ビューレイヤープロパティ］の一番下の［デノイズ］タブにチェックを入れるとレンダリング画像のノイズを後処理で消してくれます。

03 アドオン

ブレンダーには既にさまざまな機能がありますが、更に［アドオン］を追加することでいろいろな機能を追加することができます。
アドオンは個人で作ることができるためインターネットを検索すれば素晴らしいアドオンがたくさん公開されています。またブレンダーには初めからアドオンがたくさん含まれており、有効になっているものもありますがほとんどは無効になっています。

3-1 インストール済みのおすすめアドオン

トップバーから［編集］→［プリファレンス］を選択して［プリファレンス］ウィンドウを表示し、［アドオン］ボタンをクリックします。検索ボックスをクリックし、「Rigi」と入力すると［Rigging：Rigify］の項目が表示されるので、チェックボックスをオンにします。
Rigify はキャラクター用のリグセットで、のちほど説明します。Rigify 以外にも有効にしておいた方が良いアドオンがいくつかあります。

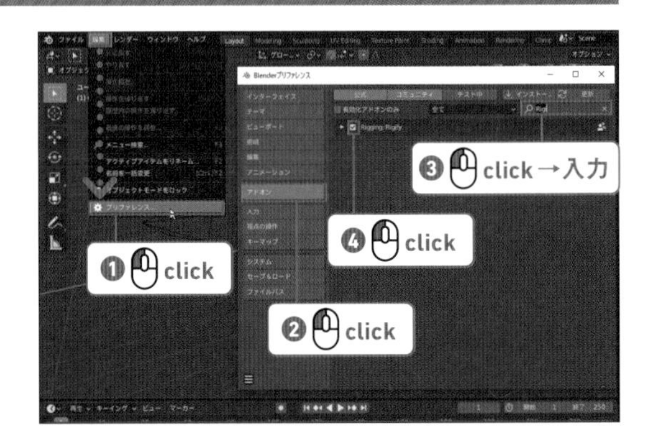

■ Align Tools

オブジェクトモードで選択中のオブジェクトを他のオブジェクトの位置に合わせます。

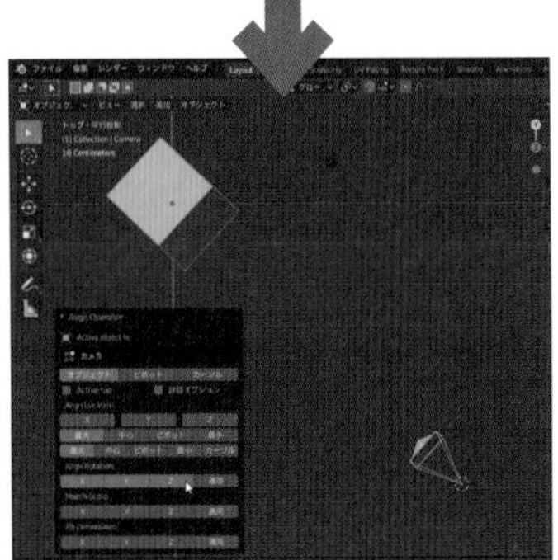

■ Modifier Tools

すべてのモディファイアーをまとめてオン、オフしたり、まとめてタブを閉じたりします。

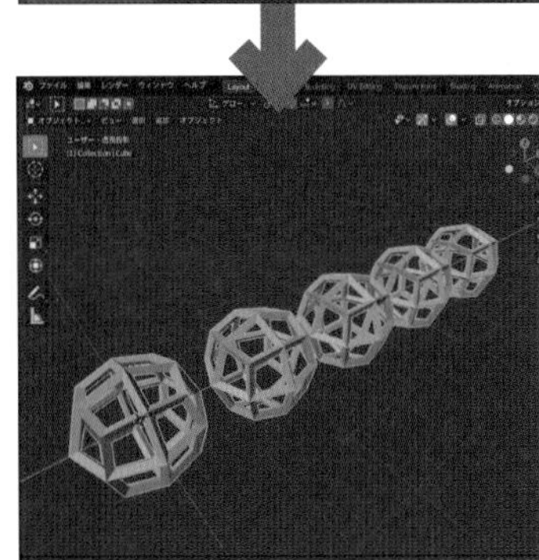

■ Material Library

リアルな質感のマテリアルのライブラリです。木の質感や車の塗料の質感等が使えます。

■ F2

EditMode で面を追加するときに使用します。ブレンダーは Ctrl (command) キーを押しながら右クリックしても、頂点とエッジを作成することができます。2 点選択して F キーを押せば面を作成することができます。

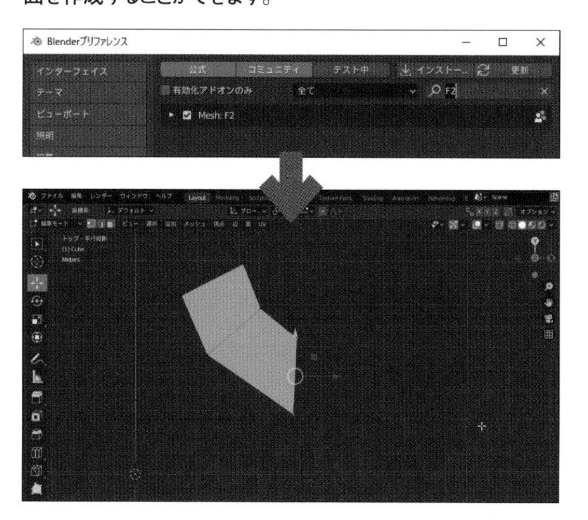

■ Node Wrangler

ノードエディターの便利ツールセットです。ノード同士を簡単に繋いだり、ノードの途中の段階をビューに表示させたりすることもできます。

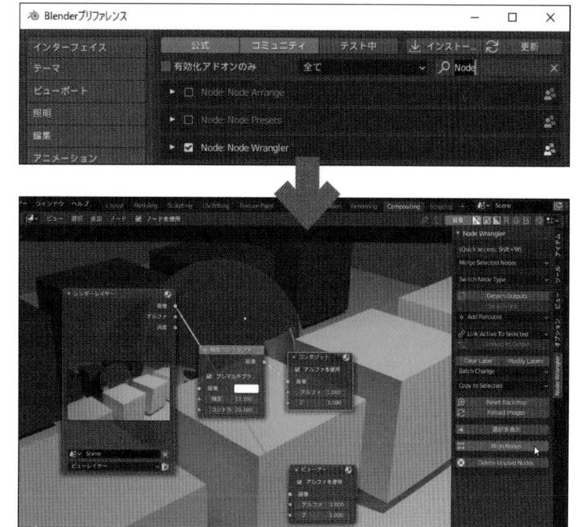

▶ Rigify

01 Chapter3 で人の形のリグを作りましたが［Rigify］を使えば半自動でリグを作成してくれます。
Rigify アドオンは Blender に最初から入っていますが無効になっているので有効にしてください。
ヘッダから［追加］→［アーマチュア］→［基本］→［Basic Human（Meta-Rig）］を選択します。

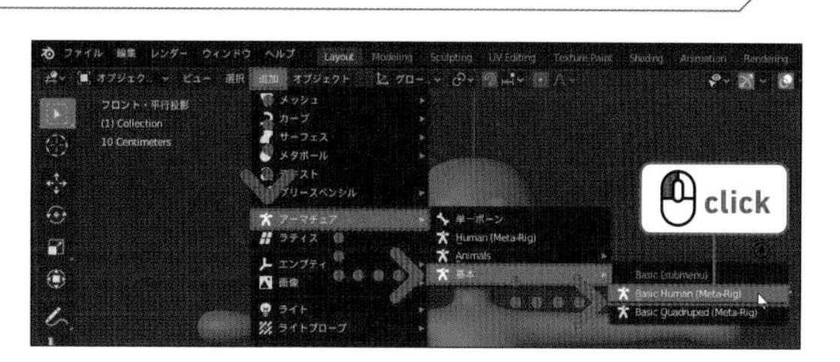

02 metarig を人型のメッシュオブジェクトにあわせていきます。編集モードにしてヘッダから［ピボットポイント］をクリックし、［3D カーソル］に切り替えます。A キーを押してすべてのボーンを選択し、メッシュオブジェクトに拡大や移動で足裏の位置と肩の高さを合わせます。

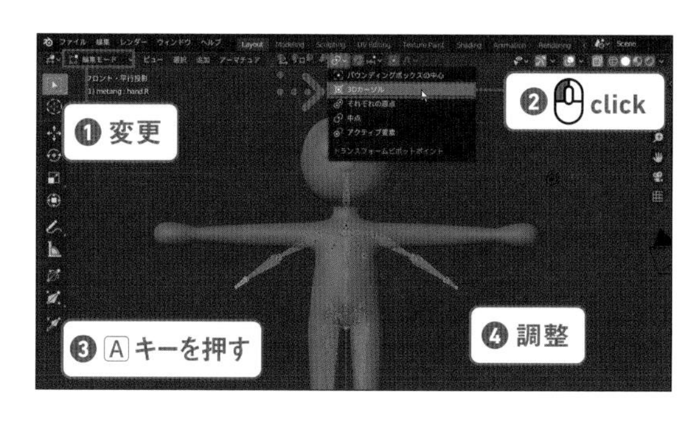

03 今度はピボットをアクティブ要素に切り替えます。N キーを押してサイドバーを表示し、［ツール］タブの［オプション］の［X 軸ミラー］にチェックを入れておくと、作業しやすくなります。ボーンを編集し、各関節の位置、ボーンの大きさを合わせたら、オブジェクトモードに戻します。

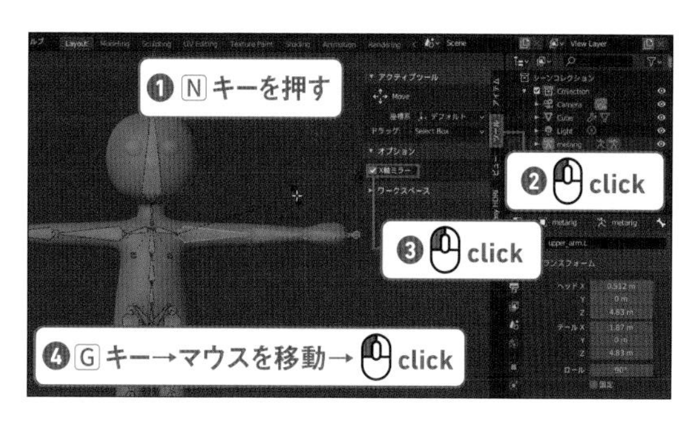

04

［オブジェクトデータプロパティ］の［Rigigy Buttons］タブの［Generate Rig］ボタンをクリックすると「metarig」の位置にリグを作成してくれます。

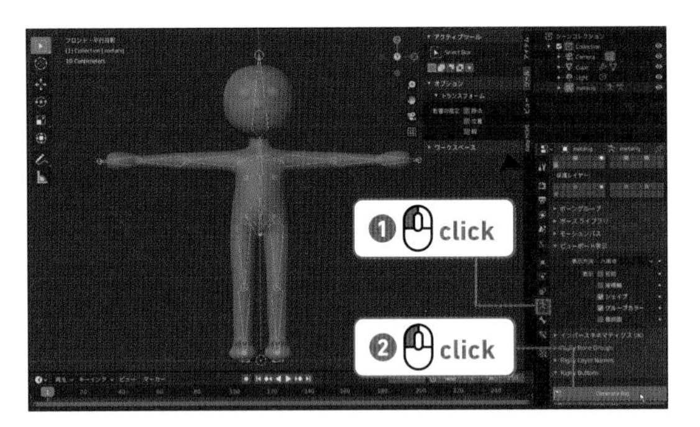

05

人型のメッシュオブジェクトを選択してリグオブジェクトを追加選択し、Ctrl（command）＋P キーを押し、［自動のウェイトで］を選択します。これでリグを使用してキャラクターが動かせるようになりました。

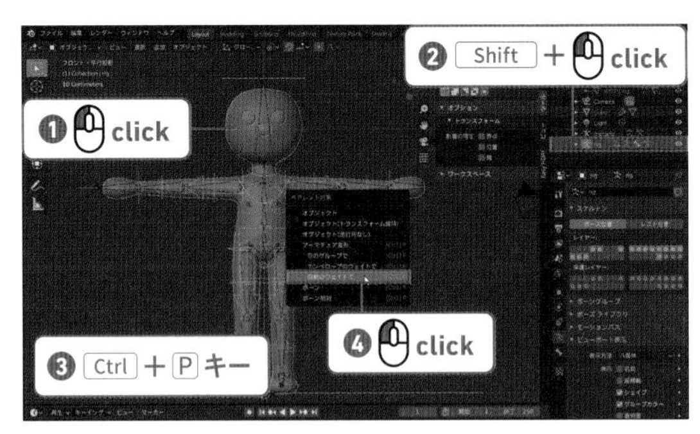

06

リグを選択して［ポーズモード］に切り替えます。タイムラインの［自動キー挿入］ボタンをクリックし、リグを動かすとアニメーションが作られます。

インバースキネマティクス（IK）、フォーワードキネマティクス（FK）を途中で切り替えることもできます。IK、FK はサイドバーの［アイテム］タブの「Rig Main Properties」で切り替えます。

アニメーションの基本については Chapter4 を参照してください。

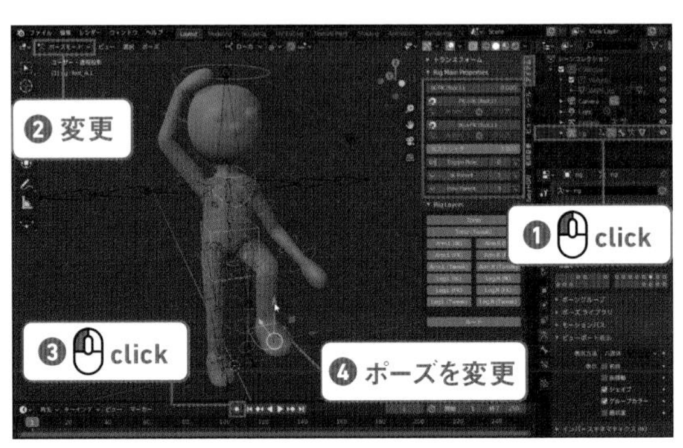

3-2 公開されているおすすめアドオン

※2021年2月現在

インターネット上にあるアドオンを使用するには、ダウンロードしたあと、PC のブレンダーがインストールされている場所にフォルダごとコピーします。

【例（Windows）】
C:¥Program Files¥Blender Foundation¥Blender 2.91¥2.91¥scripts¥addons

【例（macOS）】
/Users/（ユーザ名）/Library/Application Support/Blender/2.91/scripts/addons

ブレンダーを再起動するとインストールされているので、インストール済のアドオンと同様の手順でインストールします。

トップバーから［編集］→［プリファレンス］を選択して［プリファレンス］ウィンドウを表示し、［アドオン］ボタンをクリックします。［インストール］ボタンをクリックしてアドオンのファイル「__init__.py」を指定することで、インストールできる場合もあります。

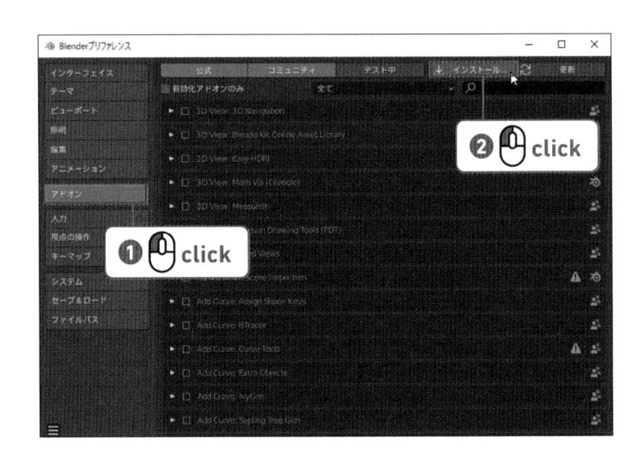

■ Simple Renaming Panel

https://blenderartists.org/t/simple-renaming-panel/676639

【作者】Matthias Patscheider

複数のオブジェクトの名前をまとめて変更します。

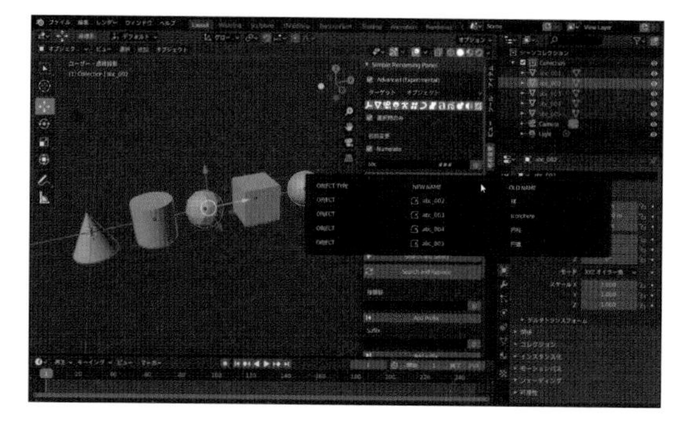

■ PBR Materials

http://3d-wolf.com/products/materials.html

【作者】Marco

髪や肌などのマテリアルのライブラリです。

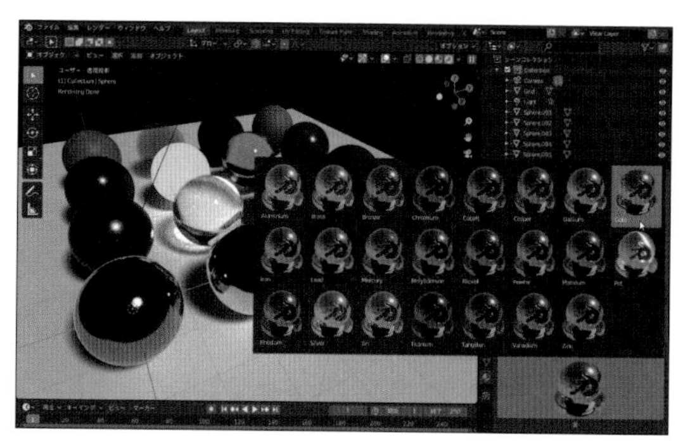

■ EdgeFlow

https://github.com/BenjaminSauder/EdgeFlow

【作者】BenjaminSauder

エッジを等間隔にしたり、曲面をなめらかにすることができます。

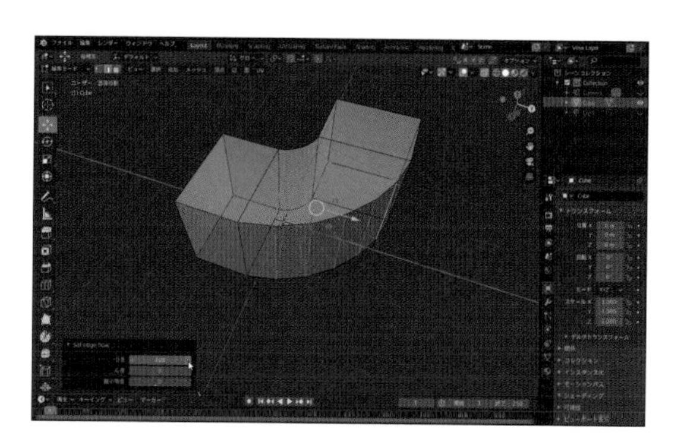

■ MACHIN3Tools

https://blendermarket.com/products/MACHIN3tools

【作者】MACHIN3

Edit Mode にさまざまなメニューや機能を追加するアドオンです。

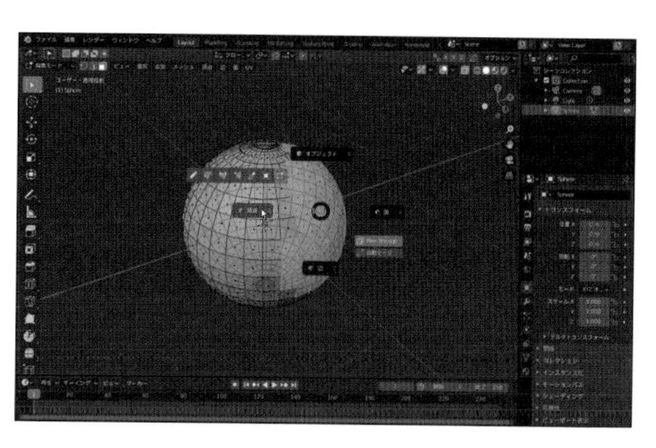

■ Easy HDR

http://codeofart.com/easy-hdri-2-8/

【作者】Monaime Zaim

特定のフォルダの中にHDR画像を入れておけばボタンをクリックするだけで HDR 画像を切り替えることができます。モデルに質感を付けるときに便利です。

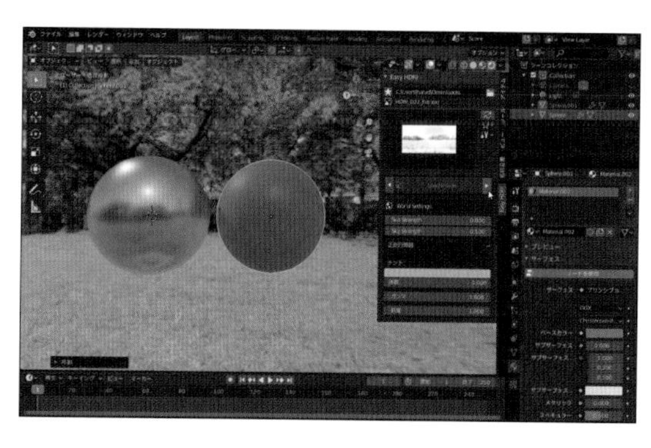

04 その他機能

コンポジットはレンダリングしたあとに、絵の色合いを変えたり、実写と合成したりする作業です。
シーケンサーでも同様なことができますが、主にコンポジットは絵の編集や合成、シーケンサは時間の編集を行います。

4-1 コンポジットノード

01 レンダリングするブレンダーファイルを開きます。ワークスペースを［Compositing］に切り替え、［ノードを使用］にチェックを入れます。「レンダーレイヤー」と「コンポジット」という小さなウィンドウのようなものが現れました。この小さなウィンドウを「ノード」といいます。ノードとノードを組み合わせて最終的な画像（コンポジットノード）を作成します。
「レンダーレイヤー」の［リンクするシーンを閲覧］ボタンをクリックしてシーンを選択し、［アクティブシーンをレンダリング］ボタンをクリックするとレンダリングされた画像が表示されます。

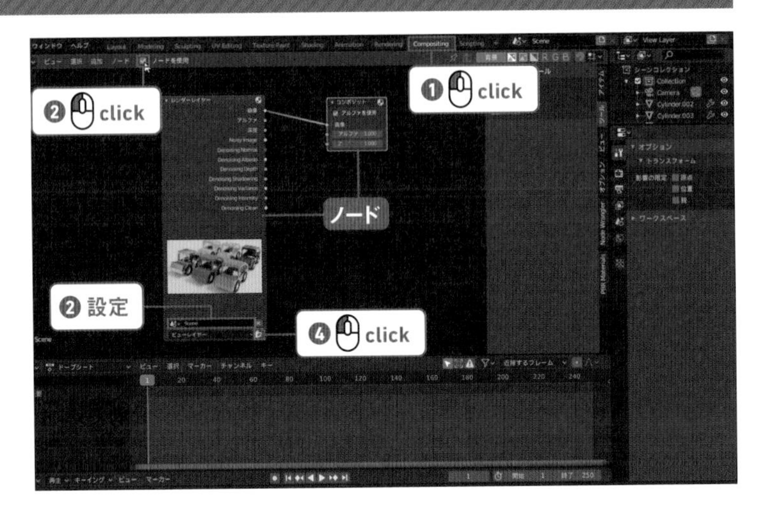

02 Shift ＋ A キーを押して［カラー］→［RGB カーブ］を選択し、RGB カーブノードを作成します。RGB カーブノードの上の部分をドラッグで移動し、2つのノードの間に置くと3つのノードがつながります。

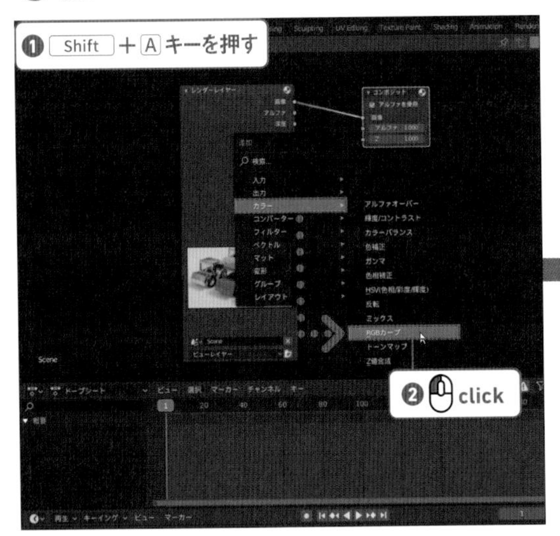

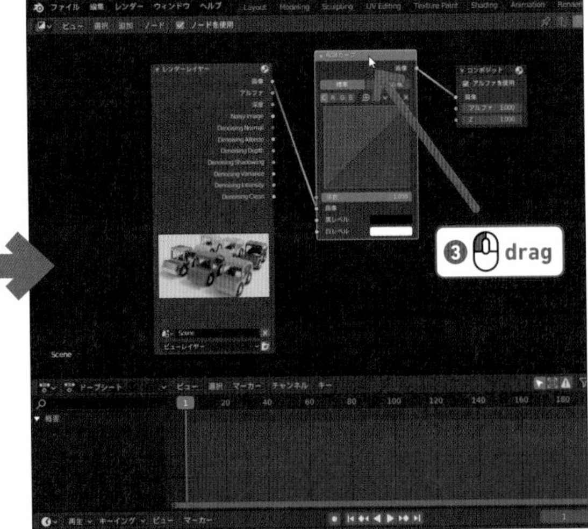

03 Shift ＋ A キーを押して［出力］→［ビューアー］を選択します。RGB カーブノードの右側の［画像］の点をドラッグし、ビューアーノードの［画像］につなぐと画像が背景に現れます。RGB カーブノードのグラフの中心を上下にドラッグすると背景の画像の色が変わります。

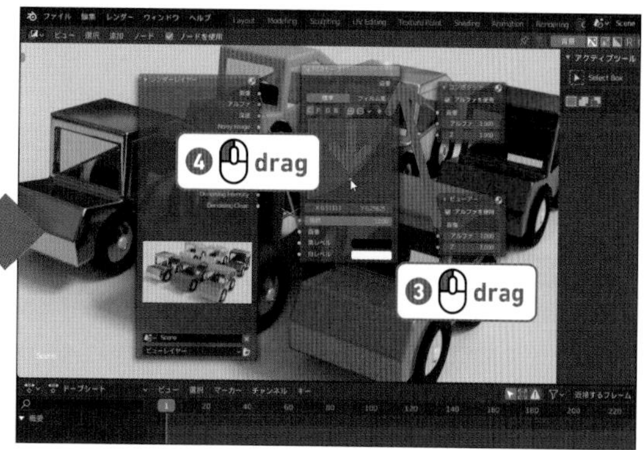

04 F12 キーでレンダリングするとコンポジット処理後の画像になります。これは［出力プロパティ］の［ポストプロセッシング］タブの［コンポジティング］にチェックが入っていることによるものです。

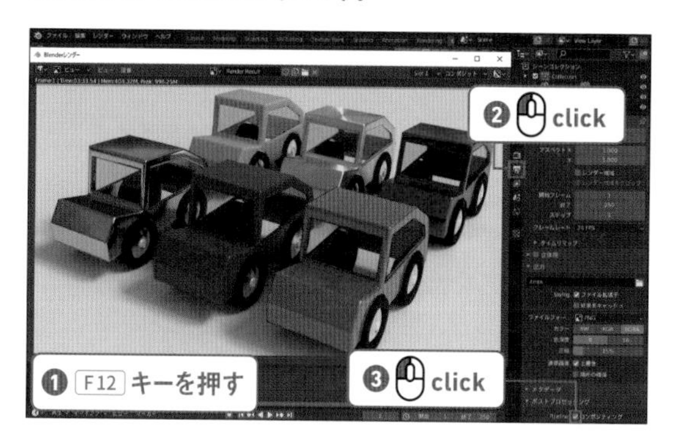

本書では説明しませんがエディタータイプの「シェーダーエディター」を使用すればノードエディターで複雑な構成のマテリアルを作ることもできます。

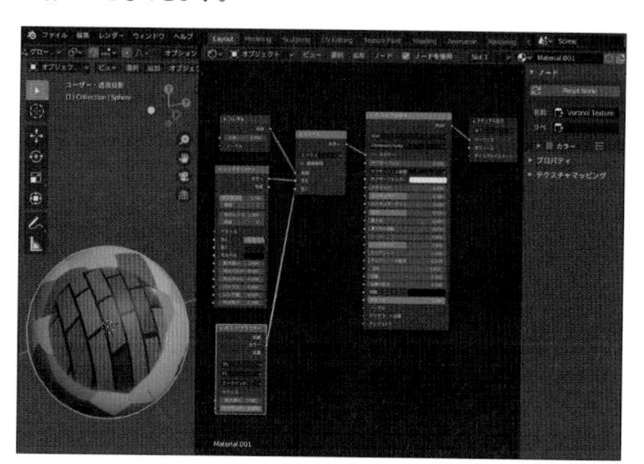

4-2 スカルプトモデリング

01 新規シーンの立方体オブジェクトを X キーで削除します。
ヘッダから［追加］→［メッシュ］→［UV 球］を選択し、球を作成します。

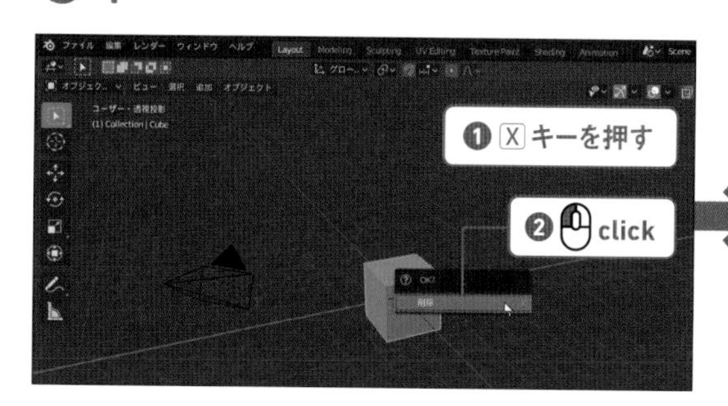

02 ワークスペースを［Sculpting］に切り替えます。［アクティブツールとワークスペースの設定］に切り替えます。［Dyntopo］タブにチェックを入れてください（警告のメッセージが表示された場合は、［OK］をクリックします）。Dyntopoタブ内の［スムーズシェーディング］にもチェックを入れます。

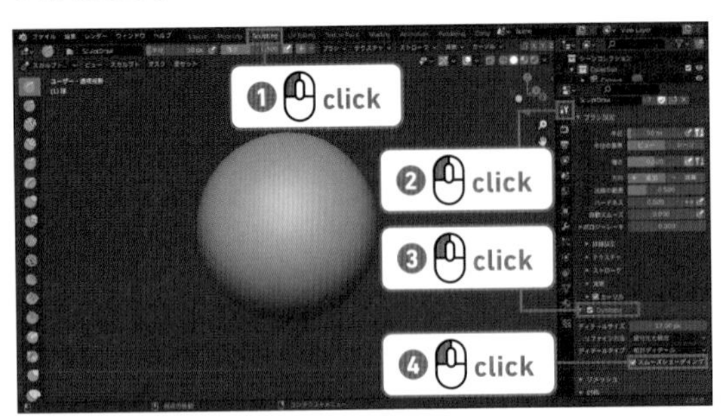

03 左側のツールバーから［スネークフック］ブラシを選択します。プロパティエディターで［スネークフック］ブラシの［ブラシ設定］の［半径］を「150」にします。UV球のオブジェクトをドラッグすると伸びます。Dyntopoを使用しているので、伸びたところにメッシュが自動的に増えます。

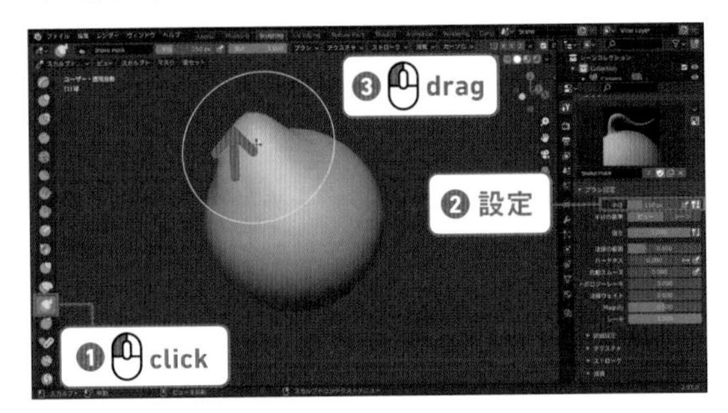

04 ［スネークフック（SnakeHook）］と［ドロー（Draw）］の2つのブラシでおおまかな形状は大体作ることができます。［ドロー（Draw）］ブラシは Ctrl（command）キーで凹ませ、Shift キーで平らにします。［インフレート（Inflate）］ブラシで太らせたり［グラブ（Grab）］ブラシで移動したり、［クレイ（Clay）］ブラシと Shift キーでなめらかにしたりできます。ブラシは一通り試してみてください。

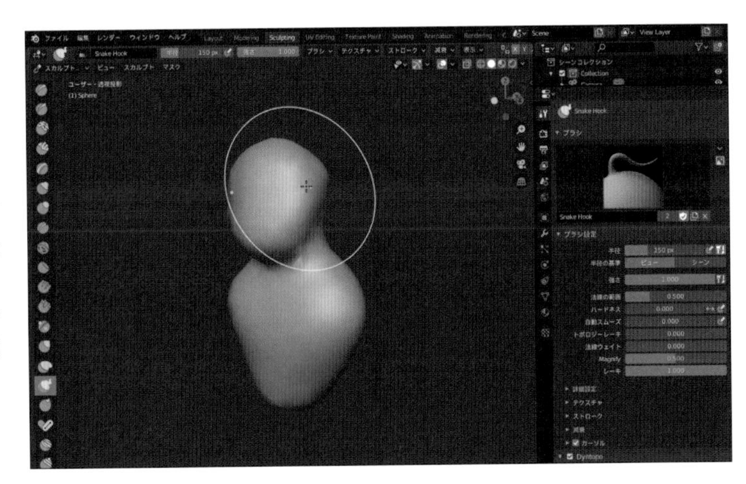

05 F キーを押してマウスを動かすと、ブラシの太さが変えられます。Shift ＋ F キーでブラシの影響の強さを変えられます。ブラシの太さはビューのズームで変化しますが、プロパティエディターの［ブラシ設定］タブの［半径の基準］を切り替えることにより、ブラシの太さを変えないようにすることができます。

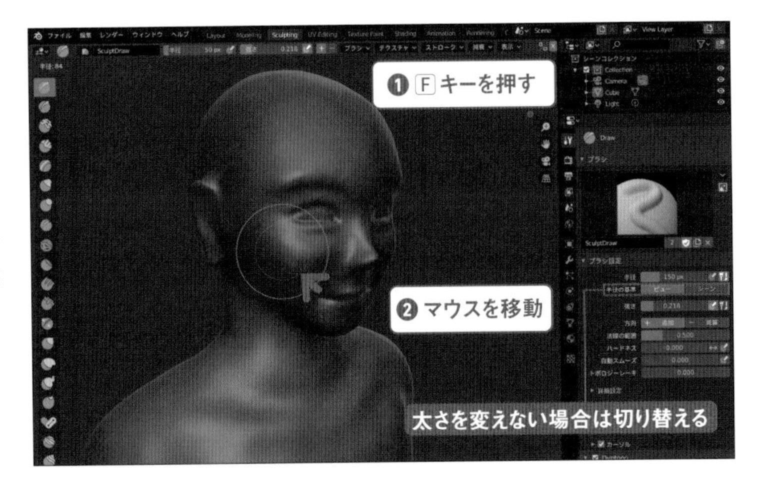

06 このままではメッシュが細かすぎるしメッシュが三角なので、最後に四角面化します。[Dyntopo] のチェックを外してください。その下の [リメッシュ] タブの [リメッシュ] ボタンでも一応四角面化はしますが、思ったようなメッシュ形状になりません（[編集] モードに変更すると、メッシュを確認することができます）。

「Instant Meshshes」や「Quad Remesher」など、優秀な四角面化のアドオンがいくつかありますので、そちらを使うことをおすすめします。

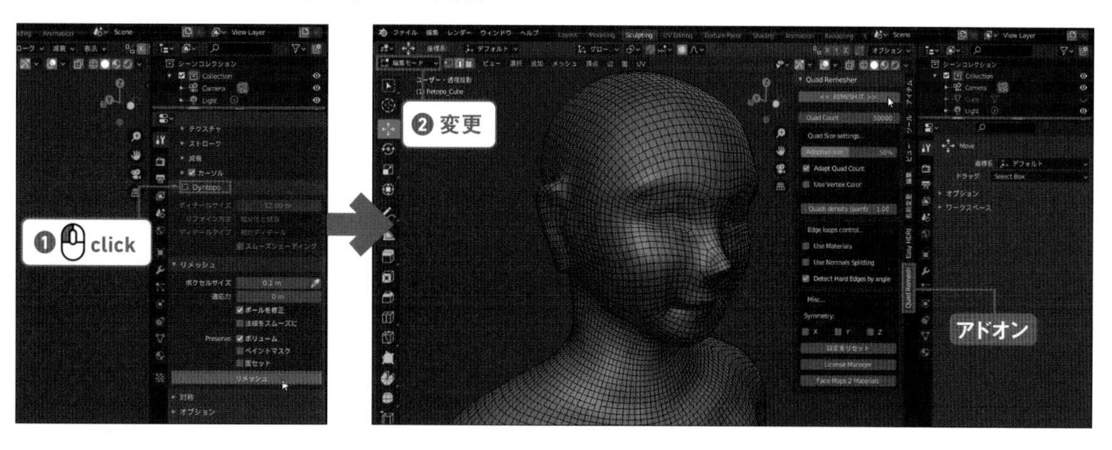

4-3 カメラトラッキングによる実写合成

▶背景のビデオファイルを合成用に変換する

実写合成の背景になるビデオを撮影します。カメラはあまり激しく動かさないでください。

ビデオを撮り終わったらブレンダーを起動します。

Chapter6 の最後に PNG の連番ファイルをムービーにコンバートしましたが、ビデオの動画は逆に PNG ファイルに変換しておきましょう。

動画フォーマットによっては、これを行わなければ時間のズレが起こることがあります。

01 ブレンダーにビデオ動画を読み込みます。ワークスペースを [Video Editing] に切り替えます。表示されていない場合は、[ワークスペースを追加] ボタン ➕ をクリックし、[Video Editing] → [Video Editing] の順に選択します。

ビデオシーケンサーエディターの [追加] → [動画] の順にクリックします。

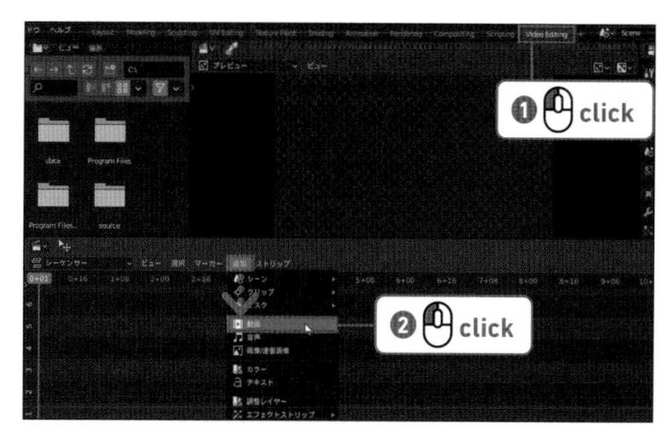

02 ［Blender ファイルビュー］ウィンドウが表示されます。取り込む動画ファイルを選択し、［動画ストリップを追加］ボタンをクリックします。

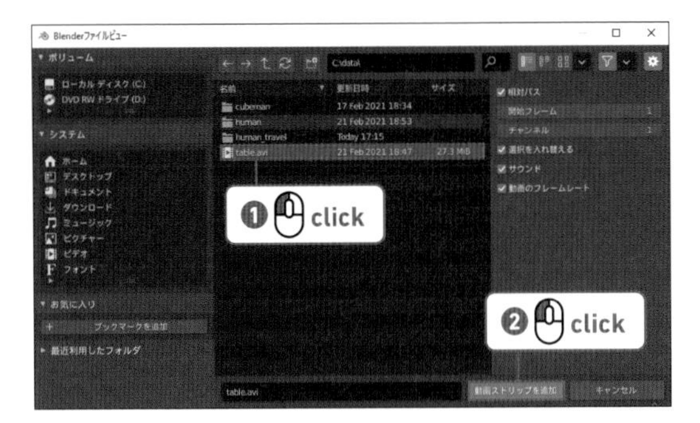

03 動画ファイルが読み込まれ、タイムラインにビデオストリップが追加され、ビューに表示されます。PNG ファイルを出力する先を指定します。［出力プロパティ］をクリックし、［出力］タブの［ファイルブラウザを開く］をクリックします。

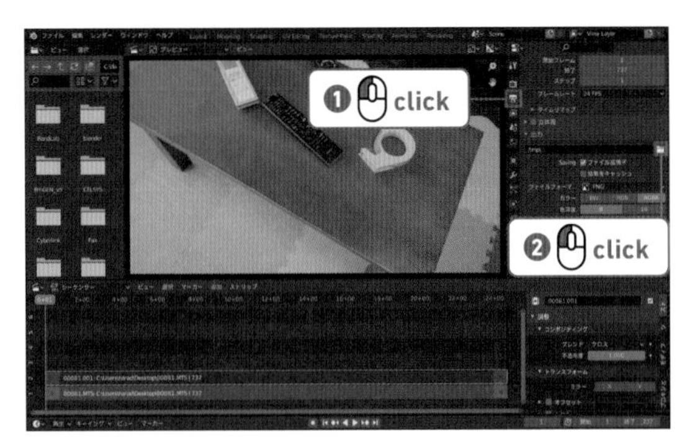

04 ［Blender ファイルビュー］ウィンドウが表示されます。PNG ファイルを保存する場所を指定します。［新しいディレクトリを作成］ボタンをクリックし、フォルダを作成して名前を変更します。作成したフォルダをクリックし、［OK］ボタンをクリックします。

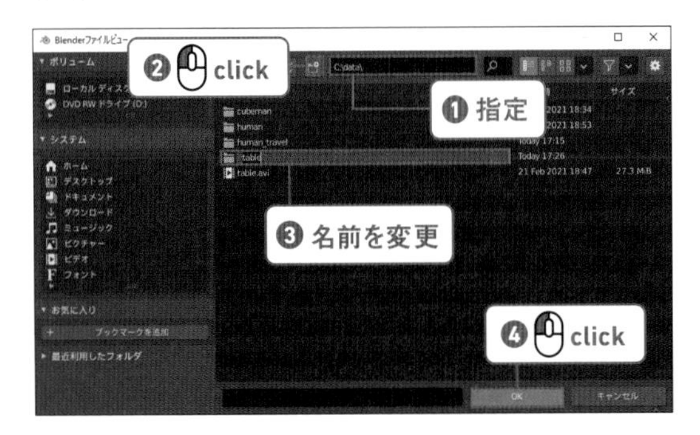

05 作成したフォルダ内に移動します。フォルダのパスを確認し、［OK］ボタンをクリックします。

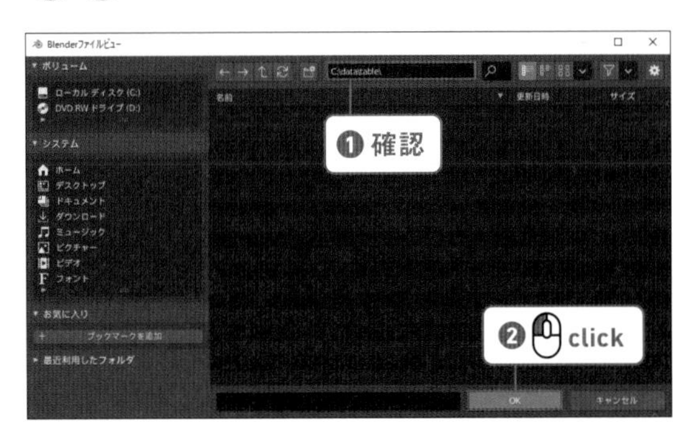

06 ［出力プロパティ］の［出力］タブで指定されたパスにファイル名を追加し（ここでは「table」）、［ファイルフォーマット］が「PNG」になっているか確認します。

［レンダー］メニュー→［アニメーションレンダリング］の順にクリックすると、［Blender レンダー］ウィンドウが表示され、レンダリングが開始されます。

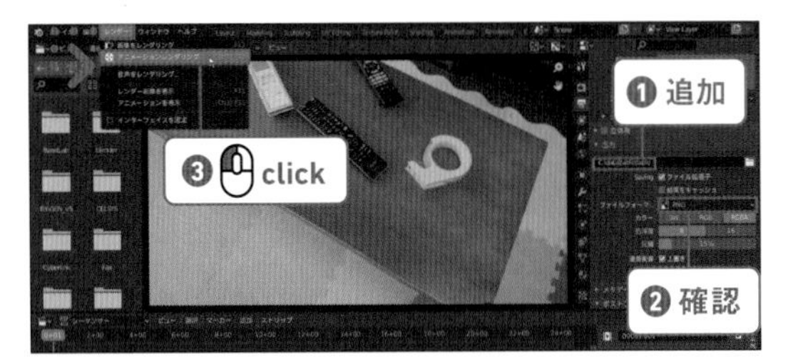

07 レンダリングが終了すると、指定したフォルダにフレーム数分の PNG ファイルが作成されます。

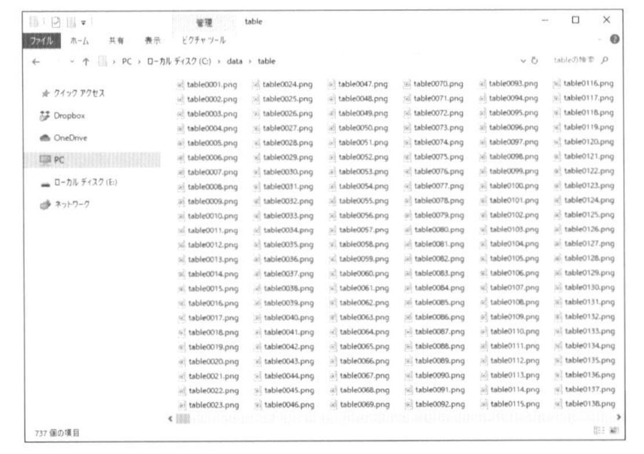

▶トラッキングして3D オブジェクトを合成する

01 ワークスペースを切り替えます。トップバーの［ワークスペースを追加］ボタン をクリックし、［VFX］→［MotionTracking］を選択します。動画クリップエディターのヘッダの［開く］ボタンをクリックします。

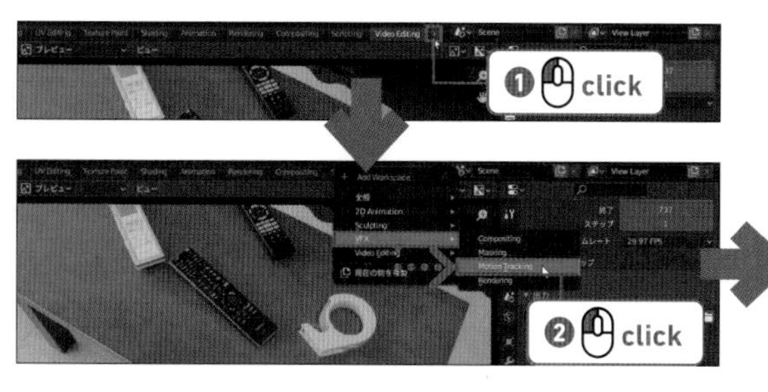

02 ［Blender ファイルビュー］ウィンドウが表示されます。PNG ファイルのあるフォルダに移動し、ファイル名の順に表示し、Ⓐ キーを押してファイルをすべて選択します。［クリップを開く］ボタンをクリックします。

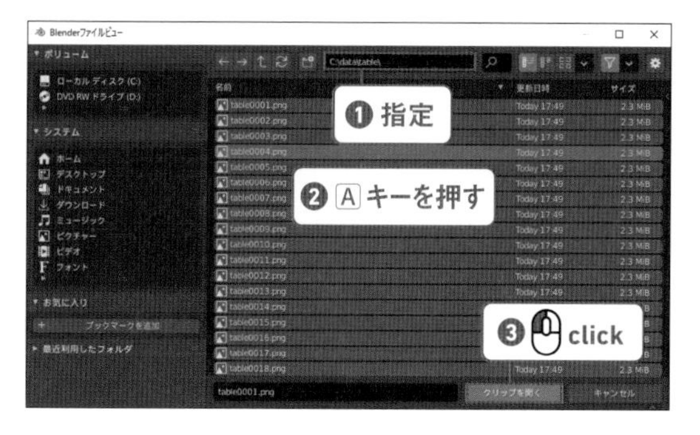

03 左端の［トラック］タブが開かれていることを確認してください。［クリップ］タブの［シーンフレームを設定］、［プリフェッチ］の順にクリックすると処理がはじまるので、終わるまで待ちます。

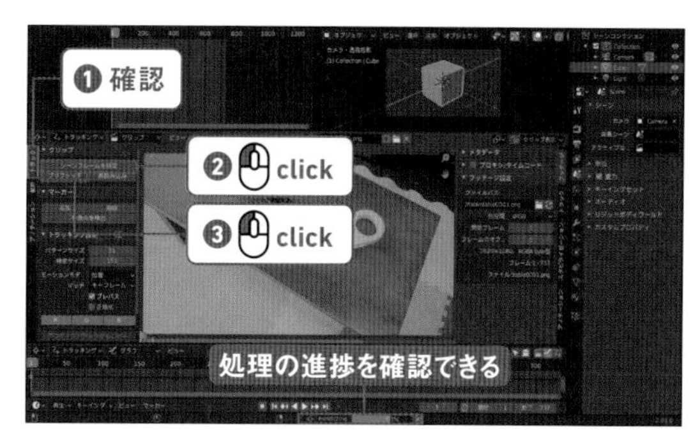

04 処理が終わったら、［Tracking Presets］ をクリックして［Fast Motion］を選択します。［トラッキング設定］の各項目が変更されます。

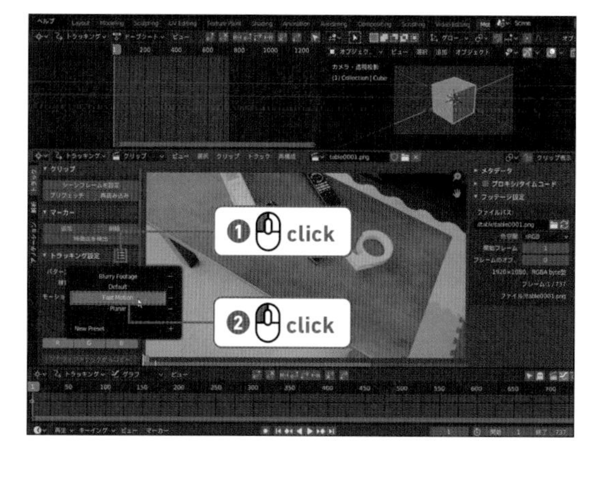

05 ［トラッキング設定］タブの［正規化］を有効にし、カレントフレームを「1」にして［マーカー］タブの［特徴点を検出」ボタンを 1 回だけクリックしてください。画面上にマーカーが現れます。

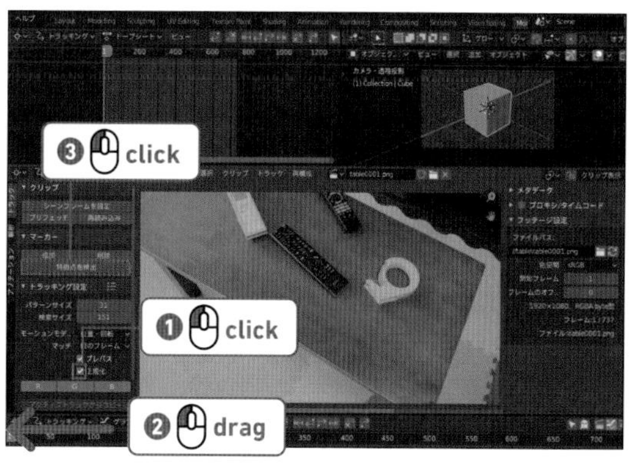

06

マーカーは追加したり、ドラッグして移動することができます。より画像を解析しやすそうな場所にマーカーを移動したり、追加したりしてください。

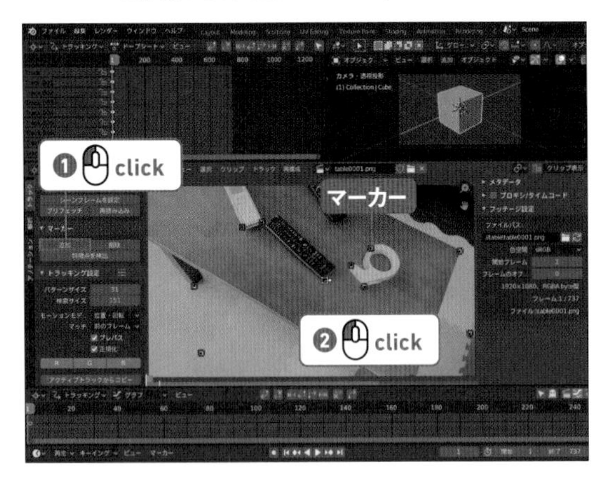

07

Ａキーを押してマーカーをすべて選択し、［マーカーをトラック］アイコンをクリックすると解析が始まります。

トラッキングポイントを途中のフレームから追加したり、画面から消えてまた現れたフレームから先を再トラッキングすることもできます（常に 8 個のトラッキングポイントが選択された状態で、［解析］タブの［カメラモーションの解析］ボタンをクリックします）。

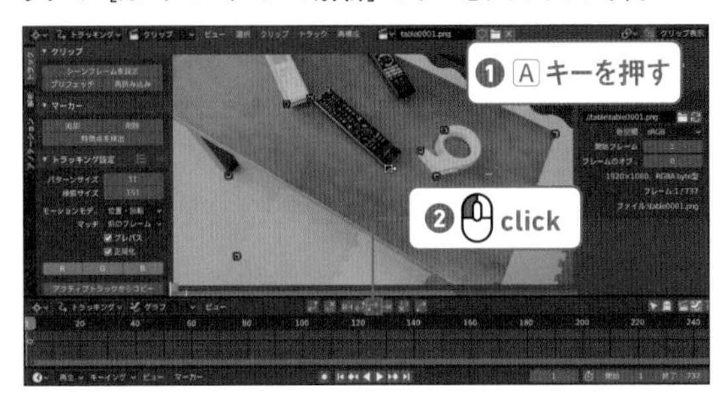

08

左端の［解析］タブを開きます。アウトライナーでカメラオブジェクトを選択し、［解析］タブの［キーフレーム］にチェックを入れ、［絞り込み］を「焦点距離」に切り替えてください。［カメラモーションの解析］ボタンをクリックするとカメラの動きと焦点距離が計算されます。

計算が終わったら、［シーン設定］タブの［背景として設定］、［トラッキングシーン設定］ボタンをクリックします。

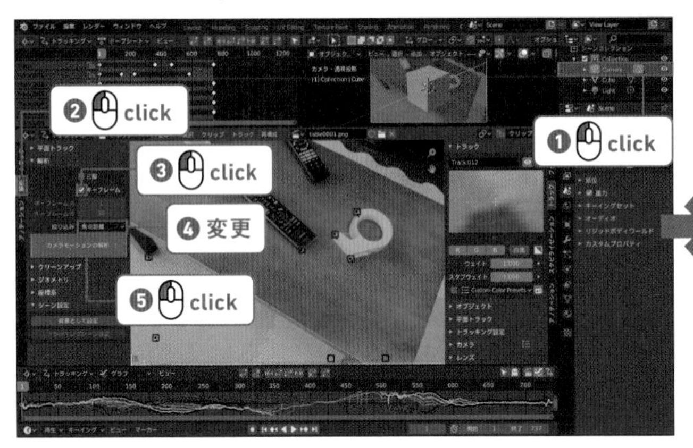

09

ワークスペースを変更します。トップバーの［Layout］タブをクリックします。3D ビューのヘッダの［ビュー］→［エリア］→［四分割表示］の順に選択してビューを分けます。

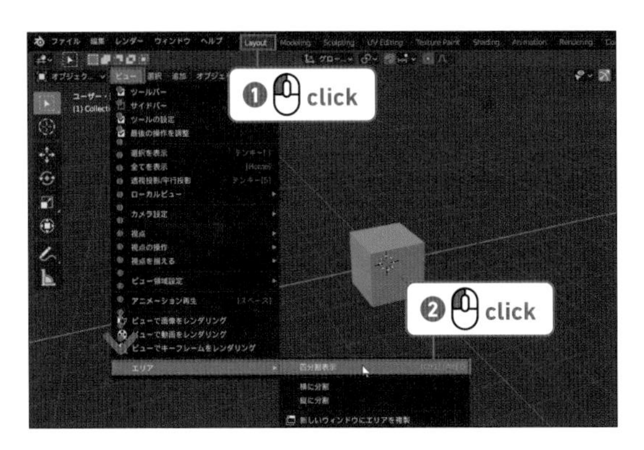

10 右上のビューはテンキーの 0 キーでカメラビューにします。ヘッダの［オーバーレイを表示］アイコンの ボタンをクリックして［モーショントラッキング］にチェックを入れると、ビューにトラッキングポイントが現れます。

11 カメラオブジェクトを回転させてトラッキングポイントが一列に揃う回転を探します。揃った場所が床やテーブルになります。
3D 空間が把握できたら 3D オブジェクトを配置し、アニメーションさせましょう。撮影したテーブル等の位置に立方体オブジェクトを移動するとシーンが把握しやすいです。

12 プロパティエディターを［レンダープロパティ］に切り替え、［レンダーエンジン］を［Cycles］、［フィルム］タブの［透過］タブにチェックを入れます。テーブルなどの影を受けるだけのオブジェクトは、［オブジェクトプロパティ］に切り替え、［可視性］タブの［シャドウキャッチャー］にチェックを入れてください。レンダリングサイズ（［レンダープロパティ］の［寸法］の［%］）を「50%」にして F12 キーを押すと実写合成でレンダリングされます。

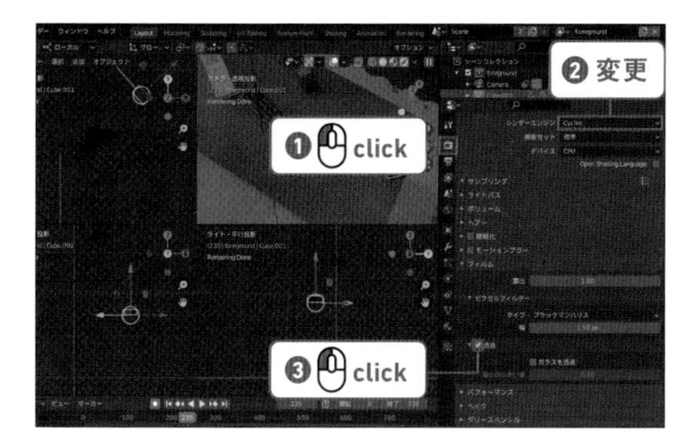

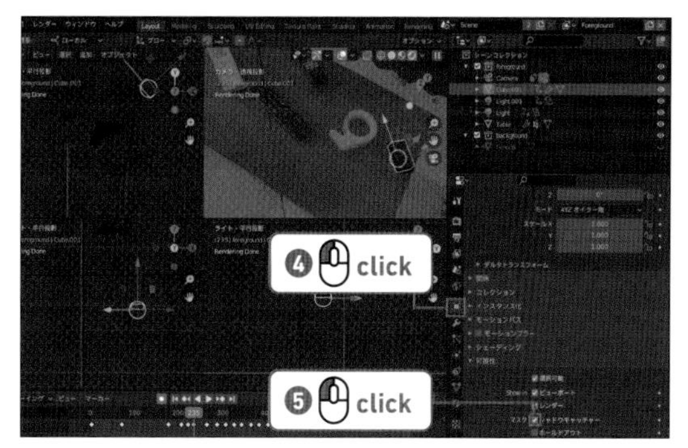

4-4 モディファイアー

■ 海洋(Ocean)モディファイアー

海面の形状を作成するモディファイアーです。
［モディファイアープロパティ］の［モディファイアーを追加］で［物理演算］→［海洋］を選択します。
アニメーションの開始フレームでモディファイアーの［時間］の値を右クリックし、［キーフレームを挿入］を選択してアニメーションキーを作成します。終了フレームで値を変更し、キーを作成して再生すれば、波が動き出します。
波がしらに白いテクスチャを作り、泡を表現することもできます。

■配列(Array)モディファイアー

オブジェクトを一定間隔で複製するモディファイアーです([モディファイアーを追加]で[生成]→[配列]を選択)。[オフセット(OBJ)]を使用すれば、少しづつ回転したり、拡大縮小することができます。

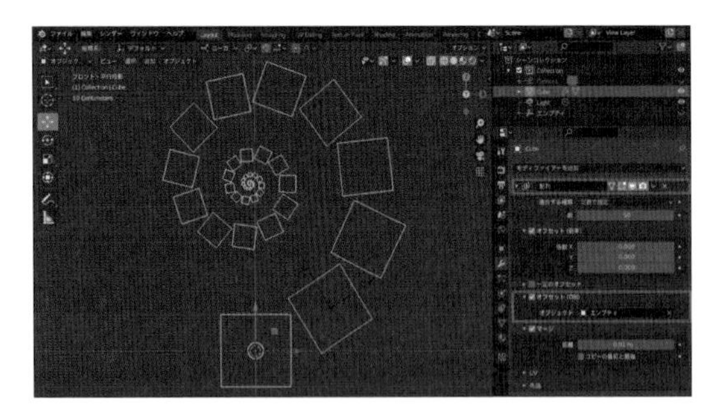

■ソリッド化(Solidify)モディファイアー

メッシュオブジェクトに厚みを持たせることができるので、布や鉄板の表現ができます([モディファイアーを追加]で[生成]→[ソリッド化]を選択)。

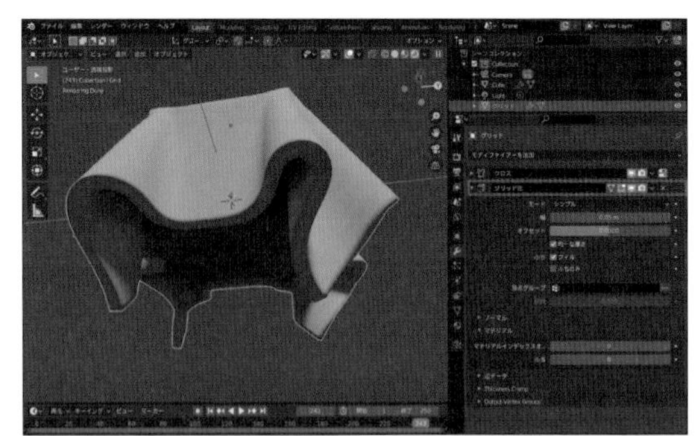

■ブーリアン(Boolean)モディファイアー

ブーリアンの差分では、オブジェクトA(立方体)の形状をオブジェクトB(UV球)の形状で切り取ることができます([モディファイアーを追加]から[生成]→[ブーリアン])。立体に穴を開けるときに使用します。[演算]を[合成]に変更すると、2つの形状を足して1つの形状にすることができ、[交差]に変更すると、重なった部分がくり抜かれます。

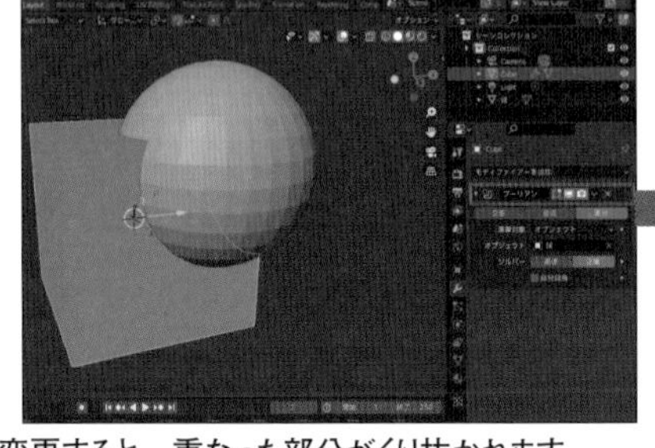

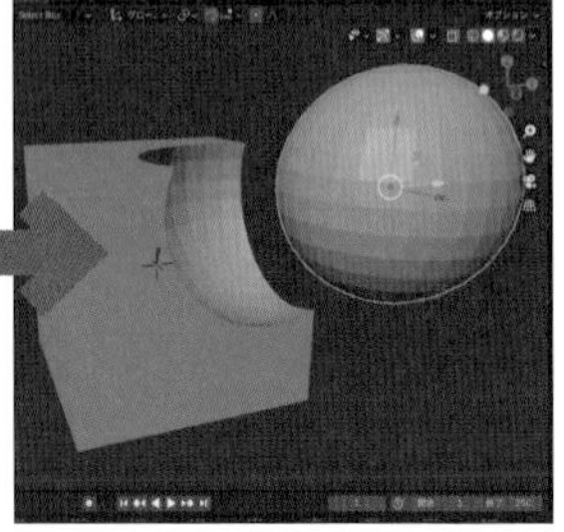

■ラティス(Lattice)モディファイアー

オブジェクト全体を変形させるモディファイアーです。3Dビューポートのヘッダの[追加]→[ラティス]でラティスオブジェクトを追加し、[オブジェクトデータプロパティ]の[解像度]の「U」「V」「W」の値を「3」に変更します。メッシュオブジェクトのラティスモディファイアーのオブジェクトにラティスオブジェクトを追加します([モディファイアープロパティ]の[モディファイアーを追加]で[変形]→[ラティス]を選択)。ラティスオブジェクトを編集モードで変形するとメッシュオブジェクトも変形します。

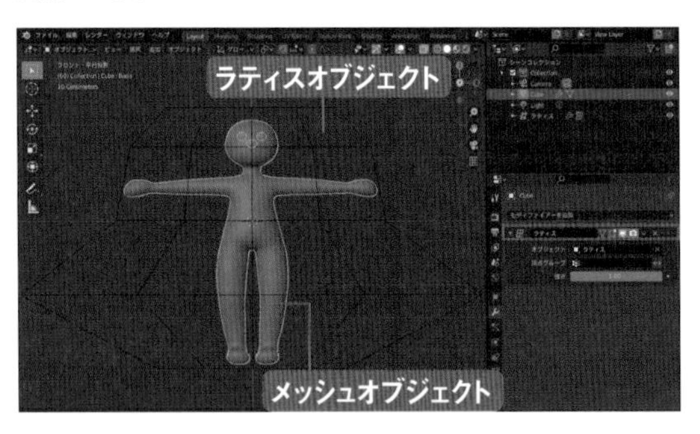

■サーフェス変形(Surface Deform)モディファイアー

オブジェクトAの変形でオブジェクトBを変形させることができます([モディファイアーを追加]で[変形]→[サーフェス変形])。例えば衣装をクロス(布)シミュレーションで動かしたい場合、ポケットやチャックが付いたままシミュレーションすることは難しいので、衣装型の単純なメッシュをシミュレーションし、衣装のメッシュにモディファイアーを追加してシミュレーションしたメッシュを変形の参照先に指定することで、衣装を変形させることができます。

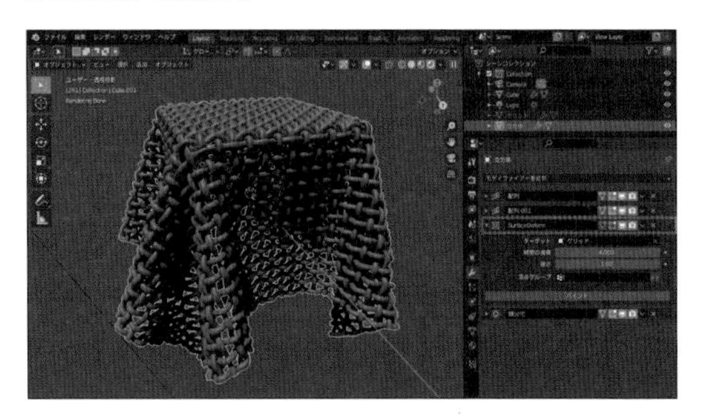

Index

記号・英数字

@キー …… 23
0 …… 150
1キー …… 23
1つにまとめる …… 39
1つ前の状態に戻す …… 24
2ボタン …… 166
3DCG …… 10
3Dビューポート …… 19, 27
　切り替え …… 100
　分割 …… 52
3キー …… 23
5キー …… 24
5度ずつ回転させる …… 33
7キー …… 23
90度回転 …… 59
Action Stash …… 151, 157
Align Tools …… 254
Animationワークスペース …… 90
ArmatureAction …… 148
AVI JPEG …… 215
　変換する …… 239
AV同期 …… 214
Aキー …… 143
Blender …… 10
Bキー …… 73, 167
Cycles …… 21, 28, 253
Easy HDR …… 257
EdgeFlow …… 257
Eevee …… 21, 28, 172, 250
Eキー …… 66, 111
Γ …… 150
F12キー …… 25
F2 …… 255
FK …… 121
Fluid …… 244
GPL …… 11
Gキー …… 24
HDRIデータ …… 176
Homeキー …… 22, 92, 139
IK …… 120, 121
　設定する …… 123
Iキー …… 137, 143
Lキー …… 169
MACHIN3Tools …… 257
Material Library …… 254
Modifier Tools …… 254
Node Wrangler …… 255
Nキー …… 75
PBR Materials …… 257
PNGファイルでレンダリングする …… 237
Rigify …… 255
Rキー …… 25, 33
Simple Renaming Panel …… 257
SSS …… 252
Sキー …… 26
UV Editing …… 178
UVエディター …… 181
UV編集する …… 183, 178
UVマッピング …… 181
VideoEditing …… 211
XYZ座標 …… 26
X軸制限 …… 126

あ行

アーマチュア …… 98, 109
　動かす …… 129
　関連付ける …… 116
　メッシュと関連付ける …… 102
アイコンが表示されない …… 180
アウトライナー …… 27, 179, 204
アクション …… 134, 146
　アニメーションに追加する …… 155
　組み立てる …… 151
　作る …… 147, 152
アクション名 …… 150
アクティブなカメラ …… 194
アドオン …… 177, 254
アニメーション
　修正する（前進方向） …… 95
　修正する（高さ） …… 92
　レンダリング …… 216
アノテート …… 25
アノテート消しゴム …… 25
アノテートポリゴン …… 25
アノテートライン …… 25
アペンド …… 230
アンインストール …… 15
位置コピー …… 196
位置コピーコンストレイント …… 132
位置制限 …… 133

位置の初期化……43
移動する……25
移動を制限……35
色を変える……59, 200
色をつける……27
インストール……12
インターフェイス……17
　設定・保存……18
インタラクティブナビゲーション……23
インバースキネマティクス……122
インポート……88
ウェイトペイント……104, 118
　ボーンを選択する……105
動きを制限する……125
エディターを操作する……97
エフェクト……244
エリア設定……171
エンプティ……158
エンプティオブジェクト……121
エンベロープ……106
押し出し……66, 70, 111
オブジェクト……41
　移動する……24
　拡大縮小する……26
　選択する……25
　追加する……29, 41, 198
　複製する……32, 203, 210
オブジェクトコンストレイント……133, 196
オブジェクトデータプロパティ……174, 224
オブジェクトの子……179
オブジェクトモード……65

か行

カーソル……25
回転コピー……133
回転する……25
回転の初期化……43
外部エディターで編集……191
外部ファイルのリンク……36
海洋モディファイアー……265
画角……196
拡大縮小する……25
影……201
　表示されない……199
画像
　作る……186
　編集する……190
画像エディター……186
画像を別名で保存……189
カット……210
カメラ
　位置を決める……195
　追加する……194
　配置する……192
　配置を調整する……54
　ビューに合わせる……171
カメラトラッキング……261
カメラビュー……172
画面構成……27
画面の表示操作……19
カラーパレット……189
カラーホイール……29
ガラスの質感……251
カレントフレーム……47, 138
簡易レンダリング……49
環境光
　暗くする……223
　追加する……173, 175
環境テクスチャ……175
キー……47
　移動する……220
　表示する……92
キーフレーム……47
　コピー……139
　削除する……95, 149
　設定する……44
　貼り付け……140
キーフレーム挿入　位置・回転……137, 143
キーマップを変更する……82
ギズモ……26, 46, 69
　表示されない……29
起動する……15
曲面化する……76
金属の表現……250
クイックエフェクト……244
グラフエディター……91
　拡張する……159
グローバル……55
ケージを拡大縮小……25
煙……246
現在の視点にカメラを合わせる……171, 193